H. F. Ebel, C. Bliefert

Vortragen

T0186144

Von denselben Autoren sind erschienen:

H. F. Ebel, C. Bliefert

Schreiben und Publizieren in den Naturwissenschaften

4. Auflage
ISBN 3-527-29626-3

H. F. Ebel, C. Bliefert

Diplom- und Doktorarbeit
Anleitungen für den naturwissenschaftlich-technischen Nachwuchs

3. Auflage
ISBN 3-527-30754-0

H. F. Ebel, C. Bliefert, A. Kellersohn

Erfolgreich Kommunizieren
Ein Leitfaden für Ingenieure

ISBN 3-527-29603-4

H. F. Ebel, C. Bliefert, W. E. Russey

The Art of Scientific Writing
From Student Reports to Professional Publications
in Chemistry and Related Fields

2nd Edition
ISBN 3-527-29829-0

Hans F. Ebel, Claus Bliefert

Vortragen
in Naturwissenschaft, Technik und Medizin

Dritte, durchgehend aktualisierte Auflage

WILEY-VCH

WILEY-VCH Verlag GmbH & Co. KGaA

Dr. rer. nat. habil. Hans F. Ebel
Im Kantelacker 15
D-64646 Heppenheim
E-Mail: ebel-heppenheim@t-online.de

Prof. Dr. Claus Bliefert
Meisenstraße 60
D-48624 Schöppingen
E-Mail: bliefert@fh-muenster.de

1. Auflage 1991
2. Auflage 1994
3. Auflage 2005

Bibliografische Information Der Deutschen Bibliothek
Die Deutsche Bibliothek verzeichnet diese Publikation in der Deutschen Nationalbibliografie; detaillierte bibliografische Daten sind im Internet über <http://dnb.ddb.de> abrufbar.

ISBN 978-3-527-31225-2

Umschlaggestaltung: SCHULZ Graphik-Design, Fußgönheim

Gedruckt auf säurefreiem Papier

Vorwort

Das Vortragen ist eine zutiefst menschliche Angelegenheit, eine Herausforderung. Doch ebenso wahr ist: Der Vortrag ist in jüngster Zeit zu einem hochtechnischen Kommunikationsprodukt geworden. Die Auseinandersetzung mit diesen beiden Seiten einer immer wichtiger werdenden Mitteilungsform macht den Spannungsbogen dieses Buches aus.

In einer Zeit andauernder Entwicklungen und Veränderungen des gesellschaftlichen und beruflichen Umfelds kommt dem Vortrag und der Kunst des Vortragens ungebrochene, ja vermehrte Bedeutung zu. In der naturwissenschaftlich-technisch-medizinischen Umgebung, für die dieses Buch konzipiert ist, gilt es, immer komplexere Sachverhalte z. B. aus Laboratorium, Technikum und Klinik in immer rascherer Folge anderen mitzuteilen, sie ihnen „vorzutragen". Viele von uns Mitwirkenden werden, gewollt oder ungewollt, gelegentlich oder oft zu Vortragenden. Sie stehen dann vor der Aufgabe, das für einen gegebenen Zweck Wichtige zu sammeln und aufzubereiten – dies allein schon wichtige Prozeduren, die beherrscht sein wollen –, zu einer neuen Sicht zusammenzufügen und diese so zu vermitteln, dass sich das Auditorium nachher „ein Bild machen" kann: Worum ging es, was kam heraus, was bedeutet das für mich?

Wir hatten von Anfang an eine bestimmte, im Titel des Buches umrissene und eben angesprochene Zielgruppe im Blick, eine Zielgruppe allerdings, die groß und in sich vielfach gefächert ist. Wir freuen uns, dass das Ergebnis unserer Arbeit bei Kolleginnen und Kollegen – und darüber hinaus, wie wir wissen – in zwei vorangegangenen Auflagen Anklang gefunden hat. Das macht es uns möglich, jetzt eine 3. Auflage vorzulegen. Es war an der Zeit!

Beim Vortragen, wie überhaupt beim Reden in der Öffentlichkeit, wie groß oder klein diese auch sei, gerät der oder die Vortragende in eine Ausnahmesituation. Ihr sind manche mühelos gewachsen, sie erledigen ihre Aufgabe wie selbstverständlich, fast spielerisch. Andere haben Mühe damit und begegnen der Sache mit Unbehagen. Vor allem sie – aber keineswegs nur sie – bedürfen des Rats, der durchaus zur Verfügung steht. Auch wer als Redner geboren scheint und vor Zuhörern erst richtig auflebt, muss heute mit einem anspruchsvollen „Handwerkszeug" umgehen können und kann gleichfalls aus der Erfahrung anderer Gewinn ziehen.

Unsere Darlegungen, so das wesentliche Ziel der Neubearbeitung, sollten womöglich noch besser begründet und mit Beispielen belegt sein als bisher. Große Aufmerksamkeit haben wir der „Begegnung" zwischen Vortragendem und Zuhörern gewidmet. „Begegnen" die sich überhaupt, und wie? Nur zu oft gerät der Vortrag zu einer höchst einseitigen Angelegenheit, die er aber nicht sein sollte. Jemand spricht, die anderen hören sich das an – fertig. Das ist es nicht, was uns am Schluss sagen ließe: Das war ein guter Vortrag! Ein Popkonzert, bei dem kein „Funke überspringt", bekommt am nächsten Tag schlechte Noten in der Zeitung. In Studium und Beruf hingegen hat man, so die resignierende Meinung vieler, selbst deutliche Mängel in der Art der Vermittlung hinzunehmen, weil die sich doch nicht abstellen lassen. Wissenschaftler sollen kompetent in ihrem Fach sein, Vortragskünstler müssen sie nicht auch noch abgeben. Dieser Auffassung wollen wir uns nicht anschließen.

Der Vortrag soll und kann mehr sein als Reden und Zuhören in der Gruppe mit fest zugewiesenen Rollen. Wie kann man in ihn wenigstens einen Hauch von Dialog einbringen? Das wollten wir wissen und weitergeben, denn ein Vortrag ganz ohne „Zwiesprache" und „Kontakt" führt meist nur unvollkommen zum eigentlichen Ziel, der Weitergabe und Entgegennahme von Inhalten.

Einige Passagen aus den vorigen Auflagen sind, da nicht mehr zeitgemäß, „über Bord" geworfen worden, um für Neues Platz zu schaffen. Anderes wurde neu strukturiert und geordnet. Durch ein neues Layout is es gelungen, mehr Text auf eine Seite zu bringen, ohne dass die Seiten jetzt überladen wirken. Im Gegenteil, wir finden, sie sind attraktiver geworden. Im Mittelpunkt der Betrachtungen steht nach wie vor der bildunterstützte Vortrag vor einem fachkundigen „Publikum", wie er heute das Geschehen auf Tagungen und Lehrveranstaltungen, in Hörsälen, Seminar- und Konferenzräumen prägt. Zum gesprochenen Wort – dem „Medium" der klassischen Rhetorik – tritt dabei immer zwingender die Sichtbarmachung und „Belebung" (Visualisierung, Animation) von Sachverhalten als Vermittlungsmethode. Darauf mussten wir reagieren. Beamer zur computergesteuerten Lichtbildprojektion beispielsweise sind in den „Jahren des Umbruchs" seit dem Erscheinen der 2. Auflage dieses Buches (1994) leistungsfähiger und zugleich billiger geworden, was die Vortragsszene nachhaltig beeinflusst und die konventionelle Dia-Projektion in den Hintergrund gedrängt hat. Zunehmend beleben E-Präsentationen Business und akademische Szene. Nur das liebe Arbeitstier Overhead-Projektor ist geblieben, vor allem für kleinere Anlässe.

Dem allem galt und gilt es Rechnung zu tragen. Bei unserem Bemühen haben wir moderne Erkenntnisse der Kommunikations- und Kognitionswissenschaften ebenso berücksichtigt wie beispielsweise, auf der technischen Seite, neue Normen zur Bildprojektion im Hörsaal oder den Einsatz von Computern am Rednerpult, auch in Verbindung mit dem „Netz".

Bei einem so komplexen Thema wie dem Vortragen kann, ja muss man sich bestimmten Stellen von verschiedenen Seiten nähern. Wir haben deshalb ein gewisses Maß an „Wiederholung" zugelassen, dieses Wort hier in Anführungszeichen setzend, weil ja jede Annäherung neue Einblicke und Ausblicke gewähren kann, also nicht wirklich wieder herholt, was schon einmal da war. Keines-

wegs immer haben wir durch Querverweise angezeigt, dass über einen bestimmten Gegenstand auch an anderer Stelle etwas gesagt wird. Wichtiger schien es
uns, im Register – durch das beharrliche Einrücken von Unterbegriffen – dafür
zu sorgen, dass auch die Leser oder „Benutzer" des Buches schnell zu den gefragten Kontexten geführt werden, die eher punktuell nach Auskunft suchen.

Vor dem Hintergrund fortlaufender Lehr- und Vortragstätigkeit vor allem des
einen von uns dürfen wir sagen, dass wir an den Entwicklungen aktiv teilge-
nommen und alles, was wir hier ausbreiten, selbst „erfahren" haben. Besonders
zustatten kamen uns Lehraufträge an mehreren technischen Fachbereichen der
Fachhochschule Münster und anderer Hochschulen sowie Forschungseinrichtungen, auch im Ausland. Einladungen aus wissenschaftlichen Gesellschaften
(z. B. von den Jungchemikern in der Gesellschaft Deutscher Chemiker) und der
Industrie erweiterten die eigenen Horizonte. Immer wieder ist uns dabei der
freundliche Rat von Kollegen wie Teilnehmern zuteil geworden. Gerade auch
die Begegnung mit Studenten, also jungen Hörerinnen und Hörern, hat uns immer wieder inspiriert und uns in unserem Mühen bestärkt. Vielen Personen gilt
so unser herzlicher Dank (s. Danksagung auf der nächsten Seite).

Auch Ihnen gegenüber würden wir uns gerne in die Schuld begeben. Dazu
haben wir unseren Anschriften im Impressum (Seite IV) unsere E-Mail-Adres-
sen angefügt und es Ihnen so leicht gemacht, mit uns in Verbindung zu treten.
Wir würden uns sehr freuen, wenn Sie davon Gebrauch machen wollten und so
auch an dieser Stelle ein wenig „Dialog" entstünde. Schon jetzt danken wir für
jeden Kommentar von Leserseite – von Ihnen – und für Hinweise auf mögliche
Verbesserungen.

Wir wünschen Ihnen, dass Ihr nächster Vortrag ein paar wohl gelungene Kreise
über den Köpfen der Anwesenden zieht, bevor er zu einer eleganten Landung
ansetzt, wie die Papierschwalbe auf dem Umschlagbild, wenn sie richtig gebaut
und geworfen wird.

Heppenheim und Schöppingen,   H. F. E.
im September 2004   C. B.

Danksagung

Für zahlreiche Hinweise und tatkräftige Unterstützung danken wir

Dipl.-Psych. Anja BLIEFERT, Leonberg
Dipl.-Chem. Dipl.-Ing. Frank ERDT, Steinfurt
Prof. Dr.-Ing. Heinz-Georg FEHN, Schöppingen

besonders herzlich. Weiterhin gilt unser Dank für vielerlei Hilfe und Rat

Dipl.-Chem. Florian BLIEFERT, Saarbrücken
Prof. Dr. Werner FUNKE, Münster
Prof. Dr. Willy GOMBLER, Emden
Dipl.-Ing. Jean-Jacques GRÉGOIRE, Leonberg
Dipl.-Phys. Stefan HAASE, Erkrath
Prof. Dr.-Ing. Volkmar JORDAN, Steinfurt
Prof. Dr. Eduard KRAHÉ, Metelen
Prof. Dr. Ulrich KYNAST, Steinfurt
Dipl.-Kfm. Dominik LEHMANN, Schöppingen
Prof. Dr. Günter LIECK, Steinfurt
Prof. Dr.-Ing. Andreas RÜNGELER, Steinfurt
Prof. Dr. William E. RUSSEY, Huntingdon (USA)
Dr. Sabine SCHILLER-LERG, Münster
Dr. Karl-Otto STROHMIDEL, Billerbeck

Inhalt

Teil I: Ziele und Formen des wissenschaftlichen Vortrags

1	**Die Bedeutung des gesprochenen Worts**	3
1.1	Kommunikation unter Wissenschaftlern	3
1.1.1	Die Kunst der Rede	3
1.1.2	Kommunikation	4
1.1.3	Das Wort und die Karriere	6
1.1.4	Vortrag und Tagung	9
1.1.5	Das Tagungskarussell	12
1.2	Vorträge	14
1.2.1	Merkmale des Vortrags	14
1.2.2	Rede und Schreibe	17
1.2.3	Die Rede als Dialog	21
1.2.4	Die gesprochene Botschaft, weitere Merkmale	23
1.2.5	Verständnishilfen	27
1.2.6	Humor und andere Gewürze	31
1.2.7	Nachricht – ein Kommunikationsmodell	33
1.2.8	Wechselwirkung	37
1.3	Sprache und Sprechen	40
1.3.1	Die Stimme als Instrument	40
1.3.2	Tempo, Pausen, Lautstärke	45
1.3.3	Körpersprache	52
1.4	Wahrnehmen, Verstehen, Erinnern	58
1.4.1	Wahrnehmen	58
1.4.2	Verstehen	60
1.4.3	Erinnern	63
1.4.4	Die Bedeutung des Bildes in den Naturwissenschaften	67
2	**Arten des Vortrags**	69
2.1	Kleine und große Gelegenheiten	69
2.1.1	Übung macht den Meister	69
2.1.2	Redeerziehung – ein Anfang	71
2.1.3	Reden und Anlässe	73
2.2	Fachreferat und Geschäftsvorlage	75
2.3	Dialektischer Exkurs	77
2.4	Die Stegreifrede	79
2.5	Der Kurzvortrag	82
2.6	Der Hauptvortrag	86
2.7	Die Präsentation	87

3   Vorbereiten des Vortrags 91
3.1   Klärungen, Termine, Zielgruppenbestimmung   91
3.1.1 Die Einladung   91
3.1.2 Die Anmeldung   93
3.1.3 Das Vortragsziel   95
3.2   Stoffsammlung und Stoffauswahl   96
3.3   Die drei Formen der Rede   98
3.3.1 Freie, halbfreie und gebundene Rede   98
3.3.2 Übergänge   100
3.3.3 Bereitstellen der Unterlagen   102
3.4   Bild-, Demonstrations- und Begleitmaterial   106
3.4.1 Bild- und Demonstrationsmaterial   106
3.4.2 Schriftliche Unterlagen   108
3.5   Gliederung des Vortrags   110
3.6   Probevortragen   114
3.6.1 Proben oder nicht?   114
3.6.2 Probevortrag vor Publikum, Generalprobe   115
3.6.3 Zeitmaß   117
3.6.4 Tonbandaufnahme   119

4   Der Vortrag 121
4.1   Einstimmen, Warmlaufen   121
4.2   Einführung und Begrüßung   125
4.3   Beginn des Vortrags, Lampenfieber   128
4.4   Freies Vortragen   136
4.5   Vortragen mit Stichwortzetteln und Handzetteln   140
4.6   Vortragen mit Manuskript, der auswendig gelernte Vortrag   143
4.6.1 Lessprechen   143
4.6.2 Auswendig vortragen   146
4.6.3 Blackout   147
4.7   Einsatz von Bild- und Demonstrationsmaterialien   150
4.7.1 Bildunterstützung   150
4.7.2 Dias und Arbeitstransparente und E-Bilder   151
4.7.3 Anforderungen an die Bilder   153
4.7.4 Einblenden der Bilder in den Vortrag   155
4.7.5 Der Lichtzeiger   158
4.7.6 Arbeitstransparente   161
4.7.7 Besondere Techniken mit Transparenten   163
4.7.8 Computer-gestützte Präsentationen   165
4.7.9 Demonstrationsmaterial   171
4.8   Ende des Vortrags   171

4.9   Diskussion und Diskussionsleitung   174
4.9.1   Diskutanten   174
4.9.2   Diskussionsleiter   181
4.10   Vortragen in einer Fremdsprache   183
4.11   Pannenvorsorge   186

Mustervortrag (eines nicht ganz so guten Redners)   188

Teil II:Bilder, Anforderungen, Herstellung

5   **Projektionstechnik**   193
5.1   Überblick   193
5.2   Vorführbedingungen   194
5.2.1   Hellraum und Dunkelraum   194
5.2.2   Positiv- und Negativprojektion   195
5.3   Originalvorlagen   197
5.3.1   Papierformate   197
5.3.2   Bildfelder   199
5.4   Projektionsvorlagen: Arbeitstransparente   201
5.4.1   Vorbemerkungen   201
5.4.2   Material, Farbübertragung   202
5.4.3   Einzel- und Aufbautransparente, Formate   204
5.4.4   Einsatz und Archivierung   207
5.5   Projektionsvorlagen: Dias   208
5.5.1   Rahmen und Masken   208
5.5.2   Beschriftung und Archivierung   209
5.6   E-Projektion   211
5.6.1   Computerbildschirm, transparente LCD-Bildschirme   211
5.6.2   Daten- und Videoprojektoren   212
5.6.3   Gefahren der modernen Medien   215

6   **Bildtechnik**   217
6.1   Freihand-Zeichnen   217
6.2   Bildvorlagen   219
6.3   Vom Bild zur Projektionsvorlage   221
6.4   Zeichnen mit dem Computer, E-Bilder   225
6.5   Arbeitstransparente   229
6.6   Diapositive und Dianegative   229

7   **Bildelemente**   233
7.1   Schrift   233
7.1.1   Erkennen und Erfassen   233
7.1.2   Schriftgrößen   237

7.1.3   Zeilenabstände, Hervorhebungen   240
7.1.4   Schriftarten   242
7.2   Linien   246
7.3   Flächen   248
7.3.1   Schraffuren und Raster   248
7.3.2   Räumliche Wirkung, Farbe   250
7.4   Bildzeichen   253
7.5   Bildtitel   255
7.6   Farbe   258
7.7   Testen von Vorlagen und Bildern   262

8   Bildarten   265
8.1   Strichzeichnungen   265
8.1.1   Kurvendiagramme   265
8.1.2   Balken- und Kreisdiagramme   270
8.1.3   Blockbilder   274
8.1.4   Technische Zeichnungen   275
8.2   Halbton- und Farbabbildungen   277
8.3   Poster   279
8.3.1   Die Poster-Ausstellung   279
8.3.2   Gestaltung von Postern   282
8.3.3   Herstellen von Postern   286

Kategorische Imperative   289

Literatur   291

Register   299

Über die Autoren   328
Anmerkungen zur Herstellung dieses Buches   328

Teil I

Ziele und Formen
des wissenschaftlichen Vortrags

1 Die Bedeutung des gesprochenen Worts

1.1 Kommunikation unter Wissenschaftlern

1.1.1 Die Kunst der Rede

Auch der publikationsfreudigste Wissenschaftler spricht mehr, als er schreibt. Ist ein *Vortrag* für ihn wichtiger als eine *Publikation*? Darüber zu spekulieren erscheint müßig. Sicher ist, dass *Redegewandtheit* und die Kunst der Rede in ihrer Bedeutung für berufliches Fortkommen und Karriere nicht hoch genug eingeschätzt werden können (s. beispielsweise RUHLEDER 2001, HARTIG 1993). Landauf, landab werden dazu Kurse angeboten, die von der *Stimmbildung* – der systematischen Schulung zur Heranbildung einer klangschönen, belastbaren Stimme – bis zur *Gesprächstechnik (Dialogik)* und *Redetechnik (Rhetorik)* reichen.

Abendakademien und andere Institutionen der Erwachsenenbildung widmen sich dieser Aufgabe, Firmen schicken ihre Mitarbeiter auf entsprechende Seminare. Wissenschaftler aber neigen dazu, dieses Feld Politikern, Werbeleuten und anderen Anwendern der Rede und Überredungskunst zu überlassen. Als Akademiker sind sie darüber erhaben – und manche ihrer Vorträge und Vorlesungen sind danach! Ein wesentliches Ziel dieses Buches wäre erreicht, wenn es an dieser Stelle zu einem geänderten Bewusstsein beitragen könnte.

Denn die Wirklichkeit ist: Wir, die Fachleute – die, die etwas zu sagen haben – stolpern in unsere ersten Redeabenteuer mehr oder weniger unvorbereitet. Wir stolpern hinein, statt dass wir auf sie zugingen. Wir blamieren uns, so gut wir eben können, oder auch nicht – wenn nicht, sind wir ein Naturtalent. In seinem Buch *Der Kongreß* vermerkte dazu der Neurochemiker Volker NEUHOFF (1992, S. 13):

> Es ist des Menschen unveräußerliches Recht, sich zu blamieren –
> doch er ist nicht dazu verpflichtet.

Mit unserem Buch wollen wir andere – Jüngere – vor Situationen bewahren helfen, in denen sie sich blamieren könnten. Wir wollen ihnen die Gewissheit geben, dass sie mit gutem Erfolg vortragen können, auch wenn sie sich dazu zunächst nicht auserwählt fühlen. Kann man gutes Vortragen lernen? Kann man es lehren? Ein Älterer hat sehr schön ausgedrückt, was von solchen Fragen und Zweifeln zu halten ist (s. Kasten auf S. 4). Ähnlich äußert sich JUNG, dem wir auch den Hinweis verdanken, wie schon die Römer darüber dachten, nämlich in unnachahmlicher Kürze so: „Poeta nascitur, orator fit" („Ein Dichter wird geboren, ein Redner dagegen wird gemacht").[1]

---

[1] Wir sind auf JUNGs *Handbuch der kommunalen Redepraxis* (1994) spät aufmerksam geworden, weil es in einer anderen Umgebung entstanden und für eine andere Zielgruppe, kommunale Führungskräfte, geschrieben ist. Hans JUNG ist Rechtsanwalt und war Oberbürgermeister der →

Selbst wenn Zweifel und Bedenken gegen die Pflege der Rede nicht entstanden sind, hat man doch vielfach geglaubt, daß sie deshalb überflüssig sei, weil sich die Redekunst nicht lehren lasse. Ich kann nicht begreifen, wie gerade auf dem Gebiet der Rede eine derartige Meinung entstehen konnte. Ich zweifle [zwar] keinen Augenblick, daß es einzelne Menschen gibt, an denen jede Bemühung, sie auch nur zu halbwegs geeigneten Redern heranzubilden, vollständig fruchtlos ist. Es hat eben jeder Mensch ein Gebiet, auf dem er selbst mit dem besten Willen nichts erlernen kann. Aber daraus folgt noch nicht, daß gerade die Kunst der Rede für alle Menschen durch Studium weder erreichbar, noch halbwegs zu vervollkommnen sei. Es gibt noch viele andere Künste und Wissensgebiete, zu denen man die Begabung in noch viel höherem Maße von Natur aus mitbringen muß als zur Rede.

Richard WALLASCHEK (1913, S. 2)

1.1.2 Kommunikation

Schon an anderer Stelle (EBEL und BLIEFERT 1998) haben wir herausgearbeitet, wie wichtig die *Kommunikation* zwischen Wissenschaftlern ist: ohne sie Stillstand der Wissenschaft, ohne sie keine berufliche Entwicklung des Einzelnen. Ging es uns dort in erster Linie um das *geschriebene* Wort als Mittel der Kommunikation, so hier um das *gesprochene*. „Wissenschaft entsteht im Gespräch", schrieb Werner HEISENBERG im Vorwort zu seinem Buch *Der Teil und das Ganze: Gespräche im Umkreis der Atomphysik* (HEISENBERG 1996). Die ersten „Akademiker" – PLATO, ARISTOTELES und ihre Schüler – erdachten sich ihre Welt, *die* Welt, am liebsten im Gespräch oder verliehen ihren Abhandlungen Gesprächsform. In dem Sinne können wir in HEISENBERG einen modernen Platoniker sehen, wie sein Buch zur Genüge beweist (vgl. auch HEISENBERG 1990).

● Es hilft, sich den Vortrag als eine organisierte Form der mündlichen Kommunikation vorzustellen, als eine Fortsetzung des im Kleinkreis geführten Gesprächs.

Unser Buch wendet sich an die Vertreter der naturwissenschaftlich-technischen und der medizinischen Disziplinen.[1] Für sie alle spielt auch die mit der *verbalen* (mündlichen, gesprochenen) *Kommunikation* verbundene *nichtverbale* Kommunikation eine wichtige Rolle, vor allem die Vorführung – *Präsentation* – von

---

Stadt Kaiserslautern. Von diesem Autor stammen weitere Bücher, von denen eines der Versammlungs-, Sitzungs- und Diskussionsleitung im kommunalen Bereich gewidmet ist. Die Bücher basieren auf reicher eigener Erfahrung des Autors in der bezeichneten Umgebung und sind – allein schon durch die eingestreuten „Bonmots" und anekdotenhaften Bezüge – sehr gut zu lesen und nützlich. Aus dem „Handbuch" hat Teil I: *Der Weg zur wirkungsvollen Rede in der Öffentlichkeit* einen Niederschlag im Internet gefunden (www.mediaculture-online.de) und ist auch als selbständige Publikation (bei Kohlhammer) erschienen. (Teil II des „Handbuchs" bringt 110 Beispiele von Reden und Ansprachen zu Anlässen des kommunalen Lebens, was unsere Leser weniger interessieren dürfte; aber wie JUNG zur „wirkungsvollen Rede" schreitet, kann sehr wohl auch Naturwissenschaftler, Techniker und Ingenieure interessieren.)

[1] Für den Dreiklang dieser Disziplinen hat sich, vor allem im wissenschaftlichen Verlagswesen, das Kürzel *stm* eingebürgert (*scientific, technical, medical*). Mit unserem Buch schlagen wir diesen Akkord an.

Bildern *(visuelle Kommunikation)*. Für viele ist ein Vortrag im akademischen oder geschäftlichen Raum, von ein paar Festreden abgesehen, ohne Bilder nicht mehr vorstellbar. In den USA beispielsweise tritt so neben das Wort "speaker" für den Vortragenden zunehmend das Wort "presenter", der Vortrag selbst wird entsprechend zur "presentation", wie das bei Michael ALLEY geschieht (ALLEY 2003). *Rhetorik* und *Visualisierung* sind somit untrennbar verbunden. Woher rührt das?

● Bilder können komplexe Sachverhalte oft besser erklären als Worte: „Ein Bild sagt mehr als tausend Worte".

(Wir haben eine chinesische Spruchweisheit zitiert.) Bilder lassen sich heute mühelos farbig, in *Bildfarbe*, in Szene setzen. Allein dadurch kann ein Vortrag viel gewinnen – für die Zuhörer: schnelleres Erkennen von Strukturen und Zusammenhängen, besseres Verstehen, mehr Aufmerksamkeit. Mit noch so „gekonnt" eingesetzter *Klangfarbe* beim Sprechen kann man da nicht mithalten. Auf das Bereitstellen von Bildern und ihr Einbringen in den Vortrag werden wir deshalb im Folgenden ausführlich eingehen.

Menschen, die mit (oder vor) dem Fernseher aufgewachsen sind, sind in weit stärkerem Maße auf Bilder fixiert als frühere Generationen. Die Verleger von Lehrbüchern müssen darauf auch bei der geschriebenen Kommunikation Rücksicht nehmen. Das Wort, gleichviel ob geschrieben oder gesprochen, ist enger an das Bild herangerückt. Deshalb muss jeder *Kommunikator* heute etwas von Bildtechnik verstehen, der Redner zusätzlich von Projektionstechnik. Auch als Anleitung dazu ist dieses Buch gedacht (s. besonders die Kapitel 5 und 6).

Die Publikation – ein Produkt der geschriebenen Kommunikation – steht auf dem *Medium* Papier, das *Sender* (Verfasser, Autor) und *Empfänger* der Botschaft gleichermaßen verbindet und trennt. Bei der gesprochenen *(verbalen)* Kommunikation springt eine *Botschaft (Information)* unmittelbar vom Menschen zum Menschen über. Eines Mediums bedarf es dazu nicht. (Selbst beim Fernhören und Fernsehen wird die über das Medium „Äther" vermittelte Botschaft noch als *unmittelbar* empfunden.) Und doch gibt es unbewusst oder bewusst eingesetzte – *linguale* und *paralinguale* – Techniken, die über den Erfolg dieser Mitteilungsform entscheiden. Am Ende stellt sich heraus:

● Wer gut spricht, hat schon halb gewonnen.

(Wer Sinn für ätzenden Humor hat, sei an dieser Stelle auf VISCHER 1989 verwiesen oder auf BÄR 1996; das zweite Buch empfehlen wir nur Personen mit gefestigter seelischer Verfassung zur Lektüre.)[1)]

---

[1] Schon HOMER lässt den listenreichen Odysseus sagen: „In der Jugend war auch mir die Zunge langsam, rasch zur Tat der Arm; doch in des Lebens Schule lernt' ich, dass das Wort und nicht das Handeln überall die Welt regiert." Die Griechen des klassischen Altertums können überhaupt als die „Erfinder" der Redekunst um 450 v. Chr. gelten (*gr.* rhetor, Redner, ist von der →

● Und das Wort steht vor der Tat.

Etwas theatralischer als nach unserem ersten fetten Punkt formulierte einer der
frühen deutschen Sprecherzieher, Maximilian WELLER, in den 1930er Jahren
(WELLER 1939, S. 77):

● Die Schule des Lebens ist eine Hochschule rednerischen Könnens.

Wir haben diesen ersten Abschnitt um das Wort *Kommunikation* gruppiert, ohne
es bisher erklärt zu haben. Je nach Standort lassen sich unterschiedliche Begriffsbildungen dafür finden, z. B. aus der Sicht des Psychologen (LÜSCHER 1988,
S. 15):

> „Die Kommunikation ist mehr als ein gegenseitiger Informationsaustausch
> und mehr als gegenseitige Verständigung. Bei der Kommunikation versteht
> man mehr als die Worte und die Meinung des anderen. Bei einer echten Kom-
> munikation versteht man die Beweggründe des anderen ..."

Wenn Sie mit dieser Vorstellung an Ihre rednerischen Aufgaben herangehen,
stellen Sie an sich einen hohen Anspruch. Dafür haben Sie den Erfolg schon fast
in der Tasche.

1.1.3 Das Wort und die Karriere

Es zählt nicht nur, *was* gesagt wird, sondern auch, *wie* etwas gesagt wird. In
jeder *Geschäftsbesprechung* kann man es beobachten: Wer im entscheidenden
Augenblick das treffende Wort findet, um seine Ideen überzeugend darzulegen,
wer die anderen für sich einnehmen kann (für *sich*, nicht unbedingt für die Sache!), der kommt zum Zuge. Dass vielleicht eine noch bessere Idee im Raum
gestanden hat, wird dann nicht mehr wahrgenommen. Leute, die es wissen sollten, behaupten, 90 % aller Entscheidungen in der so nüchternen Geschäftswelt
(und sicher auch in der Politik) seien emotional begründet und nur rational ver-
brämt. „Wenn Sie glauben, dass Inhalte von Reden wichtig sind, dann liegen Sie
nicht falsch. Wenn Sie aber glauben, dass Inhalte wichtiger sind als die Wirkung
des Redens, dann irren Sie sich" (HOLZHEU 1991, S. 19).

● Wissen ist gut, darüber reden können ist besser.

Das gilt auch und vor allem auf wissenschaftlichen *Tagungen*, denen unser Hauptaugenmerk gelten soll.

Wortwurzel für *eirein,* sprechen, abgeleitet). Die *Rhetorik* (in drei „Büchern") von ARISTOTELES
gilt als bedeutendstes Werk der abendländischen Redetheorie. Sie steht in einer von F. G. SIEVEKE
besorgten und kommentierten Übersetzung auch in deutscher Sprache zur Verfügung – ARISTO-
TELES lebt (ARISTOTELES: *RHETORIK* 1993)! Eine erste Blüte erreichte die Redekunst auf Sizilien,
das damals zum hellenischen Kulturkreis gehörte. Dort entstand auch die erste Lehrschrift der
Rhetorik; von dort stammte GORGIAS (geb. um 485 v. Chr.), der als Redner so verehrt wurde,
dass man ihm in Delphi eine Säule aus reinem Gold errichtete.

● Beifällig aufgenommen wird der wohl vorbereitete und gut dargebotene Vortrag.

Sogar wissenschaftliche Fehlschläge lassen sich, rhetorisch gut „verpackt", verkaufen. MOHLER (2002) hat dafür, wie überhaupt für eine „überzeugende Rhetorik", gleich 100 „Gesetze" zur Hand.

Verweilen wir einen Augenblick bei der Geschäftsbesprechung. Wer in einem Unternehmen der freien Wirtschaft arbeitet, weiß ein Lied davon zu singen, in welch bedrohlichem Ausmaß das Management überall in Zeitnot geraten ist. Immer komplexere Entscheidungen sind in immer kürzerer Folge zu fällen. Ein moderner Führungsstil verlangt zudem die Beteiligung möglichst vieler am Entscheidungsprozess, nicht nur, um möglichst viel Expertenwissen einzubinden, sondern auch, um den Beschlüssen die erforderliche Akzeptanz zu sichern. Von daher ist es immer mehr notwendig geworden, solche Sitzungen gut vorzubereiten.

Die Fakten müssen übersichtlich, lückenlos und ballastfrei aufbereitet sein und in einer zwingenden logischen Abfolge präsentiert werden, damit die Entscheidung – und möglichst auch ein Konsens – rasch herbeigeführt werden können. Letztlich gilt auch hier: "Time is money." Kein Wunder, dass gute Kommunikationsfähigkeit zu den wichtigsten Eigenschaften gehört, die von einer Führungskraft erwartet werden (z. B. NAGEL 1990, AMMELBURG 1991, KELLNER 1998) – das gesprochene Wort wird zum vorrangigen Mittel der *Menschenführung*!

● Es lohnt sich also, an seinem *Redestil* zu arbeiten.

Leider bietet unser Bildungssystem dafür immer noch zu wenig Anregung. Eine „deutsche Krankheit"? „Der Pflege der Redekunst wird in neuerer Zeit auch an deutschen Universitäten erhöhte Aufmerksamkeit geschenkt", räumte der Leiter des Instituts für Redeübungen an der Wiener Universität ein, aber: „Die Amerikaner und Engländer sind uns darin seit langem mit gutem Beispiel vorangegangen. Sie beginnen mit Stimmbildung, verwerten die hier gewonnenen Erfahrungen in Redeübungen, didaktischen Vorträgen, Debattier-Klubs und bilden schließlich, durch die Studenten selbst, Gerichtshöfe und Parlamente, deren Zusammensetzung den entsprechenden staatlichen Einrichtungen nachgebildet ist." Dieser Text stammt – aus dem Jahr 1913 (WALLASCHEK)![1] Wir sind nicht sicher, ob sich da in jüngerer Zeit viel geändert hat, wenngleich auffällt, dass junge Menschen heute in der Öffentlichkeit sich oft erstaunlich gut ausdrücken können. Aber das mag eher die Folge des Freiwerdens von Begabungen durch Abbau autoritärer Klemmungen sein als die von gezielter Schulung oder Übung. Wir fürchten, der Appell von 1913 muss noch 2013 wiederholt werden. Wie

---

[1] Das 57 Seiten starke Buch ist wirklich „stark". Wir nehmen unser zerfleddertes Exemplar immer wieder zur Hand und betrachten es als bibliophile Kostbarkeit.

immer: Hier, bei der „Pflege der Redekunst", will dieses Buch helfen, mit einer klar umschriebenen Zielgruppe im Visier.

Wir haben oben bewusst eine Assoziation herbeigeführt: *Verpackung*.

● Der wissenschaftliche Vortrag ist ein Kommunikationsprodukt, bei dem die „Verpackung" von ausschlaggebender Bedeutung für die Wirkung ist.

Die Verpackung muss nicht aufwändig sein, aber sie soll ansprechen. Das kostbare Stück wissenschaftlicher Information darin würde an Wert verlieren, müsste man den Eindruck gewinnen, es sei lieblos zusammengeschnürt worden. In Industrie, Handel, bei Fluglinien und anderen Dienstleistern legt man aus gutem Grund auf „Äußerlichkeiten" größten Wert. Vorsprünge in der technischen Qualität von Produkten werden von der Konkurrenz immer eingeholt. Was übrig bleibt, ist das „Bild", das unverwechselbare Design von Produkt und Produzent *(Corporate Design, Corporate Identity)*. Auch Wissenschaftler und Ingenieure kommen nicht umhin, in solchen Kategorien zu denken, sonst „verkaufen" sie sich unter Wert – als einzelner wie als Berufsstand.[1]

● Verwirklichen Sie in Ihrem Vortrag ein Stück persönlicher *Corporate Identity*.

In diesem Sinne ist jeder Fachvortrag Öffentlichkeitsarbeit. Als Vortragender vermitteln Sie einen Eindruck von Ihrer Hochschule oder Firma, Ihrem Institut oder Ihrer Abteilung, und letztlich von sich selbst.

Geschriebenes und gesprochenes Wort ergänzen und unterscheiden sich in charakteristischer Weise (s. Abschn. 1.2.2), sie haben auch unterschiedliche *Karrierefunktionen*.

Ergänzung: Neben die schriftliche Prüfung tritt die mündliche, neben das Bewerbungsschreiben das Vorstellungsgespräch und der Probevortrag; aus einem *Fachvortrag* geht eine *Fachpublikation* hervor, und die akademische Festrede wird in der Hochschulzeitung abgedruckt.

Unterscheidung: Reden und Schreiben haben andere Voraussetzungen, Ziele und Wirkungen. Darauf wird im Einzelnen einzugehen sein.

Das Leben von Wissenschaftlern spielt sich nicht nur in den Sphären hoher Gelehrsamkeit ab. Zur akademischen Welt gesellt sich die industrielle, zum „Streben nach Erkenntnis" die berufliche Praxis, der Arbeitsalltag. Die säuberliche Trennung SCHILLERS in seinem „Wissenschaft" überschriebenen Epigramm

---

[1] Wir gestatten uns im Folgenden immer wieder, unsere Leser als Vortragende unmittelbar anzusprechen. Dabei wollen wir auf sprachliche Unterscheidungen verzichten und einen Zuhörer oder einen Vortragenden gerne eine Frau oder einen Mann sein lassen. Ständig „dem Vortragenden" „die Vortragende" oder „den Zuhörern" „die Zuhörerinnen" zur Seite zu stellen, hielten wir für Umweltverschmutzung, nicht nur was den Verbrauch von Papier anginge. Hingegen plädieren wir dafür, im Vortragswesen das Wort „Damenprogramm" zu streichen; dafür „Gesellschaftliches Programm" oder „Rahmenprogramm" zu sagen ist heute in der Sache richtiger.

Einem ist sie die hohe, die himmlische Göttin, dem andern
eine tüchtige Kuh, die ihn mit Butter versorgt

lässt sich nicht durchhalten: Wir alle beten an und melken zugleich. Oder sind wir selbst das liebe Nutztier?

Neben den wissenschaftlichen Fachvortrag tritt das bestellte *Referat* (*lat.* referat, „er berichte ...!") über einen bestimmten Gegenstand, der mit Wissenschaft gar nichts zu tun haben muss (HOFMEISTER 1990, 1993; s. auch Abschn. 2.7). Je höher Naturwissenschaftler oder Ingenieure beruflich aufsteigen, desto weiter entfernen sie sich meist von „ihrer" Wissenschaft. Sie übernehmen Managementaufgaben, und der Gegenstand ihres Referats ist vielleicht eine organisatorische Frage oder das Ergebnis einer Projektstudie. Nicht zuletzt das Referat vor Vorgesetzten und Kollegen verdient Aufmerksamkeit und gute Vorbereitung, entscheidet seine Wirkung doch oft darüber, wer „zu Höherem berufen erscheint".

Kann man die Wirkung des gesprochenen Worts messen? Manche versuchen es, wenn auch bislang mit bescheidenem Erfolg (z. B. was die Verständlichkeit des Gesagten betrifft; vgl. Abschn. 1.4.2). Zu vielfältig sind die Faktoren, die bestimmen, was Worte auslösen. Zu lang ist die Kette von dem Gedanken, den jemand in Worte fasst, über die stimmlichen und sonstigen Mittel, deren er sich dabei bedient, bis zu den Personen, für die die Worte bestimmt sind, mit ihren unterschiedlichen verstandes- und gefühlsmäßigen Ausprägungen: zu lang, als dass einfache Ergebnisse und griffige Regeln zu erwarten wären. Wir jedenfalls konnten einer sich überaus wissenschaftlich gebenden *Sprechwirkungsforschung* (KRECH et al. 1991) bislang keine verwertbaren Ergebnisse abgewinnen. Wir haben eine eigene Vorstellung, wie man den guten Vortrag messen kann: an dem, was sich die Hörer ein paar Tage später davon noch in Erinnerung rufen können. Ist da nichts, dann war der Vortrag nichts.

1.1.4 Vortrag und Tagung

Was erwarten Wissenschaftler von einem Vortrag? Als *Zuhörer* (Empfänger der Botschaft, *Rezipient*) wollen sie in erster Linie *informiert* sein. Deshalb sprechen sie auch von Vortrag und Vortragen, und nicht von Reden. Fachleute der Redekunst machen gern einen Unterschied zwischen Vortrag und Rede, die dann zur *Überzeugungsrede (*auch *Meinungsrede)* eingeengt wird.

● Der *Vortrag* will belehren, die *Rede* will überzeugen, mitreißen oder unterhalten.

Der Leiter einer *Vortragsveranstaltung* kündigt beispielsweise an: „Die Vorträge der Reihe B finden in Hörsaal 4 statt." Der Gebrauch macht freilich keinen strengen Unterschied, der eingeladene Wissenschaftler kann durchaus als „unser heutiger Redner" vorgestellt werden. Wir werden im Folgenden in diesem

Sinn Begriffe wie „Rede" und „Vortrag" (und auch „Präsentation") oder „Redner" und „Vortragender" synonym verwenden.

Einen wesentlichen Teil ihres Informationsbedarfs decken Naturwissenschaftler, Ingenieure und Mediziner, wie jedem Mitglied der *Scientific Community* bewusst ist, aus der Fachliteratur. Aber das Studium der Literatur und die Recherche in Datenbanken genügen nicht, um Fachwissen aufnehmen und sinnvoll verwenden zu können – auch Wissenschaft will verinnerlicht sein!

● Wissenschaft kommt ohne die persönliche Begegnung der Wissenschaftler nicht aus.

Es gibt eine Reihe von Motiven, Wissenschaft gelegentlich „live" erleben zu wollen, in einer Weise, wie sie vom geschriebenen und gedruckten Wort nicht vermittelt werden kann. Die stm-Gemeinde wendet dafür eine Menge Zeit und Geld auf.

● Auch die Wissenschaft hat ihre *Stars*.

Von den Pionieren ihres Fachs, den großen Wegbereitern, geht eine Faszination aus, die auf andere überspringt. Ohne Vorbilder wäre auch der akademische Nachwuchs hilflos: es fehlte ihm an Orientierung, an Ansporn.

Umgekehrt wollen die Älteren, das wissenschaftliche „Establishment", Gelegenheit haben, jüngere Kollegen persönlich kennen zu lernen. Ein Vortrag bietet dazu Gelegenheit. Nicht selten führt er darüber hinaus zu einer positiven Rückkopplung, und der Vortragende selbst wird von seinem Auditorium etwas lernen: indirekt, indem er sich auf seine Hörer einstellen muss, zunächst mit der Frage „wie erkläre ich das am besten?"; dann, direkt (während des Vortrags), durch die Reaktionen des Publikums. Vielleicht wird er mit Fragen und Anmerkungen konfrontiert, vielleicht kommt es sogar zu nützlichen Hinweisen, die die zukünftige Arbeit an dem Gegenstand beeinflussen können. Das kann während der Diskussion (s. Abschn. 1.1.5) geschehen oder nach dem Vortrag. Für Vortragende werden oft die „Nachgespräche", post festum, der eigentliche Gewinn des Tages.

● Ein Vortrag ist immer Selbstdarstellung des Vortragenden, er ist Teil seiner oder ihrer „Öffentlichkeitsarbeit".

Diese Selbstdarstellung kann bewusst als Mittel der Vorstellung herbeigeführt werden. Die *Probevorlesung* vor einer Berufungskommission und die *Antrittsvorlesung* sind Beispiele dafür. Wissenschaftler sind sich der Situationen bewusst und haben dafür eigene Bezeichnungen wie „Vorsingen" (wohl in Erinnerung an die Meistersinger von Nürnberg) gefunden. Die Chemiker in Deutschland haben diesen Aspekt des wissenschaftlichen Kommunikationsprozesses in einer inzwischen altehrwürdigen Einrichtung, der alljährlich stattfindenden *Chemiedozententagung*, institutionalisiert. Wenn diese Tagung schon sarkastisch als

„Remonten-Schau" bezeichnet worden ist, dann wird damit treffend ausgedrückt, worum es geht (*frz.* remonte: junges, noch nicht zugerittenes oder erst kurz angerittenes Pferd). In einer Pressemitteilung der Gesellschaft Deutscher Chemiker (GDCh) vom 17.2.2004 wird die Chemiedozententagung als „Leistungsschau" für Nachwuchschemiker bezeichnet. (Einen Auszug aus der Mitteilung finden Sie im nebenstehenden Kasten.)

Von den uns bekannten Rhetorikbüchern geht eines, *Redetechnik: Einführung in die Rhetorik* (BIEHLE 1974; nicht mehr lieferbar), näher auf die Erfordernisse und Bedingungen des Vortrags in den verschiedenen Berufsgruppen ein. Die Darstellung beginnt bei den *Theologen*, deren von der Kirche über die Jahrhunderte gepflegte Vortragskunst ihren Niederschlag in der *Predigt* findet. Sie führt weiter über die Plädoyers der *Juristen* bis hin zu den Reden der *Politiker* vor Parlamenten und Versammlungen. In dieser Kette sind die *Ingenieure* (S. 95) mit freundlichen Worten eingereiht (s. Kasten unten).[1]

> Wer bei der Chemiedozententagung auftritt, will seine Karriere in Deutschland beginnen oder fortsetzen; denn im Publikum der Chemiedozententagung sitzen außer den deutschen Dozenten auch Vertreter in Deutschland ansässiger Chemieunternehmen. Sie verschaffen sich einen Überblick über die fähigsten Nachwuchschemiker; nicht selten werden direkt Kontakte geknüpft …
>
> GDCh (aus einer Pressemitteilung)

Naturwissenschaftler bedenkt BIEHLE (1974; S. 88, S. 90) mit kritischeren Worten: „Die Gabe, Forscher und Wissenschaftler zu sein, Bücher zu schreiben, bedeutet noch keineswegs, auch die Fähigkeit des Lehrens und Dozierens zu besitzen. Es ist merkwürdig, dass letzteres einfach vorausgesetzt wird [...]. In vielen Fällen fehlt der Dozentenstimme genügende Lautstärke und Modulationsfähigkeit; denn hierfür ist kaum etwas getan worden. Besonders, wenn diese

> Fachautoren beklagen, dass die Angehörigen der technischen Berufe, gewöhnt an die Sprache von Formeln, Zeichnungen und Koordinatensystemen, zum Redenhalten schlechte Voraussetzungen mitbrächten [...], was sich aber bei Technikern und Ingenieuren, auch diplomierten und doktorierten Teilnehmern unzähliger Rednerkurse nicht bestätigt hat; denn ihre berufseigene Rhetorik steht unter anderen Aspekten. Die in den lateinischen Worten ingenium und ingeniosus enthaltenen Eigenschaften: Einfall, Erfindungsgabe, Geist, Kopf, Phantasie, Scharfsinn, natürlicher Verstand, verbunden mit den zum technischen Beruf gehörenden Attributen: Klarheit und Logik, Nüchternheit und Übersichtlichkeit der Darstellung, bieten doch, umgewandelt und geschult, gerade gute Grundlagen zum Einsatz für Rednerzwecke.
>
> Herbert BIEHLE

[1] Die Beurteilung überrascht, sprach man doch früher eher von einer „Sprachnot des Technikers", wie sie etwa von Wilhelm OSTWALD so umschrieben und begründet wird: „[Der Techniker] denkt in anschaulichen, messbaren und räumlich geordneten Größen, für die er nicht viele Worte verwendet, sondern Zeichen und Bilder, also wieder Gesehenes, nicht Gesprochenes [...] So tritt das Wort nur nebenbei als Aushilfe auf, und er findet kaum je Anlass, auch nur einen Bruchteil der selbstverständlichen Sorgfalt auf dieses zu verwenden, mit der er jeden Schraubenkopf zeichnet." (Zitat nach WELLER 1939, S. 68)

Voraussetzungen fehlen, sollte der Vortrag wenigstens äußerlich belebt werden
[...].“ (Es wird nicht deutlich, was BIEHLE an dieser Stelle unter „äußerlicher
Belebung“ versteht; wir meinen, dass z. B. ansprechende Dias nicht als Ent-
schuldigung für eine schwunglose Stimme herhalten können.)

Die *Ärzte* werden von demselben Autor, der jahrelang Redner-Schulung aktiv betrieben hatte, mit den Worten (BIEHLE 1974, S. 84) angespornt: „Die bei
Ärzten so oft leise Stimmgebung, ein Attribut des Berufes, vom Krankenbett
gewöhnt, um Patienten und Angehörige zu beruhigen, wird bei Vorträgen und
Vorlesungen zum Nachteil.“ BIEHLE beklagt (S. 82) „Obwohl auch der Arzt Gelegenheit zu rednerischer Entfaltung findet, in Vorträgen und Vorlesungen, als
Kongressreferent und Gutachter, geschieht während des medizinischen Studi-
ums meist nichts in dieser Hinsicht“ und erinnert zur Ehrenrettung des Berufsstandes daran, dass schon im Altertum hervorragende Redner bei näherer Betrachtung Ärzte waren: „Als Redner, nicht als Arzt kam ASKLEPIADES im 1. Jahrhundert v. Chr. nach Rom, wo fremde Ärzte unbeliebt waren, Rhetoren aber
gebraucht wurden.“

Seit kurzem steht ein Buch in englischer Sprache zur Verfügung, das den
Zielen nahe kommt, die wir uns mit dem vorliegenden Buch (1. Aufl. 1992)
gesetzt hatten. Es ist in einem deutsch-amerikanischen Verlag, Springer-Verlag
New York, erschienen (ALLEY 2003). So zollt es der „Globalisierung“ – die ja in
den Naturwissenschaften längst gelebt und vorgelebt wird – Tribut und bringt
gleichzeitig, neben der Darlegung moderner Präsentationstechniken, auch einen
historischen Aspekt mit ins Spiel, indem es auf einige Vorträge eingeht, die nicht
zuletzt ihrer Rhetorik wegen in Erinnerung geblieben sind.[1]

1.1.5 Das Tagungskarussel

Ein wesentlicher Teil eines wissenschaftlichen Vortrags ist die *Diskussion*. Auf
diesen Gegenstand werden wir in Abschn. 2.1.2 erneut zu sprechen kommen,
wo wir die *Diskussionsanmerkung* als besondere Form der Stegreifrede vorstellen und ein kleines „Brevier für Diskutanten“ entwickeln wollen, und in Abschn.
4.9, wo es um die Diskussion als Teil eines Vortrags aus der Sicht des Vortragenden gehen wird.

● Als *Hörer* erwarten Wissenschaftler, dass sie das Mitgeteilte – das soeben
  Erfahrene – mit dem Vortragenden diskutieren können.

---

[1] Michael ALLEY ist Maschinenbauingenieur, zum Zeitpunkt der Neubearbeitung des vorliegen-
den Buches ist er Mitglied des Mechanical Engineering Department an der Virginia Tech in
Blacksburg, Virginia, USA. Er hält Kurse über “Writing and Speaking” z. B. am Los Alamos
National Laboratory und am Lawrence Livermore National Laboratory, aber auch außerhalb der
USA, und schreibt seine Lehr- und eigenen Vortragserfahrungen für “scientists, engineers,
practitioners” nieder.

Als *Vortragende(r)* mögen Sie zu Recht irritiert sein, wenn am Schluss Ihrer Ausführungen keine oder nur eine kurze, langweilige Diskussion zustande kommt: „Es gab nach meinem Vortrag keine Opposition und keine schwierigen Fragen; aber ich muß gestehen, daß eben dies für mich das Schrecklichste war. Denn wenn man nicht zunächst über die Quantentheorie entsetzt ist, kann man sie doch unmöglich verstanden haben. Wahrscheinlich habe ich so schlecht vorgetragen, daß niemand gemerkt hat, wovon die Rede war."[1] Von einigen Plenarvorträgen abgesehen, werden die Vorträge auf wissenschaftlichen *Tagungen* und *Kongressen* daher zur Diskussion freigegeben („Diskussionsbeitrag ").

Die Diskussion bietet die Möglichkeit, die Stichhaltigkeit der vorgetragenen Ergebnisse und Schlussfolgerungen zu überprüfen. Für die Diskutanten geht es nicht nur darum, ihr Verständnis des Vorgetragenen zu vertiefen. Vielleicht suchen sie durch den Austausch von Worten mit dem Vortragenden eine noch engere persönliche Begegnung, vielleicht benutzen sie die Diskussion ihrerseits als Mittel der *Selbstdarstellung* vor dem Publikum – auch das gehört dazu.

● Mehr als alle anderen Wissenschaften sind die Naturwissenschaften „kritikfähig".

Die Ergebnisse der Natur- und Ingenieurwissenschaften wie auch der Medizin lassen sich verifizieren oder falsifizieren. Die Diskussion am Ende eines Vortrags bietet die unmittelbare Gelegenheit, die Verlässlichkeit von Verfahren oder die Aussagekraft und Reichweite von Befunden auf den Prüfstand zu legen. Viele Wissenschaftler suchen den Vortrag bewusst, um ihre Ergebnisse der Kritik von Kollegen auszusetzen. Erst nach dieser *Evaluation*, wenn niemand mehr ein „Haar in der Suppe" gefunden hat, bereiten sie ihre nächste Publikation vor. Wo sonst außer im Wechselgespräch der Diskussion kann man so schnell wissenschaftliche Erkenntnisse auf ihren Bestand und ihre Tragfähigkeit abklopfen? "Presenting work at a meeting is an almost obligatory preliminary to submitting a journal article or a thesis" (O'CONNOR 1991, S. 150).

Vorträge erfüllen noch andere Funktionen, sowohl für die Vortragenden als auch für die Zuhörer. Für die Studenten im Praktikum ist der Vortrag im Hörsaal nebenan willkommene Unterbrechung und geistige Anregung. Die Teilnehmer einer *Fachtagung* freuen sich darauf, alte Bekannte zu treffen und neue Bekanntschaften zu schließen. Manchmal gewinnt man den Eindruck, dass die Vorträge selbst nicht mehr als Hintergrundrauschen sind: Die eigentliche Wissenschaft vollzieht sich in den Gesprächen während der Kaffeepausen – nicht

---

[1] Mit dieser mündlich überlieferten Anmerkung bezog sich Niels BOHR auf einen Vortrag, den er auf einer Philosophentagung in Kopenhagen gehalten hatte (zitiert in HEISENBERG 1996, S. 241). – Er, der dänische Atomphysiker und Nobelpreisträger, „Erfinder" des Baus des Wasserstoffatoms, war wohl wirklich ein schlechter Redner, wie Zeitzeugen berichten. Brillanz im Denken und Brillanz im Sprechdenken sind nicht dasselbe.

im Hörsaal, sondern auf den Korridoren. Wenn der Vortrag diesen Prozess stimuliert, hat er schon eine wichtige Funktion erfüllt.

Dass Kongresse, zumal wenn sie auf Hawaii stattfinden, darüber hinaus ihre Attraktionen haben, versteht sich am Rande. So wundert es nicht, dass die *Tagungskalender* der Fachorgane in einem gesunden wissenschaftlichen Gemeinwesen stets ein reichhaltiges Angebot ausweisen, von dem der einzelne bestenfalls einen Bruchteil wahrnehmen kann. Keine örtliche Fachschaft, kein Institut, keine Universitätsklinik kommt ohne eigene Vortragsfolgen aus, die – ergänzt durch *Kolloquien* der Arbeitskreise – in ihrer Gesamtheit erst eine lebendige Wissenschaft ausmachen. Und kein Wissenschaftler kann es sich leisten, auf das Herstellen neuer Kontakte – wie sie bei der Wahrnehmung von Vortragseinladungen entstehen – gänzlich zu verzichten.

1.2 Vorträge

1.2.1 Merkmale des Vortrags

In die Vielzahl und Vielfalt von Vorträgen und Vortragsarten Ordnung zu bringen, kann man unter verschiedenen Kriterien versuchen (s. Kap. 2, besonders Kasten in Abschn. 2.1.3) – z. B. nach

- Anlass (z. B. Eröffnungsvortrag, Begrüßungsrede),
- Umfeld (Plenarvortrag, Seminarvortrag),
- Länge (Kurzvortrag, Abendvortrag),
- eingesetzten Mitteln/Medien (Diavortrag, Rundfunkvortrag).

Dazu kann man nach Belieben noch unterschiedliche Formen der „Rede", „Ansprache" und „Präsentation" im weitesten Sinne zählen.[1] Im Visier dieses Buches liegt die vornehmlich durch *(Licht)Bilder* (Dias, Transparente, E-Bilder[2]) unterstützte verbale Darstellung eines wissenschaftlichen Gegenstands *(Vortrag mit Bildunterstützung, Bild-unterstützter Vortrag)*. Dabei können neben Lichtbildern noch andere audiovisuelle Hilfsmittel eingesetzt werden, wie:

Tafeln, Pinnwände, Flipcharts, Wandkarten, Schaukästen,
CDs, DVDs, Filme, Videoaufzeichnungen,
Modelle, Demonstrationsobjekte, Personen.

In den naturwissenschaftlich-technischen und medizinischen Disziplinen spielt der etwa 15 Minuten Sprechzeit dauernde *Kurzvortrag (Diskussionsbeitrag)* auf einer *Tagung* eine herausragende Rolle. Ihm gilt deshalb unsere größte Auf-

---

[1] In seinem inzwischen vergriffenen *Handbuch der Gesprächsführung* nennt AMMELBURG (1988) 70 verschiedene Typen der Rede.
[2] Wir werden im Folgenden elektronische Bilder, die mit Computerunterstützung erzeugt sind (und die beispielsweise mit Hilfe eines Beamers auf die Leinwand projiziert werden), in Anlehnung an Begriffe wie E-Mail (E-Commerce, E-Banking, E-Government usw., auch E-Journal, E-Book) *E-Bilder* nennen.

merksamkeit. Im Kurzvortrag soll ein eng begrenztes Ergebnis eines Fachge-
biets vorgestellt werden. Das *Thema* wird durch den *Veranstalter* der Tagung
eingeschränkt, und Dauer und Form der Darstellung sind durch das *Veranstaltungsprogramm* vorgegeben.

Nahe verwandt mit ihm ist der *Einzelvortrag* (auf einer Tagung auch *Hauptvortrag*), der manchmal als „Normalvortrag" verstanden wird und sich vor allem durch seine größere zeitliche Länge vom vorigen unterscheidet. Er dauert
bis zu 50 Minuten, gelegentlich – bei einem bedeutenden Ereignis – auch länger. Im typischen Fall kommt der *Vortragende* auf Einladung angereist, um über
ein Thema aus seinem Fachgebiet ausführlich zu berichten. Dem Vortragenden
werden meist keine einschränkenden Auflagen erteilt, so dass er sich frei entfalten kann. Die Wahl des Themas sowie die Art der Darstellung und der verwendeten Hilfsmittel sind seine/ihre Sache; kleine Demonstrationen oder Experimente können eingesetzt werden, um einen Gegenstand zu erläutern.

Wie angedeutet, lassen sich Vorträge nach der Art der eingesetzten Medien
charakterisieren. Die älteste Form ist die *Rede*, in der allein die *Stimme* als Medium fungiert, technische Hilfsmittel also nicht zum Zuge kommen. Sie ist „an-
tik" in dem Sinne, dass sie die als Antike bezeichnete Epoche beherrschte. Anti-
quiert ist sie deshalb nicht. Es gibt genügend Anlässe, bei denen das gesprochene Wort den Zweck erfüllt, da bedarf es keiner weiteren Umstände (außer allenfalls der Bereitstellung eines Mikrofons und eines Lautsprechers).

Bei den Bild-unterstützten Vorträgen bilden die mit *unbewegten* Bildern –
die als Transparente, Dias oder E-Bilder projiziert werden – die wichtigste Ka-
tegorie. Ihrer Natur nach sind sie *audiovisuell*, weil Ohr *und* Auge „angesprochen" werden (*lat.* audire, hören; videre, sehen). Da der (natur)wissenschaftliche
Vortrag selten gänzlich auf die *Visualisierung* bestimmter Inhalte verzichtet,
möchte man diese Form heute in der stm-Szene „klassisch" nennen.

Daneben kann man die *Multimedia-Schau (Multivision)* stellen (MARKS
1988[1])). Es handelt sich dabei um eine Vortragsform, bei der Medien – oft *mehrere* – eingesetzt werden mit dem Ziel, auch *bewegte* Bilder (*Animationen*)
vorführen zu können, vielleicht in Form von Filmen oder kurzen Videoclips.
Statt von Vortrag spricht man dann manchmal von *Präsentation*. Aber solche
Unterscheidungen sind eher künstlich, lassen sich heute doch mit Computer-
Hilfe jederzeit sowohl ruhende als auch bewegte Bilder einbringen und mit der
Rede verbinden, ohne dass sich die Zuhörer-Zuschauer eines Medienwechsels –
sofern überhaupt einer stattgefunden hat – bewusst werden müssten.

---

[1] Das Buch muss heute als veraltet gelten, eine neuere Auflage steht nicht zur Verfügung. – Es
gibt Firmen, die sich gezielt mit Herstellung und Verkauf der dafür benötigten Geräte (Beamer
usw.) und der Anwender-Beratung befassen, wie die MultiVision GmbH in Düsseldorf (www.
multivision.de).

Techniker im industriellen Bereich finden an der *Ton-Bild-Schau (Tonbildschau)* Gefallen, da sie damit in die Funktion und Bedienung neuer Geräte und Verfahren wirkungsvoll einführen können. Firmen nutzen die Möglichkeit zur Mitarbeiterschulung, Kundenberatung oder Präsentation auf Fachmessen. Es handelt sich dabei um eine enge Verknüpfung von Ton und Bild (früher auf *Tonbandkassetten* und auf *Dias*) in einem fixierten Ablaufplan, um einen programmierten *Lichtbildvortrag*. Das gesprochene Wort tritt in seiner Bedeutung zurück und wird zur Erklärung der Bilder, die vielleicht noch durch Musik untermalt wird. Das ist aber nur am Rande unser Thema, wir halten es in erster Linie mit dem „guten alten" Bild-unterstützten Vortrag, der in der eigentlich wissenschaftlichen Kommunikation immer noch die Szene beherrscht.

Man mag zu Recht hier wenigstens die Erwähnung einer weiteren Form des Vortrags einfordern, die gerade für die Naturwissenschaften überaus charakteristisch ist, die freilich mehr in der *Lehre* als im üblichen Vortragswesen ihre Heimstatt hat. Wir denken an die *Experimentalvorlesung* und verbinden damit gerne Erinnerungen an Professoren, die es vor Jahr und Tag verstanden, für uns Studenten die Natur und ihre Gesetze erlebbar zu machen, uns zu faszinieren und zu verblüffen. Manche dieser Experimente und ihre „Botschaften" sind uns noch heute, vierzig und mehr Jahre später, in lebhafter Erinnerung. Wir können und wollen auf diesen Gegenstand hier nicht näher eingehen und begnügen uns mit zwei Hinweisen. Es war Michael FARADAY, der an der Royal Institution of Great Britain in London Maßstäbe auf diesem Gebiet setzte, zuletzt (1860/61) mit seinen "Lectures on the chemical history of a candle".[1] Die *Experimentalvorlesung* – und das „Praktikum", in dem die Studenten unter Anleitung selbst experimentieren – zu institutionalisieren, nämlich als unabdingbare Bestandteile der Chemikerausbildung, blieb Justus von LIEBIG vorbehalten, wie gerade zum Zeitpunkt dieser Niederschrift ganz gegenwärtig ist.[2]

In unserem *Großwörterbuch Englisch* (Duden/Oxford) kommt das Wort „Experimentalvorlesung" nicht vor. Im Englischen entspricht dem deutschen Begriff z. B. bei ALLEY die "demonstration lecture", mit einem erweiterten Begriffsinhalt.[3] "Demonstrations not only allow the audience to see the work, but also can allow the audience to hear, touch, smell, and even taste the work" (ALLEY 2003, S. 5). Hier ist vor allem an den Einsatz von Modellen und Geräten ge-

---

[1] Der große Naturforscher hatte seine wissenschaftliche Laufbahn als Labordiener und Vorlesungsassistent (von Humphry DAVY) begonnen. Seine oben genannten Vorlesungen sind in Buchform erschienen. Dem Heidelberger Chemiedidaktiker Peter BUCK ist die Herausgabe einer deutschen Fassung zu danken (FARADAY: *Naturgeschichte einer Kerze* 1979), die noch immer lieferbar ist (ISBN 3-88120-010-X).
[2] Im „Liebig-Jahr" 2003 gedachten die deutschen Chemiker und ihre Freunde in aller Welt der 200. Wiederkehr seines Geburtstages.
[3] Bei JUNG (1994) fanden wir den *demonstrativen Vortrag*, wobei in den Begriff auch *Lichtbildervorträge* eingeschlossen wurden.

dacht. Ein paar Kristallgitter-Modelle in einer Vorlesung über Kristallographie kann man ggf. nach der Lehrveranstaltung in die Hand nehmen und in verschiedenen Perspektiven betrachten, in einem Mikroskop kann man Gewebeschnitte, Kulturen von Mikroorganismen o. ä. näher in Augenschein nehmen. Bei Vorlesungen in der Medizin und Psychologie können Patienten, sofern sie ihre Einwilligung dazu gegeben haben, zu „Modellen" werden und selbst über ihre Leiden oder Probleme berichten.

In den USA erlangten die *Vorlesungen* Ruhm, die der Atomphysiker Richard Phillips FEYNMAN am California Institute of Technology (Caltech) in Kalifornien hielt,[1] Die daraus entwickelten Bücher gelten als Höhepunkte der Literaturgattung *Lehrbuch* schlechthin und bezaubern angehende Physiker in aller Welt durch ihre didaktische Brillanz. An ihrer Wiege aber standen, wir halten es fest, *Vorträge* vor einem studentischen Publikum.

Ein Buch, das unser Bemühen vor allem auf der didaktischen Ebene unterstützten kann, ist zuerst 1983 in englischer Sprache erschienen unter dem Titel *A Handbook for Medical Teachers*. Es wendet sich vor allem an Lehrende in der Medizin, kann aber durchaus auch Dozenten in den naturwissenschaftlichen und technischen Fächern zur Lektüre empfohlen werden. Die erfolgreiche Publikation zog bald eine stark überarbeitete 2. Auflage nach sich, der 2001 eine Übertragung ins Deutsche folgte (NEWBLE und CANNON 2001; sie beruht auf der 3. englischen Auflage und ist in einem Schweizer Verlag erschienen). Die Autoren gehören der englischen und australischen klinischen Szene an. Das Buch geht mit dankenswerter Gründlichkeit gerade auch auf neuere Entwicklungen der Lehre ein, wovon Stichwörter wie Vorlesungstechnik, Kleingruppenunterricht, problemorientiertes Lernen (POL), Unterrichtsmaterialien, Kursplanung und Evaluation Zeugnis ablegen.

1.2.2 Rede und Schreibe

Unser wichtigstes Kommunikationsmittel bleibt, auch im Bild-unterstützten Vortrag, die *Sprache*; einigen ihrer Besonderheiten wollen wir uns daher zuerst zuwenden. Zu jeder Kommunikation gehören wenigstens ein *Sender* und ein *Empfänger (Rezipient)* der Botschaft. Es war ein Naturwissenschaftler, der Che-

---

[1] FEYNMAN, Nobelpreis für Physik 1965 für seine Beiträge zur Quantenelektrodynamik, brachte die Vorlesungen in Buchform heraus. Die *Feynman Lectures on Physics* sind in mehreren Bänden, die den einzelnen Fachgebieten der Physik zugeordnet sind, bei Addison Wesley erschienen und stehen auch als Audiokassetten zur Verfügung. – Richard FEYNMAN gilt als der Prophet der *Nanotechnologie*, die im Begriff ist, die Welt zu verändern, in stärkerem Maße vielleicht als irgendeine andere Vision der Neuzeit. Die Vision, dass man große Moleküle und vielleicht sogar Atome wie Minimaschinen „direkt" manipulieren könnte, entstand in seinem Kopf 1959. Natürlich betrat sie die Weltbühne in einem *Vortrag*, jenem, den der Physiker als "There's Plenty of Room at the Bottom" angekündigt hatte. (Erst 1974 verwendete ein Professor an der Tokyo Science University, Norio TANIGUCHI, den Begriff "Nano-Technology" für das neue Konzept.)

miker Wilhelm OSTWALD, der dafür das Bild fand (nach LEMMERMANN 1992, S. 93): „Die Sprache ist ein Verkehrsmittel; so wie die Eisenbahn die Güter von Leipzig nach Dresden fährt, so transportiert die Sprache die Gedanken von einem Kopf zum andern."

Zwischen gesprochenem und geschriebenem Wort – zwischen „sprechsprachlicher" und „schreibsprachlicher" Kommunikation – gibt es dabei Unterschiede. Sie sind geprägt durch die unterschiedliche Situation, in der sich Sender und Empfänger der *Botschaft* befinden. Dem fast allgegenwärtigen Thema hat ein mit der Didaktik und Methodik der Erwachsenenbildung befasster Pädagoge (um 1960) eine prägnante Formulierung verliehen, eine noch ältere eines Berliner Schriftstellers und Journalisten fügen wir an (Kasten).

> Das gesprochene Wort vergeht, das geschriebene Wort besteht. Schreiben und Sprechen haben zweierlei Wirkung und Nachwirkung.
>
> Carl Artur WERNER (1960)
>
> Gedruckte Predigten verhalten sich zu einer gehörten Predigt bestenfalls wie Konserven zu Frischkost.
>
> Joachim GÜNTHER
> (in *Der Tagesspiegel* 1952)

● *Reden* und *Schreiben* sind grundsätzlich verschieden; versuchen Sie nicht zu reden, wie Sie schreiben!

„Trivial", ließ uns jemand hierzu wissen. Mag sein, aber wenn man so will, sind auch die Zehn Gebote trivial (und fast niemand kennt sie).[1] „... scheinen Reden und Schreiben ein für allemal zweierlei Dinge, von denen jedes wohl seine eigenen Rechte behaupten möchte", notierte GOETHE in seiner Leipziger Studentenzeit.[2] Als Dichterfürst und Staatsminister zeigte er später, dass es ihm nicht geschadet hat, über diese Trivialität einmal nachzudenken. Machen wir uns also die Situation bewusst: Ein Vortrag ist spontaner, einfacher, weniger kunstvoll in seiner Wortwahl. Er lebt von kurzen Sätzen mit vielen kräftigen Verben. Er enthält mehr *Metainformationen* – z. B. Wiederholungen,[3] Fokussierungen, Überleitungen – als ein geschriebener Text. Er ist keine „gesprochene Schreibe" und insofern auch keine „Lese". Man hat beim „denkenden Sprechen" (s. Abschn. 3.3.1) nicht viel Zeit, um den bestmöglichen Ausdruck zu finden, und Zuhörer können verschlungenen Satzgeflechten nicht gut folgen.

---

[1] Wir können den Verfasser der Zehn Gebote, etwa für bibliografische Zwecke, nicht näher identifizieren und müssen auf die Sekundärliteratur verweisen (2. Mose 20, 117). Dagegen ist uns bekannt, wer den Satz „Eine Rede ist keine Schreibe" formulierte: es war der deutsche Schriftsteller, Philosoph und Ästhetiker F. Th. VISCHER aus dem Schwäbischen, der am Zürcher und später am Stuttgarter Polytechnikum wirkte und mit MÖRIKE, den viele für einen der größten deutschen Lyriker halten, befreundet war. Auch der Chemiker und Nobelpreisträger Richard WILLSTÄTTER hat sich damit auseinandergesetzt: „Man muss anders sprechen als schreiben." Ein englischer Parlamentarier ging so weit zu sagen: „Wenn sich ein Vortrag, schriftlich aufgezeichnet, nachher gut liest, war er nicht gut."

[2] Gefunden, ebenso wie die beiden Zitate im Kasten, bei BIEHLE 1974. Der Autor der *Redetechnik* von 1974 (in der Sammlung Göschen, vergriffen), Dozent für Stimmbildung und Rhetorik, schrieb im selben Verlag (de Gruyter) auch eine *Stimmkunde*. Beide Bücher dürfen als kaum zu übertreffende „Klassiker" gelten.

[3] Wir gehen hierauf in Abschn. 1.2.4 näher ein.

Der Philologe und Jurist M. WELLER (1939, S. 56) setzte der „Schreibe" folgerichtig die „Spreche" gegenüber: die zwei Schlüssel zur erfolgreichen Kommunikation. Der unerbittliche „Peter Panter" aber merkte in einer seiner Sprachglossen 1928 an: „Eine Rede ist keine Schreibe. Und dies da ist weder eine solche noch eine solche." (Egal, worauf sich die ätzende Bemerkung bezog, wir fanden sie in TUCHOLSKY: *Sprache ist eine Waffe*.) Ähnlich wie für Bilder empfehlen wir:

● Sprechen Sie plakativ: Stellen Sie bewusst heraus, betonen Sie, prägen Sie ein.

Die ständige Reizüberflutung der „Mediengesellschaft" macht vor Wissenschaftlern nicht halt. Auch sie reagieren auf auffallende, vielleicht sogar aufdringlich dargebotene Information. Daran – wie weit Ihre Vortragsweise diesen Erwartungen genügt – werden Sie gemessen werden, wenn Sie sich an Ihre Kolleginnen und Kollegen wenden. Doch vor allem dort, fügen wir hinzu, wo Ihre Botschaft über die engeren Fachkreise *hinaus* dringen soll, muss sie klar verständlich – möglichst unmissverständlich – und *eingängig* sein (s. auch Abschn. 1.4.2). Das verlangt knappe Formulierungen,[1] kurze Sätze, treffende Vergleiche, bildhafte Sprache (und eben Visualisierung in einem technischen Sinn, doch davon ist im Augenblick nicht die Rede).

Das Denken in *Bildern* ist gerade Naturwissenschaftlern nicht fremd (s. dazu Kasten, Zitat aus HEISENBERG 1996, S. 246)[2] – machen wir es zu einem „Stilmittel" auch in unseren Vorträgen!

● Unser eigenes Denken, das ein fortwährendes Selbstgespräch ist, ist stark von Bildern geprägt. Lassen Sie andere einen Blick auf die „Bilder" werfen, die Sie sich selbst von einer Sache gemacht haben!

> Wir sind gezwungen, in Bildern und Gleichnissen zu sprechen, die nicht genau das treffen, was wir wirklich meinen. Wir können auch gelegentlich Widersprüche nicht vermeiden, aber wir können uns doch mit diesen Bildern dem wirklichen Sachverhalt irgendwie nähern.
>
> Niels BOHR

Freilich muss, jenseits aller *Vortragstechnik* und *Redegewandtheit*, noch etwas Entscheidendes dazukommen, nämlich *Einfühlungsvermögen*: Was können Hörer schon wissen, was nicht? Was muss man zu erklären suchen? Auf welche Einzelheiten kann oder sollte man als Vortragende(r) verzichten? Darauf angemessene Antworten zu finden, setzt die Überzeugung voraus, *dass* man komplizierte naturwissenschaftliche Sachverhalte vermitteln kann, auch anderen, die

---

[1] Erfolgreiche politische Redner haben dafür ein Gespür und prägen mit einem Satz ihre Zeit. Denken Sie an John F. KENNEDYS „Ich bin ein Berliner" oder an Willy BRANDTS „Jetzt wächst zusammen, was zusammen gehört".

[2] Das hier benutzte Wort *Bildersprache*, im Besonderen „bildhafter Ausdruck", ist ein Synonym für *Metapher* (von *gr.* meta-pherein: anderswohin tragen, übertragen). Die Metapher ist eine der bekanntesten „Stilfiguren" (auch *Redefiguren*, *Ausdrucksmittel*) besonders der gesprochenen Sprache.

mit der Sache wenig oder gar nicht vertraut sind. Man *kann*, sonst wäre Ihr und unser Mühen vergebens. Zugeflogen kommen die Erfolge allerdings nicht.

Kurze Sätze? Manche sehen 17 Wörter als zumutbare Obergrenze für die Länge eines gesprochenen Satzes an. (Der Satz, den Sie soeben gelesen haben, enthält 14 Wörter.) Es gibt Redner, die diese Grenze ungestraft überschreiten können, die sogar Höhepunkte ihrer Rede in *Großsätze* packen (s. Kasten).[1]

Sicher ist: Hauptsätze mit wenigen – nur einem oder zwei – Nebensätzen bergen für den *Vortragenden* die geringste Gefahr, sich zu verhaspeln! Vor allem als Novize der Redekunst tun Sie gut daran, das zu berücksichtigen. Versuchen Sie, Ihren Stil zu finden, der irgendwo zwischen TUCHOLSKYS fast bellend ausgestoßenem

> „Hauptsätze, Hauptsätze, Hauptsätze"

liegen wird (mit der dessen 11-Zeiler „Ratschläge für einen guten Redner" beginnt), und demjenigen, der einem herausragenden britischen Staatsmann eigen war (s. Kasten) – wahrscheinlich näher bei TUCHOLSKY. Halten wir es also lieber mit den Sätzen überschaubarer („überhörbarer") Länge!

> 66 99
>
> Und doch wie diese Worte von seinen Lippen strömten, da hatte jeder Haupt- und jeder Nebensatz, jeder Eigenschafts- und jeder Bedingungssatz wie selbstverständlich seine richtige Stellung. Und die Zuhörer fühlten nicht nur, dass sie dem reinen Strom echter Rede lauschten, sondern waren überzeugt, sie verstanden zu haben.
>
> Sir Austen CHAMBERLAIN
> über GLADSTONE

● Ein guter Schreiber ist nicht notwendigerweise ein guter Redner.

Das gilt auch umgekehrt. Für *Satzbau* und *Satzlänge* gelten in der einen und anderen Situation unterschiedliche Maßstäbe. Ein Leser hat Zeit, die Ausführungen so schnell oder so langsam aufzunehmen, wie er will, und ggf. zurückzublättern. Beim Zuhören fehlt die Möglichkeit, einen schwierigen Satz *langsamer* oder *ein zweites Mal* auf sich wirken zu lassen, was ALLEY (2003, S. 6) als Nachteile des Vortrags gegenüber der schriftlichen Mitteilung anführt mit den Worten: "Audience restricted to pace of speaker" und "One chance for speaker to talk; one chance for audience to hear."

Das Geheimnis des guten Redners – wie des guten Schriftstellers bei SCHOPENHAUER – ist, dass er ungewöhnliche Dinge mit gewöhnlichen Worten sagen kann. Leute mit dem Verstand eines Pferdes, fügte dem der Kölner Immunbiologe und Aphoristiker Gerd UHLENBRUCK bissig hinzu, erkennt man an ihren hochtrabenden Worten (UHLENBRUCK 1986).

---

[1] Sir Austen CHAMBERLAIN glaubte (1938), dass es niemandem, der GLADSTONES Reden heute liest, möglich sei, die Wirkung zu ermessen oder zu verstehen, die sie damals auf ihre Zuhörer ausübten. „Die langen, verschlungenen Satzgefüge machen alle Druckerkunst zu Schanden und erschöpfen die Geduld des Forschers, da sie für den Leser nun einmal von der Persönlichkeit des Redners geschieden sind, gelöst auch von der sittlichen Leidenschaft, die von Gladstone ausging", um dann fortzufahren wie im Kasten (nach BIEHLE 1974, S. 8). Die Einlassung ist insofern interessant, als sie eine gängige Lehrmeinung auf den Kopf stellt, wonach lange Sätze am ehesten gedruckt zu ertragen seien.

Wenn Sie Ihre Kommunikationsstile einander nähern wollen, so muss die schriftliche Ausdrucksform Federn lassen. Wir stießen bei Heinz LEMMERMANN (1992, S. 90; vgl. auch LEMMERMANN 2000) auf den trefflichen „alten Spruch" (?):

> Das ist ein widriges Gebrechen,
> wenn Menschen wie die Bücher sprechen,
> doch gut zu lesen sind für jeden
> die Bücher, die wie Menschen reden.

In Wirklichkeit hat auch der moderne *Leser* wenig Zeit, und seit Jahrzehnten wird immer weniger gekünstelt geschrieben (vgl. SCHNEIDER 1989). Dazu haben sogar „amtliche" Bemühungen beigetragen (s. Kasten)[1], offenbar nicht ganz ohne Erfolg.

1.2.3 Die Rede als Dialog

Das gesprochene Wort ist mehr noch als das geschriebene auf Dialog angelegt. Die Hörer wollen etwas erleben, wenn sie eigens herkommen. Auch das Begreifen ist ein Erlebnis.

> Nur wer klar und einfach spricht, kann erwarten, dass er richtig verstanden wird. Er wirkt auch lebensnah. Das erleichtert ihm seine Aufgabe und erweckt Vertrauen zu seiner Tätigkeit und zu seiner Behörde.
>
> Robert LEHR

● Wer sich die Mühe macht mitzudenken, wünscht sich etwas, was er begreifen kann.

Ein Mittel, um Hörer unmittelbar einzubinden, ist die *rhetorische Frage* (*Scheinfrage*, s. Kasten „Sprachmittel" in Abschn. 1.2.4).

● Gleichgültig, ob Sie ein Vortragsmanuskript anfertigen oder sich auf einen freien Vortrag einstellen: bauen Sie bewusst das Stilmittel der Frage ein.

Normalerweise werden Fragen gestellt, wenn sich Menschen unterhalten, und man erwartet auf eine Frage eine *Antwort*. Als Vortragender erwarten Sie keine Antwort, der Vortrag ist keine Unterhaltung. Oder doch? Die Hörer empfinden die Frage als Appell zum Mitdenken. Sie überlegen sich, welche Antwort sie geben *würden*, wenn sie dazu aufgefordert wären. Sie reden schweigend mit.

Fast jede Sache lässt sich als Frage formulieren. Statt „Ich komme zu einem weiteren Punkt" können Sie sagen

„Ist die Sache damit abgetan?"

---

[1] „Was gesagt wird, soll klar, erschöpfend, aber nicht weitschweifig gesagt werden", heißt es im Vorwort einer Schrift, die die Gesellschaft für Deutsche Sprache unter Mitwirkung des damaligen Bundesministers des Innern 1951 herausgab. Primäres Ziel war die Verbesserung des geschriebenen *Amtsdeutsch* („Kanzleideutsch"). Der Text im Kasten stammt aus dem Geleitwort. Dieses kleine Buch zählen wir zu den Kostbarkeiten, die über unsere Schreibtische gegangen sind; es wurde zuletzt 1998 aufgelegt, ist aber zum Zeitpunkt dieser Bearbeitung vergriffen (DAUM 1998).

Es gibt viele ähnliche Wendungen, und vor allem in der Überzeugungsrede werden sie gezielt eingesetzt:

> „Kann uns das unberührt lassen?"
> „Dürfen wir uns damit zufrieden geben?"
> „Könnten wir uns dem anschließen?"
> „Wollen wir das in Kauf nehmen?"
> „Was will ich damit sagen?"

Sehen Sie, was diesen Fragen gemeinsam ist? Sie enthalten alle ein Pronomen, ein persönliches Fürwort: wir, uns, ich. So wird der Vortrag *persönlich*, und das ist unser Ziel. (Wir kommen darauf in Abschn. 1.2.8 zurück.)

Die Engländer haben eine hübsche Wendung, "what about?". "What about the temperature?" wäre doch eine wirksamere Einleitung Ihrer Ausführungen über den Temperatureinfluss als „Es ist jetzt noch der Einfluss der Temperatur zu berücksichtigen". Sie müssen dazu nicht Englisch sprechen, mit „Und wie steht es mit der Temperatur?" ginge es auch.

Wenn Sie mit „Warum?" Ihre Begründung oder mit „Wozu?" den Sinn Ihres Vorschlags einleiten, regen Sie die Zuhörer zum Mitdenken an. Sie machen sie zu *Mitwissern*. Das bringt Zustimmung und Applaus.

Die rhetorische Frage ist *ein* Sprachmittel, um eine Partnerbeziehung in den Vortrag einzubringen. Ein anderes (oft darin enthaltenes) ist das „Ich".

● Bleiben Sie *nicht* anonym. Lassen Sie erkennen, was Sie persönlich davon halten, wo Sie erfreut, betroffen, absolut sicher, ... sind.

Selbst Enttäuschungen – z. B. über eine unergiebige Untersuchung – können Sie offenbaren und Ihre Zuhörer so an Ihrer Angelegenheit teilnehmen lassen, sie zu *Teilnehmern* machen. Dieses äußerste Ziel sollten wir beim Vortragen stets vor Augen haben.

Gemessen an dieser Forderung müssen geschriebene naturwissenschaftlich-technische Berichte und Artikel in Fachzeitschriften, wie wir sie kennen und erwarten (EBEL und BLIEFERT 1998), als „unpersönlich" gelten. Aber gerade von diesem Gegensatz lebt der Vortrag. Manchmal wollen auch Wissenschaftler sich nicht nur mit Fakten füttern lassen, sondern wollen den Kollegen mit seinen Freuden und kleinen Leiden erleben. Der Fachvortrag bietet dafür den Rahmen.

Halten wir an dieser Stelle einen Augenblick inne, lauschen wir dem Sinn eines *Wortes* nach, „unseres" Wortes: vortragen.[1] Seine eigentliche Bedeutung „etwas nach vorne tragen" ist noch unschwer zu erkennen. In diesem Ur-Sinn wurde das Wort (in entsprechender Lautung) schon im Althochdeutschen gebraucht, wovon noch Wendungen wie „jemandem eine Sache vortragen" geblie-

---

[1] Der Sinn von Wörtern! Im Englischen heißt „einen Vortrag halten" meist "give a talk/lecture", aber auch "deliver a talk", wobei dasselbe Verb "deliver" auch „gebären" bedeutet. In diesem Spiel der Wörter wird der Hörsaal zum Kreißsaal.

ben sind. Wir denken dabei zunächst nicht an Hörsaal und Rednerpult, sondern an eine Wechselbeziehung zwischen zwei Menschen, von denen der eine will, dass der andere sich seine Sache zu Eigen mache (z. B. „Das müssen Sie dem Chef selber vortragen!"). Verstehen wir den Vortrag in unserem engeren Kontext genauso, als das aktive Herantragen unseres Wissens oder auch unserer Ansicht an andere!

● Wer vorträgt, trägt etwas nach vorne, nicht um es dort abzustellen, sondern um es auszuteilen an die Teilnehmer.

1.2.4 Die gesprochene Botschaft, weitere Merkmale

Lassen Sie uns noch einmal auf das weiter oben gebrauchte Wort *Botschaft* (*engl.* message), einen Lieblingsbegriff der Kommunikationswissenschaften, zurückkommen. Als Vortragender sind Sie ein *Bote*, der anderen etwas anzubieten, zu entbieten hat. Sie können hierzu an tausend Ereignisse der Geschichte denken, bei denen der Übermittlung einer Botschaft eine wesentliche Bedeutung zukam. Dass die Botschaft ankam, war oft so wichtig wie die Ereignisse, die es zu übermitteln galt: Die Botschaft wurde selbst zum Ereignis. Eine kriegsentscheidende Botschaft war beispielsweise die Überbringung der Nachricht vom Sieg bei Marathon nach Athen.

Ihre „Botschaft" wird länger und komplizierter sein als jene Meldung des ersten Marathonläufers, auch verlangt niemand von Ihnen, dass Sie am Ende Ihres Vortrags tot zusammenbrechen. Eines freilich ist symbolträchtig: Vor der eigentlichen Übermittlung der Botschaft steht die Anstrengung. Fühlen Sie sich also bei der Vorbereitung Ihres nächsten Vortrags als Leistungssportler!

Zur Botschaft gehört das Wort *Botschafter*. Wenn Sie viel und oft vorzutragen haben, können Sie sich tatsächlich wie Ihr Kollege in der Diplomatie als Botschafter verstehen. Sie vertreten dann auf der nächsten Konferenz in Genf oder Helsinki oder Izmir oder sonst wo Ihr „Land", sein Ansehen, seine Interessen. Ihr „Land" mag Max-Planck-Gesellschaft oder Neuroland heißen, aber wenn Sie als Deutscher oder Österreicher oder Schweizer im Ausland vortragen, sind Sie tatsächlich – am Pult wie am abendlichen Buffet – auch Botschafter *Ihres* Landes. Doch lassen Sie uns von diesen Gedankenflügen zu den kommunikativen Gegebenheiten im Hörsaal zurückkehren; die sind dadurch bestimmt, dass Sie mehr mitzuteilen haben als „Wir haben gesiegt!" Welchen Sieg haben Sie errungen, wie geschah das? Dies gilt es in Worte zu fassen und sich der dazu geeigneten Mittel zu bedienen.

Die Wirkung des gesprochenen Worts in Vorträgen ist für den *Augenblick* bestimmt. Ein Vortrag ist ein vorübergehendes Ereignis, bei dem der Vortragende – ein Nachteil dieser Kommunikationsform, wie schon angesprochen – das

Tempo bestimmt. Der Vortrag fließt – wie der Zeitpfeil – nur in eine Richtung. Die Konsequenz aus der Einsinnigkeit des Redeflusses ist:

● Durch eingebaute Wiederholungen *muss* dem Zuhörer die Möglichkeit geboten werden, sich auf das Kommende einzustellen und noch einmal auf einen früheren Punkt zurückzukehren.

Gestalten Sie Ihre Vorträge bewusst redundant. Wie das gemeint ist, zeige das nachstehende Beispiel. Wir huldigen damit dem englischen Sprachgenius, wenngleich in deutscher Übertragung, anhand einer historischen Vorlesungsaufzeichnung (Michael FARADAY, *Naturgeschichte einer Kerze*, S. 54):

> „Bei unserem ersten Zusammensein haben wir uns zunächst damit beschäftigt, die Eigenschaften und das Verhalten des geschmolzenen Theils an der Kerze im Allgemeinen kennen zu lernen, und uns über den Weg unterrichtet, auf dem er zum Verbrennungsherd gelangt [...] Heute wollen wir unsere Aufmerksamkeit auf die Mittel richten, durch die wir erfahren können, was in jedem einzelnen Theil der Flamme vor sich geht, wie und warum es so vor sich geht, und was nach all diesem zuletzt aus der Kerze wird ...“

Gewiss, auch geschriebene Berichte sind nicht frei von *Wiederholung (Redundanz)*. Einführungen und Zusammenfassungen sind redundant, letztlich auch Überschriften und Inhaltsverzeichnisse, und um gewisse Wiederholungen auch innerhalb von Sachtexten kommen deren Verfasser gewöhnlich nicht herum.[1]
In der Rede aber kann und soll man Redundanz verstärkt als Stilmittel *(rhetorische Wiederholung)* einsetzen. Auch eine Formel für dieses Rezept liegt in englischer Sprache vor:

● Tell them what you are going to tell them;
    tell them;
        tell them what you have told them.

Diese Regel gilt nicht nur für Abschnitte und größere Gedankengänge, sondern auch für den gesamten Vortrag. Eine Übersicht zu Vortragsbeginn über die geplanten Ausführungen – am besten als Bild mit dem Thema und den Überschriften der einzelnen „Etappen“ Ihres Vortrags – kündigt Ihren Zuhörern an, was sie

---

[1] Das vorliegende Buch ist ein Beispiel dafür. In ihm geht es wiederholt darum, bestimmte Situationen, Begründungen usw. von mehreren Seiten, in jeweils anderen Kontexten und an anderen Stellen, zu beleuchten. Dies ist ein legitimes Verfahren der *Didaktik*, das sich aus dem Bild eines kegelförmigen Berges ableiten lässt, auf den ein spiralig sich windender Weg führt: Der Wanderer wird während der Gipfelbesteigung mehrfach in dieselbe Richtung blicken, aber stets von einem anderen Niveau aus. Als Lernprozess verstanden, hat diese „Wanderung“ unter der Bezeichnung *Spiralmodell* Eingang in viele Anwendungsgebiete gefunden, von der Arbeit in Kindertagesstätten über die Spracherziehung (wie überhaupt den schulischen Unterricht) bis hin zur Softwareentwicklung. „Der interaktive Spracherwerbsprozess präsentiert sich damit als hermeneutische Spirale, eine Spirale, die sich durch ständige Verfeinerung der ... Kompetenz dem Fernziel Perfektion entgegenschraubt“, lasen wir an einer hier nicht interessierenden Stelle.

zu erwarten haben; sie wirkt wie Wegweiser und Meilensteine, die dem Wanderer zeigen, wohin der Weg führt und welche Strecke zu bewältigen ist (s. auch am Anfang von Abschn. 1.2.5). Ein Nebeneffekt: Eine kurze Ablenkung der Aufmerksamkeit des Publikums von der Person des Vortragenden auf ein solches Bild kann dazu beitragen, den Anfangsstress abzubauen.

Mit Wendungen wie

„Mein Bericht wird aus drei Teilen bestehen: ..."
„Ich komme nun zum angekündigten zweiten Teil meiner Ausführungen, ..."
„Ich werde in den nächsten 10 Minuten ..."
„Wie ich schon eingangs sagte, ..."
„Sie erinnern sich an eines unserer ersten Bilder, in dem ..."

bieten Sie Haltepunkte an und können verlorene Zuhörer wieder einfangen. Unaufmerksamen Zuhörern bieten Sie eine Möglichkeit des Wiedereinstiegs.

„Klassisch" ist der Aufbau eines naturwissenschaftlichen Kurzvortrags nach dem (redundanten!) Muster

„Es sollte geklärt werden, ob ..."   (Einleitung)
„Die Befunde sind ...
    „Aus diesen Befunden folgt, dass ..."   (Hauptteil)
        „Tatsächlich ist also ...".   (Schluss)

Wir erinnern uns an einen Vortrag, in dem der Vortragende die Wiederholung sehr bewusst – und mit Erfolg – als didaktisches Mittel einsetzte, um die Verarbeitung eines komplexen Themas zu erleichtern. Auf eine bestimmte Fragestellung gab der Redner thesenartig sieben Antworten, die er „Gründe" nannte. Er stellte alle sieben nach einer kurzen Einführung seinen weiteren Ausführungen voran und führte sie mit folgenden Worten ein:[1]

„Aus der Fülle der Gründe will ich sieben auswählen. Ich werde jetzt so verfahren, dass ich diese sieben Gründe, die ich behandeln werde, zunächst benenne. Ich weiß wohl, dass die pure Benennung den Durchblick auf das Gemeinte nicht sofort in voller Klarheit gestattet, aber die Erläuterung kommt anschließend."

Sodann wurden die sieben „Gründe" ohne ein zusätzliches Wort in den Raum gestellt. Im weiteren Verlauf kam der Redner nacheinander auf seine Gründe

---

[1] Die Rede (zum Thema „Die schwarze Wand der Zukunft") hielt Hermann LÜBBE, Professor für Philosophie und Politische Theorie an der Universität Zürich. Wir fanden sie abgedruckt im Taschenbuch *Auf der Suche nach der verlorenen Sicherheit* (E. P. FISCHER, Hrsg.). – Die Wiederholung ist eine der ungezählten „Redefiguren", mit denen sich die Meister der Redekunst seit dem Altertum beschäftigen (s. Kasten „Sprachmittel" auf S. 27). Wer Freude daran hat, sich in die Geisteswelt früherer Epochen zu versetzen, und wer zudem Gefallen an klarster Gedankenführung und geschliffener Diktion hat, kann das alles im „Originalton" bei ARISTOTELES nachlesen, dessen *Rhetorik (De arte rhetorica* <lat.>*)* in vorzüglicher deutscher Übersetzung und Kommentierung in der Reihe UTB vorliegt *(Aristoteles: Rhetorik* 1993).

zurück und wiederholte sie wörtlich oder nahezu wörtlich, indem er sie mit Worten wie „Ich gehe zum zweiten Grund über, der lautete ja: , ... '." einleitete. Der Redner zitierte sich gewissermaßen selbst, bevor er mit seinen Erläuterungen einsetzte. Hier wurde das Mittel der Wiederholung auch geschickt dazu benutzt, Neugierde zu wecken und Spannung zu erhalten. Man muss also nicht Engländer sein, um das zuwege zu bringen.

● Wiederholen Sie von Zeit zu Zeit Definitionen, wichtige Akronyme oder die Bedeutung von Symbolen, um sicherzustellen, dass Ihre „Botschaft" verstanden wird.

In einer Publikation kann man in einer *Liste der Symbole*, über das Register oder in einem *Glossar* nachsehen, was „XXX" ist. In einem Fachvortrag sollte eine Hilfe vom Redner kommen. Wirkungsvoll ist es, wenn wichtige Erklärungen dieser Art während des ganzen Vortrags auf einer Wandtafel oder Bildwand zu sehen sind (s. auch Abschn. 8.1.1).

● Ihre Zuhörer sollten zu jedem Zeitpunkt wissen, worauf Ihre Argumentation hinausläuft.

Die *Wiederholung* ist eines von den zahlreichen Hilfsmitteln, die zur „guten" Rede gehören, sie eigentlich erst ausmachen. Man nennt diese „rhetorischen Mittel" (Sprachmittel) oder „rhetorischen Figuren" oft *Redefiguren*. Auch die *rhetorische Frage* gehört dazu. Es sind Darstellungsmittel, die entscheidend – auf rein sprachlicher Basis – dazu beitragen können, dass eine Rede bei den Hörern „ankommt", also verstanden und womöglich wohlgefällig aufgenommen wird. Die „Figuren" – Modelle sprachlicher Kunstgriffe und -kniffe – dienen dem Zweck, den Zuhörern den Redeinhalt anschaulich, spannend und eindringlich darzubieten und somit die Wirkung der Aussage zu steigern (s. Kasten).

> ❝❞ Redefiguren heißen Sätze und Satzinformationen, die, zu typischer Gestalt geworden, sich identisch wiederholen. Es sind die schlagenden Sätze, die sich aufzwingen. Sie sind unumgänglich, um die Mitteilung zu verkürzen, schnell zu erinnern.
>
> Karl JASPERS
> (zitiert nach LEMMERMANN 1992, S. 109)

Mit solchen Redefiguren haben sich schon die alten Theoretiker befasst, und ihre Epigonen haben daraus wahre Irrgärten rhetorischer Gelehrsamkeit entwickelt. Durchgeforstet „für den Hausgebrauch" hat dieses Panoptikum in jüngerer Zeit Heinz LEMMERMANN (1992). Seine Arbeit daran bietet nützliche Denkanstöße und Erinnerungsstützen, wir schließen uns ihm gerne an. Aus dieser Quelle (S. 110) stellen wir hier in einem weiteren Kasten „Sprachmittel" die zündenden Begriffe, 25 an der Zahl, seiner Aufzählung zusammen, wobei wir uns mit deutschen Termini begnügen und keine „Wirkungsakzente" setzen *(wie Anschauung, Spannung, Nachdruck)*. Die meisten von diesen erklären sich weitgehend selbst und dienen auch uns immer wieder als Merkposten beim Sprechen wie gelegentlich beim Schreiben. Den Chiasmus (Kreuzstellung, Nr. 10) haben wir, als selten gefragt, in der Liste ein-

Sprachmittel

1. Beispiel	6. Verdeutlichung	11. Steigerung	16. Ankündigung	21. Scheinwiderspruch
2. Vergleich	7. Raffung	12. Gegensatz	17. Wortspiel	22. Einschub
3. Bild	8. Ausruf	13. Kette	18. Anspielung	23. Vorgriff
4. Erzählung	9. Zitat	14. Vorhalt	19. Umschreibung	24. Scheinfrage
5. Wiederholung	10. [Chiasmus]	15. Überraschung	20. Übertreibung	25. Mitverstehen

geklammert. „Vorhalt" (Nr. 14) bedeutet in der Musik eine „mit einer Dissonanz verbundene Verzögerung einer Konsonanz durch das Festhalten eines Tons des vorangegangenen Akkords". Wenn Sie etwas sagen, was die Hörer irritiert, nur um dem Anfechtbaren gleich darauf die Spitze zu nehmen und so den Missklang zu beseitigen, haben Sie sich dieses Kunstgriffs bedient. Unter Vorgriff (Nr. 23) kann man die Vorwegnahme eines Einwands – den Sie dann gleich aus den Angeln heben – subsumieren. Zwischen beiden könnte man die *Provokation* einreihen, doch wollen wir die Liste lassen, wie sie ist.

Noch weiter in die „besonderen Merkmale" der gesprochenen Sprache einlassen können und wollen wir uns hier nicht und beschließen damit diesen Abschnitt. Denn ausführlich auf allgemeine Sprachstärken und -schwächen beim Reden einzugehen oder gar „Musterreden" anzubieten, dafür ist hier nicht der Platz. Dazu verweisen wir auf die allgemeiner gehaltenen Rhetorik-Bücher, die wir immer wieder zitieren. Für Anregungen in besonderen Zusammenhängen, die Sie hier nicht ausreichend behandelt finden sollten, können Sie sich selbst Quellen erschließen, nämlich aus dem Internet. Sind Sie z. B. als *Mediziner* an Besonderheiten der Vortragskultur in Ihrem Fach interessiert, so werden Ihnen die Suchmaschinen neben dem vorliegenden Titel (2. Aufl. 1994) eine wichtige Neuerscheinung ausweisen: NEWBLE und CANNON (2001) aus dem Huber-Verlag in der Schweiz. So weit es in unseren Kräften steht, wollen wir Ihnen das Suchen „auf gut Glück!" aber ersparen.

1.2.5 Verständnishilfen

Bei komplizierten Beweisführungen oder Überlegungen sollten Sie also *vorher* klarmachen, was Sie zeigen oder beweisen wollen. Wenden Sie das Prinzip der Einführung in ein Thema auch innerhalb des Vortrags auf wichtige, umfangreichere Gedanken an. Die Spannung in Ihrem Vortrag muss nicht verloren gehen, wenn Sie auf diese Weise die Transparenz erhöhen. Fassen Sie gelegentlich einen Teil Ihrer Ausführungen rückblickend zusammen, indem Sie das Wesentliche daraus, auf einen oder wenige Sätze verkürzt, wiederholen (Redefigur *Raffung*, s. Kasten „Sprachmittel"). Wenn ein Teil der Zuhörerschaft nicht mehr weiß, worum es geht, ist es zu spät.

● Strukturieren Sie den Vortrag vor den Zuhörern, geben Sie *Vor-* und *Rück-blicke*, ziehen Sie *Zwischenbilanzen*.

Projizieren Sie zu Anfang ein Bild, das den Aufbau des Vortrags erkennen lässt (vgl. Abb. 3-2 in Abschn. 3.5).

Manche Vortragende entwerfen dazu ein Fließschema, oder gleich mehrere, die sie ähnlich einsetzen wie der Reporter, der seinem Bericht eine Landkarte beigibt, vielleicht mit einer zweiten daneben, die den Ort des Geschehens in größerer Nähe zeigt. In andere Bilder („Dias") des Vortrags lässt sich ein solches Gliederungsschema oder ein Ausschnitt davon, entsprechend verkleinert, einkopieren, wodurch die Betrachter daran erinnert werden, in welchem Zusammenhang das zuletzt Gesagte steht.

Leider werden solche Hilfsmittel selten eingesetzt, vielleicht, weil die Vortragenden nichts von ihrer „zu knapp bemessenen" Redezeit „für Unwichtiges vergeuden" wollen. Und so wirken manche Vorträge eher wie lückenlose, der Selbstdarstellung dienende Rechenschaftsberichte, als dass sie das Bemühen erkennen ließen, andere in einen zunächst fremden Gegenstand einzuführen. Gerade das aber sollte doch das Ziel des Vortrags sein, jedenfalls aus der Sicht des Auditoriums (s. Kasten).

> **❝❞** Mit dem beginnen, was die Zuhörer interessiert – die Zuhörer!
>
> Wie viel wird doch hier gesündigt: Redner gehen von ihrem Interesse aus, statt vom Interesse der Zuhörer. Sie überlegen sich, warum sie reden, wo ihr Interesse an der Sache liegt, und über dieses, ihr Interesse, steigen sie ein. Sie fallen gewissermaßen mit der Tür ins Haus und wundern sich dann, daß ihnen die Zuhörer dann nicht mit gespannter Aufmerksamkeit oder gar begeistert folgen.
>
> Alfred MOHLER (1982, S. 26)

● Ziel jeder Kommunikation ist, dass die mitgeteilte Botschaft *verstanden* wird.

Der elitären „Regel", wonach ein Drittel eines Vortrags von allen Zuhörern verstanden werden müsse, ein Drittel nur von den Fachleuten und ein Drittel von niemandem, wollen wir uns nicht anschließen.[1] Unverstandene Teile in einem Vortrag haben ihren Zweck verfehlt; wir sehen sie als das an, was sie sind: schlecht vorbereitet, schlecht erklärt, schlecht vorgetragen. Von einem Vortrag über einen schwierigen Gegenstand soll der Zuhörer später wenigstens sagen können: „Ich fürchte, ich habe nicht alles verstanden obwohl ich während des Vortrags der Meinung war, dass nichts unverständlich geblieben sei."

● *Zusammenfassende* Vorträge sollen so gehalten werden, dass sie auch für die verständlich sind, die *nicht* Spezialisten des betreffenden Gebietes sind.

---

[1] Diese Einschätzung wird von manchen noch als zu optimistisch angesehen. Der große Physiker Max BORN nahm an, dass von den Vorträgen seiner Kollegen auf Fachtagungen nur etwa 10 % zu verstehen sei. Es ist verbürgt (WALCHER W. 1991. *Phys. Bl.* 47: 1319), dass dieser Beurteilung von seinen Fachgenossen nicht widersprochen wurde. Für sich selbst nahm BORN nur die bescheidene „Verständnisausbeute" von 1 % in Anspruch. Von dieser selbstquälerischen Kritik eines Genies abgesehen, müssen wir als Chemiker eine Ausbeute von 10 % als entschieden unbefriedigend erachten.

Diese Forderung stammt nicht von uns, sondern von dem Physiker Carl Wilhelm RAMSAUER (vgl. WALCHER in *Phys. Bl.* in der vorstehenden Fußnote). Dass sie gestellt werden musste, ist Beleg für ein Missbehagen darüber, was leider oft die Wirklichkeit auf wissenschaftlichen Tagungen ist.

Wir geben dieses Missbehagen hier mit den Worten eines englischen Kritikers (FARR AD. 1993. *Eur. Sci. Ed.* 50: 1617) wieder, die dieser nach Teilnahme an einem sonst wohlgelungenen und inhaltsreichen Kongress schrieb: "Sadly, [...] the standard of oral communication during the conference was sometimes very poor indeed [...]. Although English is not the first language of many of the participants, they all spoke it very well in conversation outside the formal sessions and I saw no difficulties in social conversation and discussion. However, some of the oral presentations were very nearly incomprehensible due to their being delivered at far to fast a rate in more than normally heavily accented English. This left not only the native English speakers baffled but completely confused those who were struggling with the language themselves. The visual element of many presentations was also open to much criticism. For example, one speaker showed a slide with 29 lines of closely-packed text that were completely illegible even from halfway back in the auditorium."

Verständlich soll die Rede sein. Gewiss, aber was heißt das? Wir haben es bei diesem Wort mit einer adjektivischen Ableitung zu *ahd.* firstån, verstehen, zu tun, die so viel wie „gut zu verstehen" bedeutet, aber da hört unser Verständnis schon auf. Denn selbst Etymologen können nicht recht erklären, wie durch Präfixbildung aus stehen *verstehen* geworden ist mit der Bedeutung „wahrnehmen, geistig auffassen, erkennen". Sicher ist:

● Je besser Sie selbst eine Sache verstanden haben, desto verständlicher können Sie darüber sprechen.

Die größten Kenner und Könner ihres Fachs wissen oft komplizierte, neuartige Sachverhalte am treffendsten zu erklären, worin Sie uns wahrscheinlich zustimmen werden. Wir sind jetzt an den Punkt zurückgeworfen, zu fragen, wie denn Naturwissenschaft überhaupt zu verstehen ist. Werner HEISENBERG hat dieser Frage in seinem Buch *Der Teil und das Ganze: Gespräche im Umkreis der Atomphysik* ein ganzes Kapitel gewidmet, „Der Begriff ‚Verstehen' in der modernen Physik". Seine Überlegungen machen das Dilemma bewusst, dem sich Naturwissenschaftler heute zunehmend ausgesetzt sehen: Ihre Konzepte bewegen sich weit jenseits aller unmittelbaren menschlichen Erfahrung oder sinnlichen Wahrnehmbarkeit, ihre Gehirne müssen sich in Gefilden bewegen, für die sie kaum geschaffen scheinen. Eine Stelle aus dem genannten Buch (s. Kasten auf S. 30) mag das Dilemma verdeutlichen.

Die Frage, die wir angerissen haben, reicht also über unser Anliegen „Vortragen" hinaus bis in die Weidegründe der Forschung. Um Ergebnisse von dort zu

anderen Wissenschaftlern zu transportieren, die an der Forschung nicht unmittelbar beteiligt waren, zu Anwendern,
zum größeren Publikum, bedarf es einer eigenen Vermittlungskunst. Die *Vortragskunst* gehört dazu, des weiteren
die *Lehre*. Hier hat sich eine eigene „Lehre vom Lehren
(und Lernen)" etabliert, die *Didaktik*. Es gibt sie in Form
vieler „Fachdidaktiken" nicht zuletzt in den Naturwissenschaften. Wissenschaftliche Gesellschaften unterhalten eigene Fachgruppen oder Arbeitskreise, die sich dem Gegenstand verschrieben haben.[1]

Ungeachtet dieser Bemühungen muss man nüchtern feststellen: Die wenigsten Wissenschaftler sind, wenn sie nicht
gerade im Höheren Lehramt tätig sind, pädagogisch ge-
schult. Wahrscheinlich ist ihnen deshalb das zu wenig bewusst, was man das
lernpsychologische Paradoxon genannt hat.

● Neues verstehen wir umso besser, je mehr wir davon bereits wissen.

„Wenn wir zu einem Lehrinhalt kein verwendbares Vorwissen mitbringen, wird
er uns fernbleiben; wir verstehen nichts" (WEIDENMANN 1991). „Der Weg in neues Land muss vorhandene Straßen verlängern" (SCHNELLE-CÖLLN 1993). Als
Vortragender können Sie dem Rechnung tragen. Schaffen Sie schon eingangs
die Möglichkeit bei Ihren Zuhörern, die Informationen, die Sie geben werden,
bei sich sinnvoll zu verankern. In seinem viel gelesenen Buch *Denken, Lernen,
Vergessen* (1998, S. 124; Neuauflage 2001) erhebt Frederic VESTER dies zu einer
„Grundforderung" an alle Unterrichtenden:

> „... vor neuen Einsichten immer den größeren Zusammenhang, sozusagen das
> Skelett des Ganzen anzubieten. Die nicht allzu fremde Information eines sol-
> chen größeren Zusammenhangs wird sich auf vielen Ebenen im Gehirn veran-
> kern und nun ein empfangsbereites Netz für die ankommenden Details bieten."

Was hier mit kritischem Blick auf den schulischen *Unterricht* formuliert wurde,
gilt nicht weniger auch für die akademische *Lehre* und den *Fachvortrag*.

Vielleicht quälen oder langweilen viele Wissenschaftler ihre Kollegen auch
deshalb mit ihren Vorträgen, weil sie vergessen haben, wie lang der Weg zu
ihrem jetzigen Wissensstand war, den sie selbst zurückzulegen hatten; sie setzen
bei den Zuhörern zuviel voraus; sie gehen vom Hundertsten ins Tausendste und
packen auch dann noch schnell ein paar Ergebnisse drauf, wenn Ihre Redezeit

---

[1] So gründete die Gesellschaft Deutscher Chemiker (GDCh) 1971 eine eigene Fachgruppe „Chemieunterricht". In ihr haben sich Chemielehrer, Hochschullehrer sowie Chemiker aus der Industrie und dem öffentlichen Dienst zusammengeschlossen und bilden ein kompetentes Forum für
alle Fragen, die im engeren Sinne das Fach Chemie in Unterricht, Lehre, Ausbildung und Weiterbildung betreffen.

längst abgelaufen ist. Aber an so vielen Einzelheiten sind die meisten Hörer gar nicht interessiert. Und die wenigen, die es doch sind, könnten ihre Fragen in die Diskussion nach dem Vortrag einbringen oder sonst wie mit dem Redner in Verbindung treten.

Wenn man die wichtigsten Regeln als „Kategorische Imperative" der Vortragskunst zusammenfasst, könnte der erste dieser Imperative lauten:[1]

● Zügeln Sie Ihren Mitteilungsdrang!

In der Beschränkung zeigt sich der Meister (s. Kasten, aus „Ratschläge für einen guten Redner"). Wenn schon die Neigung, bei den Zuhörern zu viel spezifisches Wissen und zu viel Interesse vorauszusetzen, im Fachvortrag vor Kollegen groß ist, um wie viel größer ist da die Gefahr, ein „breites" oder fachfremdes Auditorium zu überfordern! Hier

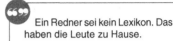

> Ein Redner sei kein Lexikon. Das haben die Leute zu Hause.
>
> Kurt TUCHOLSKY

gilt es denn auch zu differenzieren. Wollen Sie als Vortragender nicht im Wortsinn „über die Köpfe hinweg" reden, müssen Sie Art und Umfang des zu berichtenden Stoffs und der dazu angebotenen Verständnishilfen auf Ihre Zuhörer abstimmen.

Was *Verständnis* ist und wie es zustande kommt, werden wir in Abschn. 1.4.2 nochmals zu analysieren suchen, so weit das in der gebotenen Kürze möglich ist. Diesen Abschnitt schließen wir mit Worten, die geeignet sind, das Ur-Humanum in den Naturwissenschaften hervortreten zu lassen (Niels BOHR, zitiert in HEISENBERG 1996, S. 54; s. Kasten); von ihnen dürfen wir uns alle inspirieren lassen, gerade auch beim Vortragen.

> Wir müssen uns klar darüber sein, dass die Sprache hier [d. h. in der Atomtheorie] nur ähnlich gebraucht werden kann wie in der Dichtung, in der es ja auch nicht darum geht, Sachverhalte präzis darzustellen, sondern darum, Bilder im Bewußtsein des Hörers zu erzeugen und gedankliche Verbindungen herzustellen.
>
> Niels BOHR

1.2.6 Humor und andere Gewürze

Stellen Sie sich vor, Sie haben über Strahlungsmessungen vorzutragen, und sagen plötzlich:

> „Ich weiß nicht, wie weit Sie sich mit dem Becquerel inzwischen angefreundet haben. Es soll ja Kollegen geben, die seine Einführung für so unnötig halten wie die Umbenennung einer Durchflussgeschwindigkeit von 1 Liter pro Sekunde in 1 Falstaff."

Das wäre eine ziemlich witzige Bemerkung, aber das „Falstaff" als Kandidat für eine neue Einheit des Système International (SI) brauchen Sie dazu nicht zu erfinden. (Wir fanden die Stelle in HAUSEN 1966; s. auch QUADBECK-SEEGER 1988.) Ein deutscher Chemiker flocht in einen Vortrag über Konformationsanalyse die Bemerkung ein:

---

[1] Unsere sieben „Kategorischen Imperative" sind im am Ende von Teil II auf S. 289 zusammengestellt.

„Ob man beim Cyclohexan Bootform oder Wannenform sagt, hängt davon ab, ob man gewohnt ist, sich das Wasser außen oder innen vorzustellen. Es ist interessant, dass in der angelsächsischen Welt ausschließlich der Ausdruck Bootform verwendet wird."

Wenn Sie selbst Einfälle dieser Art haben oder *Wortspiele* lieben, oder wenn Sie sich über *Stilblüten* freuen und von geistreichen Aussprüchen *(Bonmots)*, *Aphorismen* und „Geflügelten Worten" beflügeln lassen können – legen Sie dafür einen Ordner an und sammeln Sie Eigenes wie Fremdes für den allfälligen Gebrauch, damit sich zu gegebener Zeit andere mitfreuen können (s. auch Kasten). Anekdoten- und Aphorismensammlungen wie die oben genannten oder auch Zitatenlexika (wie MACKENSEN 1991, RONNER 1990 oder PELTZER und NORMAN 1991) erfreuen sich dazu einiger Beliebtheit.[2] Garnieren Sie Ihre Stichwortzettel (Abschn. 3.3.3) damit; dass auch der freie Vortrag von solchen Auflockerungen gewinnt, versteht sich.

> 66 99
> Ein guter Spruch ist die Wahrheit eines ganzen Buches in einem einzigen Satz.
>
> Theodor FONTANE
>
> Ein echter Aphorismus ist ein Universum in einem Wassertropfen.
>
> Martin KESSEL[1]

Der größte Aphoristiker deutscher Zunge war – ein Physiker, Georg Christoph LICHTENBERG (s. beispielsweise LICHTENBERG: *Aphorismen, Essays, Briefe*). Aber noch heute leben seine „Nachfahren" mitten unter uns. „Zufall ist, wenn man die Flinte ins Korn wirft und sich dabei ein Schuss löst, der die Nadel in einem Heuhaufen trifft" und „Wer nicht schnell genug ist, wird zur Schnecke gemacht". Der solches sagt, ist Immunbiologe (UHLENBRUCK 1984, 1986, 1990; vgl. auch SCHMITT 1990, NEUHOFF 1992).

Wir sprechen hier von *Humor* (s. auch Abschn. 4.2).

● Setzen Sie Humor gezielt als „Dialogmittel" ein.

Sie haben schon gelacht, jetzt dürfen *andere* an Ihrem Vergnügen teilhaben. Diese Teilhaberschaft lässt sich auf den *visuellen* Bereich ausdehnen durch den Einsatz von *Cartoons* (wie in den früheren Auflagen dieses Buches geschehen).

---

[1] http://mitglied.lycos.de/zitatenschatz/

[2] Es gibt erstaunlich viele Bücher dieser Art, wir möchten hier keine besonders „berühmten" oder „empfehlenswerten" nennen. Doch, ein Buch besticht schon durch seine Selbstdarstellung – „Dieses Buch enthält rund 4500 Zitate und Aphorismen von nahezu 1000 Autoren. Finden Sie die treffende Pointe für jede Unterhaltung, den ‚Aufhänger' für jede Rede, treffsichere und brillante Formulierungen für was auch immer Sie besprechen oder beschreiben" – und sei genannt (SCHMIDT 1999). Unter „Zitatenschatz" können Sie sich im Internet schnell zu vielen Werken führen lassen, die als Anregungen für Ihre Hausbibliothek dienen mögen. Bei einer solchen Gelegenheit fanden wir auch die nette Stelle (KESSEL), die oben im Kasten steht. Wir geben sie hier wieder, ohne die Quelle zu erforschen. Übrigens: www.zitatenschatz.de ist eine eigene Website! Es gibt ganze Datenbanken, aus denen man sich für verschiedene Lebenslagen Zitate laden kann, z. B. zum Thema „Klug- und Dummheit".

Anekdoten können Sie auch als Überbrückungshilfen in Notfallsituationen verwenden (s. Abschn. 4.6.2). Als „Erzählung" (*lat.* narratio) ist sie eine der „Sprachmittel" (Redefiguren) im Kasten in Abschn. 1.2.4. (Beachte: „Humor" zählt nicht als „Redefigur", das sitzt tiefer, bezeichnet dem Wortsinn nach die „Feuchtigkeit" unserer Seele.)

Humor, auch ein Schuss *Ironie* und *Selbstironie* und selbst *Witz* kommen bei Zuhörern meist gut an und werden dankbar aufgenommen. Aber seien Sie vorsichtig, Ihre Einflechtungen dürfen nicht aufgesetzt wirken, und Kalauer schlagen Ihnen zum Nachteil aus. Es ist nicht leicht, eine Zuhörerschaft zum Lachen zu bringen. Wenn Ihnen das auch nur einmal gelingt in einem Vortrag, können Sie einen Erfolg verbuchen.

LEMMERMANN (1992, S. 77) nennt „nicht zuletzt" Humor eines der zehn Merkmale der guten Rede. Die anderen sind: *Sachlichkeit, Klarheit, Anschaulichkeit, Zielstrebigkeit, Steigerung, Wiederholung, Überraschung,* (ausgewogene) *Sinndichte* und *Beschränkung.* Zum Thema Humor zitiert er (S. 87) den Dominikanerpater Rochus SPIEKER mit den schönen Worten, die wir in den Kasten gestellt haben.[1]

Humor ist ein Bedürfnis und eine Begabung. Nach einer jüngeren Untersuchung stufen 95 % der Bundesbürger Humor als eine außerordentlich wichtige und wünschenswerte Eigenschaft, ja Lebenshaltung, ein. Aber als der HErr diese Gabe verteilte, kamen die Deutschen zu kurz. Es gibt einen britischen Humor, aber keinen deutschen, dafür den sarkastischen Spruch: „Der englische Humor macht Spaß, der deutsche dient dem Zwecke der Erheiterung." Immerhin können Sie versuchen, etwas Zweckdienliches beizutragen – aber vielleicht gehören Sie ja zu den Glücklichen, die sich das gar nicht erst vornehmen müssen.

> Manche Menschen umhängen sich mit Ernst wie mit einem falschen Bart. Ein Bonmot, das mit Ballettfüßchen durch ein Gespräch huscht, kann mehr Geist und Herz gekostet haben als manche verschnörkelte Phrase, die heiligste Werte als Kulisse bemüht. Ein Witz kann tiefer erleuchten als tragisches Getue. Ein lächelnd hingeworfener Satz kann lautlos weinen. Freilich: Das zu begreifen, fällt uns Deutschen besonders schwer. Und so werden wir wohl weiterhin die Weisheit hinter den falschen Bärten suchen.
>
> Rochus SPIEKER

1.2.7 Nachricht – ein Kommunikationsmodell

Wenn Sie vor Publikum reden, gelten die „Gesetze" der menschlichen Kommunikation. Es ist gut, wenn Sie einiges von dem wissen, *wie* Ihre Zuhörer Ihnen zuhören. Nicht-Beachten dieser Gesetzmäßigkeiten kann zu Unruhe, Desinteresse oder Zwischenrufen des Publikums führen – kurz: zu Ihrem Misserfolg.

---

[1] Diese Sätze ließen auch uns lautlos weinen, zumal unser Gewährsmann versäumte, die genaue Quelle anzugeben. Doch unser Interesse, einmal geweckt, konnte im World Wide Web teilweise gestillt werden: Rochus SPIEKER (1921-1968), gebürtiger Berliner, machte mit 18 Jahren „Schnupperferien" in einem Dominikanerkloster und war von dem Leben dort so begeistert, dass er beschloss, als Mönch zu leben. Mit 19 Jahren trat er in den Orden ein, studierte Theologie, wurde 1949 in Köln zum Priester geweiht.

In der *Psychologie* gibt es ein Modell der Kommunikation (SCHULZ VON THUN 1981), welches vier verschiedene Seiten einer Nachricht/Botschaft beschreibt. Wir kommen nicht umhin, uns damit zu beschäftigen.

● Jede Nachricht hat – wie ein Bild – *vier* Seiten: Sie liefert einen Sachinhalt/ eine Sachinformation, sie leistet Selbstkundgabe über den Sender, sagt etwas über die Beziehung zwischen Sender und Empfänger aus – hat also einen Beziehungsaspekt – und enthält einen Appell an den Zuhörer.

Wir reden und hören also mit vier „Zungen" und vier „Ohren"![1]

Der erste Aspekt: Jede Nachricht hat einen *Sachinhalt*, sie liefert „Information zu einer Sache". Diese Sachinformation steht immer dann im Vordergrund, wenn es tatsächlich um die Sache geht. Der Vorgesetzte zu seinem Mitarbeiter: „Herr Müller, die Spektren von XXX müssen bis morgen fertig sein!" Die Sachinformation lautet: Es gibt einen zeitlich engen Rahmen, und zwar bis morgen, für die Aufnahme der Spektren, die ich brauche.

Der zweite Aspekt: Mit jeder Sachnachricht übermitteln Sie auch etwas von sich selbst, d. h. sie betreiben bewusst oder unbewusst *Selbstkundgabe.* In dem vorigen Satz „offenbaren" Sie sich als weisungsbefugt oder als jemand, dessen Wort zählt, worauf schon das „müssen" und das (gesprochene) Ausrufezeichen hinweisen. Der Satz ist also nicht nur Sachinformation, sondern sagt gleichzeitig etwas über Sie oder Ihre Rolle oder Ihr Rollenverständnis. (Wenn Sie Chef oder Chefin sind, ist das freilich auch ein Sachverhalt.) Wenn Sie nachher feststellen „Dieses Spektrum lässt sich folgendermaßen interpretieren" oder „Dies bedeutet: ...", so zeigen Sie damit an, dass Sie kompetent sind oder sich dafür halten: „Ich kenne mich in diesem Bereich aus" (sonst stünde Ihnen die Aussage ja nicht zu). Die Art, wie Sie Ihre Sätze aussprechen, spielt dabei eine Rolle: ob betont oder mit ironischem Lächeln; ob schnell oder sanft; ob dem Publikum zugewandt oder halb von ihm abgewandt – dies alles enthält Informationen über Ihre Person (ob Sie selbstbewusst, konfliktbereit, gelassen, bescheiden usw. sind).

Die Selbstkundgabe kann sowohl eine bewusste *Selbstdarstellung* sein als auch eine unbewusste (ungewollte) *Selbstenthüllung.* Jeder Vortragende versucht, sich von seiner besten Seite zu zeigen, und er verwendet dazu Techniken der *Selbsterhöhung* und der *Selbsterniedrigung,* dieses vielleicht in der Form von "Fishing for Compliments". Oft sind die Aussagen nicht eindeutig als solche *Floskeln* zu erkennen – Kommunikation ist ein viel zu komplexer Prozess, als dass man die jeweiligen Hintergründe direkt ausmachen und einer bestimmten Triebkraft zuordnen könnte.

---

[1] TUCHOLSKY verdichtete die hier folgenden Ausführungen auf einen Satz, nein auf zwei (in seinem Ultrakurztraktat „Ratschläge für einen guten Redner"): „Tatsachen oder Appell an das Gefühl. Schleuder oder Harfe." Aber da wir keine Harfinisten sind, müssen wir uns um die Psycho-Seite von „Botschaften" wohl doch etwas ausführlicher bemühen.

Als typische Floskeln der Selbsterhöhung können gelten:

– Der *Verweis auf Autoritäten*

„Der Bundesumweltminister hat mir neulich beim Essen erzählt, ...“
(das wäre eine ziemlich plumpe Einlassung)

– Die *Aufwertung der eigenen Arbeit*, z. B. in

„Es ist ja unter Experten bekannt, dass ...“
„Ich habe immer wieder die Erfahrung gemacht ...“
„Im Rahmen meiner jahrelangen Zusammenarbeit mit ...“.

Als typische Floskeln der *Selbsterniedrigung* stehen für einige Kommunikationspsychologen Formulierungen wie

„Ich kenne mich in diesem Bereich zwar nicht besonders gut aus, aber....“
„ Als Laie auf diesem Gebiet stelle ich mir vor, dass....“.

Das erste Beispiel sieht nach Komplimente-Fischen aus, man könnte es auch als *Understatement* werten. Das zweite Beispiel könnte ironisch gemeint sein oder als Herausforderung zum *Widerspruch* – das wäre dann als *Vorgriff* oder *Einwandvorwegnahme* eines der „Sprachmittel“ (Redefiguren) in Abschn. 1.2.4 – oder einfach als nüchterne Selbsteinschätzung einer ehrlichen Haut. Das käme wohl auf den jeweiligen Tonfall an.

Für den (wissenschaftlichen) Vortrag und andere „sachbezogene“ Situationen haben besonders Psychologen die Metaphysik des Kommunizierens analysiert. Wir zitieren eine aus *Miteinander reden 1* (s. Kasten) entnommene Passage und blenden damit auf den Redner selbst und sein besonderes Subjektivsein zurück.[1]

Selbstoffenbarung

Die[se] Verbindung von Sachvermittlung und Selbstoffenbarung ist in der Wissenschaft eher verpönt – hier gilt das Ideal der objektiven Wahrheit, welche sich als unabhängig gültig von der sie entdeckenden und aussprechenden Person erweist. Ohne dieses Ideal zu verwerfen, scheint mir auf dem Weg dorthin jede Erkenntnis [...] die Handschrift des Erkennenden zu tragen, gehen in jeden Erkenntnisakt [...] eingestandene oder uneingestandene Voraussetzungen, besondere Blickwinkel und Ausblendungen ein. Der Wissenschaftler steht ja nicht außerhalb des zu entdeckenden Weltenzusammenhangs, sondern ist mittendrin – ein Teil davon, [...] jede seiner Handlungen hat Anlässe und Folgen in seiner persönlichen Lebenswelt. [...] Auch jede ‚wissenschaftliche Nachricht‘ enthält eine Selbstoffenbarungsseite, und es ist gewiss nicht unwissenschaftlich, diese kenntlich zu machen.

Friedemann SCHULZ VON THUN (1989, S. 148)

---

[1] Um das in der Rede Gesagte gegenüber den Hörern zu bekräftigen, bedürfe es eines dreifachen Anreizes. Zu appellieren sei 1. an die *Logik*, 2. die *Emotionen* der Hörer und 3. die *eigene Person* (ihren Charakter, ihre Beweggründe, ihre Bedeutung). So sagte es schon (vgl. bei ALLEY 2003, S. 21) ARISTOTELES, der uns als *der* Philosoph der Antike schlechthin gilt, auch als *Naturphilosoph*.

Der dritte Aspekt: Als solcher gilt der *Beziehungsaspekt* einer Botschaft. Jede Nachricht gibt auch Auskunft darüber, wie Sender und Empfänger zueinander stehen. „Was Peter über Paul sagt, sagt mehr über Peter als über Paul" (DESCARTES). Immer, wenn Sie eine Sachaussage „senden", zeigen Sie auch, wie Sie die Beziehung zu Ihrem Publikum sehen und gestalten. In dem Beispiel oben mit den Spektren, die morgen gebraucht werden, steckt natürlich auch die Erwartung des einen, dass der andere sich jetzt an die Aufnahme der Spektren macht, was zweifellos etwas über die Beziehung der beiden zueinander sagt. Die *Beziehungsbotschaft* kann in gesprochener Form (z.B. durch den Text selbst oder durch die Betonung) oder durch nonverbale Signale übermittelt werden. Vielleicht reagieren Sie bei einem Vortrag auf eine Frage aus dem Auditorium mit hochgezogenen Augenbrauen oder mit Kopfschütteln, oder Sie legen als Antwort eine schon einmal gezeigte Folie nochmals – wortlos – auf. Die „Botschaft" könnte in beiden Fällen vom Fragesteller so aufgenommen werden, als hätten Sie ihm zu verstehen gegeben: „Wenn Sie nicht aufpassen, werden Sie kaum jemals Informationen mit nach Hause nehmen!" Damit entstünde eine typische Lehrer-Schüler-Beziehung, und das würde mit Missvergnügen quittiert werden. Vielleicht hatten Sie das gar nicht so gemeint. Es gilt, auch solchen Komplikationen Rechnung zu tragen, so gut wie eben möglich – am besten schon im Voraus –, und sich auf sein Auditorium einzustellen.

Der vierte Aspekt: Jetzt geht es um den *Appell* an den Zuhörer, das bewusste Wachrufen seiner Emotionen. In vielen Fällen wollen Sie mit Ihrer Information bei Ihren Empfängern etwas auslösen, ein Verhalten bewirken: Ihre Zuhörer sollen ihr Verhalten oder ihre Meinung verändern oder an einer schon akzeptierten Meinung noch stärker festzuhalten, oder etwas tun (wie im Beispiel mit den Spektren oben, wo der *eine* Satz offenbar mit allen „vier Zungen" spricht).

Zu diesen vier Seiten einer Nachricht/Botschaft gehört noch ein „ästhetisches Passepartout" (WIEKE 2002, S. 33). Gemeint sind damit Signale, die von Ihnen ausgehen und von den Hörern bewusst oder unbewusst wahrgenommen werden – als schön oder weniger schön. Zu den unschönen gehören z. B. ein störender Dialekt und eine nuschelnde Sprache.

Natürlich haben Ihre Zuhörer nicht alle die gleichen „Ohren" geöffnet. Wenn beispielsweise alle ihre „Sachohren" offen halten, um besonders den Inhalt Ihrer Aussage(n) wahrzunehmen, können Sie mit Zwischenfragen „zur Sache" rechnen, etwa: „Würden Sie XY bitte näher erläutern!", „Wie haben Sie Z gemessen?" oder „Was bedeutet in diesem Zusammenhang AB?" Wenn andererseits Ihr Publikum empfindliche „Ohren" für Ihre Selbstoffenbarungen hat, kreisen dort vielleicht Gedanken wie „Die haut aber kräftig auf den Putz!", „Der gibt aber an!" oder „Der ist unsicher, dass er so angeben muss!"

Was Zuhörer mit besonders sensiblen „Beziehungsohren" und „Appellohren" alles aus Ihnen und Ihren Worten heraushören oder Ihnen unterstellen mögen, können Sie sich wahrscheinlich selbst ausmalen. Vielleicht wollen Sie sich auch einmal unmittelbar bei den Quellen der psychologischen Kompetenz umsehen. Wir lassen es bei diesen Fingerzeigen.

1.2.8 Wechselwirkung

Wir wollen den Beziehungsaspekt (vorstehend) unter dem Stichwort *Wechselwirkung* noch etwas näher ausleuchten. Wie kann das *Auditorium* auf den *Redner* reagieren, was ist seine Antwort? Ausdrücke der Heiterkeit seitens der Zuhörer sind *eine* – meist willkommene – Reaktion auf Ihre Ausführungen, Zeichen eines stattfindenden *Dialogs*. Es gibt zahlreiche andere.

● Der gute Vortrag ist mehr als ein Monolog, er lebt von der Wechselwirkung *(Interaktion)* zwischen Vortragendem und Zuhörern.

Er versucht mit vielerlei Mitteln, die Zuhörer zu *Mitwirkenden*, Teilnehmern, Partnern, Verbündeten zu machen, eine *Denkgemeinschaft* zwischen Redner und Hörern herzustellen.

In mitreißender Rede, bewusster Mimik, Gestik und Motorik usw. stecken bereits Elemente solcher Partnerschaftlichkeit. Sein Engagement verschwendet der Redner schließlich nicht für eine tote Wand, sondern er setzt es ein für Menschen. (Kurt TUCHOLSKY gab folgenden Rat für einen schlechten Redner: „Kümmere Dich nicht darum, ob die Wellen, die von Dir ins Publikum laufen, auch zurückkommen – das sind Kinkerlitzchen.")

Wo Menschen zusammenkommen, senden sie sich Botschaften zu, auch wenn sie kein Wort sagen. Manche Situationen lassen sich durch die Redewendung „beredtes Schweigen" trefflich kennzeichnen, und auch manche Schriftstücke sprechen mehr zwischen den Zeilen als in den Zeilen. Selbst das Weglassen eines Gesprächspunkts in einem Protokoll ist eine Mitteilung. Der amerikanische Psychologe und Psychiater Paul WATZLAWICK leitete aus der Analyse von vielen solcher Sender-Empfänger-Beziehungen sein berühmtes *metakommunikatives Axiom* ab (WATZLAWICK, BEAVIN und JACKSON 1990, S. 53):

● „Man kann nicht nicht kommunizieren."

Aus Wortmeldungen oder Zwischenrufen, Beifalls- oder Missfallensbekundungen können Sie als Vortragender erkennen, wie Ihre Worte aufgenommen werden. Nun gehören weder Buhrufe noch "Standing Ovations" oder Lachsalven zum wissenschaftlichen Vortragsalltag. Aber es gibt – vom vorzeitigen Verlassen des Hörsaales abgesehen – feinere Signale, die Ihre Zuhörerschaft sendet: gelangweilte, abwesende oder sogar abweisende Gesichter; Unruhe; Blick auf die Uhr. Geben Sie sich einen Ruck, wenn Sie solches bemerken: Kämpfen Sie um Ihr

Auditorium![1] Versuchen Sie, mehr Temperament und Ausstrahlung in Ihre Worte zu legen. Ein Redner darf am Schluss seines Auftritts „geschafft" und in Schweiß gebadet sein, wie andere Sportsleute auch. Hilft aber alles nichts:

- Straffen Sie Ihre Ausführungen, wenn Sie spüren, dass Sie die Zuhörer nicht bei der Stange halten können!

Oder sprechen Sie Ihre Zuhörer unmittelbar an: In einer Seminar-Veranstaltung können Sie beispielsweise fragen, was unklar ist und ob Ihr Publikum eine Pause wünscht oder benötigt.

Bemühen Sie sich *nach* dem Vortrag herauszufinden, was Sie nicht gut oder falsch gemacht haben, holen Sie sich aktiv *Rückmeldung (Feedback)* von den Teilnehmern; deren Meinung muss Ihnen wichtig sein!

- Halten Sie während des Vortrags Blickkontakt mit Ihren Hörern.

Dies ist – hier ewas enger formuliert – unser 3. Kategorischer Imperativ (s. S. 289). Ein geübter Vortragender sucht „Fühlung" mit seinen Zuhörern und beobachtet sorgfältig ihr Verhalten. Seine Rede ist nach Inhalt und Darbietung „Zuhörer-orientiert". Der *Blickkontakt (Augenkontakt)* ist das wichtigste Mittel, denn Zuhörer fühlen sich dadurch persönlich angesprochen und empfinden das gewöhnlich als angenehm oder stimulierend. Das In-die-Augen-Schauen dient dem Aufbau eines „Sympathiefeldes" (WOHLLEBEN 1988; s. auch Abschn. 4.4), wie ja spätestens seit Humphry BOGART und Ingrid BERGMAN bekannt ist („Casablanca", 1942) Würden Sie nur Ihr Manuskript ablesen oder deklamieren und dabei eine Stelle an der Decke fixieren oder zum Fenster hinausschauen, so würden Sie Ihre Zuhörer sträflich vernachlässigen. Die „Rache" wäre Ihnen gewiss: Ablehnung, letztlich Erfolglosigkeit Ihres Mühens. Das Weiße im Auge ist erfunden worden, damit wir besser sehen können, wohin der andere blickt.

- Die Fähigkeit des Redners, sich durch bewusste Beobachtung auf sein Publikum einzustellen, gehört zur hohen Schule der Rhetorik.

Es kann nicht schaden, zu diesem wichtigen Punkt einen Altmeister der Sprecherziehung zu Worte kommen zu lassen (s. Kasten auf S. 39).

- Gehen Sie noch einen Schritt weiter und sprechen Sie Ihre Zuhörer unmittelbar an, um sie als Partner einzubeziehen.

---

[1] Ein Spötter merkte einmal an, dass noch gefährlicher für den Vortragenden als die Hörer, die auf die Uhr schauen, jene seien, die prüfen, ob ihre Armbanduhr noch gehe. – Manchmal gibt es Maßstäbe für das Wohlgefallen der Hörer. Wenn Sie eine *Vorlesung* an der Hochschule übernommen haben, können Sie aus der Zahl der Hörer am Anfang und am Ende des Semesters erkennen, wie gut Sie „angekommen" sind. Zunehmend werden im Hochschulbetrieb zur Qualitätsförderung und -sicherung der Lehre Fragebögen an die Teilnehmer von Lehrveranstaltungen ausgeteilt, um der Forderung des deutschen Hochschulrahmengesetzes nach regelmäßiger Bewertung (Evaluation) der Lehre Folge zu leisten. Solche Fragebögen können Ihnen wenigstens im Nachhinein als Messlatte für Ihren Erfolg dienen, vielleicht auch als Hinweise, was Sie das nächste Mal besser machen könnten und sollten.

Die Hörer

Wer reden will, soll in erster Linie an seine Hörer denken, sich ein lebhaftes Bild von ihrem Wesen und Wollen, von den Umständen der Redehandlung, zu schaffen suchen [...] In einem lebendigen Kraftstrom soll er mit seinen Hörern während der Rede stehen, aber diesen schon vorfühlen, wenn er im Arbeitszimmer seinen Stoff durchdenkt und aufbereitet. Er soll auf die im Raum schwingende Stimmung der Hörer eingehen und sie auffangen [...] Merkt er etwa, dass sie über einen bestimmten Gegenstand mehr wissen wollen, dass die Versammlungselektrizität Funken der Aufmerksamkeit und der Spannung sprüht, so wird er diesen Gegenstand etwas mehr ausspinnen. Sieht er Zweifel und Widerspruch auf den Mienen seiner Hörer, so wird er seine Eindringlichkeit verstärken, seine Gründe schärfer und klarer fassen.

Maximilian WELLER (1939, S. 58)

Eine Möglichkeit, die sich vor allem bei Geschäftsbesprechungen und anderen Dialog-orientierten Redeformen anwenden lässt, ist die gelegentliche Verwendung der direkten Anrede, etwa in der Form

> „Ich bin sicher, dass Sie sich dieser Problematik bewusst sind ..."

> „Vermutlich haben Sie sich dazu bereits Ihre eigenen Gedanken gemacht, und ich würde nachher gerne erfahren, zu welchen Ergebnissen Sie gekommen sind ..."

> „Ich weiß, dass es hierzu in Ihrer Runde auch andere Vorstellungen gibt, doch ..."

Formulierungen dieser Art sind nicht nur Zuwendung („Sie"), sondern tatsächlich Beziehung, Einbindung; denn neben die angesprochenen Personen haben Sie ja sich selbst gestellt, fast so, wie das in einer der berühmtesten Reden, die je gehalten wurden, geschah: „Ich aber sage Euch, ..." (Bergpredigt). Sie können noch einen Schritt weitergehen und „ich" und „Sie" zu „wir" verschmelzen.

● Aus der Einbindung der Zuhörer wird durch sprachliche Akte der Identifikation ein Aufgehen des Redners in seiner Zuhörerschaft.

Im Sinne der Grammatik wird jeder Zuhörer in dem „wir" zur „ersten Person Plural", und das freut ihn.

Souverän ging FARADAY mit diesen Sprachmitteln um. Als er sich daran machte, die Redekünste anderer zu studieren und daraus zu lernen, war er ein junger Mann von 22 Jahren. Mit 36 hielt er seinen ersten „Cursus von sechs Vorlesungen über Chemie für die Jugend" an der Royal Institution, und er war an die 70 und nicht nur ein gefeierter Physiker, sondern auch ein berühmter Redner, als er seine "Lectures on the Chemical History of a Candle" für die Jugend hielt, auf die wir schon zuvor (Abschn. 1.2.4) zugegriffen haben. Wir zitieren aus der deutschen Übersetzung *(FARADAY: Naturgeschichte einer Kerze, S. 61)* eine weitere Stelle, die uns besonders gut gefallen hat:

> „*Ich* habe der Luft nur zu der Außenseite der Flamme den Zutritt gestattet, weshalb sie nicht gut brennt. Ich kann nicht mehr Luft von außen her zulas-

sen, da der Docht zu groß ist; wenn *ich* aber [...] einen Durchgang zur Mitte der Flamme öffne und so die Luft hineintreten lasse, so werdet *ihr* sehen, wie viel schöner sie brennt. Wenn *ich* die Luft abschließe, so seht nur, wie sie sie raucht. Aber warum? Da haben *wir* einige sehr interessante Punkte zu untersuchen ...“ (kursiv durch uns).

● Sie können sogar noch direkter werden, gewissermaßen einseitig einen Dialog eröffnen, der dann freilich in einer Aussprache, Diskussion oder Gegenrede aufgegriffen werden sollte.

Herausragende politische Redner wie BISMARCK oder CHURCHILL bauten mutmaßlichen Widerspruch mit Worten wie

„Ich sehe hier einige Abgeordnete missbilligend den Kopf schütteln ...“

„Sicher werden Sie mir jetzt widersprechen, aber ...“

„Vielleicht denken Sie gerade, aus dem und dem Grund sei dies nicht möglich; doch ...“

in ihre Rede ein (vgl. *Vorgriff* in Abschn. 1.2.4). Dadurch war eine Beziehung hergestellt, und späteren Angreifern war bereits der Wind aus den Segeln genommen (man nennt das auch *Einwand-vorweg-Behandlung*). Tun wir es den alten Füchsen nach!

1.3 Sprache und Sprechen

1.3.1 Die Stimme als Instrument

Um wie viel gestaltungsfähiger als gedruckte Lettern ist doch die Stimme! Geschrieben ist ein Punkt ein Punkt. Beim Sprechen können die Intervalle zwischen den Wörtern variiert werden, ähnlich wie in der *Musik* mit ihren verschieden langen *Pausenzeichen*. Und wie es dort achtel, viertel, halbe und ganze Noten gibt, um Klänge unterschiedlich lange zum Schwingen zu bringen, können wir beim Sprechen bestimmte Wortfolgen schnell hervorsprudeln und andere Worte einzeln hallen lassen. Schlagen Sie doch einmal die Website http://www.media culture-online.de/fileadmin/bibliothek/jung_rede/jung_rede.html auf – Sie werden einen Schatz an nützlichen Hinweisen eines Kommunalpolitikers zum Thema „Atem- und Sprechtechnik“ finden, mit schönen Unter-Überschriften wie „Erst sprechen und dann reden lernen“, „Auch richtiges Atmen muss gelernt sein“, „Die Ausbildung der Stimme“, „Die Betonung in der öffentlichen Rede“.[1]
Machen Sie gelegentlich ein Gedankenexperiment:

● Stellen Sie sich Ihren Vortrag als mit *Musiknoten* geschrieben vor.

---

[1] Wie missbräuchlich und verderblich man damit umgehen kann, mussten sich die Älteren von uns „im letzten Jahrhundert“ an ihren Volksempfängern anhören.

LEMMERMANN (1992, S. 182) zitiert NIETZSCHE mit der schönen Anmerkung, die wir in den Kasten gestellt haben.[1]

Derselbe gedruckte Text, von verschiedenen Personen vorgelesen, wirkt verschieden. Sprecher im Hörfunk führen uns dies vor, sie machen aus einem banalen Hörspiel noch ein Erlebnis. Es sind nicht nur Lesegeschwächte oder Blinde, die sich Tonbandkassetten oder CDs kaufen, um ein geliebtes Stück oder einen Roman über die Stimme eines mit allen Raffinessen der *Sprechtechnik* und *Stimmbildung* vertrauten Sprechers zu erleben.

> 66 99 Das Verständliche an der Sprache ist nicht das Wort selber, sondern Ton, Stärke, Modulation, Tempo, mit denen eine Reihe von Worten gesprochen wird – kurz, die Musik hinter dieser Leidenschaft: alles das also, was nicht geschrieben werden kann.
>
> Friedrich NIETZSCHE

Ist es Ihnen nicht auch aufgefallen, wie gekonnt Kinder ihre Stimme einsetzen? Sehen wir von ihrem souveränen Gebrauch der Stimmbänder als Mittel der Durchsetzung einmal ab. Wie viel Freude, Schalk oder Vorwurf können sie in ihre Stimmen legen! Sie sind darin den Erwachsenen überlegen, und doch haben sie ihre Kunst von Erwachsenen gelernt – ihren Müttern; in einer Lebensphase, in der Kommunikation einziges und äußerstes Ziel war. Schade, dass die Frucht der mütterlichen Zuwendung im Zuge des Erwachsenwerdens meist verkümmert.

Man weiß heute, dass das noch ungeborene Kind bereits „mithört" und dass Babys schon wenige Tage nach der Geburt die Stimme ihrer Mutter erkennen, ja die „Muttersprache" von einer Fremdsprache sowie Dialektfärbungen voneinander unterscheiden können. *Sprachmelodie* ist dem Menschen angeboren. Untersuchungen, wie sie beispielsweise an einem renommierten Institut der Max-Planck-Gesellschaft in Leipzig durchgeführt werden, haben zudem die Vermutung bestätigt, dass Melodie die *eine* von zwei – in unterschiedlichen Regionen des Gehirns untergebrachten – Sprachdomänen ist. Die *andere* – sie liegt in der linken Gehirnhälfte (vgl. SPRINGER und DEUTSCH 1993; 4. Aufl. 1998) – mögen wir „Struktur" nennen, etwa im Doppelsinne von „*Grammatik* (*Syntax*) plus *Wortschatz* (Wortbedeutung, *Semantik*)". Und diese beiden Dömänen, Struktur und Melodie, hängen voneinander ab, bedingen einander.

> 66 99 Wenn wir dem Geheimnis der Sprachverarbeitung näher kommen können, kommen wir auch dem Geheimnis des Mensch-Seins etwas näher.
>
> Angela FRIEDERICI

Wir halten es für angemessen, einen Blick in die Forschung des genannten MPI[2) – das stellvertretend auch für andere Forschungseinrichtungen mit ähnli-

---

[1] Wir haben erst im Nachhinein eine Stelle in der Literatur entdeckt, wo dieser Gedanke sichtbar gemacht wurde, nämlich bei BIEHLE (1974, S. 71). Man findet dort drei Musiknoten abgebildet mit dem Vermerk: „In der Musik macht ein Bindebogen deutlich, was zusammengehört und nicht getrennt werden darf: Der Sänger weiß sofort, dass er in diese drei Noten nicht hineinatmen darf. Leider gibt es keine ähnlichen Mittel, dem Redner das Binden der Worte, ein *Legato*, anzugeben."

[2] FRIEDERICI AD, ALTER K. 2004. Lateralization of auditory language functions: A dynamic dual pathway model. *Brain and Language*. 89: 267-276. – Angela FRIEDERICI ist Professorin am Max-
→

41

chen Zielrichtungen stehen möge – zu werfen, denn ihre Ergebnisse können durchaus in unserer Vortragskunst einen Widerhall finden. Gerade als Naturwissenschaftler fühlen wir uns hier als Vermittler aufgerufen. Artikel wie der in Fußnote zitierte gehören nicht eben zur Standardlektüre derer, die sich der Lehre der Rhetorik verschrieben haben, und deshalb werden die Ergebnisse solcher Forschung nicht ohne Zutun in Rednerschulen ankommen, wohin sie durchaus gehören, wenngleich sich die Forschungsgruppe selbst eher den Grundlagen der Neurowissenschaften und der (medizinischen) Anwendung in der Neurologie verpflichtet fühlen mag.

Man kann die Funktionen des Gehirns während der *Spracherzeugung* und *-verarbeitung* heute mit Hilfe der Elektroenzephalographie (EEG) und Kernspintomographie sehr genau messen und in unterschiedlichen Arealen des Gehirns lokalisieren (wie man das auch beim Musikhören oder anderen Hirntätigkeiten tun kann). Dabei lässt sich die *Sprachmelodie* oder *Stimmmelodie* – in der Linguistik auch *Prosodie*[1] – neben Syntax und Semantik als dritte Säule der Sprachverarbeitung eindeutig nachweisen. Danach ist, wie schon angedeutet, die „Prosodieverarbeitung" bei der Wahrnehmung von Sprache oder auch Musik in der rechten Hirnhemisphäre verankert, während das „Grammatiknetzwerk" und die „Wörterverwaltung" in der linken Hemisphäre installiert sind. Beide Hirnhälften müssen zusammenwirken, sonst kann Sprache nicht verarbeitet werden. Messgeräte zeichnen von Sprache ziemlich monotone Signale auf – wenn sie nicht an das Gehirn angeschlossen sind. Dieses erst segmentiert den kontinuierlichen akustischen Strom in einzelne Wörter, und das ist nur die erste seiner Leistungen bei der Sprachverarbeitung (aber schon eine ungeheuere). Dann erst werden „in Gedanken" (und in Gedankenschnelle) Sätze als solche erkannt und „verstanden". Die in jedem von uns eingebaute „Grammatikmaschine" tastet automatisch und unvorstellbar schnell jeden Satz, den wir hören, auf seine innere Struktur ab und macht so erst Sinn aus dem dürren Faden von Wörtern.

Die primäre akustische Verarbeitung beim Anhören eines Vortrags beispielsweise braucht ungefähr 100 ms (Millisekunden). Bereits nach 200 ms (gerechnet vom Eintreffen der Signale) feuern die Neuronen Alarm, wenn ein angekommener Satz als *grammatisch* falsch erkannt wird, etwa, weil eine Präposition vor *nichts* gestellt ist, statt vor ein Nomen oder Pronomen (*lat.* präponere, vorsetzen). Auf falsche, z. B. im Zusammenhang sinnlose *Wörter* wird erst nach etwa 400 ms neuronaler „Semantik-Alarm" ausgelöst.

Planck-Institut für Kognitions- und Neurowissenschaften in Leipzig, das bis zum 1. Januar 2004 Max-Planck-Institut für Neuropsychologische Forschung hieß, und leitet dort den Arbeitsbereich Neuropsychologie. Eine der Gruppen am MPI heißt „Neurokognition von Sprache". Begonnen hat die Wissenschaftlerin ihre Laufbahn in der Linguistik, heute sieht sie sich als Neurowissenschaftlerin!

[1] In der Antike *Verslehre*, Lehre von der Messung der Silben nach Länge und Tonhöhe.

Aber diese Leistungen können in dieser Geschwindigkeit nur erbracht werden, wenn die ankommende Sprache auch „Melodie" mit sich führt, um so das für Prosodie zuständige Zentrum zu stimulieren. Nicht umsonst sprechen wir einen *Fragesatz* anders als einen *Aussagesatz*, nämlich mit *ansteigender Tonhöhe*. Grammatische Strukturen und prosodische *Intonationskurven* müssen eng zusammengehen Und dabei gibt es zahllose melodische Merkmale in der gesprochenen Sprache über die eben genannte hinaus, beispielsweise die *Kommaintonation*.[1] Beim Sprechen, meint man, setzen wir keine Kommas – Irrtum! Erst durch das Heben und Senken der Stimme, durch kleinste Unterbrechungen des *Sprechflusses*, strukturieren wir (jetzt als Spracherzeuger, z. B. als Vortragender) die einzelnen Sätze. Tun wir das *gehörig*!

Wenn wir monoton vor uns hinnuscheln, lassen sich die beiden folgenden Sätze nicht unterscheiden:[2]

> Der Lehrer, sagt der Schüler, ist intelligent.
> Der Lehrer sagt, der Schüler ist intelligent.

Im einen Fall ist laut Aussage der Lehrer intelligent, im andern der Schüler. (Einen ähnlichen Fall haben wir auch beim Zu-Bett-Gehen; s. erste Fußnote auf S. 47.) Wir müssen den Exkurs an dieser Stelle beenden – vielleicht haben wir Sie neugierig auf mehr gemacht – und versuchen ein Resümee; es mag auch in der Wiederholung von anderswo Gesagtem hilfreich sein, weil es hier unmittelbar belegt ist:

● Die Leistung der Zuhörer beim Verarbeiten Ihres Vortrags ist ähnlich groß wie Ihre beim Denksprechen – überfordern Sie sie nicht: Sprechen Sie langsam und betont!

Und:

● Lassen Sie den Dreiklang Grammatik, Semantik und Prosodie zu Leitmotiven Ihrer inneren Einstellung werden.

Dieselben Schwing- und Klangkörper rund um die Stimmbänder, die einen Sänger zu einem Vokalinstrumentalisten werden lassen, sind auch Ihnen gegeben. Versuchen Sie, diese Instrumente einzusetzen. Achten Sie einmal darauf, was Radiosprecher zuwege bringen. Man hört sie förmlich an bestimmten Stellen in Klammern sprechen oder einen Gedanken zwischen zwei Striche setzen. Es geht hier um die *Stimmlage* beim Sprechen, um *Intonation*, *Melodik* und *Rhythmik* der Sprache, um *Sprachmelodie*.

● Variieren Sie Ihre Stimmlage.

---

[1] Vgl. auch das „Doppelpunkt-Sprechen" in Abschn. 1.3.2.
[2] Wir beziehen uns auf eine Sendung „Satz und Melodie – eine raffinierte Beziehung" des SWR2 am 29. März 2004.

Unsere letzten beiden Beispiele betrafen die Einfügung eines Gedankens in einen Satz, die *Parenthese*. Sie muss sich stimmlich vom übrigen Satz abheben, damit sie als solche erkannt werden kann. Ähnliches gilt für wörtliche Zitate[1) und bewusste Wiederholungen von *Kernworten* oder *Kernaussagen*. Wir dürfen sicher sein, dass der römische Staatsmann CATO sein „Ceterum censeo ..." mit beschwörender Stimme gegen Karthago schleuderte.

● Es ist unsere Stimme, mit der wir unsere Gemütsverfassung ausdrücken und unseren Willen auf andere übertragen können.

Nicht von ungefähr leitet sich das Wort Stimmung von Stimme ab. Klingt unsere Stimme schwunglos oder zaghaft, dann wird uns niemand bei unseren Ausführungen folgen. Sicher kennen Sie die Redewendung „etwas im Brustton der Überzeugung sagen"; sie sollte uns an etwas erinnern, dass nämlich Überzeugungskraft und ein stimmliches Merkmal eng zusammenhängen: Die Überwindung der Flachatmigkeit durch volles Atmen aus Bauch und Brustkorb heraus ist in einschlägigen Kursen viele Übungsstunden wert.

Man spricht in diesem Zusammenhang von *Zwerchfell*- und *Brustatmung*, wobei die Zwerchfellatmung eigentlich Bauchdeckenatmung heißen müsste; denn von der Muskulatur der Bauchdecke kommt bei ihr die physikalische Kraft, die die Stimmbänder im Kehlkopf zum Schwingen bringt. Was danach im *Vokaltrakt* – dazu zählt man Rachen, Mund, Zähne, Lippen und Nase – geschieht, ist sehr einsichtig und mit Bildern unterstützt in einem Kapitel „Das gesprochene Wort" dargelegt worden: in einem Buch, das wir sehr schätzen (MILLER 1993).

Dies alles ist allerdings nicht nur eine Frage der künstlerischen Ausdruckskraft, die Sache hat auch einen anatomisch-physiologischen Aspekt (vgl. beispielsweise BIEHLE 1970). Manche haben von Natur volle, tragende, modulationsfähige Stimmen, die, ohne laut zu wirken, noch aus größerer Entfernung gut zu vernehmen sind. Bei anderen wirkt die Stimme eher verdeckt, gehaucht, ohne Spannbreite, heiser, piepsig, und beim längeren Sprechen fängt sie gar an zu kratzen und bleibt am Schluss ganz aus. Mit einer solchen Stimme „begabt" zu sein, ist ein deutlicher Nachteil.

Glücklicherweise kann man dagegen einiges unternehmen (s. Kasten; dem Autor Hans JUNG gebührt Dank für viele meisterlich hergestellte Bezüge, hier für einen Hinweis auf die Legenden um den großen Redner DEMOSTHENES der Antike). In einem Chor mitzusingen ist nicht der schlechteste Weg. Einen Kurs über *Atemtechnik* oder auch *Atemgymnastik* z. B. in einer Volkshochschule belegen ist ein anderer. Es gibt heute *Logopäden* und *Atem-, Sprech- und Stimmlehrer*, die einem helfen können, schlecht funktionierende Stimmbänder auf Schwung zu bringen oder Aussprachefehler (z. B. lispelndes „s") zu beheben.

---

[1] Die ausdrückliche Abgrenzung „... ich zitiere: ...", „Zitat Ende" macht die Modulation der Stimme nicht überflüssig.

> Um seine Stimme zu kräftigen, ging [Demosthenes] zum Meer und sprach im Brausen der Meeresbrandung. Um seine Atemkraft zu erhöhen, marschierte er stundenlang bergauf. Um sich das angewöhnte Zucken mit den Schultern abzugewöhnen, stellte er sich mit nackten Schultern unter zwei Schwerter. Um der einseitigen Brustatmung entgegenzuwirken, beschwerte er seine Brust mit Bleiplatten. Um sich das Lispeln abzugewöhnen, sprach er täglich mit einem Kieselstein im Mund. Und gefragt, was die wichtigste Übung für einen Redner sei, antwortete er ohne Zögern: Der Vortrag, der Vortrag und nochmals der Vortrag.
>
> Hans JUNG (1994, S. 5)

Wie man hört, sind sie viel beschäftigt und gefragt, nicht zuletzt von den Angehörigen der „Sprechberufe" (Lehrer, Pfarrer, Redakteure, Politiker, Manager ...). Und sollten Sie eine echte Insuffizienz bei sich bemerken, vielleicht durch eine Krankheit bedingt, dann bleibt Ihnen noch der Weg zum *Phoniater*: das ist ein Hals-Nasen-Ohren-Arzt mit Zusatzausbildung Stimme.

1.3.2 Tempo, Pausen, Lautstärke

Wir können weiterhin Begriffe aus der Musik heranziehen. Die *Geschwindigkeit* des Vortragens ist eine Frage des Temperaments und der Persönlichkeit des Redners und der Aufnahmefähigkeit der Zuhörer. Bei zu schneller Rede – *prestissimo!* – besteht die Gefahr, dass das Gesagte unverständlich wird, weil den Zuhörern keine Zeit bleibt zum Zuhören und Mitdenken. Mit Wortschwällen nach südländischer Manier lässt sich im Vortrag nichts anfangen.[1]

● Sprechen Sie eher langsam als schnell. Reden Sie lieber zehnmal zu langsam als einmal zu schnell.

Die alte Regel „Je größer der Raum, desto langsamer die Sprechweise" gilt nur noch bedingt, seit man die Räume mittels Mikrofon und Lautsprecher künstlich verkleinern kann, akustisch jedenfalls. Von diesem technischen Effekt abgesehen, bleibt es aber doch so, dass um so mehr Kraft gebraucht wird, das Kraftfeld zwischen Redner und Zuhörern aufzubauen, je größer die Zuhörerschaft ist; um so mehr Zeit sollten Sie sich also lassen beim Sprechen.

Manche Redner verstehen es, einer betont langsamen Sprechweise Spannung zu verleihen. Sie wägen jedes Wort ab, sagen keines mehr als nötig, und kommen zum Ziel. Von Theodor HEUSS ist die Anmerkung überliefert, der souveräne Redner rede langsam – eine Regel, an die er sich selbst mit Erfolg hielt. Am besten ist es, das *Sprechtempo* als „dramaturgisches Mittel" einzusetzen und die Geschwindigkeit zu wechseln. Als Mittel sollte dabei eine Sprechgeschwindigkeit von etwa *100 Wörtern pro Minute* herauskommen. Vor allem am Anfang dürfen Sie eher langsamer reden, bis die Zuhörer sich an den Sprecher und das

---

[1] Zumal im deutschen Sprachraum sind die Zungen nicht unbedingt für das *Schnell-Sprechen* gebaut, die zugehörigen Ohren nicht für das Schnell-Hören.

Thema und Sie sich an die Situation gewöhnt haben. Einen „Kavaliersstart"
brauchen Sie nicht hinzulegen.

● Machen Sie gelegentlich *Sprechpausen*.

Gemeint sind die Unterbrechungen des Redeflusses, die ein Redner einlegt, um
z. B. einen Gedanken ausschwingen oder ein neues Bild wirken zu lassen, vielleicht auch, um ein neues Bild „aufzulegen": Pausen *vom* Sprechen gewissermaßen, *Redepausen*. Bei JUNG ist eine Reihe prägnanter und nützlicher Hinweise zusammengestellt, die das *Nichtsprechen* zu einer eigenen Pausenlehre vervollkommnen (s. Kasten).

Schließlich können die Redepausen, an der richtigen Stelle eingeflochten, wirksame Steigerungsmittel für den Redeeffekt sein. Wenn der Redner eine Pause einlegt, so heißt das nicht, dass der Motor abgestellt wird, sondern nur, dass an dieser Stelle „ausgekuppelt" werden soll. Dieses Auskuppeln sollte der Redner insbesondere bei drei Gelegenheiten vornehmen, nämlich bei 1. der Nachwirkungspause, die sich besonders wichtigen Aussagen anschließen soll, 2. der Vorbereitungspause, die immer dann eingeschoben wird, wenn der Redner eine wichtige Passage seiner Ausführungen vorbereiten will, und schließ-lich 3. der Reflektions- oder Denkpause, die der Redner selbst benötigt, um seinen Standort während der Rede einzuloten. Mit etwas Geschick lässt sich dabei auch die Zeit gewinnen, die der Redner braucht, um wieder zu […] dem roten Faden der Gedankenfolge zurückzufinden. Solche Pausen, die jedoch nicht zu spürbaren Verlegenheits- oder Konkurspausen ausarten sollen, sind auch für die Zuhörer vonnöten, die selbst im Verlauf der packendsten Rede dann und wann eine kleine Verschnaufpause verdient haben.

Hans JUNG (1994, S. 23)

Verschnaufpause, *Atempause*: Ganz recht, die brauchen wir als Leib-Wesen
gelegentlich auch beim Sprechen, nämlich um *Atem* zu holen und die Luft wieder ausströmen zu lassen. Mit „ääh" gefüllte *Verlegenheitspausen* sollten unsere
Redepausen aber möglichst nicht sein.

● Machen Sie *Pausen*. Haben Sie Mut zur Pause!

Wenn Sie meinen, darin überzogen zu haben, war es wahrscheinlich gerade richtig. Politische Redner setzen dieses Mittel oft gezielt ein; vielleicht haben sie
durch ihre vielfältigen Begegnungen mit Menschen verschiedener Schichten eine
bessere Einschätzung der Aufnahmefähigkeit des menschlichen Gehirns als
Akademiker. Deshalb vermitteln sie ihre Botschaften häppchenweise, in Form
von „Informationsbissen".

Versuchen Sie nicht, Ihren Stoff möglichst schnell „loszuwerden". Ihre Zuhörer müssen den Stoff aufnehmen, verstehen und verarbeiten können. Dazu
trägt schon das Langsam-Sprechen bei. Ihre Zuhörer nutzen Ihre Sprechpausen
zusätzlich für sich als *Denkpausen*. Sollte aus irgendwelchen Gründen Ihnen
weniger Zeit als geplant für Ihre Ausführungen zur Verfügung stehen, kürzen
Sie im Hauptteil, aber versuchen Sie nie, Zeit durch schnelleres, ununterbroche-
nes Sprechen zu gewinnen.

Schließlich gibt es noch die ganz kleinen Pausen, die, die man sich als virtuelle „musikalische Pausenzeichen" innerhalb von Sätzen oder am Abschluss eines Gedankenblocks denken kann; beispielsweise dort, wo im geschriebenen Text ein Doppelpunkt steht oder ein Absatz zu Ende geht.[1] Solche Pausen *im* Sprechen – man nennt sie *Zäsuren* – sind ein wirksames Mittel der *Sprechtechnik*. Sie dienen weniger dazu, dem gelegentlichen Nachdenken eine Chance zu geben, als vielmehr der besseren *Rezeption* der Sprache. Von den vorher angesprochenen etwas längeren „Sprech- und Denkpausen" sind sie freilich nicht klar abgrenzbar, die Einstufung der *Stummphasen* als „kurz" oder „lang" ist notgedrungen subjektiv.

Zäsuren helfen, Akzente zu setzen, der Sprache Rhythmus zu verleihen, *Sprechrhythmus*. In Vortragsmanuskripte und Handzettel kann man die Pausen tatsächlich als Zwischenräume oder Pausenzeichen wie „ | " auch *schreiben*. Nachrichtensprecher im Radio tun das tatsächlich, schon um mit ihren Nachrichten sekundengenau fertig zu werden; und sie fügen noch viele weitere Zeichen für Betonen und Atemholen hinzu. In der *freien Rede* kann man an diesen Krücken freilich nicht gehen, wir müssen uns da auf das rhythmische Gefühl verlassen, das in uns steckt (und das wir üben können, wenn wir uns der Sache nur bewusst sind).

Vielleicht versteht man den Sinn dieser kleinen musikalischen Pausen am besten aus ihrer Negation *Nichtpause*. Beide zusammen machen den *Sprechfluss* aus. „Achten wir auf guten Sprechfluss, d. h. sprechen wir zusammenhängende Worte und nicht nur einzelne Wörter", charakterisierte Lemmermann (1992, S. 21) das damit Gemeinte.[2] Linguisten sprechen in dem Zusammenhang von einer „rhythmisch-intonatorischen Zeichensetzung" *(Duden: Grammatik der deutschen Gegenwartssprache* 1984, S. 75*)*.

Die Sprache kommt in kleinen Einheiten, *Wortblöcken*, daher. *Vor-* und *Nachpausen* rahmen diese Wortblöcke – sie entsprechen ungefähr den *Satzteilen* in der Grammatik – ein, lassen sie hervortreten und erleichtern so das Verarbeiten der Botschaft.

Pausen, überhaupt das *Sprechtempo*, sind eines von mehreren Mitteln der Hervorhebung, die der Sprechsprache zur Verfügung stehen. Ein anderes ist die *Lautstärke*. Zwar kennt auch die Schriftsprache die Hervorhebung, wovon gerade in wissenschaftlichen Texten (z. B. durch Verwendung von Kursivsatz) häu-

---

[1] Die Sprechtechnik, die sich bewusst auf solche „Gedankenzeichen" stützt, ist *Doppelpunkt-Sprechen* genannt worden. Sprechen Sie einmal den Satz „So kriegen Sie Ihre Kinder abends schnell ins Bett" mit einer Pause und entsprechender Mimik nach „Kinder" (So kriegen Sie Ihre Kinder: abends schnell ins Bett!"). Zwei Punkte, die die Welt verändern.

[2] Von den uns bekannten Rhetorik-Büchern geht kein anderes so gut auf die politische Rede und manche Tricks der Politiker beim Vorbereiten und Halten ihrer Reden ein wie das von Lemmermann (1992). Dort finden sich auch Hilfen und Anleitungen für die Verbesserung der Atem- und Sprechtechnik (wie neuerdings auch bei Jung 1994).

fig Gebrauch gemacht wird. Aber kursiv ist kursiv, laut ist nicht laut! Nutzen Sie die Ausdrucksmöglichkeiten Ihrer Stimme, „betonen" Sie durch Anheben der Stimme, was Ihnen wichtig erscheint.

● *Betonen* heißt: mit Nachdruck sprechen, akzentuieren, hervorheben.

Die Stimme kann sich dazu wenigstens dreier Mittel bedienen: des Verstärkens, des Dehnens und des Erhöhens des *Sprechtons*. Meist werden alle drei unbewusst – und völlig richtig – eingesetzt: Das wichtige Wort oder die wichtige Passage wird lauter, langsamer und auch mit etwas hellerer Stimme gesprochen. Auf diese Weise nimmt jeder Satz eine *Satzmelodie* an mit meist einem Betonungsgipfel und oftmals einem Abfall zum Satzende hin. Ein bewusst herbeigeführter *Sprechfluss* bringt die Melodie zum Klingen, abgehacktes Sprechen zerstört sie.

● Sprecherzieher fügen dem oft noch die *Artikulationsschärfe* und die physikalisch kaum erfassbare *Klangfarbe* hinzu.

„Der kurze Satz: ‚Glauben Sie, dass das wahr ist?' hat vier verschiedene kommunikative Bedeutungen, je nachdem, ob man ‚glauben', ‚Sie', ‚das' oder ‚wahr' betont", schreibt LÜSCHER (1988, S. 16), und fährt dann fort: „In Seminaren mit Teilnehmern von Berufsgruppen, die den Umgang mit Menschen beherrschen müssen (Politiker, Werbeleute), hat sich gezeigt, dass sie den Unterschied leicht heraushören. Technikern und solchen Berufstätigen, die gewohnt sind, autoritäre Anordnungen zu treffen, fiel es auffallend schwer." Hier steckt, von der pleonastischen „autoritären Anordnung" abgesehen, der Vorwurf mangelnder Sensibilität und sprachlicher Ungeübtheit. Sollen wir „Techniker" das auf uns sitzen lassen?

● Sie können die Lautstärke ebenso wie das Tempo als „dramaturgisches Mittel" benutzen.

Schon ein leichtes Ab und Zu verhindert, dass Ihre Rede „monoton" wirkt. Ein leiser Grundton zwingt die Zuhörer zwar zu erhöhter *Aufmerksamkeit* und schafft eine gewisse Intimität. Nur darf die Grenze des Gerade-noch-verstehen-Könnens nicht unterschritten werden.

Von der Lautstärke weiß man in besonderem Maße, wie sehr Verharren auf einem Wert die Aufmerksamkeit erlahmen lässt. Offenbar filtert das Gehirn Geräusche, die immer *gleich* daherkommen, als uninteressant aus. Sonst könnte man sich im Geklapper und Geplapper einer Cocktailparty überhaupt nicht unterhalten. Das Ticken der Pendeluhr kann man wohl hören, aber man nimmt es nicht wahr, weil es immer da ist. Eher reagiert das Gehör auf ausbleibende als auf monotone Geräusche: Manche Leute können nachts nicht schlafen, wenn sie einmal auf die gewohnte Verkehrsgeräusch-Kulisse verzichten müssen. Sehen Sie sich vor, dass bei Ihrem Vortrag nicht ähnliche Effekte eintreten, wenn Sie einmal eine längere Sprechpause machen!

Aufmerksamkeit kann man verstehen als die Fähigkeit, sich innerhalb einer lebendigen Umgebung Dingen von *Interesse* zuzuwenden. Das ist zunächst eine sehr subjektbezogene Definition, doch bedurfte es nicht erst des Fernsehens, um schon an Kindern erkennen zu können: Beides, Aufmerksamkeit und Interesse (die so eng zusammengehören!), kann man von außen steuern. Gerade darauf kommt es in einem Vortrag an. (Wir kehren zu diesem Punkt im Zusammenhang mit der AIDA-Formel in Abschn. 2.5 zurück.)

● Sprechen Sie *laut* und *deutlich*, nur dann werden Sie verstanden. Die Lautstärke muss dem Raum, unabhängig davon auch der Anzahl der Hörer, angepasst sein.

Schließlich wollen Sie auch noch in der hintersten Reihe gut gehört werden. Stellen Sie sich die Hörer dort als Leute am andern Ufer eines Flusses vor, denen Sie etwas zurufen wollen. Wenn Sie nicht sicher sind, ob Ihr „Ruf" gehört wird, fragen Sie doch einfach – und sprechen Sie tatsächlich lauter, wenn es erforderlich ist! Weniger auffällig kommen Sie auch so zum Ziel: Sprechen Sie am Anfang des Vortrags – zur Kontrolle auch später noch das eine oder andere Mal – auf eine Person in der hintersten Reihe zu! Aus der Reaktion werden Sie spüren, ob Sie verstanden werden.

In *Seminarräumen* und „normalen" *Hörsälen* – nicht eben in *Plenarsälen* – reicht eine normal belastbare Stimme gewöhnlich aus, um den Raum zu „erfüllen" und auch noch die Hörer in den hinteren Reihen zu erreichen. Viele Redner nehmen nicht gerne, nur der Not gehorchend – z. B. wenn sie gerade stimmlich indisponiert sind – ein *Mikrofon* zu Hilfe, weil darunter die Unmittelbarkeit der Rede leidet; dies umso eher, je weniger jemand gewohnt ist, mit dem „Mikro" umzugehen (mehr zur Benutzung des Mikrofons s. Abschn. 4.1).

Ist der Hörsaal nur teilweise gefüllt, kommt man mit einer geringeren Phonzahl aus, wenn sich die Hörer nicht gerade alle in die hintersten Sitzplatzreihen zurückziehen. Das gilt unabhängig von den Gesetzen der Akustik, weil es jetzt geringerer Energie bedarf, um besagtes „Kraftfeld" aufzubauen.

Das Hervorhebungsmittel, das wir vorhin zuletzt genannt haben, ist wohl bei den meisten Rednern das am schlechtesten genutzte: die *Tonhöhe*. „Der Ton macht die Musik" sagt man, und ein Orchester besteht nicht nur aus Schlagzeugern. Die Chinesen intonieren jede einzelne Silbe und sprechen sie konstant hoch, steigend, fallend und steigend, oder fallend. Je nachdem nimmt derselbe Laut unterschiedliche Bedeutung an. Wenn man die Silbe „ma" sechsmal hintereinander in bestimmter Weise ausspricht, heißt das: „Beschimpft die pockennarbige Mutter das Pferd?" Wir waren sehr beeindruckt, als wir diesen Satz in einem Buch über China fanden, und bemühen uns seitdem – sicher nur mit bescheidenem Erfolg – um etwas mehr *Melos* beim Sprechen von Sätzen. („Melos" heißt bei Fachleuten die Tonhöhenveränderung beim Sprechen, im Gegensatz zur gesanglichen *Melodie.*)

Das Stichwort *Akzentuieren* ist gefallen. Dabei geht es den Sprecherziehern nicht so sehr um das ganze Wort im Sprachfluss, sondern um seine einzelnen Bestandteile, um *Laute* und *Silben.* MACKENSEN hat in kompakter Form einige nützliche Hinweise gegeben, worauf es ankommt (s. Kasten). Unsere Sprech-

> Der gesunde Mensch hat die Fähigkeit, den Atem, mit dem er sich die Lunge füllte, als Sprechton zu nutzen und mit Hilfe der Stimmbänder hörbar zu machen. Wenn wir vor Schmerz oder Freude schreien, tun wir nicht mehr. Aber der Schrei, der nicht geformte („unartikulierte") Laut, ist noch nicht Sprache. Wir gestalten ihn, indem wir Zunge, Lippen und Unterkiefer und das „Zäpfchen" in der Kehle, das den Mundraum von den Stimmbändern trennt, in verschiedener Weise bewegen; dabei können wir den Sprechstrom durch den Mund oder die Nase leiten. Im einzelnen sind das schwierige Verrichtungen: wir pressen die Lippen aufeinander oder stülpen sie vor; gleichzeitig [...] und was bei all dieser Mühe – aber wir spüren sie gar nicht – herauskommt, ist ein Laut.
>
> Lutz MACKENSEN (1993, S. 23)

sprache besteht aus *Lauten,* die wir – in der Schreibsprache – durch *Zeichen* wiedergeben. Dahinter verbirgt sich die größte kulturell-zivilisatorische Leistung, die die Menschheit vollbracht hat. Nun gut, aber was hilft dieser Hinweis, wenn es um vernehmliches *Sprechen* geht? Vielleicht doch einiges. Wir wissen von der Schule, dass man die Buchstaben unseres Alphabets zwei Lautgruppen zuordnen kann, den *Selbstlauten (Vokalen)* und den *Mitlauten (Konsonanten).* Gerade hier setzt die Sprecherziehung an.

● Selbstlaute: a, e, i, o, u.

Im Deutschen kommen dazu die *Umlaute* ä, ö, ü und die *Doppellaute* (Doppelvokale, *Diphthongs*) au, ei, eu, äu. Aber schon hier ist die Sache nicht so einfach, wie sie aussieht. Wir brauchen als Deutsche gar nicht bis zu der romanischen Sprache Französisch mit ihren *Nasallauten* oder zum Englischen[1] vorzudringen, um uns der Grenzen der Wiedergabe von Lauten durch Zeichen bewusst zu werden. Sprechen Sie einmal den Namen der Universitätsstadt Aarhus (Århus) aus Sie werden vor den Ohren unserer „germanischen" Nachbarn in Dänemark kläglich versagen.

Wir sind es gewöhnt, in Fremdsprachführern *Lautzeichen* zu finden, die uns beim Nachsprechen helfen, z. B. für kurzes geschlossenes (helles) a, langes geschlossenes (helles) a, kurzes offenes (dunkles) a, langes offenes (dunkles) a, kurzes und langes nasaliertes a usw., und das alles sind keineswegs Besonder-

---

[1] Peter Panter alias Kurt TUCHOLSKY (1931): „Das Englische ist eine einfache, aber schwere Sprache. Es besteht aus lauter Fremdwörtern, die falsch ausgesprochen werden." (TUCHOLSKY: *Sprache ist eine Waffe,* S. 117)

heiten von Fremdsprachen. Unser *Doppelkonsonant* ch (wie die Doppelvokale ein Diphthong) bedarf einer Erläuterung, die für einen Ausländer keineswegs einfach ist: Wir sprechen das „ch" in „ich" und „auch" verschieden aus! Dagegen ist unser Dreifachkonsonant sch einfach, vergleichbar mit dem englischen th, das freilich nicht nur für *einen* Laut steht. (Man kann stimmloses und stimmhaftes th – wie auch s – unterscheiden, sprechen Sie einmal den Satz "This is not the same thing" richtig aus!)

Was hilft uns das alles hier, wo es um Vortragen, Sprechen in der Öffentlichkeit, geht? Es hilft!

● Machen Sie sich einmal bewusst, dass e in „Bremen" zweimal für ganz verschiedene Laute steht.

Das zweite, als dumpfes oder tonloses e bezeichnete, bedeutet einen anderen Laut als das erste. Es kommt vor allem in *Nachsilben* vor (z. B. „Rolle"). Ein Trick des klingenden, weit tragenden Sprechens besteht nun darin, besonders dieses „Nach-e" aus seiner Dumpfheit zu erlösen, es etwas stärker klingen zu lassen. Auch wenn das aus der Nähe gekünstelt klingen mag – versuchen Sie es bei Ihrem nächsten Vortrag!

● Noch wichtiger als Vokale sind für die Reichweite der Vortragssprache die Konsonanten!

Vokale haben, so oder so, eine gewisse Klangfülle, die einen Hörsaal erobern kann; das liegt in ihrer Natur. Die „Mitlaute", die zum Teil nur mit Zunge und Zähnen gebildet werden, haben es da schwerer. Sie laufen Gefahr, aus der Entfernung gar nicht mehr wahrgenommen zu werden. Manche Sprecherzieher (z. B. WELLER 1939) raten daher, das *Flüstern* – d. h. das Sprechen ohne Stimmbänder – zu üben, am besten auch vor dem Spiegel.

● Achten Sie, wenn Sie das *Sprechflüstern* vor dem Spiegel üben wollen, auf die Bewegungen Ihrer Lippen in der Horizontalen.

Wenn wir oben von Betonung sprachen, dachten wir an das ganze Wort oder eine Wortfolge, die hervorgehoben werden soll. Das Betonen hat noch eine andere – gefährlichere – Komponente, und da wollen wir uns beim Vortrag nicht blamieren. Stellen Sie sich vor, es sagte jemand in einem Gespräch „Aristoteles" (mit Betonung auf dem „e") – was würden Sie daraus schließen? (Wahrscheinlich: „Ungebildeter Kerl!") Vielleicht wollen Sie ein anderes fünfsilbiges Wort benutzen wie „Histaminase". Jetzt ist Ihre Betonung auf der vorletzten Silbe richtig. Tragen Sie allerdings über denselben Gegenstand in Englisch vor, dann klingt eben dieses Wort viersilbig, und die Betonung liegt auf der zweiten Silbe. Es dauert eben einiges, bis einem die Wörter geschmeidig über die Zunge gehen.

Es gibt Sprechunarten, die Sie sich abgewöhnen sollten, wenn jemand angedeutet hat, dass Sie davon nicht frei sind. Eine Unsitte ist das Herausstöhnen eines bestimmten Lautes. Sie kennen alle das „rhetorische Äh", verfeinert auch „ehm". Solche *Stöhnsilben* – wir haben dafür auch den heiteren Begriff „Gedankenrülpser" gefunden – werden meist unbewusst ausgestoßen: Der Vortragende hat Angst vor der Pause und denkt, diese könnte als „Nicht-weiter-Wissen" interpretiert werden. Eine ebenfalls verbreitete Unart besteht darin, unbewusst unsinnige *Füllwörter* wie „halt", „gut", „eigentlich", „praktisch", „gewissermaßen", „also", „nicht" oder „ebent" (*berl.-sächs.* für „eben") oder Phrasen wie „ich denke", „sag' ich mal", „hab' ich gedacht", „ich meine" oder „ich möchte meinen" zu verwenden, die zum Sinn der Ausführungen nichts beitragen und die stören, wenn sie gehäuft verwendet werden.

1.3.3 Körpersprache

„Der Körper lügt nicht, er ist der Spiegel unserer Seele", sagt REBEL (1993, S. 8) dazu in seinem Buch *Was wir ohne Worte sagen*. In jeder Situation des täglichen Lebens – auch bei einem Vortrag – „redet" (und verrät uns) unser Körper andauernd durch *nonverbale Signale* (s. Kasten auf S. 53, nach KELLNER 1998, S. 229). Von Ihren Zuhörern/Zuschauern werden diese Signale oft nur unbewusst und instinktiv erfasst – seien *Sie* sich ihrer bewusst!

● Der gute Redner setzt nicht nur seine Stimmbänder ein, sondern seinen ganzen Körper.

Zur Sprache kommt also die *Körpersprache*, die sich in *Körperhaltung*, *Mimik* und *Gestik*[1] ausdrückt (*Kinesik*;[2] s. beispielsweise bei RUHLEDER 2001, Neuauflage 2004). Unabhängig davon, wie brillant Sie vortragen, werden Ihr äußeres Erscheinungsbild (dazu gehören Frisur, Kleidung) und Ihre Art, sich zu bewegen, zu sprechen usw., aufgenommen. Wir haben in dem Zusammenhang schon weiter oben von den „paralingualen Ausdrucksmitteln" des Redners gesprochen, einige Fachleute bevorzugen die Bezeichnung *Sprechgebaren*.

---

[1] In der Gestikforschung unterscheidet man zwei Arten von Gesten: Die einen unterstützen optisch den „akustischen Vortrag" und sind damit in die grammatische Struktur der Lautsprache integriert; von dieser Art Gesten ist hier die Rede. Gesten, die eher einer eigenständigen Gebärdesprache angehören, sind hier nicht unser Gegenstand; sie bilden ein eigenes „grammatisches System", das stark von nationalen Eigenheiten geprägt ist – denken Sie nur an die „Körpervokabel" Kopfwackeln, die in verschiedenen Regionen und Kulturen Unterschiedliches (sogar Gegensätzliches) bedeuten kann.

[2] Die Kinesik als ein noch junges Teilgebiet der *nonverbalen Kommunikation* beschäftigt sich – z. B. am Institut für Germanistik der Universität Hamburg – mit den Verhaltensmustern der Körpersprache auf wissenschaftlicher Grundlage. Sie hat den *Körper* als Ausdrucksfeld und Instrument der Kommunikation gewissermaßen entdeckt und hat dadurch zu wichtigen Erkenntnissen geführt. Erfolgreiche Kommunikatoren haben sich zu ihr bekannt. Für eine professionelle Gesprächsführung scheint es fast unerlässlich, ihre Grundlagen und damit die Verhaltensbeobachtung als Teil der Gesprächsstrategie zu analysieren und anzuwenden.

Körpersignale

Signale *unsicherer* Redner

- Hängende Körperhaltung
- Ausweichender Blick
- Nervöses Hüsteln
- Schwache Stimme
- Verspannte Gesichtsmuskeln
- Vorbeugende Entschuldigungen
- Linkische Gesten
- Spielerei mit Zeigestock oder Kugelschreiber
- Auffällige und übertriebene Kleidung
- Wiederholtes Greifen ins Gesicht oder an die Haare
- Herumzupfen an der Kleidung
- Schreckreaktionen bei eigenen Versprechern
- Steife Körperhaltung
- Übertriebene Gesten scheinbarer Selbstsicherheit
- Pathetische Versuche von Witzigkeit

Signale *sicherer* Redner

- Offener Blick
- Freundliche Zuwendung
- Feste Stimme
- Fester Schritt auf dem Weg zum Rednerpult
- Stabiles Stehen
- Entspannte Körperhaltung, entspannte Gesichtsmuskeln
- Lockeres Überspielen von Versprechern
- Ruhige Handbewegungen
- Gepflegte Kleidung, dem Anlass angemessen
- Verzichten auf Witzchen, Entschuldigungen und weitschweifige Einleitungen

● *Nonverbale Signale* werden von anderen stärker wahrgenommen, sie bleiben länger im Gedächtnis haften als das gesprochene Wort.

Ihre Zuhörer vergleichen die Signale Ihre Körpers mit den gesprochenen Aussagen. Solange beide übereinstimmen, sind Sie glaubwürdig. Wenn aber Körpersprache und verbale Botschaft nicht übereinstimmen, verrät Sie Ihr Körper – Ihre Botschaft wird sofort angezweifelt. Es ist nicht leicht, daraus für sich etwas zu „machen", denn einstudierte Mimik und Gestik werden gleichfalls als solche erkannt und als aufgesetzt empfunden. Das Problem geht an die eigene Persönlichkeit, und die kann man nicht in einem "pressure course" von heute auf morgen ablegen. Aber trösten Sie sich: Denken Sie an die Mühen, die Schauspieler beim Einstudieren von Rollen auf sich laden! Das Sprechen und das Sich-Bewegen in Einklang zu bringen, das kostet auch die Profis der Bühne viel Schweiß, und nicht allen und nicht immer gelingt das gleich gut.

Auch das vermag Sie zu beruhigen: Wenn Sie von dem, was Sie sagen, überzeugt sind, wenn Sie selbst an Ihre Aussagen glauben, dann überträgt sich das auf Ihren Körper, der Ihre Botschaft noch verstärkt. Wenn Sie sich sicher und kompetent fühlen und wenn Sie sich ehrlich um Ihre Zuhörer bemühen, dann strahlen Sie fast von allein diese innere Einstellung auch aus. Wir wollen die Körpersprache im Zusammenhang mit einem Fachvortrag nicht überbewerten; aber Sie sollten sich der Wirkung bewusst sein.

● Wenn Sie auf dem Podium stehen, sind Sie nicht nur Redner, sondern auch *Schauspieler.*

„Ein Podium ist eine unbarmherzige Sache – da steht der Mensch nackter als im Sonnenbad", sagte Kurt Tucholsky in seinem Neunzeiler *Ratschläge für einen guten Redner*.[1] Bereits der erste Eindruck, den Sie auf Ihre Zuhörer machen, ist wichtig. ("You never get a second chance for a first impression.") Bevor Sie den Mund aufmachen, strahlt Ihr Körper optische Signale aus. Die Kleidung ist, wie gesagt (s. auch Abschn. 4.1), ein Teil des *äußeren Erscheinungsbildes* – überlassen Sie dieses Bild nie dem Zufall! Passen Sie Ihre Kleidung dem Anlass an. Zum Festvortrag werden Sie sicher in anderer Aufmachung erscheinen als zum „Talk" im Seminarraum.[2] Aber bevor Sie vielleicht einmal als Experte dem Talkmaster und seinem Fernsehpublikum in die Fänge getrieben werden, werden Sie wahrscheinlich geschminkt, da übernehmen andere Ihr Erscheinungsbild.

Besonders zu Beginn des Vortrags schätzen viele Vortragende das Vorhandensein eines Pults oder Tisches: Die bieten ein bisschen Schutz und haben Barrierewirkung.

● Nehmen Sie eine aufrechte, straffe Haltung ein.

Dadurch signalisieren Sie Spannung und Konzentration, Engagement und Selbstbewusstsein. So werden Sie aufmerksam wahrgenommen, nicht, wenn Sie in sich zusammengesunken ans Rednerpult treten oder vor Ihren Zuhörern stehen. Seien Sie weder gehemmt noch aggressiv, postieren Sie sich am besten *neben* dem Rednerpult.

Niemand kann Ihnen verwehren, Ihren Standort gelegentlich zu verlassen, vielleicht, um mit dem einen oder anderen Flügel Ihres Auditoriums besseren Kontakt aufnehmen zu können. Wenn Sie selbst Transparente auflegen und der Projektor aus technischen Gründen nicht unmittelbar neben Ihrem Pult steht, können Sie kleine Ortsveränderungen gar nicht vermeiden. Kontrollierte Ortsveränderung signalisiert eine gewisse Dynamik und gestattet überdies, Lampenfieber in „dramaturgische Überzeugungsenergie" (Hierhold 2002) umzuwandeln. Aber:

● Gehen Sie nicht wie ein Raubtier im Zwinger auf und ab.

„Wie sich einer bewegt, so ist er; und wie einer ist, so bewegt er sich" (Rebel 1993, S. 30). Übertriebene *Motorik* würde man als Zeichen der Nervosität auslegen. Auch könnten Sie dabei die Tafel oder die Projektionsfläche verdecken. Schließlich zwängen Sie die Zuhörer, dauernd den Kopf hin- und herzubewegen, um Sie zwischen den Lücken der vor ihnen Sitzenden zu sehen. Das Interesse der Vortragsteilnehmer würde nach kurzer Zeit erlahmen. Ein ständiges „Herumtigern" erzeugt Unruhe, aber keine Aufmerksamkeit.

[1] Seine *Ratschläge für einen schlechten Redner* sind etwas länger.
[2] Im Englischen steht *talk* nicht nur für „Gespräch", sondern (neben *lecture*) durchaus auch für „Vortrag".

So, wie sich Schauspieler im Theater den Raum auf der Bühne „erarbeiten", sollten auch Sie sich optimal in Szene setzen. Dazu gehört, dass Sie Ihre Beziehung zum Raum – Ihre Standorte und Ihre Bewegungen – vorbereiten. Wenn irgend möglich, inspizieren Sie einen Ihnen fremden Raum mitsamt seinen Einrichtungen *vor* dem Vortrag, damit Sie sich auf die Gegebenheiten einstellen können.

● Aus einem Standort im vorderen Bereich nahe der Mittelachse des Hörsaals heraus ziehen Sie die meiste Aufmerksamkeit auf sich.

An dieser zentralen Stelle wird Ihre Bedeutung als „der im Augenblick Bestimmende" am deutlichsten unterstrichen. Die Wahl des „Standpunkts", von dem aus der Redner reden will, hat allerdings nicht nur mit Psychologie zu tun, sondern auch mit *Akustik*. Wenn Sie sprechen, bildet die trichterförmige Höhle Ihres Mundes die Spitze eines *Schallkegels*. Mit diesem können Sie Ihr Auditorium von der bezeichneten Stelle aus am besten überstreichen – also, bitte ...[1]

Da Sie, andererseits, aus der Mittelposition einem Teil Ihres Publikums möglicherweise den *Blick* auf die projizierten Bilder verstellen, brauchen Sie mindestens einen weiteren Platz, von dem aus Sie zum Publikum Kontakt halten und gleichzeitig den Blick auf die Projektionsfläche freigeben können.

Wenn Sie besonders starke – die volle – Aufmerksamkeit Ihrer Zuhörer haben wollen, gehen Sie auf das Publikum zu: Verkürzen Sie die Distanz zu Ihren Zuhörern. Dieses „taktische" Mittel ist besonders bei einem Appell an das Publikum wirkungsvoll. Aber setzen Sie es sparsam ein, Sie könnten sonst Ihre Zuhörer beunruhigen.

● Die Bewegungen der Arme und Hände vermitteln wesentliche Botschaften des Redners.

Ein Vortrag wird ohne diese Signale der Körpersprache nicht lebendig. Lebhaften, kontaktfreudigen Menschen ist die enge Verbindung der Sprechsprache mit der Körpersprache so in Fleisch und Blut übergegangen, dass sie auch am Telefon gestikulieren, obwohl der Partner ihre „beredten" Gebärden gar nicht sieht (so lange wir noch nicht Bildtelefone verwenden).

Lassen Sie Ihre Gesten gelegentlich von Dritten „überprüfen". Fragen Sie nach einem Vortrag andere, ob sie an Ihrem Körpergebaren etwas als störend empfunden haben. Wenn man Ihnen rät, das Kratzen an der Nase zu unterlassen,

---

[1] Wenn Sie über das „Mikro" sprechen, ist der Schluss „also stelle ich mich dorthin" nicht mehr so zwingend, dann kommt es eher darauf an, wie die Lautsprecher postiert und verteilt sind. Mit Fragen der *Raumakustik* beschäftigen sich Forschungsinstitute, wie das Institut für Technische Akustik der RWTH Aachen, und eine ganze moderne Industrie. Eine *3D-Audio*-Technologie ist entstanden, für die sich auch Musikfans interessieren, wenn sie ihre heimische Stereoanlage aufrüsten. Bei der Neueröffnung des Berliner Reichtagsgebäudes waren Fragen wie „klappt das nun mit der optimalen Beschallung des Plenarsaals, oder klappt es nicht?" ein paar Tage lang gut für die Titelseiten der Zeitungen.

die Haare weniger oft zurecht zu legen oder das nervöse Zucken mit den Schultern zu unterbinden, sollten Sie versuchen, solche Gewohnheiten abzustellen oder zu reduzieren.

Die Hände und Finger von Vortragenden sind verräterisch. Klammern Sie sich damit nicht an Gegenständen wie Brillenetui oder Lineal fest. Setzen Sie nicht ständig die Brille auf und ab. Lassen Sie die Hände nicht dauernd mit einem Bleistift oder dem Zeigestock spielen. Stellen Sie den Zeigestock wieder ab, wenn Sie ihn nicht mehr brauchen; und legen Sie die Fernbedienung auf den Tisch, wenn Sie nicht gleich danach ein neues Bild projizieren wollen. „Beschäftigen" Sie Ihre Hände sinnvoll! Kleine Stichwortkarten (selbst leere) in der einen Hand können dazu dienen. Gesten werden jetzt vorrangig von der freien Hand ausgehen, doch muss die „Kartenhand" keineswegs völlig inaktiv bleiben.

Wer im Ausland versucht hat, sich in einer schlecht beherrschten fremden Sprache verständlich zu machen, weiß, wie viel man „mit Händen und Füßen reden" kann, wie effektiv die nonverbalen Zeichen sind. Beim Vortrag brauchen Sie deswegen nicht wie ein Verkäufer im Basar zu gestikulieren. Aber seien Sie sich der Wirkung bewusst, die von einer einzigen Handbewegung ausgehen kann. Manche Sprecher auf Vorträgen und auch in kleineren Gesprächskreisen scheinen nur deshalb so gut „anzukommen", weil sie es gut verstehen, ihre Worte mit den Händen zu unterstreichen.

● Lassen Sie die Arme nicht wie „Bleiarme", Finger an der Hosen- oder Rocknaht, gerade herunterhängen.

Stecken Sie höchstens eine Hand einmal kurzzeitig in die Tasche. Ballen Sie die Hände nicht zu Fäusten. Sie können eine Hand leicht geschlossen in die geöffnete andere legen und die so verbundenen Hände etwas oberhalb der Gürtellinie halten. Aus dieser Haltung heraus kann eine Hand zwanglos eingesetzt werden, während die andere – die vielleicht ein paar Stichwortkarten hält – „in Reserve gehalten" wird; sie tritt erst in Aktion, wenn besondere Akzente gesetzt werden sollen. Bejahende Gesten sind dabei Bewegungen der Hände (abwechselnd die eine, die andere oder beide) nach oben oder zum Körper hin, verneinende nach unten oder vom Körper weg. Gesten, die das Gesagte unterstreichen sollen, liegen in der Mitte zwischen beiden.

Die Haltung können Sie variieren und zu der mit hängenden oder leicht angewinkelten Armen übergehen. Wenn Sie hinter dem Pult stehen, werden Ihre Hände zeitweise auf dem Pult ruhen oder sich daran „festhalten" – auch dies eine Geste! Wenn Sie an einem Tisch stehend sprechen und dazu hinter den Stuhl getreten sind, werden Sie vermutlich die Stuhllehne anfassen.

● Wo Sie Ihre Hände auch deponiert haben, lassen Sie sie immer wieder aktiv in das Geschehen eingreifen.

Führen Sie keine zu kleinen Bewegungen aus, die als Fahrigkeit gedeutet werden könnten, übertreiben Sie andererseits nicht (s. Kasten).[1] Wirksam sind breit angelegte, weit ausholende Bewegungen, bei denen der ganze Körper die Aussage unterstützt. Sorgsam eingesetzte Gestik überzeugt.

> ❝❞ Paßt die Gebärde dem Wort, das Wort der Gebärde an, wobei ihr sonderlich darauf achten müßt, niemals die Bescheidenheit der Natur zu mißachten.
>
> William SHAKESPEARE

● Die natürliche Geste kommt früher als das gesprochene Wort, das sie begleiten soll, allenfalls gleichzeitig.

Eine „nachgeholte" Geste wirkt einstudiert und somit unglaubwürdig, womöglich lächerlich. Und auch das versteht sich: Wenn der Mund schweigt, bedeutet dies gleichzeitig ein Pausenzeichen für Mimik und Gestik.

● Man kann mit den Händen unglaublich viele Dinge ausdrücken, für manche davon braucht man beide.

Besonders bieten sich Erscheinungen und Veränderungen im Raum wie

groß, klein, größer werden, kleiner werden, sich entfernen, sich nähern, schwingen, kreisen usw.

für die dramaturgische Ausgestaltung mittels der Hände an. Wenn man von einer Wendeltreppe oder von der Struktur der Nukleinsäure spricht, geraten die Hände fast von allein in eine schraubige Bewegung.[2]

Selbst durch die Stellung der Finger kann man Inhalte und Stimmungen zum Ausdruck bringen (Aneinanderlegen der Fingerspitzen, erhobener Zeigefinger usw.).

„Ich soll, ich soll nicht?", mögen Sie nach all dem zweifelnd oder verzweifelt fragen. Sie dürfen *das* tun, was zu Ihnen und Ihrer Stimmung passt! Das Wichtigste ist, dass Sie *authentisch* sind, dass Sie sich *selbst* verwirklichen, nur dann können Sie überzeugen (s. Kasten).

Das ist „so ziemlich" ein Kontrapunkt zu dem, was sonst in Rednerschulen gelehrt wird und auch uns im Rahmen des Vorstehenden als beachtenswert erscheint. HOLZHEU hat sein Buch gerade aus einem Unbehagen und in der Sorge geschrieben, allzu viel Schulmeisterei könne dem Rede-

> ❝❞ Lassen Sie Ihre Hände das machen, was sie wollen! Denken Sie niemals an Ihre Hände! So entwickelt sich eine ganz natürliche Gestik, entsprechend Ihrem Temperament.
>
> Wenn Sie Lust haben, sich zu bewegen, dann bewegen Sie sich. Zwingen Sie sich niemals, ruhig stehen zu bleiben. [...] Tun Sie immer genau das, wozu Sie Lust haben.
>
> Harry HOLZHEU (2002, S. 49, 50)

novizen die *Ungezwungenheit* nehmen, die doch eine *conditio sine qua non* (Vorbedingung) des erfolgreichen Vortragens ist. Die Wahrheit liegt wohl wie immer

---

[1] Wir verdanken das Zitat Hans JUNG. Wo der den Satz aufgegriffen hat, wo er originaliter steht und ob er überhaupt authentisch ist, ob SHAKESPEARE gar selbst ein Rhetorikbuch geschrieben hat, das wissen wir nicht.

[2] Der Umschlag des Buches von ALLEY (2003) zeigt Prof. FEYNMAN in Aktion. Seine Hände, vor einer mit quantenmechanischen Formeln voll geschriebenen Tafel etwas ausdrückend, was fast greifbar mit dem intensiv in das Auditorium gerichteten Blick in Zusammenhang steht, sehen geradezu schön aus.

in der Mitte. Gänzlich unbedacht oder nachlässig an die Sache heranzugehen, wäre nicht der richtige Ansatz; das Abgewöhnen aller *Natürlichkeit* auch nicht.

Und schließlich vergessen Sie nicht: Auch Ihre Zuhörer senden Körpersignale aus, die Sie bemerken müssen, wenn Sie Ihr Publikum nicht verärgern oder gar verlieren wollen (mehr dazu s. Abschn. 4.4).

1.4 Wahrnehmen, Verstehen, Erinnern

1.4.1 Wahrnehmen

Die *Informationsübermittlung* von Mensch zu Mensch kann schon auf der physikalischen Ebene in zwei Schritte unterteilt werden, entsprechend der Rolle von *Sender* und *Empfänger* der Information (Botschaft). Der erste Schritt ist die Umwandlung der Information – in den Kommunikationswissenschaften oft: *Nachricht* – in eine „versandfertige" (oder „sendefertige") Form nebst dem eigentlich *Versenden*. (Wer will, kann das Bereitstellen der „Post" und deren Auf-den-Weg-Bringen auch noch einmal als zwei Schritte voneinander abtrennen.)

● Der Redner im Bild-unterstützten Vortrag kann auf drei „Kanälen" senden: *Sprache* (Sprechsprache einschließlich Körpersprache), *Bild* und *Schrift*.

Der Einspeisung der Botschaft in einen dieser drei „Kanäle"[1] schließt sich der zweite Schritt, der *Empfang*, an: Die akustischen und optischen Signale, die die Information tragen, müssen vom Zuhörer/Zuschauer („Empfänger") über die Sinne aufgenommen und dem Gehirn zur weiteren Verarbeitung zugeleitet werden. Nennen wir diesen zweiten Schritt *Wahrnehmung*, ohne einen Versuch zu machen, die reine Erregung der Nerven in den Sinnesorganen („Sinneswahrnehmung") von der Weiterleitung an das Gehirn zu trennen. Wahrgenommen ist alles, was in unserem Gehirn ankommt. Ob es dort wirklich „angekommen", d. h. gedanklich verarbeitet ist, ist eine andere Frage, die uns nachher beschäftigen soll.

---

[1] Die moderne Lernpädagogik unterscheidet zwischen Sinneskanälen und Symbolsystemen. Beide werden oft durcheinander geworfen, was schon zu mancher Fehleinschätzung geführt hat. Die *Sinneskanäle* sind durch Funktion und Leistung unserer Sinne festgelegt. Eine Kernaussage aller Bücher über Vortragstechniken geht dahin, dass es gilt, wenigstens zwei der fünf Sinne – Hören und Sehen – „anzusprechen". (Die katholische Kirche ist da einen Schritt voraus, indem sie durch das Medium „Weihrauch" auch den Geruchssinn einbezieht: ein sonst nur in chemischen Experimentalvorlesungen erreichtes didaktisches Anspruchsniveau.) Andererseits stehen die *Symbolsysteme* für die drei Kategorien der Informationsübermittlung: Sprache, Bilder, Zahlen. Beide Begriffsysteme sind nicht eindeutig korreliert, wie schon daraus hervorgeht, dass man zwischen *Schriftsprache* (aus der Sicht des Rezipienten: sehen) und *Sprechsprache* (hören) unterscheiden kann (s. Weidemann 1991). Text kann man auditiv und visuell rezipieren, Bilder nur visuell (oder „haptisch", d. h. durch Begreifen eines Modells). Es lohnt sich, über diese Zusammenhänge die Grundlagen einer „Kommunikationsphysiologie" einmal nachzudenken.

Soviel ist sicher: Die bildliche Darstellung hat einen geringeren Abstraktions-grad als die rein verbale, aber bei den Rezipienten „kommt sie besser an" – gerade deswegen (!).

● Der Vortragssituation angemessene Formen der Wahrnehmung sind das *Hören* und das *Sehen*.

Die Sprache kann man hören, wenn sie in ausreichender Lautstärke übermittelt wird. Bild und Schrift kann man sehen, sofern die für das Erkennen und Erfassen erforderlichen Voraussetzungen gegeben sind.

Wenn ein Vortragender sicherstellen will, dass möglichst viele seiner Informationen vom Zuhörer oder Zuschauer aufgenommen werden – bei manchen Vortragenden hat man den Eindruck, das sei gar nicht der Fall –, so muss er sich Gedanken machen, *wie* sich seine Botschaft optimal übermitteln lässt, auf welchem „Kanal" welche Information am besten gesendet und empfangen werden kann. Wissen wir doch seit HAVELOCK und MCLUHAN: The medium *is* the message!

● Der naturwissenschaftlich-technisch-medizinische Fachvortrag kommt ohne Bilder nicht aus.

Doch wenn Bilder ihre Aufgabe, im Vortrag das gesprochene Wort zu ergänzen (vgl. Abschn. 1.1.2), gut ausfüllen sollen, müssen sie sorgfältig vorbereitet, sauber ausgeführt und sachgerecht eingesetzt werden. Was dies für einen Fachvortrag im Einzelnen bedeuten kann, wollen wir im Folgenden behandeln.

Die Wahrnehmung durch Sehen (visuelle Informationsübermittlung) hat, wie schon angedeutet, zwei Komponenten: das *Erkennen* und das *Erfassen*. Geht es beim Erkennen darum, kleinste Strukturen eines Bildes noch von anderen unterscheiden zu können, so hat das Erfassen etwas mit der Wahrnehmung der Ganzheitlichkeit des Bildes zu tun. Wenn wir zu nahe an ein Bild – z. B. eine Textgrafik – herantreten, sind wir nicht mehr in der Lage, uns davon „ein Bild zu machen", weil der Überblick fehlt. Wir sehen vor lauter Buchstaben den Text nicht. Wir werden in späteren Kapiteln auseinanderlegen, welche Konsequenzen sich daraus für die Bildgestaltung und -vorführung ergeben (s. Abschn. 4.7.3 und Abschn. 7.1.1).

● Der *Bild-unterstützte Vortrag* ist eine audiovisuelle Form der Informationsübermittlung, die bestimmte Anforderungen an die Qualität des Hörsaals und seiner Einrichtungen (Projektor, Lautsprecher usw.) stellt.

Dabei darf eines nicht übersehen werden: Letztlich lenkt jedes Bild oder Demonstrationsobjekt von der eigentlichen Rede, dem gesprochenen Wort, und damit auch vom Redner ab, da die optischen Eindrücke, die von den Bildern ausgehen, erfahrungsgemäß überwiegen. Dem Effekt gilt es entgegenzuwirken – das geht!

● Die Kunst besteht darin, Bilder und andere Objekte so eng an das gesprochene Wort heranzuführen, dass Sie als Redner und Ihre Ausführungen im Mittelpunkt bleiben.

Es gibt technische Hilfsmittel, mit denen Sie sich in die Bilder „einbringen"
können, z. B. Zeigestöcke und Lichtzeiger. Vor allem aber kommt es darauf an,
dass Sie nicht zu viele Bilder anbieten und Ihre Bilder nicht mit Einzelheiten
überfrachten. Hier gilt in besonderem Maß, was wir schon an anderer Stelle
(Abschn. 1.2.5) als unseren „Ersten Kategorischen Imperativ" vorgestellt hatten.

Die wesentliche *Bildinformation* muss in etwa zehn Sekunden zu erfassen
sein. Dann bleibt für Ihre Zuhörer Zeit, sich wieder auf Ihre Worte zu konzentrieren, bevor das nächste Bild erscheint, und sie werden nicht zu „Zusehern".
Die 10 Sekunden geben im Übrigen genug Zeit, um etwas vom Kurzzeitgedächtnis ins Langzeitgedächtnis zu „schaufeln" (vgl. Abschnitt 1.4.2).

● Tödlich für einen Vortrag wäre die Bildvorführung in Permanenz in stark ab-
gedunkeltem Raum.

Alle Ratschläge hinsichtlich Mimik, Gestik, Blickkontakt usw. kann ein Vortragender unter solchen Umständen gleich wieder vergessen (sofern er je von ihnen gehört hat). Die Zuhörer werden sein „Das letzte Bild, bitte!" sehnlich erwarten. Doch Ihnen wird das sicher nicht widerfahren.

1.4.2 Verstehen

Die im Gehirn ankommenden Sinneseindrücke *(Sinnesdaten)* werden zunächst
– wir wissen noch kaum, wie – in bedeutungshaltige Informationen übersetzt,
die dann sofort analysiert und mit bereits vorhandenen „Daten" verglichen werden, um ihrerseits im *Langzeitgedächtnis* gespeichert zu werden. Ergibt sich bei
der Analyse ein Erkennen von Zusammenhängen und Beziehungen, so ist die
dritte und entscheidende Stufe der Informationsübermittlung erreicht, das *Verständnis*.[1]

● Verstehen heißt Sinnesdaten mit bestehenden Wissensstrukturen einfangen.

---

[1] WEIDEMANN (1991, S. 33), der den Satz nach dem Blickfangpunkt formuliert hat, fügt dem
eine weitere Definition an: „*Lernen* heißt, bestehende Wissensstrukturen verändern." Neben der
oben gegebenen Begriffsabgrenzung in Sinne einer intellektuellen Leistung hat aber „Verstehen" noch eine sinnesphysiologische Komponente. Wenn man sagt, „ich habe dich rein akustisch nicht verstanden", so hebt man darauf ab. Natürlich setzt die nachgeschaltete gedankliche
Verarbeitung eines Vortrags die Aufnahme durch das Ohr oder Auge voraus. In der Sprechwirkungsforschung wird der im Hörer zur *Wirkung* führende komplexe Prozess gelegentlich
gegliedert in *Perzeption* (sinnliche Wahrnehmung), *Interpretation* (Bewertung) und *Reaktion*
(Verarbeitung), wobei die letzten beiden Vorgänge zum Teil schon einer postkommunikativen
Phase zugeordnet werden können. Die bewusste Wahrnehmung, d. h. die Aneignung von Wahr-
nehmungsinhalten, wird oft auch *Apperzeption* genannt. Wir weisen hierauf nicht der schönen
Wörter halber hin, sondern um das Bewusstsein für die vielfältige Rolle des Hörers beim Empfang der Botschaft zu schärfen.

Die *Verständlichkeit* einer Botschaft ist also nicht eine der Botschaft selbst innewohnende (inhärente), sondern eine in hohem Maße vom Empfänger der Botschaft abhängige Eigenschaft. Wo es nichts zu vergleichen gibt, gibt es auch nichts zu verstehen, kann kein Verständnis entstehen: Unser Geist ist eine „Assoziationsmaschine". So verständlich diese Zusammenhänge sind, so wenig scheinen sie manchen Vortragenden bewusst zu sein. Daher lautet unser „Zweiter Kategorischer Imperativ":

● Stellen Sie sich auf Ihre Zuhörer ein!

Damit schließen wir an den Kasten „Die Hörer!" in Abschn. 1.2.8 an. Passen Sie also das Anspruchsniveau Ihrer Ausführungen möglichst genau deren Vorwissen an. Versuchen Sie im Voraus sich vorzustellen, wer vor Ihnen sitzen wird. Welche Ausbildung oder berufliche Erfahrung darf als gegeben angenommen werden? Erkundigen Sie sich, wenn Sie nicht sicher sind! Nur so können Sie wissen, was Sie voraussetzen dürfen und was nicht.

BIRKENBIHL (2001) verlangt in diesem Zusammenhang:

● Jede Information muss „gehirngerecht" verpackt sein.

Sie muss zu den Gehirnen der Zuhörer passen, besonders zu bereits vorhandenen Denkmustern und Einprägungen *(Prädispositionen)*. Kenntnisse müssen mit vorhandenen Wissensstrukturen verknüpft werden. Ist dies nicht der Fall, so kann es geschehen, dass der Vortragsteilnehmer nur Teile der Informationen begreift. Er hält entweder sich selbst für zu „dumm" oder die Ausführungen des Vortragenden für zu schwierig. Aus beiden Gründen lehnt er den Vortragenden ab und langweilt oder erbost sich. Wenn sich mehr Lehrer – auch Hochschullehrer – diese Gedanken zu eigen machten, wären Unterricht und Vorlesungen wirkungsvoller.

Die Prädisposition von Hörern gegenüber einem bestimmten Thema lässt sich kaum quantifizieren, zu vielfältig sind die denkbaren Szenarien. Bei Vorträgen in den Wissenschaften ist das entscheidende Kriterium die (mutmaßliche) fachliche Nähe des Publikums zum vorzutragenden Gegenstand (vgl. Abschn. 1.2.5). Der Fragen sind viele, Ihnen werden fallweise weitere in den Sinn kommen. Versuchen Sie im Vorfeld, möglichst vieles abzuklären – z. B. durch Rückfragen bei einem Veranstalter oder Tagungsleiter – und Ihren Vortrag darauf einzustellen. Vielleicht können Sie Einblick in eine Teilnehmerliste gewinnen oder sich eine bessere Kenntnis der Institution verschaffen, in der Sie vortragen werden, oder des Lehrplans, an dem Sie mitwirken wollen.

An den Vortrag selbst lassen sich generell und unabhängig von der besonderen Art und „Disponiertheit" der Zuhörer Maßstäbe anlegen. LANGER, SCHULZ VON THUN und TAUSCH (1990; 7. Aufl. 2002) haben Bewertungskriterien entwickelt, vier an der Zahl, die von „Textproduzenten" sehr gut aufgenommen worden sind. Vier entscheidende Kriterien der Schreibkunst sind danach

Einfachheit • Ordnung • Kürze/Prägnanz • Stimulanz.

Diese Kriterien oder *Qualitätsmerkmale* lassen sich auch auf Vorträge anwenden. In Tab. 1-1 sind ihnen ihre Umkehrungen ins Unvorteilhafte gegenüber gestellt, und zwischen diesen Gegenpolen spannt sich jeweils eine Messlatte mit fünf Gütestufen, die von +2 über 0 (neutral) bis −2 reichen. Die Sternchen in dem entstehenden Bewertungsschema zeigen an, welche Bewertungen ein Vor-

Tab. 1-1. Die vier Verständlichmacher (leicht verändert nach WILL 2001, S. 40). − Sterne geben an, welche Bedingungen bei der entsprechenden Dimension erfüllt sein müssen, damit ein gesprochener Text optimal verständlich ist.

Einfachheit	+2	+1	0	−1	−2	Kompliziertheit
einfache Darstellung		*	*			komplizierte Darstellung
kurze, einfache Sätze		*	*			lange, verschachtelte Sätze
geläufige Wörter		*	*			ungeläufige Wörter
Fachwörter erklärt		*	*			Fachwörter nicht erklärt
konkret		*	*			abstrakt
anschaulich		*	*			unanschaulich

Ordnung	+2	+1	0	−1	−2	Unordnung, Zusammenhanglosigkeit
gegliedert	*	*				ungegliedert
folgerichtig	*	*				zusammenhanglos, wirr
übersichtlich	*	*				unübersichtlich
gute Unterscheidung von Wesentlichem und Unwesentlichem	*	*				schlechte Unterscheidung von Wesentlichem und Unwesentlichem
der rote Faden bleibt sichtbar	*	*				man verliert oft den roten Faden

Kürze/Prägnanz	+2	+1	0	−1	−2	Weitschweifigkeit
zu kurz		*	*			zu lang
aufs Wesentliche beschränkt		*	*			viel Unwesentliches
gedrängt		*	*			breit
aufs Lehrziel konzentriert		*	*			abschweifend
knapp		*	*			ausführlich
jedes Wort ist notwendig		*	*			vieles hätte man weglassen können

Zusätzliche Stimulanz	+2	+1	0	−1	−2	Keine zusätzliche Stimulanz
anregend .		*	*	*		nüchtern
interessant		*	*	*		farblos
abwechslungsreich		*	*	*		gleich bleibend neutral
persönlich		*	*	*		unpersönlich

trag erreichen sollte, um als gut im Sinne von „verständlich" gelten zu können. Danach sind gesprochene Texte nicht unbedingt dann und nur dann gut verständlich, wenn sie bei allen vier Dimensionen das Optimum erreichen. Die Vergabe der Sternchen durch WILL zeigt an, dass der Verfasser bei den Kriterien „Einfachheit" und „Ordnung" keine Zugeständnisse macht. (Wir auch nicht; Vorträge, in denen man die Zusammenhänge nicht erkennen kann, sind unausstehlich.) Dagegen braucht der Vortrag nicht extrem kurz zu sein, er soll es gar nicht; und ein bisschen nüchtern darf er schon wirken.

Akademische Zuhörer lassen sich, wie andere Leute auch, in (wenigstens) zwei Typen aufteilen (vgl. AMMELBURG 1988, S. 77): die abstrakt-logischen und die anschaulich-intuitiven, natürlich mit allen Arten von Übergängen. Mag dem einen ein gut gegliederter, Satz für Satz in zwingender Abfolge entwickelter Vortrag genügen, so braucht der andere Gegenständlichkeit, Konkretisierung. Beiden wollen Sie etwas geben.

● Mit Bildern – auch „gesprochenen Bildern" wie Vergleichen (Beispielen, Analogien, Gleichnissen), Wort- und Denkbildern oder Gedankenexperimenten – erhöhen Sie die Wirksamkeit Ihres Vortrags.

Sorgen Sie dafür, dass Ihre Zuhörer aus dem Vortrag mehr als nur Ihre schriftlichen Unterlagen (s. Abschn. 3.4.2) „mitnehmen".

1.4.3 Erinnern

Etwas wahrgenommen und verstanden zu haben ist schön und gut. Noch größer wäre das Erfolgserlebnis des Zuhörers, wenn der Vortrag mit seinen Inhalten auch dazu angetan wäre, bei ihm in *Erinnerung* zu bleiben. Dazu müssten wenigstens Teile des Vortrags in den „Langzeitspeicher" des Gehirns gelangen, um auf Abruf wieder zur Verfügung zu stehen; sie müssten später im *Gedächtnis* (genauer: *Langzeitgedächtnis)* vorhanden sein.

Die Gedächtniskunst *(Mnemotechnik)* hat schon die griechischen Philosophen beschäftigt, da in der Fähigkeit des Menschen, das Gewesene im Kopf festzuhalten, die Nähe zum Göttlichen geahnt wurde. Besonders CICERO machte die *ars memorativa* zu einem Teil der Rhetorik. Ihm kam es nicht nur darauf an, lange Reden aus dem Gedächtnis abrufen zu können, sondern auch darauf, das Publikum (die *polis*) mit Hilfe gezielter Strategien der Erinnerung in bestimmte Richtungen zu bewegen. Mit dem Hinweis an dieser Stelle – wir werden gleich über *Visualisierung* zu sprechen haben – möchten wir dem großen Römer allerdings nicht unterstellen, dass er seine Ziele heute mit „Tonbildschauen à la POWERPOINT" verfolgen würde. (Wer Interesse an geistesgeschichtlichen Hintergründen hat, sei auf YATES 1990 verwiesen.)

Wir fanden dort (S. 13) zu unserer Verblüffung CICERO aus seinem berühmten Werk *De Oratore* mit den im Kasten eingerückten Worten zitiert: Also doch schon „Bildtechnik" vor 2000 Jahren? Ja, aber nicht im Sinne unserer Kapitel 5 und 6, sondern als Gedächtniskunst: die Bilder waren vom Redner *gedacht*. CICERO jedenfalls, der große Staatsmann, Redner und Schriftsteller, hat es verdient, dass nach ihm eine typografische Einheit benannt ist.[1]

> Wir können uns dasjenige am deutlichsten vorstellen, was sich uns durch die Wahrnehmung unserer Sinne mitgeteilt hat; der schärfste von allen unseren Sinnen aber ist der Gesichtssinn. Deshalb kann man etwas am leichtesten behalten, wenn das, was man durch das Gehör oder durch Überlegung aufnimmt, auch noch durch die Vermittlung der Augen ins Bewusstsein dringt.
>
> CICERO

Stellen wir diesem Bericht über sehr alte Quellen neueste Erkenntnisse der *Neurobiologie* gegenüber – sie sind für den sinnvollen Umgang mit unserem eigenen Gehirn von größter Bedeutung und, wenn wir lehren oder vortragen, auch für die Art, in der wir mit den Gehirnen anderer umgehen. Soviel sollte man davon wissen: Sinneseindrücke, also auch auditive und visuelle „Botschaften", lösen zunächst in einem *Ultrakurzzeitspeicher* des Gehirns „Schwingungen" aus. Die bestehen wahrscheinlich aus Ionenströmen, aber das ist für uns weniger wichtig als die Tatsache, dass sie nur etwa eine Zehntel (!) Sekunde, das sind 0,1 s oder 100 ms, anhalten. Dies ist eine „Leuchtspur" von tatsächlich kurzer Ausklingzeit, die da in unserem Kopf aufblitzt. Schütten wir diese Leuchtspur zu schnell mit weiteren Informationen zu, so geht sie in einem allgemeinen Rauschen unter. Wie immer, das Ultrakurzzeitgedächtnis ist auch als *fotografisches* oder *ikonisches* (d. h. Bild- oder Sprachbild-erzeugendes) Gedächtnis bezeichnet worden (THOMPSON 1992, S. 289), und das trifft die Sache gut.

● Werden die Schwingungen im Ultrakurzzeitgedächtnis nicht innerhalb von etwa einer Zehntelsekunde in das *Kurzzeitgedächtnis* (den *Kurzzeitspeicher*) übernommen, so gehen sie verloren.

Auch dort halten sich die Eindrücke nur einige – maximal 20 – Sekunden lang und klingen dann, „wenn sie nichts gefunden haben, woran sie sich festhalten können, unweigerlich wieder ab" (VESTER 1998, S. 108; vgl. auch BIRKENBIHL 2001). Dieses Gegenwartsfenster ist also nur einige Sekunden breit. Deshalb ist für uns der Anfang eines Satzes von mehr als etwa 10 bis 14 Wörtern schon Vergangenheit, wenn das Ende gesprochen wird. Wir erinnern uns daran kaum mehr, und so können wir den Satz auch nicht speichern. Deshalb müssen Redner kurze Sätze anbieten.

● Die Reichweite des Kurzzeitgedächtnisses beträgt maximal 20 Sekunden.

Was länger auf Verwertung warten muss, geht also verloren – für immer. (Patienten, die durch einen mentalen Defekt oder einen Unfall oder nach einer Operation keine Verbindung vom Kurzzeit- zum Langzeitgedächtnis herstellen kön-

---

[1] Wäre die Vortragskunst messbar, hätte die Einheit „Cicero" dafür, z. B. nach Art der nach oben offenen RICHTER-Skala der Seismologen, verwendet werden müssen (vgl. MOHLER 1982), und nicht für die Größe von Buchstaben.

nen, leben also dauernd in der Gegenwart.) Und in diesen paar Sekunden kann man nicht mehr als ungefähr *sieben* Einzelelemente festhalten. Dies reicht knapp, um sich eine neue Telefonnummer so lange zu merken, bis man gewählt hat, danach ist sie „normalerweise" wieder vergessen. Über diese biochemisch bedingten – und heute allenfalls in Ansätzen verstandenen – Grenzen können sich auch Akademiker, oder wer sonst seinem Gedächtnis oder seiner Lernfähigkeit Höchstleistungen abverlangen will, nicht hinwegsetzen. (Was man aber offenbar tun kann, ist, den bis hierher gelangten Informationen den Übergang in das Langzeitgedächtnis zu erleichtern.)

Was jedem kritischen und selbstkritischen Beobachter schon lange bewusst war, erfährt hier seine wissenschaftliche Begründung: Gemessen an der beschränkten zeitlichen Reichweite und Speicherkapazität des menschlichen Kurzzeitgedächtnisses sind die meisten wissenschaftlichen Tagungen und Kongresse utopische Veranstaltungen! Sie dienen jedenfalls nur zum Geringsten der Wissensvermittlung, eher zeremoniellen oder anderen Zielen (vgl. Abschn. 1.1.4). Viel mehr, als dass der Hörer einen für bemerkenswert gehaltenen Vortrag im Tagungsprogramm ankreuzt (das man nachher wieder wegwirft), bleibt meist nicht. Und es könnte doch anders sein, wenn die Vortragenden nur aufhören wollten, sich selbst zu produzieren, und dafür den Auftrag ernst nähmen, der hinter jedem Fachvortrag steht: nämlich Fortbildungsveranstaltung zu sein!

Langzeitgedächtnis! Sollte bei jemandem dort etwas angekommen sein, dann ist es schon (fast) gut. Das menschliche Gedächtnis vermag Billionen von Informations-„Bits" zu speichern. Das sind dann nicht mehr momentane Ionenströme, sondern chemische Prägungen, die oft über ein ganzes Leben stabil sind. Sie werden vielleicht von Proteinen oder Nucleinsäuren vermittelt, genau wissen wir es noch nicht.

Der ganze Vorgang ist mit der Aufzeichnung eines Messsignals auf dem phosphoreszierenden Bildschirm eines Oszilloskops verglichen worden, dem Abfotografieren der Lichtspur und schließlich dem Entwickeln des Films zum fertigen Bild des ursprünglichen Signals. So kompliziert geht es also zu, wenn man sich etwas „einprägen" will. Vielleicht können Sie sich für Ihren nächsten Vortrag diese Botschaft einprägen.

Nun gibt es unter den Zuhörern Personen mit gutem und andere mit weniger gutem Gedächtnis – vielleicht hätten wir stattdessen sagen sollen: mit gut und schlecht geschultem –, das kann man dem Vortragenden nicht anlasten. Auch hier ist die Qualität der Informationsübermittlung an die Eigenschaften des Empfängers (Zuhörers) geknüpft. Wie zahlreiche Untersuchungen immer wieder belegt haben, gilt aber für die meisten Menschen:

● *Visuelle* Eindrücke bleiben besser im Gedächtnis haften als *verbale*.

Wir haben bewusst nicht „ ... als auditive" gesagt, da bekanntlich musikalische Menschen ein fast unglaublich gutes Gedächtnis für Melodien haben können. Gewiss kann man sich an etwas, das eine wichtige Bezugsperson gesagt hat, sehr gut erinnern. Wenn es aber um die „tausend Worte" geht, ist das Bild nicht nur hinsichtlich seiner Aussagekraft, sondern auch seines Erinnerungswertes überlegen. „Das Auge ist ein Meister in der Fähigkeit, schnell zu wiederholen. Es kann ein dargebotenes Bild in kurzer Zeit beliebig oft abtasten und auf diese Weise im Gedächtnis befestigen" (SCHNELLE-CÖLLN 1993, S. 6). Speziell für die Vortragssituation hat sich ergeben (z. B. GRAU und HEINE 1982; vgl. ALTENEDER 1992, S. 45):

● Beim Hören bleiben 10 bis 30 % der Informationen im Gedächtnis, beim Sehen (in der Bilddarstellung) 20 bis 40 %, beim Vortrag mit Bildunterstützung 60 bis 80 %.

Hören und Sehen unterstützen sich also gegenseitig und geben im *Verbund* die beste Gewähr für eine erfolgreiche Informationsübermittlung. Und das hat einen guten Grund, wie man seit einiger Zeit weiß. Ist es doch die rechte Gehirnhälfte, die vorrangig unserer „Bildverarbeitung" dient, während der logisch-analytische Verstand in der linken Gehirnhälfte konzentriert ist. Erst wenn wir beide Hälften gleichzeitig ansprechen, entfaltet sich die volle Leistungsfähigkeit des Gehirns.[1]

● Der *Bild-unterstützte Vortrag* ist einprägsamer als der reine Wortvortrag.

Nehmen wir die Zahlen oben nicht so genau. Im Einzelnen hängen die Ergebnisse sicher davon ab, wie lang der Vortrag war, wie viele Bilder eingesetzt wurden, wie lange nach dem Vortrag man die Testpersonen wonach befragt hat – und natürlich, was vorgetragen wurde. Insofern sind CICEROS politische Gegenstände sicher anders zu bewerten als naturwissenschaftliche, technische oder medizinische. Aber die Tendenz ist da, und deshalb werden heute die meisten Fachvorträge mit Bildunterstützung gehalten.

Bilder sind wahrscheinlich nicht nur deshalb besser „memorabel" als Worte, weil sie das gut ausgebildete visuelle Gedächtnis ansprechen, sondern auch, weil sie als „Informationsbissen" gut speicherbar sind. Gutes Verstehen-Können *und*

---

[1] Der Nachweis gewisser Asymmetrien im Gehirn ist populärwissenschaftlich begierig aufgegriffen und zum Teil – wissenschaftlich nicht begründbar – sexistisch ausgewertet worden, etwa nach dem Motto: „Lasst endlich die ganzheitliche rechte weibliche Hirnhälfte zu ihrem Recht kommen!" Wir stehen dem, in Übereinstimmung mit vielen Fachleuten, skeptisch gegenüber, zumal sich daraus der Umkehrschluss ableiten ließe: „Frauen können nicht (analytisch) denken." Wir wissen aber aus Erfahrung, dass dem nicht so ist. (Die Untersuchungen, die der Neurophysiologe Roger SPERRY dazu am California Institute of Technology in Pasadena durchführte, wurden 1981 mit dem Nobelpreis für Medizin geehrt. Mehr darüber z. B. in THOMPSON 1992, SPRINGER und „DEUTSCH 1993.)

gutes Erinnern-Können sind jedenfalls zwei Leistungsmerkmale des Vortrags, die der „Zuhörer" einfordern darf.

Des Weiteren dürfen Ihre Zuhörer von Ihnen erwarten, dass Sie ausreichend *Zeit* geben, um alle Informationen und Eindrücke zu verarbeiten. Wir kommen auf diesen wichtigen Punkt am Schluss von Kap. 7 anlässlich des Testens von Bildvorlagen mit konkreten Zeitmaßen zurück.

Der wichtigste Unterschied (vgl. Abschn. 1.2.2) zwischen der Lektüre eines Buches und dem Anhören eines Vortrags liegt darin, dass der Leser das Buch *nach* dem Lesen erneut aufschlagen kann. Der Zuhörer hat nach dem Vortrag von Notizen abgesehen nichts in der Hand. Deshalb zielt der Vortrag mit Bildunterstützung direkt auf die *Erinnerung* der Zuhörer. Im Extremfall können Bilder unvergesslich sein. Die Bildfolge eines pulsierenden Moleküls in Computersimulation ist zweifellos einprägsamer als die zugrunde liegende Formel für die Berechnung der Kraftfelder.

Manche Redner verstehen es wie CICERO, Bilder vor den *geistigen* Augen ihrer Zuhörer entstehen zu lassen, ohne ein einziges zu zeigen. Wir möchten nicht das zuvor Gesagte damit aufheben und dem bildlosen Fachvortrag durch die Hintertür wieder Einlass verschaffen. Dennoch, und erneut:

● Bedienen Sie sich einer bilderreichen Sprache!

Dann können Sie die Zahl der eingeprägten Bilder beim Zuhörer noch über die der vorgeführten Dias oder Transparente hinaus erhöhen.

In das Gedächtnis nehmen wir alle letztlich nur das auf, was uns wichtig, der Mühe des Einspeicherns wert erscheint; das, wofür wir uns interessieren können. Von Ihnen als Vortragendem verlangt diese Grunderfahrung der Lernpsychologie ein ständiges Bemühen darum, dass sich die Zuhörer mit Ihrem Gegenstand identifizieren können. In Abschn. 1.2.5 sprachen wir bei „Verständnishilfen" vom Mittel der Wiederholung. Wiederholung ist auch eine Erinnerungshilfe. Heißt nicht wiederholen „wieder an seinen Platz holen"? Das Gehirn kann Informationen, die es in gleicher oder ähnlicher Form mehrmals eingegeben bekommt, länger und besser speichern als „Einmaleindrücke". Beherzigen Sie also alles das, wenn Sie wollen, dass wenigstens einige Zuhörer aus Ihrem Vortrag das eine oder andere „nach Hause tragen"!

1.4.4 Die Bedeutung des Bildes in den Naturwissenschaften

Die Objekte der Naturwissenschaften sind gegenständlicher Natur, man will sie sehen. Der Ingenieur denkt in Konstrukten – Apparaten, Maschinen, Anlagen, Bauten – und will seinen Gebilden bildhaften Ausdruck verleihen. In Form von „Explosionszeichnungen" bedient er sich dazu manchmal recht drastischer Darstellungsmittel, um unserem Vorstellungsvermögen nachzuhelfen. Solche Bilder explodieren nicht nur, sie implodieren förmlich in unser Gehirn. Die

„Konstrukte" der Humanmedizin und der Tiermedizin sind Geschöpfe Gottes; aber wenn sie krank sind, muss man hinsehen und zugreifen. Für Zwecke der Lehre hat gerade die Medizin aufwändige Methoden der Bildübertragung entwickelt, etwa die Wiedergabe einer Operation im Hörsaal mit Hilfe der Fernsehtechnik.

Wir werden auf die *Vorführtechnik* (Projektionstechnik, Kap. 5; Bildtechnik, Kap. 6) später zurückkommen. Im Augenblick geht es um eine Übersicht über Arten der darzustellenden Objekte und der in Frage kommenden Methoden.

● Vieles, womit sich Naturwissenschaftler und Ingenieure beschäftigen, ist der Abstraktion zugänglich.

Abstraktionen kann man mit Linien, Buchstaben, Zahlen und Symbolen sinnfällig machen. Wir denken an die Darstellung funktionaler Zusammenhänge in Form von *Kurvendiagrammen* in Achsenkreuzen, an *Balkendiagramme* für statistische Aussagen oder an *Fließschemata* zum Symbolisieren von Abläufen.

● Auch die Formeln der Chemie sind Abstraktionen mit bildhaftem Charakter.

Wir werden auf die Kunst des Zeichnens von Formeln später kurz zurückkommen. Für den Augenblick mag es genügen, sich des Begriffs „Formelsprache" bewusst zu werden. Er erinnert daran, wie eng Sprache und Bilder – hier: Strukturformeln – zusammenhängen. Man kann die Chemie letztlich als Sprache mit einer eigenen Wort- und Satzlehre begreifen. Für den vortragenden Chemiker erwächst daraus die Aufgabe, Allgemeinsprache und Formelsprache in Einklang zu bringen; aber auch eine Gefahr: Da Strukturformeln für ihn Modelle eines mit vertrauten Eigenschaften ausgestatteten Mikrokosmos, da Reaktionsschemata erlebte Handlung sind, erfahren sie seine intensive Zuwendung. Darüber drohen die Zuhörer eines Vortrags in Vergessenheit zu geraten. Die Versuchung, einen Vortrag in eine *Dia-Schau* umzumünzen und, mit dem Rücken zum Auditorium, vorzutragen und die Aufmerksamkeit einer Projektionsfläche (statt den Zuhörern) zuzuwenden, ist für einen vortragenden Chemiker besonders groß.

2 Arten des Vortrags

2.1 Kleine und große Gelegenheiten

2.1.1 Übung macht den Meister

Einen großen Vortrag zu halten – über einen schwierigen Sachverhalt, vor einem anspruchsvollen, womöglich festlich gestimmten Publikum – ist eine Herausforderung, der nicht jeder gewachsen ist. Und niemand wird als Festredner geboren, diese Qualifikation muss durch Übung erworben, sie muss erarbeitet werden.

● *Üben* ist das Zaubermittel der Redekunst.

Dazu gibt es viele Gelegenheiten. Man wird keinen sehr jungen Kollegen auffordern, die *Laudatio* auf einen Preisträger oder den Hauptvortrag auf der nächsten Tagung zu halten. (Ein gewisser Jean François CHAMPOLLION durfte als 17-Jähriger vor der Akademie der Wissenschaften zu Grenoble einen Vortrag halten; als er danach von den ehrwürdigen Professoren spontan zum Akademiemitglied ernannt wurde, brach er ohnmächtig zusammen – das ersparen wir uns lieber, wir wollen ja auch nicht die Hieroglyphen enträtseln.)

● Das Sprechen vor vielen wird oftmals als aufregend und belastend empfunden. Je größer die Zahl der Zuhörer, desto stressiger die Situation.

Es ist wichtig, dieses störende Gefühl der Anspannung, das auch den Schauspielern bekannte *Lampenfieber* – eigentlich durchaus sympathischer Ausdruck der Hochschätzung des verehrten Publikums – abzubauen, weil es für den Vortragenden gefährlich ist. Es kann seine Ausdrucksfähigkeit bis hin zum totalen *Blackout* beeinträchtigen. Aber wir sehen schon, wie dem beizukommen ist (vgl. Kasten „Redeangst" auf S. 70; mehr dazu s. Abschn. 4.3):

● Stellen Sie sich den „kleinen Gelegenheiten", nutzen Sie die frühzeitige Erprobung; *Redeangst*, Hemmung vor öffentlichem Reden, kann durch Gewöhnung abgebaut werden.

„Reden ist eine Kunst – aber man kann sie lernen", überschrieb WIEKE (2002) das erste Kapitel seiner *Rhetorik*. Wenn Sie erfahren haben, dass Ihnen bestimmte Ausdrucksmittel zu Gebote stehen, gewinnen Sie Selbstvertrauen und Souveränität, und mit ihnen werden Sie einen erfolgreichen Vortrag halten können. Schließlich ist „nichts so erfolgreich wie der Erfolg". Sie haben eine natürliche Ausstrahlung und wirken echt, überzeugend, abgeklärt und in sich ruhend. Das so erlangte *Selbstvertrauen* – bitte sehen Sie im Kasten (S. 70) nach, was HOLZHEU in seiner *Natürlichen Rhetorik* darunter versteht, und was nicht –, dieses Vertrauen trägt über den unmittelbaren Zweck hinaus zu Ihrer Persönlichkeit bei. BISMARCK sah im Reden die Verwirklichung eines Stücks *Zivilcourage*. Am

Redeangst

Die Redeangst ist die schwierigste Hürde für den werdenden Redner, der ebenso wie der Schauspieler, der im Licht der Bühnenscheinwerfer steht, mit seinem „Lampenfieber" zu kämpfen hat. Redeangst ist keineswegs ein Zeichen der mangelnden Begabung oder mangelnden Eignung des Redners. Sie ist auch kein Ausnahmezustand, unter dem nur einzelne Menschen zu leiden haben. Sie ist ein normales und natürliches „Durchgangsstadium" des Redners, unabhängig von der sozialen und gesellschaftlichen Stellung, dem Bildungsstand oder Alter des Redners. Es gibt keinen Redner in Vergangenheit und Gegenwart, der nicht am Anfang seiner Laufbahn von Angstzuständen, Aufregung und Hemmungen, den bekannten Symptomen der Redeangst, geplagt worden wäre. Das zeigen die Bekenntnisse berühmter Redner, wie Demosthenes, Goethe, Rousseau, Lassalle, Bebel, Bismarck und Churchill. Aber sie alle haben die Redeangst überwunden.

Hans JUNG (1994, S. 23)

Selbstvertrauen

Selbstvertrauen ist:
– Sich seiner Stärken und Schwächen bewusst sein
– Sich seines Einflusses auf andere bewusst sein
– Sich seiner selbst und seiner Stellung in der Welt bewusst sein

Selbstvertrauen ist *nicht*:
– Mangel an Sensibilität
– Egoismus
– Übertriebene Autorität

(nach HOLZHEU 2002, S. 30)

besten ist es, wenn Sie mit Ihrer rhetorischen Erziehung schon früh angefangen haben, etwa als Klassensprecher oder in Schülerparlamenten. Auch studentische Ausschüsse und Gruppierungen bieten Gelegenheiten, sich als Redner zu erproben. In *Seminaren* und *Referaten* vor den Studiengefährten beginnt die berufliche Vortragserfahrung. Solche Gelegenheiten sind sehr hilfreich, nehmen doch die vertrauten Gesichter dem Gefühl des Ausgesetztseins die Spitze, beruhigen ungemein.

Erinnern Sie sich, diesen Text schon einmal gelesen zu haben? Er kann hier helfen:

Früher, als ich unerfahren	Später traf ich auf der Weide
und bescheidner war als heute,	außer mir noch mehr're Kälber,
hatten meine höchste Achtung	und nun schätz' ich, sozusagen,
andre Leute.	erst mich selber.

Wenn in einer Lernsituation Fehler passieren, ist das nicht schlimm. Niemand hat Perfektes erwartet. Wichtig ist nur, aus den Fehlern tatsächlich zu lernen.

● Nutzen Sie die Gelegenheit Ihrer ersten rhetorischen Übungen zu *Kritik* und *Selbstkritik*.

Von Kommilitonen und Kommilitoninnen bekommen Sie unverstellte Äußerungen, und die sollten Sie ebenso unbefangen entgegennehmen. Auf manches haben Sie vielleicht nicht geachtet, erst durch den Hinweis – z. B. „du bist zu oft hin- und hergegangen" – werden Sie aufmerksam.

2.1.2 Redeerziehung – ein Anfang

Eine besondere Gelegenheit zur *Redeerziehung* (wenn Sie das Wort gestatten, sonst sagen wir *Redetraining*) bietet sich in *Diskussionen* (s. Kasten). „Die Diskussion die beste Schule für den werdenden Redner!" Deshalb gehört das Stichwort „Diskussion" hierher, auch wenn wir in anderen Zusammenhängen darauf erneut zurückkommen müssen (Abschnitte 2.4 und 4.9). Erinnern Sie sich, wie Ihnen das Herz im Hals klopfte, als Sie sich zum ersten Mal nach einem *Kolloquiumsvortrag* als Hörer zu Wort meldeten? Die *Frage*, die Sie stellten, oder der Kommentar, den Sie abgaben, war nur kurz. Dafür war die Situation aufregend. Der bekannte Vortragende, das sachkundige Publikum nötigten Mut ab, das Anliegen vorzubringen. War die Frage sinnvoll, würde es gelingen, sie in klare Worte zu fassen? Wenn sich die „großen Tiere" in der vordersten Reihe nach dem „Hinterbänkler" umdrehen, bedarf es eines gewissen Standvermögens, sich nicht beirren zu lassen. Vielleicht helfen auch hier die Verse von oben. (Wir wollen unsere Leser nicht länger im Ungewissen lassen: Wir haben vorhin Wilhelm Busch zitiert.)

● Üben Sie sich als *Diskussionsredner*.

> Nur derjenige [kann sich] im öffentlichen Leben behaupten, der seine Meinung auch in der Öffentlichkeit frei und überzeugend zu vertreten vermag. Dazu bietet gerade die Teilnahme an Diskussionen eine gute und willkommene Gelegenheit, zumal die Diskussion die beste Schule für den werdenden Redner ist. Denn wer diskutieren kann, kann auch reden.
> Wer sich als Diskussionsredner zu Wort meldet, muß sich darüber im klaren sein, daß die Aufforderung zur Diskussion nicht als eine Verpflichtung zum Reden um jeden Preis gewertet werden darf. Deshalb sollte sich auch nur derjenige Versammlungsteilnehmer an der Diskussion beteiligen, der zu dem Thema wirklich einen sachlichen Diskussionsbeitrag beizusteuern vermag. In allen anderen Fällen liegt die Kunst der Rede im Schweigen …
>
> Hans Jung (1994, S. 69)

Allerdings: die Diskussions-„Rede" hat kurz zu sein. Niemand schätzt die Kollegen, die sich, kaum hat der Vortragende geendet, mit langen Geschichten zu Wort melden und den Löwenanteil der zur Verfügung stehenden Diskussionszeit für sich beanspruchen. Da kommt der Verdacht auf, dass sich jemand selbst darstellen wollte und dass es nicht um die Sache ging. Allzu lange auf einem bestimmten Punkt zu insistieren, ist unfair, da man dadurch die weitere Diskussion unterdrückt.

● Halten Sie kein Korreferat, zu dem Sie nicht eingeladen worden sind!

Lassen Sie erkennen, ob Sie eine Frage an den Vortragenden richten oder ob Sie etwas kommentieren oder ergänzend beitragen wollen. Von der einen oder anderen Art sind Wortmeldungen z. B. auf Kongressen oder Versammlungen gewöhnlich, wie schon angedeutet, manchmal auch von beiden zugleich. Sorgen Sie am

besten zu Anfang Ihrer Auslassung dafür, dass man Ihr Anliegen richtig einordnen kann. Es wirkt ein wenig peinlich, wenn der Vortragende am Schluss Ihrer
Auslassung fragt „Und was, bitte, war nun Ihre Frage?", worauf Sie vielleicht
antworten müssen: „Ich habe gar nichts gefragt, ich wollte nur Ihnen und dem
Auditorium unsere Erfahrung bezüglich XXX zur Kenntnis bringen".

Manchmal steuert ein *Diskussionsleiter* den Ablauf der Diskussion. Einige
tun das sehr geschickt, andere wirken eher unbeholfen, vielleicht sogar unfair –
kein Wunder, sind doch stm-Fachleute in *Diskussionstechnik* gewöhnlich nicht
geschult. Zu den Aufgaben des Diskussionsleiters gehört es, die Diskussion in
Gang zu bringen und in Schwung zu halten, zu helfen, wenn die Diskutanten
offenbar aneinander vorbei reden oder sich ereifern – oder das ihnen erteilte
„Wort" zu lange festhalten. Wir können uns nicht vornehmen, diesen Gegenstand hier auszubreiten. In unserer Gesellschaft sind die (öffentliche) Diskussion und Meinungsbildung – die im gesellschaftlichen und politischen Raum und
auch die im geschäftlichen Umfeld – ungemein wichtig. In entsprechend ausge-
richteten Büchern über das Reden in der Öffentlichkeit kann man sich demge-
mäß am besten informieren (sehr gut z. B. bei JUNG 1994, Kapitel „Versammlungsleitung und Diskussion"; s. ferner STEIGER 2000). Wenn eines Tages jemand an *Sie* herantritt mit der Bitte, die Diskussionsleitung z. B. auf einem wissenschaftlichen Kongress zu übernehmen, brauchen Sie der ehrenvollen Aufgabe nicht unvorbereitet entgegenzugehen. Sie können sich heute unschwer darüber „schlau machen", was von Ihnen erwartet wird, wie sich der Auftrag am
besten bewältigen lässt, wie schlimme Fehler zu vermeiden sind.

● Die *Diskussionsanmerkung* ist ein Beispiel für eine kurze Stegreifrede.

Für JUNG (1994, S. 13) sind folgende Kriterien wichtig beim Reden und Vortragen (und Diskutieren):

- Sprache
- Sprechstil
- Substanz
- Sympathie
- Schlagfertigkeit.

Daraus hat er ein Bewertungsschema für das Rednerstudium abgeleitet, das er
die „sogenannte Fünf-S-Formel" nennt.[1] Man wird damit nicht sogleich zu einer *Bewertung* von Reden schreiten können, da die fünf Kriterien zuerst skaliert
werden müssten. In einem *Bewertungsbogen*, den man nach der Rede an Hörer
austeilt, sollten die fünf Kriterien jedenfalls vorkommen, vielleicht *nur* diese.
Man könnte es dann den Zuhörern überlassen, nach eigenem Gutdünken für
jedes dieser Merkmale eine „Note" zu vergeben, z. B. zwischen –5 und +5 lie-

---

[1] Wer diese „Formel" schon vorher so genannt haben könnte, wissen wir nicht. Wir sind ihr an
der genannten Stelle zum ersten Mal begegnet.

gend. Ganz sicher kämen dabei aufschlussreiche Ergebnisse zustande! Ihre Aufmerksamkeit wollen wir noch auf die Reihenfolge lenken, in der JUNG die Kriterien aufgeführt hat. Das Merkmal „Substanz", wofür man auch „Sache" sagen könnte, steht *nach* Sprache und Sprechstil erst an dritter Stelle! Das ist die Erfahrung eines Kommunalpolikers. Wir hätten dieses dritte „S" für einen Fachvortrag an die erste Stelle gesetzt, ohne die Bedeutung der anderen Merkmale, was anspruchsvolle Redekunst angeht, schmälern zu wollen.

Für den Augenblick wollen wir diesen Komplex – wir haben von „Redeerziehung" und „Rednerstudium" gesprochen und die Beteiligung an Diskussionen als dafür wichtig herausgestellt – beschließen und den Faden in Abschn. 2.4 wieder aufgreifen.

2.1.3 Reden und Anlässe

Am anderen Ende des Bogens, den wir, beginnend mit der „Diskussionsanmerkung", aufspannen wollen, steht der *Festvortrag*. Auch Wissenschaftler kommen ohne ein gewisses Zeremoniell nicht aus. HAYDN und BEETHOVEN liefern den festlichen Rahmen für das Ereignis, Blumenduft liegt in der Aula. Der Gelegenheiten, einmal aus dem beruflichen Alltag auszubrechen, gibt es viele. Heute gilt es, die 100. Vortragsveranstaltung einer wissenschaftlichen Gesellschaft zu begehen, morgen, einen Preisträger zu feiern oder eines historischen Datums zu gedenken. Die Festsitzung eines wissenschaftlichen Kongresses oder die Jahrestagung eines Industrieverbandes locken Prominenz an. Hier wird der Wissenschaftler in seiner *Eröffnungsansprache* als Präsident der Tagung zum Politiker.[1] Er berührt Anliegen der Gesellschaft, das Auge der Öffentlichkeit ruht auf ihm. Auch der anschließende wissenschaftliche Festvortrag bietet Gelegenheit, über die Ergebnisse eines Fachs zu unterrichten, Marken zu setzen, Visionen zu entwickeln.

Orientierungen erwartet nicht nur die Öffentlichkeit, sondern auch die Zunft selbst. Wer zu Vorträgen dieser Art berufen ist, ist schon aus vielen Redeschlachten als Sieger hervorgegangen und bedarf unseres Rates nicht.

Zwischen der Rede im zuletzt geschilderten großen Rahmen und den kürzeren Beiträgen und kleineren Anlässen – wie der vielleicht nur knapp formulierten Frage am Ende eines Vortrags oder in einer Versammlung – tut sich eine Mannigfaltigkeit von Reden aus ganz unterschiedlichen Anlässen auf. In der Mitte des Bogens wird für uns der (Fach)Vortrag stehen.

---

[1] Wir erinnern uns an eine Hauptversammlung der Gesellschaft Deutscher Chemiker. Den Festvortrag hielt der damalige Bundesminister für Forschung und Technologie, Dr. Heinz RIESEN-HUBER, Diplom-Chemiker. Da war einer vom Naturwissenschaftler zum Politiker mutiert. Er kannte seine Hörerinnen und Hörer als Fachkollegen, seine Rede war gleichwohl eine „Rede in der Öffentlichkeit" nach allen Regeln der kommunalen Redekunst. (Seit 1994 ist er Honorarprofessor an der Johann-Wolfgang-Goethe-Universität in Frankfurt am Main.)

Eine kleine Zusammenstellung verschiedener Typen der Rede mit kurzer Definition und Anmerkungen finden Sie im Kasten „Typen der Rede".[1]

Typen der Rede

– *Ansprache*
Kurze, in der Wirkung vielleicht „große" Rede aus Anlass eines besonderen Ereignisses wie Jubiläum, Verabschiedung oder Würdigung, nicht länger als 15 Minuten; erwartet wird freie Rede (ohne – sichtbares – Manuskript, höchstens kleines Stichwortblatt als Gedankenstütze).

– *Debatte*
Fachliches oder politisches „Rede-Duell", oft synonym zu →Diskussion gebraucht.

– *Diskussion*
Gedanken- und Meinungsaustausch in einer größeren oder kleineren Gruppe/Runde, oft öffentlich und in den Medien ausgetragen als Teil eines Meinungsbildungsprozesses. Von der Form her kann man unterscheiden: Podiumsdiskussion, Forumsgespräch, Diskussion am runden Tisch, Fernseh-Diskussion.

– *Fachvortrag*
→Vortrag

– *Festrede*
Rede aus „herausgehobenem" Anlass, gehalten z. B. von einem prominenten Gast oder einem Preisträger, der seinen Dank für die erfahrene Würdigung mit einem Resümee seiner Arbeit verbindet. Festreden werden oft gedruckt (s. „Nobel-Vortrag").

– *Gespräch*
Das Miteinander-Sprechen; besondere, im Beruf wichtige Formen sind das Geschäftsgespräch, die Geschäftsbesprechung, die Verhandlung (Verhandlungsgespräch), das Informationsgespräch (z. B. als Pressekonferenz, Bürgertreffen), Interview. Im Kern sollte jede Art von Rede „Gespräch" sein.

– *Grußwort*
Sehr kurze Ansprache, um vor allem im Namen anderer Grüße oder Glückwünsche zu überbringen. Die Persönlichkeit des Redners steht im Hintergrund, der Redner ist „nur" der Überbringer der Botschaft.

– *Laudatio*
Feierliche Ansprache oder Rede (von *lat.* laudare, loben), mit der bei Ehrungen, Preisverleihungen u. ä. Verdienste einer Person gewür-

digt werden, oft verbunden mit Dank und Glückwunsch.

– *Meinungsrede*
Auch Überzeugungsrede; mit Mitteln der Dialektik – manchmal auch der Überwältigungsrhetorik – aufgebaute Rede, in der Hörer mit Meinungen und Überzeugungen vertraut gemacht oder konfrontiert werden mit dem Ziel, sie dafür zu gewinnen (z. B. als politische Rede).

– *Plenarvortrag*
Vor dem „Plenum" einer Tagung gehaltener Fachvortrag von meist 45 Minuten Länge; oftmals in einem Kongressband abgedruckt.

– *Präsentation*
Vorführung (von *lat.* praesentare, zeigen) mit Textelementen, z. B. Projekt- oder Produktpräsentation (im engeren Sinne); mit meist visuellen (multimedialen) Präsentationstechniken angereicherte Rede.

– *Rede*
Allgemeine Bezeichnung für die mündliche Darlegung von Gedanken über ein bestimmtes Thema/Arbeitsgebiet vor Publikum (maximale Länge ca. 45 Minuten); Überbegriff für die anderen hier angeführten Redeformen. Viele politische Reden haben Geschichte gemacht. Die von Geistlichen gehaltene Rede (priesterliche Rede) heißt Predigt.

– *Referat* (von *lat.* er möge berichten)
Eine kleiner Vortrag über ein bestimmtes Thema mit dem Ziel, zu informieren, aufzuklären und ggf. zu belehren; vor Fachleuten gehalten auch Fachreferat genannt, oft mit anschließender →Diskussion (Fachdiskussion).

– *Sachrede*
Rede, um Zuhörer zu informieren und zu belehren: der Redner will seinen Zuhörern aus Wissen vermitteln. Persönliche Meinungen oder Absichten treten in den Hintergrund. Der →Vortrag im beruflichen Umfeld ist meist als Sachrede angelegt, wenn er auch Elemente der →Meinungsrede enthalten kann.

– *Stegreifrede*
Spontane Rede; meist kurze Ansprache, die ohne Vorbereitung gehalten wird.

- *Tischrede*
  Kurze Rede, die (meist stehend) am Tisch ge-
  halten wird, z. B. während eines Essens in der
  Pause zwischen zwei Gängen: aus familiärem
  Anlass oder etwa am Schluss eines Kurses als
  Dank an die Veranstalter.
- *Überzeugungsrede*
  Rede mit dem Ziel, Denken und Handeln der
  Zuhörer zu beeinflussen; weitgehend synonym
  mit →Meinungsrede.

- *Vorlesung*
  Lehrvortrag besonders an der Hochschule mit
  unterrichtendem und unterweisendem Charakter; die Bezeichnung („vorlesen") ist geschicht-
  lich bedingt, nicht redetechnisch.
- *Vortrag*
  Weitgehend mit der →Sachrede identische Rede, gehalten auf Veranstaltungen und Kursen
  unterschiedlicher Art; im beruflichen Umfeld
  speziell als Fachvortrag, im gesellschaftlichen
  z. B. als Rundfunkvortrag.

2.2 Fachreferat und Geschäftsvorlage

Referat ist der Diminutiv von Vortrag. Anders ausgedrückt: Wenn uns „Vortrag"
übertrieben erscheint, wählen wir das andere Wort, das keine so hoch gespannten Erwartungen weckt. Das Referat ist eher *Teil* einer Veranstaltung, z. B. eines
Kurses oder einer Geschäftssitzung. Dem Vortrag hat sich anderes, z. B. eine
Diskussion, unterzuordnen.

● Zweck eines *studentischen* Referats ist der Nachweis der erfolgreichen Beteiligung an einem *Seminar* oder der Erwerb eines „Scheins".

Hier wird die Aufgabe vom Seminarleiter gestellt, der das *Thema* ausgibt oder
mit den Seminarteilnehmern abstimmt. Aus vorgegebenen *Quellen* ist der Stoff
zu erarbeiten und in einer für den Zweck geeigneten Abfolge darzulegen.

Als *Referent* werden Sie sich mit der Thematik gründlicher befassen, als notwendig wäre, um einen 10-minütigen oder auch halbstündigen Bericht zu er-
statten. Das Wissen jenseits der 3000 Wörter, die Sie zu sagen haben, macht erst
Ihre Glaubwürdigkeit aus. Spätestens in der Diskussion zum Referat wird es
benötigt. „Wes das Hirn voll ist, des fließt der Mund über" dürfen wir in Ab-
wandlung eines alten Wortes als Maxime für jeden Fachvortrag sagen.

● *Sachkompetenz* und gute *Vorbereitung* sind die Voraussetzungen des erfolgreichen Referats.

Ein Höhepunkt an Beredsamkeit wird beim studentischen Referat nicht erwartet, was freilich nicht heißen soll, dass dem Vortragsstil an der Stelle keine Bedeutung zugemessen werden sollte. Als Bewertungsmaßstab werden vornehmlich die Inhalte und die *Struktur* der Darlegungen herangezogen (s. Kasten auf
S. 76).

---

[1] Dieser Überblick deutet die Vielfalt der Reden und Redesituationen nur an. Er ist außer zur
terminologischen Klärung gedacht als Erinnerungsstütze, worauf man sich als Redner im einen
oder anderen Fall tatsächlich einlässt (s. ähnlich auch bei WIEKE 2002, Abschnitt „Verschiedene
Redetypen" S. 23-27). Die kürzeste Rede, von der wir gehört haben, war eine Tischrede zur
Eröffnung eines reichhaltigen Geschäftsessens (zitiert bei JUNG 1994): „Unser heutig Brot gib
uns täglich!" Dem waren höchstens noch eine Dankeschön und ein „Guten Appetit" anzufügen.

Fragen zu Inhalt und Struktur eines Referats

– Wurde deutlich gemacht, warum das Thema von Interesse ist?
– Wurden alle wesentlichen Aspekte berücksichtigt?
– Wurden unterschiedliche Interpretationen oder Sichtweisen in angemessener Weise eingebracht und gegeneinander abgewogen?
– Wurden alle wichtigen Folgerungen oder Anwendungen dargelegt?
– Hat sich der Referent selbst eine Meinung gebildet?

Wir wollen einige Fragen an einer besonderen Form des Referats näher erörtern, der *Geschäftsvorlage*. Darunter verstehen wir alle Arten von Vor-, Zwischen- und Abschlussberichten, Ausarbeitungen, Vorschlägen, Projektstudien usw., wie sie in Besprechungen und Sitzungen, Ausschüssen und Arbeitsgruppen vorkommen: überall dort, wo viele Menschen im beruflichen Umfeld an gemeinsamen Zielen arbeiten (s. auch Abschn. 2.7; weitere nützliche Hinweise dazu einschließlich der Vorbereitung von Verhandlungen finden sich bei HOFMEISTER 1993).

● Die Geschäftsvorlage wird oft als *Tischvorlage* in schriftlicher Form zu Beginn der Sitzung ausgeteilt.

In ihr sind die wichtigsten Fakten, Aussagen, Bilder und Vorschläge aufgezeichnet, die dann im Referat – meist unter Einsatz von visuellen Hilfsmitteln – näher ausgeführt und erläutert werden.

● Konzentrieren Sie sich im Vortrag auf das *Wesentliche*.

Für den typischen Fachvortrag im Beruf wird – wie für das studentische Referat – eine Dauer von 30 Minuten veranschlagt. Die zugehörige Diskussionsdauer wird dann mit beispielsweise 15 Minuten deutlich höher angesetzt als bei einem wissenschaftlichen „Diskussionsbeitrag" auf einer Tagung. Kein Wunder, muss doch durch eine „Geschäftsvorlage" ein Prozess der Meinungsbildung eingeleitet werden, der evtl. zu einem Beschluss führt.

● Halten Sie weiteres Material, das zum Erreichen der gesetzten Ziele nicht unbedingt erforderlich ist, in Reserve – unbeschadet der Tatsache, dass wahrscheinlich nicht danach gefragt werden wird.

Nicht zu unterschätzen ist die Bedeutung der *Besprechungstechnik (Konferenztechnik)*: Dazu gehören Fragen wie Abstimmung von Terminen, ordnungsgemäßes Einberufen der Besprechung, Bekanntgabe der Tagesordnung, Bereitstellen von Hintergrundmaterial, Klären der Sach- und Beschlusslage, Herbeiführen von Entscheidungen. Wir wollen hier nur das Referat betrachten, das im Mittelpunkt einer solchen Sitzung steht.

● Das Referat wird von einem *Sachverständigen* aus dem Kollegenkreis oder von einem oder mehreren geladenen *Experten* gehalten.

Wenn es um einen wissenschaftlich-technischen Sachverhalt geht, wird der Referent ein Vertreter des betreffenden Fachs sein. Auch wo organisatorische und ähnliche Angelegenheiten im Vordergrund stehen, werden Form und Zweck des Referats nicht grundsätzlich anders sein, mit einem Zusatz freilich: je weiter der Gegenstand außerhalb des rein Faktischen steht und offen für die *Beurteilung* ist, desto mehr müssen Methoden der *Allgemeinen Rhetorik* greifen. Zur Information tritt das Motiv *Überzeugung* (z. B. HOLZHEU 2002, KELLNER 1998).

● Als kurze Rede besonderer Art kommt auch im beruflichen Umfeld die *Tischrede* vor.

Wenn Sie als "Dinner Speaker" eingeladen worden sind, haben Sie es in der Hand, der ganzen Veranstaltung (z. B. einem mehrtägigen Seminar) ein Glanzlicht aufzusetzen. Die Aufgabe ist nicht einfach, müssen Sie doch mit ungewohnten Raum-, Sicht- und Hörverhältnissen umgehen und dazu eine möglicherweise schon etwas angeschlagene Zuhörerschaft wieder auf ein Ziel ausrichten. Vielleicht gelingt Ihnen mit einigen hintergründigen Anmerkungen ein Brückenschlag zwischen den vorausgegangenen Vorträgen und einer Gruppenarbeit, die sich am Abend noch anschließen soll. Das Besondere der Stunde – auf den Tischen steht vermutlich Wein – verlangt von Ihnen Gelassenheit, denn Sie sind einer schwer berechenbaren Situation ganz allein ausgesetzt, und Humor, denn „trockene" Belehrung ist in solchen Augenblicken nicht gefragt.

2.3 Dialektischer Exkurs

Wir unterbrechen unseren strengen Aufbau mit einer Abschweifung in logische Gefilde. (Das Wort Logik im Sinne von „folgerichtiges Denken" ist vom griechischen logos abgeleitet, das ursprünglich nichts anderes als Wort, Sprechen, Rede bedeutet.)

● Was kontrovers diskutierbar ist, muss in einer sachbezogenen Umgebung besonders sorgfältig ausgearbeitet und dargelegt werden.

Sachbezogen denken heißt, *Argumenten* (und nicht *Parolen*) zu folgen; sachlich sein ist die Bereitschaft, *Beweisgründen* und *Beweismitteln* stattzugeben (MAECK 1990). Schon die antiken Rhetoriker und Dialektiker haben sich mit Methoden der Beweisführung befasst, ihre Ergebnisse werden noch heute angewandt. Besonders bekannt (und, wie man weiß, weltanschaulich missbraucht) ist der *Dreischritt* „These – Antithese – Synthese", der wegen seiner Griffigkeit für viele zum Inbegriff der *Dialektik* geworden ist. Dabei bedeutet dieses Wort in seinem Ursprung nichts weiter als Kunst der *Gesprächsführung* (Dialogik, vgl. *Dialog*) oder *Überzeugungskunst*. Verwenden wir für das Worttripel These – Antithese – Synthese ein anderes, nämlich Pro – Contra – Kompromiss, dann klingt dieselbe Sache vertrauter, nach *Geschäftsvorlage*. Wir müssen die nähere Erörterung dieser Dinge Berufeneren überlassen (s. beispielsweise RUHLEDER 2001, HARTIG 1993, und die dort zitierte Literatur), wollen aber kurz einige Ergebnisse aufgreifen, die sich in der modernen Vortragstechnik unmittelbar nutzen lassen (s. auch FEUERBACHER 1990, HIERHOLD 2002).

Neben der *linearen* Argumentationskette

Aus A folgt B folgt C

existiert also (im dialektischen Dreischritt) eine *konvergente* Verknüpfung

Aus A und B folgt C.

Solche logischen Schemata lassen sich auf mehr als drei Schritte ausdehnen, wobei verschiedene Möglichkeiten der linearen oder verzweigten *Verkettung* denkbar sind. Für derartige Ketten sind Begriffe wie linearer, divergierender, paralleler, konvergierender und didaktischer *Mehrsatz (Mehrschritt)* benutzt worden. Unbewusst haben Sie dialektische Methoden schon immer angewandt, etwa, wenn Sie ein Für und Wider abwägen oder aus mehreren nicht auf einen Nenner zu bringenden Ergebnissen eine neue, allen Beobachtungen gerecht werdende Erklärung ableiten. Gerade dem in *Beweisketten* denkenden Naturwissenschaftler sind diese Dinge nicht fremd, liegen sie doch der ganzen Hypothesenbildung seines Fachs zugrunde.

● Versuchen Sie, Ihrem Referat eine klare Struktur im Sinne eines *Fließschemas* zu geben.

Der Fluss entspringt irgendwo und mündet irgendwo, und so soll es auch beim Referat sein („linearer Mehrschritt"). Wenden Sie den „parallelen Zweischritt" an, so halten Sie es mit dem Nil, der eine Synthese aus Blauem Nil und Weißem Nil ist, oder der Weser, die sich aus zwei, ursprünglich anders benannten Quellflüssen eigener Provenienz speist. Dass sich Fließgewässer auch *mehrfach* verzweigen und wieder vereinigen können, lässt sich an jedem Kiesbett eines Gebirgsflusses beobachten. Alle diese Möglichkeiten der Abfolge und Verknüpfung von Gedanken können Sie Ihrem Referat zugrunde legen, wie die verkürzten Beispielsätze zeigen mögen:

„Wir hatten schon Ende letzten Jahres ... und haben inzwischen ..., so dass wir jetzt ..."

„Diese Lösung würde ... während die Alternative ..., so dass wir einen mittleren Lösungsweg vorschlagen."

„Während sich ein Teil unserer Projektgruppe ... bearbeitete ein anderer Teil ..., so dass wir uns jetzt in der Lage sehen ..."

„Nach Abschluss der Vorstudie ... wird eine Systemanalyse ... in die Realisierungsphase einmünden. Hier müssen technische Umsetzung ... und parallel dazu die Marktbeobachtung ..., so dass ... zum gleichen Zeitpunkt abgeschlossen werden können."

Die Frage, *welche* von diesen möglichen Strukturen Sie einem Vortrag zugrunde legen werden, lässt sich am besten unter dem Gesichtspunkt der Zielvorgabe beurteilen, die Sie mit Ihrer Mission verbinden, z. B.: Wollen Sie noch einen Mitarbeiter für Ihr Projekt durchsetzen, oder wollen Sie zeigen, in welch desolatem Zustand Sie die Sache übernommen haben? Wir kommen hierauf im Zusammenhang mit der Vorbereitung von Vorträgen zurück (s. Abschn. 3.1).

Was für Geschäftsvorlagen, die am Ausgangspunkt unseres Exkurses standen, gut ist, wird auch bei rein wissenschaftlichen Fachvorträgen nützlich sein. Auch *schriftliche* Examensarbeiten, Publikationen und andere Berichte und Dokumente zeigen ähnliche Aufbauprinzipien (EBEL und BLIEFERT 1998; EBEL und BLIEFERT 2003; EBEL, BLIEFERT und RUSSEY 2004). Wenn man will, kann man in der klassischen Abfolge „Einführung – Experimenteller Teil – Ergebnisse – Diskussion – Zusammenfassung" einer Originalpublikation einen *linearen Fünfsatz* sehen.

2.4 Die Stegreifrede

Das Formulieren aus dem Augenblick heraus will ebenso gelernt sein wie der vorbereitete Vortrag. Diskussionen bieten dazu Gelegenheiten. Die Diskussionsanmerkung (auch – mit Verwechslungsgefahr – *Diskussionsbeitrag* genannt, vgl. Abschn. 2.1.2 und Abschn. 4.9.1) ist ein Beispiel für eine kurze *Stegreifrede (Stegreifvortrag).*[1] Vergegenwärtigen wir uns die Situation: Jemand hat einen Vortrag gehalten, und Ihnen brennt eine Frage oder ein Kommentar dazu unter den Nägeln. Wollen Sie aus der Anonymität des Zuhörers heraustreten und zum Diskutanten werden, müssen Sie Ihr Anliegen prägnant formuliert vorbringen, sobald Ihnen das Wort erteilt ist. In einer anderen Situation – z. B. in einer *Diskussionsrunde*, vor einem *Forum*, in einem *Workshop* oder *Symposium* – wird man Sie um einen solchen „Spontanvortrag" bitten. In jedem Fall gilt es, schnell zu reagieren! Denn auch die besten Argumente und Einfälle nützen nur dann, wenn sie zur rechten Zeit vorgetragen werden, und das heißt manchmal *jetzt*, nicht fünf Minuten oder auch nur fünf Sekunden später.

● Versuchen Sie, Ihre Frage oder Stellungnahme wie einen Vortrag zu strukturieren. Gelingt Ihnen das, dann haben Sie schon halb gewonnen.

Schön für Sie, wenn Sie spontan und schlagfertig sind. JUNG (1994, S. 83) hat die Schlagfertigkeit zu den fünf Gütemerkmalen der Rede gezählt (s. Abschn. 2.1.2).[2] Aber es schadet nicht, wenn Sie für Situationen der genannten Art ein paar „Strategien" bereit haben. Mit denen im Hinterkopf müssen Sie nicht ganz

---

[1] Das Wort „Stegreif" ist aus dem althochdeutschen Wort für Steigbügel abgeleitet, bedeutet also „etwas tun, ohne vom Pferd abzusteigen", „im Vorbereiten").
[2] Auch Schlagfertigkeit ist, so betonen „Schlagfertigkeitstrainer" wie Matthias PÖHM, lernbar. Das Stichwort (vgl. z. B. NÖLLKE 2002) erfreut sich derzeit großer Aufmerksamkeit, wie ein Blick in das Internet lehrt. Es gibt sogar eigene Homepages wie www.schlagfertig.de oder www.schlagfertigkeit.com.

so unvorbereitet an Ihre „Spontanrede" herangehen, und man wird bewundern, wie souverän Sie sich aus dem Stand („Stegreif") der Aufgabe entledigt haben.

> Aus dem Ärmel schütteln kann man nur, was man vorher hinein getan hat.
> Dieter HILDEBRANDT

● Wenn Ihnen die Sachzusammenhänge bekannt sind, brauchen Sie „nur" Ihre Gedanken sinnvoll (und schnell) zu gliedern.

Ja, wenn! Werfen Sie dazu bitte einen Blick in den Kasten![1]

Hedwig KELLNER (1998, S. 48 f.) bietet für das spontane Gliedern zwei „Modelle" an, die in den meisten Fällen weiterhelfen. Beim *BUS-Konzept* (wir haben dafür auch den Begriff *Standpunktformel* gefunden) stellen Sie eine <u>B</u>ehauptung (These, Kernaussage) an den Anfang Ihrer Ausführungen; Sie sagen eine Meinung, formulieren einen Standpunkt. Dann <u>u</u>ntermauern („unterfüttern", begründen) Sie mit Argumenten und Beispielen, warum Ihrer Meinung nach die Behauptung richtig ist. Und zum <u>S</u>chluss fassen Sie die Argumente zusammen, fordern zum Handeln auf oder wiederholen Ihre zuvor mit Argumenten untermauerte Behauptung. Wenden Sie eine solche Strategie als Diskutant an, wird Ihre Diskussionsanmerkung zu einem wirklichen Beitrag, der für die anderen Diskussionsteilnehmer wie auch für den Vortragenden nachvollziehbar und nützlich ist. Und Sie sind der Gewinner!

BUS	**WIN**
BUS-Gliederung	*WIN-Gliederung*
<u>B</u>ehaupten	<u>W</u>ar
<u>U</u>ntermauern	<u>I</u>st
<u>S</u>chluss	<u>N</u>eu

Vertauschen Sie jetzt in Gedanken die Rollen und sehen sich selbst wieder als Vortragenden – auch in dieser Rolle fahren Sie mit BUS (s. Kasten, linker Teil) gut!

Sie wollen beispielsweise Ihre Zweifel an Messungen zum Ausdruck bringen:

„Die Messmethode, die zunächst angewandt wurde, kann/konnte keine verlässlichen Daten liefern (<u>B</u>ehauptung).

Üblicherweise dient diese Methode dazu, um ...; hier handelt es sich jedoch um ein besonderes Problem, mit einer entscheidenden Abweichung von den bisher untersuchten Fällen: ... (<u>u</u>ntermauern).

Deshalb müsste man/mussten wir/müssen wir eine neue Messmethode entwickeln, die bei den Bedingungen fehlerfrei arbeitet (<u>S</u>chluss; hier: Aufforderung zum Handeln)."

Das *WIN-Konzept* (im Kasten rechts) bietet sich an, wenn es sich um eine Argumentation mit einem zeitlichen Ablauf handelt. Wieder können Sie sowohl als Diskutant wie als Vortragender davon Gebrauch machen. Sie sagen zuerst, wie es früher <u>w</u>ar. Dann gehen Sie auf den <u>I</u>st-Zustand der Sache, des Problems, der Situation usw. ein und schließen ab mit dem, was <u>n</u>eu ist, wie es in Zukunft

---

[1] Gefunden im Internet als „Spruch des Tages" vom 29. April 2004, ausgesprochen von dem deutschen Kabarettisten und Schauspieler Dieter HILDEBRANDT, aber nicht von ihm erfunden.

sein soll. Wenn es beispielsweise um die Qualitätskontrolle in Ihrem Unternehmen geht, sagen Sie als Vortragender verkürzt:

„Wir hatten schon Ende letzten Jahres … (w̲ar) und haben inzwischen … (i̲st), so dass wir ab sofort … (n̲eu)"

„Bisher reichte es aus, einen einfachen Funktionstest der verschiedenen Baugruppen durchzuführen. (w̲ar)
Heute aber haben wir viele Reklamationen, die vor allem das Gehäuse und den Einbau der Baugruppen darin betreffen. (i̲st)
Wir müssen alles daran setzen, dass solche Reklamationen nicht mehr vorkommen. Deshalb ist es erforderlich, unsere Tests auszuweiten … (n̲eu)"

Als Diskutant können Sie sich ähnlich mit Erfahrungen aus *Ihrem* Betrieb einbringen. Mit WIN werden Sie Ihren „Minivortrag" für die Diskussion im Kopf zusammenstellen und gleich darauf halten können, Sie werden sich als schlagfertig erweisen.

Dass man in Diskussionen nichts behaupten soll, was man nachher nicht begründen kann, darüber waren wir uns gewiss schon vorher einig. Auch die Umkehrung versteht sich fast von selbst: Wir wollen keine Erörterungen vom Stapel lassen, wenn wir vorher nicht gesagt haben, was damit „bewiesen" werden soll. Aber dafür eine griffige Formel, BUS, parat zu haben, kann nicht schaden. Das gilt auch für die zweite der beiden Strategien im Kasten. Machen Sie sich beide bewusst! Nehmen Sie sich irgendeine Nachricht oder ein Thema vor, und erfinden Sie dazu einen Ultrakurzvortrag nach dem BUS- oder WIN-Konzept! So erproben Sie selbst, was in einer Trainingsphase für Sie nützlich ist.

Die Schlagfertigkeit, die erst den guten Diskutanten macht, wird oft in einem Atemzug mit *Geistesgegenwart – frz.* présence d'esprit – beschworen, der Fähigkeit, in unvorhergesehenen Situationen schnell zu reagieren und das Richtige zu tun. In unserem Zusammenhang ist Geistesgegenwart als „rednerischer Bereitschaftszustand" bezeichnet worden (z. B. bei JUNG). Zweierlei können wir daraus ableiten. Zum einen wird man gut diskutieren nur aus einer Haltung der gespannten Gewärtigkeit heraus, und man wird das Richtige tun (sagen) können vor allem dann, wenn man die Situation *vorhergesehen* hat.

● Gehen Sie in eine Diskussion – wenn möglich – nicht unvorbereitet. Versuchen Sie, Gegenargumente gegen Ihre Argumentation vorwegzunehmen, damit Sie darauf wieder rasch reagieren können.

Die besondere Form der Stegreifrede, bei der ein Sprecher seinen Standpunkt zu einem bestimmten Sachverhalt zu vertreten hat, wird oft *Statement* genannt. Dafür schlägt JUNG (1994, S. 39) das im nächsten Kasten gezeigte Modell als „Lösungsstrategie" vor. Aus den aufgezeichneten drei „Bausteinen" lasse sich ein Statement, das Aufmerksamkeit verdient, immer zusammensetzen, eine Meinung, der wir gerne zustimmen.

Statement

Gliederungsvorschlag

Was ist?
(Darstellung des Ist-Zustandes)
Was soll sein?
(Darstellung des Soll-Zustandes)
Was schlage ich vor …
… dass dieser Zustand
erreicht wird?

Die Diskussionsanmerkungen, von denen vorher die Rede war, sind in dem Sinne alle Statements, so dass wir das neue „Modell" – am liebsten würden wir es WWW nennen, wenn dieses Kürzel nicht schon vergeben wäre – mit BUS und WIN vergleichen können. Die Ähnlichkeit mit WIN ist nicht zu übersehen, nur dass jetzt nicht mehr lange in der Vergangenheit („war") gestöbert wird. Wir gehen vom „ist" aus und sehen zu, was wie daraus zu machen ist.

Beobachten und analysieren Sie beim nächsten Diskussionsbeitrag oder auch an Debattanten[1] im Fernsehen, wie die sich jeweils aus der Affäre ziehen. Immer wieder werden Sie, gerade bei erfahrenen und erfolgreichen Sprechern, das Statement-Schema erkennen.

2.5 Der Kurzvortrag

Der *Kurzvortrag* ist die gesprochene, Bild-unterstützte Darlegung eines begrenzten (wissenschaftlichen oder fachlichen) Sachverhalts. Er ist als *Diskussionsbeitrag* Bestandteil von wissenschaftlichen Tagungen, wird also mit den Zuhörern diskutiert. In diesem Umfeld wollen wir ihn auch näher betrachten und auf seinen Zwilling in der Geschäftswelt – zu vielfältig sind dort auch die Begleitumstände – nicht eingehen.

● Der typische Kurzvortrag dauert etwa 15 Minuten, mit anschließender Diskussion 20 Minuten.

Eigens für 15 Minuten kommt keine Zuhörerschaft zusammen. Auf Tagungen folgen daher meist mehrere Kurzvorträge, von Diskussionen unterbrochen, aufeinander. Vier oder fünf Vorträge ergeben eine *Vortragsreihe* oder *Sitzung (engl.* session), die von einem *Sitzungsleiter (Diskussionsleiter; Chairman, Chairlady* oder *Chairperson)* geleitet wird. Eine typische Sitzung dieser Art dauert von der Eröffnung bis zu einer Kaffeepause etwa $1^3/_4$ Stunden. Die Hörer bleiben im Vortragsraum und lassen die Vortragenden Revue passieren.

Wenn Sie an Ihren eigenen bevorstehenden Vortrag denken, beherzigen Sie bitte einen Rat:

● Packen Sie *nicht zu viel* Material in Ihren Vortrag!

---

[1] Oft werden „debattieren" und „diskutieren" als gleichwertig angesehen im Sinne von „erörtern", aber das sind sie streng genommen nicht. Diskutieren (*lat.* discutere, auseinander schneiden) bedeutet eigentlich „eine zu erörternde Sache zerlegen, sie im Einzelnen durchgehen", während das andere Wort für „schlagen", „niederschlagen" (vgl. *frz.* battre) steht, nämlich den anderen – der dabei zum Gegner wird – „mit Worten schlagen". Die Debatte ist demnach die „niederschlagende", auf Sieg um jeden Preis zielende Form der Erörterung. Mit ihr brauchen wir uns in einem wissenschaftlichen Umfeld (hoffentlich!) nicht zu befassen und überlassen es Politikern und Lobbyisten, ihre Bataillone in die Redeschlacht zu führen.

Das meiste wird sich doch niemand merken können. (Wir haben das schon mit etwas anderen Worten unter „Verständnishilfen" in Abschn. 1.2 als unseren „Ersten Kategorischen Imperativ" angesprochen.) Möchte man nicht beim Anhören mancher Vorträge ein Schild hochhalten, wie es früher öffentliche Telefonhäuschen zierte?

„Fasse Dich kurz, nimm Rücksicht auf Wartende!"

Wir denken an der Stelle auch an den herzhaften Rat an einen jungen Prediger, der von Martin LUTHER überliefert ist:

„Steig nauf, tu's Maul auf, hör bald wieder auf!"

(Mit „nauf" war die Kanzel gemeint; setzen Sie dafür bitte Podium ein.) Wir glauben, dass an der Stelle die meisten Fehler gemacht werden. Ein Vortrag ist kein Tätigkeitsbericht. Sich darüber hinwegzusetzen, ist eine Kardinalsünde.[1]

Ein Fachvortrag kann etwa folgenden *Aufbau* haben (vgl. Kasten):

● Hintergrund – Bestandsaufnahme – Methodik – Ergebnisse – Schlussfolgerungen – Zusammenfassung.

Dabei bilden Methodik, Ergebnisse und Schlussfolgerungen den *Hauptteil* des Kurzvortrags. Hintergrund und Bestandsaufnahme, nicht immer deutlich trenn-

---

Aufbau eines Fachvortrags

– *Hintergrund:* In welchem wissenschaftlichen Umfeld steht das Thema, warum ist es interessant?

– *Bestandsaufnahme:* Was weiß man bisher über die Sache, worum geht es genau, was lag vor, welcher Widerspruch war zu klären? An welcher Stelle setzten die eigenen Untersuchungen ein?

– *Methodik:* Mit welchen experimentellen oder theoretischen Methoden wurde gearbeitet? Wie ist deren Reichweite oder Zuverlässigkeit zu beurteilen?

– *Ergebnisse:* Was ergab sich? Welche neuen Befunde, Daten, Rechenergebnisse, Erfahrungen, Einsichten, Verfahren usw. wurden gewonnen, welche Verbindungen synthetisiert? Wie lassen sich die Ergebnisse mit früheren vergleichen?

– *Schlussfolgerungen:* Wie sind die Ergebnisse zu beurteilen? Welche neuen Erkenntnisse, Modellvorstellungen oder Methoden lassen sich ableiten? Was sind die Konsequenzen? Was ist in Zukunft zu erwarten oder zu beachten?

– *Zusammenfassung.*

---

[1] Wie sündig diese Sünde ist, können wir belegen. Wir zitieren G. KLAUS in BAUSCH, SCHEWE und SPIEGEL (1976, S. 52): „Auch Überlegungen der Informationspsychologie können hier angeführt werden. Unser ‚Kurzspeicher', der die Informationen aufnimmt (sei es aus dem eigentlichen Gedächtnis, dem ‚Langzeitspeicher', oder von außen), die für aktuelle Denkprozesse benötigt werden, kann auf einmal nur eine begrenzte Informationsmenge fassen (etwa $10 \text{ s} \cdot 16 \text{ bit/s} = 160 \text{ bit}$)." – Einem RAM (Random Access Memory) mit derart schwindsüchtiger Leistungsfähigkeit viel zuzumuten wäre in der Tat ein Fehler! Mit Blick auf „Erinnern" im 1. Kapitel (Abschn. 1.4.3) stellen wir fest, dass einige Fachleute schon vor den jüngeren Erkenntnissen der Neurobiologie sehr gute Vorstellungen von der „technischen Auslegung" des Kurzzeitgedächtnisses hatten.

bar, führen in den Vortrag ein. In dieser *Einführung* (beim geschriebenen Bericht spricht man eher von *Einleitung*) ist es wünschenswert, den *Anlass* der
Untersuchung herauszuarbeiten: Was war die Wissenslücke? Welche Diskre-
panzen waren bekannt geworden und bedurften einer Nachprüfung? Was genau
interessierte den Vortragenden?

Die Einführung kann einiges *vorweg* nehmen. Mit Formulierungen wie „es
war daher unser Ziel, das und das zu zeigen" sollten Sie aber die Katze nicht zu
früh aus dem Sack lassen, das wäre der Aufmerksamkeit und Spannung der Zuhörer abträglich. Die Zuhörer sollen zwar erfahren, dass Sie eine Katze dabei
haben, aber ob es eine graue oder schwarze oder getigerte ist, werden sie erst im
Verlauf der Ausführungen sehen.

Vor allem aber werden Sie als Vortragender versuchen, in der Einleitung den
unterschiedlichen Kenntnisstand der Zuhörer auszugleichen und die Zuhörer an
Ihren Gegenstand heranzuführen. Der Vortrag muss auf dem (den Zuhörern!)
Bekannten sicher „aufsitzen" (s. Abschn. 1.4.2).

● Erklären Sie einige Voraussetzungen Ihres Vortrags, auch wenn Ihre Erklärungen manchen Zuhörern trivial erscheinen müssen – andere werden dafür
dankbar sein.

Der geschilderte Vortragsaufbau hat jemanden – wir wissen nicht wen, aber der
hübsche Einfall geistert durch Seminare und Bücher – zu einem Vergleich mit
einer Oper in vier Akten stimuliert. Heraus kam die AIDA-Formel (s. Kasten)[1].

AIDA

Aufmerksamkeit erregen
Interesse wecken
Darlegen
Ausblick geben, Aktion auslösen

Wenn Sie in unserer vorigen Struktur (s. Kasten „Aufbau eines Fachvortrags" auf S. 83) „Methodik" und „Ergebnisse" vereinen und die „Zusammenfassung" weglassen, kommen Sie tatsächlich auf AIDA, doch lassen
Sie sich bitte Ihren Kunstgenuss in Verona oder Bregenz
oder sonst wo dadurch nicht beeinträchtigen. (VERDIS
Aida hat tatsächlich vier Akte.) Wenn Sie auch noch das
Anfangs-A und das I zur „Einführung" zusammenziehen, kommen Sie vom
Vierakter zur klassischen Dreiteilung „Einleitung – Hauptteil – Schluss".

Ein Wort zu „Aufmerksamkeit erregen". Der beste *(engl.)* "attention getter"
– Journalisten sprechen von „Aufhänger" – ist das griffig gewählte Thema Ihres

---

[1] Diese Formel ist von verschiedenen Interpreten unterschiedlich ausgelegt worden, je nach
Zweck. Ursprünglich kommt sie aus dem Amerikanischen, und zwar aus der Werbebranche, wo
der erste Buchstabe für *Attention* steht, der zweite für *Interest*, der vierte für *Action* (was hier nur
heißen kann: Kauf). Interessant ist der dritte: *Desire of possession*. Wenn Sie Ihren Vortrag so
halten, dass bei Ihren Hörern der Wunsch entsteht, Ihren geistigen Besitzstand zu erreichen,
Ihnen Ihre Ausführungen „abzukaufen", dann haben Sie die Enden wieder zusammengebracht.
Wir haben also nichts dagegen, wenn Sie das D als *Desire of possession* bei sich aufbewahren.
Im übrigen erinnern wir an die wechselseitige Bedingtheit von Aufmerksamkeit und Interesse
beim Zuhörer, die wir schon in anderem Zusammenhang angesprochen haben (Abschn. 1.3.2).

Vortrags (z. B. „Synthese von Pterodactyladien, ein Beitrag zur chemischen Ornithologie"). Manchmal lässt sich tatsächlich einem nüchternen Gegenstand so viel Pfiff abgewinnen. Aber einen Vortrag mit einer verblüffenden Fragestellung, einer alarmierenden Feststellung oder auch einer Provokation („Ist die X-Methode ausgereizt?", „Führt das Y-Modell in die Sackgasse?") zu beginnen und ggf. anzukündigen, das können Sie immer versuchen. Wenn alle der Meinung waren, dass mit der X-Methode nicht mehr viel Staat zu machen sei, löst Ihre Frage Aufmerksamkeit (<u>A</u>) aus. Wenn Sie dann gleich vermitteln können, dass Sie sehr wohl eine vielseitige neue Anwendung anzubieten haben, ist Ihnen das Interesse (<u>I</u>) sicher. (Die Überraschung, *lat.* sustentio, ist eine der klassischen „Redefiguren".)

Und zum letzten <u>A</u>: Was oben für den wissenschaftlichen Vortrag mit „Was sind die Konsequenzen?" umschrieben wurde, ist bei der Geschäftsvorlage meist sehr viel konkreter: Vorschlag zum Herbeiführen einer Entscheidung, Handlung – eben <u>A</u>ktion.

Die Zusammenfassung *nach* dem Hauptteil ist ein Mittel der Redundanz (s. Abschn. 1.2.5). Noch einmal werden wichtige Ergebnisse und einige der Stationen, die zu ihnen führten, in Erinnerung gerufen. Ein geschickter Vortragender kann mit seinen Schlussworten die nachfolgende Diskussion stimulieren und in eine gewünschte Richtung lenken.

● Kurzvorträge auf Tagungen sind in ein enges Zeitkorsett eingepasst. Achten Sie darauf, dass Sie die Ihnen zur Verfügung stehende Zeit nicht überschreiten!

Nach 100 Minuten *Sitzungsdauer* haben die Hörer Anspruch auf eine Kaffeepause. Notfalls setzt der Chairman oder die Chairlady den Willen des Veranstalters, das Programm nicht durcheinander geraten zu lassen, Ihnen gegenüber durch. Bei größeren Tagungen ist das unerlässlich. Wir kennen Meetings (Jahreshauptversammlungen) z. B. der American Chemical Society und der American Physical Society, die – mit über 20 (!) Parallelsitzungen, in mehreren Gebäuden untergebracht – tatsächlich auf die Minute genau abgewickelt werden. Ohne Disziplin geht das nicht.

● Der Kurzvortrag soll ebenso wie eine Geschäftsvorlage klar gegliedert und ballastfrei sein.

Wir haben den Eindruck, dass die Vertreter der Hochschule von ihren Kollegen in der Industrie manches lernen könnten; sicher nicht, was die Eloquenz angeht, aber wohl hinsichtlich der Ökonomie und „Verkäuflichkeit" von Vorträgen. Wer in der Wirtschaft arbeitet, hat es leichter, sich seine Zuhörer als Kunden vorzustellen, die für Information mit Zeit und Aufmerksamkeit bezahlen. Er versucht, das Preis/Leistungs-Verhältnis für die Kunden zu optimieren. Machen wir es alle so!

Wir werden später ausführen, wie man einen Kurzvortrag vorbereitet (s. Kap. 3) und wie man sich auf die Diskussion einstellt (s. Abschn. 4.9).

Wir wollen Ihnen eine andere Regel nicht vorenthalten, die man im Zusammenhang mit allgemeinen Hinweisen zu Vorträgen oft hört: die „KISS-Regel". „KISS" steht für

● Keep it simple and stupid.

Andere haben „KISS"mit "Keep it short and simple" übersetzt. In jedem Fall steckt dahinter, dass Sie schon beim Vorbereiten Ihrer Ausführungen darüber nachdenken müssen, was für Ihre Zuhörer verständlich ist, was bei ihnen „ankommt". Im Besonderen steht "simple" für die Reduktion auf das Wesentliche, das Weglassen von Überflüssigem und die Veranschaulichung von komplexen Sachverhalten.

2.6 Der Hauptvortrag

Als *Hauptvortragender* haben Sie noch mehr Gewicht, jetzt stehen Sie im Mittelpunkt. Etwa 45 bis 50 Minuten stehen Ihnen, und nur Ihnen, zum Reden zur Verfügung.

Danach wird man Sie vielleicht in eine Diskussion verwickeln und zu einer Nachsitzung einladen. Der ganze Vortrag war eine persönliche *Einladung – Sie* können nicht beschließen, dass andere Leute zusammenkommen sollen, um Ihnen zuzuhören.

Es heißt, man könne über alles reden, nur nicht über eine Stunde. Dieses Wortspiel geht auf TUCHOLSKYS Neunzeiler „Ratschläge für einen guten Redner" zurück. Nur wird der Urheber meist falsch wiedergegeben: TUCHOLSKY sprach von 40 Minuten! Einem guten Redner mag man auch noch 52,56 min gewähren – das ist ein „Mikrojahrhundert" und reicht.

● Erkundigen Sie sich, welche Sprechdauer Ihr Gastgeber Ihnen einräumt.

Was ist am Ort „üblich"? Wenn Sie auf Vortragsreise in Japan sind,[1] ist man wahrscheinlich auch länger als eine Stunde an Ihren Ausführungen interessiert. Richten Sie sich ggf. auf eine *Pause* ein.

Der große Vortrag ist ein Einzelvortrag, etwa im Rahmen eines *Vortragszyklus* oder einer Einrichtung einer wissenschaftlichen Gesellschaft, Ortsgruppe oder eines Fachbereichs (Kolloquium, *Kolloquiumsvortrag*); auch größere Firmen haben solche Vortragszyklen eingerichtet. Oder der Vortrag findet als *Hauptvortrag* im Rahmen einer Tagung statt, wo er ein stärkeres Eigenleben entfaltet

---

[1] Als Albert EINSTEIN in Japan tourte, drückten die Wissenschaftler im einen Campus ihr Bedauern darüber aus, dass er bei ihnen kürzer gesprochen hatte als zuvor auf dem anderen – nämlich nur zwei Stunden statt der vier, die die Kollegen dort dem Redner wert waren (nach ALLEY 2003).

als der Kurzvortrag. Nach dem Hauptvortrag wird es meist eine Pause geben, damit das Gehörte verarbeitet werden kann. Wenn die Tagung aus mehreren parallelen Sitzungen *(Sitzungsreihen)* besteht, verteilen sich die Teilnehmer danach auf die einzelnen Hörsäle. Zum Hauptvortrag sind alle zusammengekommen, das „Plenum" der Tagung – oder jedenfalls der „Session" – ist zusammengetreten. Dann wird *Plenarvortrag* zum Synonym für Hauptvortrag (s. NEUHOFF 1995, S. 38-48, zur Organisation und Struktur von Tagungen und Kongressen).[1]

Im Aufbau ähnelt der große Vortrag im Allgemeinen dem Kurzvortrag – mit einem Unterschied: Der besondere Anlass gibt Ihnen als Redner mehr Gelegenheit, Persönliches zu sagen und eine Beziehung zum Auditorium herzustellen.

Sie können dies tun, indem Sie z. B. frühere Aufenthalte im Institut ansprechen oder schildern, wie es zu dieser Einladung kam. Besonders gern hat es Ihr Publikum, wenn Sie den *Genius Loci* beschwören und dem Institut, das Sie eingeladen hat, Ihre Bewunderung zollen. Dieses aus der alten Rhetorik überkommene Mittel des Einfangens von Wohlwollen *(lat.* captatio benevolentiae) bewährt sich immer. Ein Wort des Dankes an Ihre Gastgeber für die Gelegenheit, über Ihre Ergebnisse berichten zu dürfen, ist ebenfalls angebracht. Jeder Versuch, schon früh im Vortrag eine gute Beziehung zu Ihrer Zuhörerschaft herzustellen, macht sich bezahlt – aber er muss glaubwürdig sein.

● Suchen Sie während des Vortrags Kontakt mit Ihren Hörern!

Mit diesem Satz wollen wir noch einmal einiges in Erinnerung rufen, was wir schon in Kap. 1 ausgeführt haben. Er ist unser „Dritter Kategorischer Imperativ".

Zu großen Wissenschaftlern schaut das Publikum in Ehrfurcht auf, und wenn sie ganz groß und gar Geisteswissenschaftler sind, werden sie im Lexikon zu „Gelehrten". Einem Gelehrten nimmt man auch einen Vortrag über sich selbst und sein Werk ab. Wie breit tatsächlich das Spektrum der Darstellungsmöglichkeiten sein kann, zeigt die Erinnerung an eine Grenzsituation, die wir mit Vergnügen lasen (s. Kasten auf S. 88).

2.7 Die Präsentation

Wir kommen noch auf eine andere Vortragsform zu sprechen, die *Präsentation.* Sie ist dadurch gekennzeichnet (THIELE 2000, S. 2), „dass ein Vortragender zielgerichtet komplexe Inhalte unter Einsatz optischer Medien und didaktischer Methoden einem Zuhörerkreis vermittelt." Als Ziele nennt THIELE „Aufmerk-

---

[1] Bei großen Tagungen mit mehreren Sitzungsreihen wird oft zwischen Plenar- und Hauptvortrag unterschieden. Der Plenarvortrag wendet sich an den ganzen Kongress, daneben gibt es keine andere Veranstaltung. Der Hauptvortrag ist für alle Besucher einer Vortragsreihe, die an einer bestimmten Teildisziplin interessiert sind, gedacht; mehrere Hauptvorträge finden gleichzeitig *(in Parallelsitzungen)* statt.

samkeit wecken, informieren oder überzeugen". Eigentlich geht es um alle drei, mit je unterschiedlicher Gewichtung. Für WOHLLEBEN (1988, S. 11) ist die Präsentation ein Prozess wechselseitiger Informationsübermittlung, der es ermöglicht, „Wort, Schrift, Bild und die ganze Vielfalt menschlicher Ausdrucksfähigkeit in der unmittelbaren persönlichen Begegnung zwischen dem Veranstalter und den Teilnehmern einzusetzen, um ihnen die eigenen Ideen nahezubringen oder andere beabsichtigte Wirkungen zu erzielen." Dies sind keine sehr scharfen Begriffsbildungen, sie könnten auch für „Referat" und „Vortrag" gelten. Tatsächlich verwenden manche Autoren (z. B. HIERHOLD 2002, ALLEY 2003) Präsentation und Vortrag als Synonyme, das ist Geschmackssache. (Der erstgenannte Autor unterscheidet zehn Arten von „Präsentationen", von denen unser *Fachvortrag* eine ist; andere sind *Projektbesprechung*, *Vorstandspräsentation* und *Schulung*.)

In einer Präsentation soll der Zuhörer/Zuschauer in erster Linie von etwas überzeugt werden, während der Zuhörer eines Vortrags lediglich *informiert* werden will. Das typische Einsatzgebiet der Präsentation ist denn auch der Verkauf; Gegenstände der Präsentation sind Produkte oder Dienstleistungen, deren Vorzüge überzeugend dargestellt werden sollen. Insofern kommen zu den bislang betrachteten „Instrumenten" – Rhetorik, Bildunterstützung – der *Informationsübermittlung* weitere, die im Bereich der *Gesprächsführung (Dialektik)* und der Psychologie angesiedelt sind.

Noch ein anderes Merkmal tritt gegenüber dem (wissenschaftlichen) Vortrag stärker hervor, es ist eben schon angeklungen: die Zweiseitigkeit der Information, durch die die Präsentation in die Nähe des Kundengesprächs gerät.

● Die typische Präsentation ist die Vorstellung eines Geräts oder eines anderen Produkts z. B. vor Vertretern oder Kunden.

Die Präsentation ist also im industriellen Raum angesiedelt und wird oft auch entsprechend aufwändig zelebriert, beispielsweise als *Ton-Bild-Schau*. Doch unbenommen: wenn es sich bei dem Produkt um ein kompliziertes Instrument handelt, z. B. ein neues Messgerät, ist die Aufgabe der Informationsübermittlung anspruchsvoll – nicht nur in einem werblichen Sinne.

● Die Präsentation ist noch stärker Medien-betont als der Vortrag.

Bildmaterial und ggf. akustische Effekte werden, in möglichst „professioneller" Qualität hergestellt, dem Wortvortrag beigefügt, wobei auch mehrere Personen den Vortrag gemeinsam bestreiten können. Der Vortragende im ursprünglichen Sinne wird dann zum *Präsentator*, oder er geht in einem *Präsentationsteam* auf. Die ganze Schau – man müsste jetzt wohl besser von Show sprechen – wird wiederholt präsentiert werden, wodurch sich der betriebene Aufwand bezahlt macht.

Die hohen Ansprüche an das vorzuführende Bildmaterial bedingen den massiven Einsatz des Computers und moderner digitaler Kameras/Rekorder zum Herstellen der statischen oder bewegten Bilder. Meistens wird das Bildmaterial mit Hilfe eines Computers über einen *Beamer* vorgeführt. Die dafür verwendete Software wird meistens unter dem Begriff *Präsentationssoftware* zusammengefasst (mehr dazu s. Abschn. 4.7.8).

Inzwischen ist es auch im naturwissenschaftlich-technischen Umfeld Mode (oder gar Norm?), das Bildmaterial zu Vorträgen im Sinne der in diesem Abschnitt formulierten Definition von „Präsentation" zu gestalten und bei Vorträgen einzusetzen. Besonders der akademische Nachwuchs nutzt die Möglichkeiten von Computer und Software zum Be- und Verarbeiten von Bildern aus und macht aus seinen Vorträgen in zunehmendem Maße Präsentationen. Vortrag und Präsentation haben sich inzwischen so weit angenähert, dass man beide Begriffe – fast – als synonym ansehen kann.

3 Vorbereiten des Vortrags

3.1 Klärungen, Termine, Zielgruppenbestimmung

3.1.1 Die Einladung

Die *Einladung* hat Sie ereilt. Jemand fragt an, ob Sie geneigt wären, in X-Stadt einen Vortrag zu halten. Vielleicht haben Sie kürzlich mit einem Kollegen, der Ihnen schon immer viel bedeutet hat, eine dahin gehende Überlegung angestellt. Im Firmenbereich werden Sie der „Die Einladung" kaum ausweichen können und brauchen über ihre Annahme nicht nachzudenken; im Grundsatz gilt aber auch hier:

● Vergewissern Sie sich, wozu Sie eingeladen werden und ob sich die Aufgabe mit Ihren sonstigen Verpflichtungen verbinden lässt.

Einige Fragen, die Sie anderen, z. B. dem oder den Einladenden, und sich selbst vor einer solchen Einladung stellen sollten, sind im Kasten „Einladung" (S. 70) aufgelistet. (Einige davon, die um die Prädisposition von Hörern kreisen, haben wir schon in Abschn. 1.4.2 angeschnitten.)

Beleuchten wir das Stichwort *Vorbereitung* (s. auch folgende Abschnitte). Wer an der Universität eine neue Vorlesung aufbaut, muss mit einem Zeitaufwand von ca. 10 Stunden für die Vorlesungsstunde (45 min) rechnen, das Umsetzungsverhältnis liegt bei 13 : 1. Für die Ausarbeitung eines 20-minütigen Fachvortrags kann man ebenfalls 10 Stunden veranschlagen, der Faktor ist jetzt über 30 – eine halbe Stunde *Vorbereitungszeit* für 1 Minute Präsentation! Haben Sie die?

Geht es ausschließlich um *Ihren* Vortrag, dann ist die Einladung persönlich gehalten. Genauso persönlich werden Sie Ihre Fragen klären. Sie können aber auch auf eine Tagung zu einer "Invited Lecture" eingeladen werden. In diesem Fall lassen sich Ambiente und Drumherum den *Tagungsunterlagen* entnehmen, aber die anderen Fragen bleiben bestehen.

● Zu einem *Kurzvortrag* (Diskussionsbeitrag) auf einer Tagung melden Sie sich selbst an.

Eine Einladung, in diesem Fall eine nicht-namentliche, existiert allerdings auch hier (*engl.* call for papers). Die erste gedruckte Sendung des Tagungsveranstalters, die Ihnen zugeschickt worden ist oder die Sie sich besorgt haben, heißt tatsächlich „Einladung". Die Situation ist ähnlich wie bei Publikationen in Fachzeitschriften: Zu Übersichtsartikeln wird man eingeladen, Zuschriften sendet man ein.

Die Einladung

Einige Fragen, die Sie dem oder den Einladenden stellen sollten

(wenn die Umstände nicht evident sind)

- Warum werde ausgerechnet ich zum Vortrag eingeladen?
- Welches Ziel verfolgt der Veranstalter/ Gastgeber?
- Wann und wo soll der Vortrag stattfinden?
- Welche Garderobe ist angemessen?
- Wann treffe ich den Veranstalter/Gastgeber vor dem Vortrag und wo?
- In welchem Rahmen (z. B. Vortragsfolge, Seminar, Fort- oder Weiterbildungs- veranstaltung, Expertenrunde) soll er stattfinden?
- Betriebs- oder andere Versammlung? Geschlossene Sitzung (z. B. Fakultät, Abteilungsleiter, Vorstand)?
- Wer spricht noch außer mir (vor mir und nach mir)?
- Welche Vortragsdauer (ohne/mit Diskussion) ist vorgesehen?
- Wird ein Vortragsmanuskript von mir erwartet, ist eine Publikation vorgesehen?
- Wer sind die Hörer, welchen Ausbildungs- stand haben sie? Was erwarten sie von mir und von der Veranstaltung?
- Welche Interessen verbinden sie mit dem Besuch des Vortrags? Besteht Teilnahme- pflicht (Hörerschein oder dgl.)?
- Ist die Veranstaltung öffentlich, oder gibt es geladene Teilnehmer? Wer ist eingeladen?
- Wird es nach dem Vortrag eine Diskussion geben, oder ist an eine Gesprächsrunde gedacht?
- Wie viele Hörer sind zu erwarten?
- Wie bin ich dem Publikum angekündigt worden (Aushang, Plakat, Pressemitteilung, Ankündigung in der Einladung zum Symposium usw.)?
- Gibt es für das Publikum andere (wichtigere) Gründe sich zu versammeln als meinen Vortrag oder die Veranstaltung, in deren Rahmen ich vortrage (z. B. ein Jubiläum, Betriebsausflug)?

- Wie ist der Raum beschaffen, wie groß ist er, wie sind die Sitze angeordnet?
- Welches Ambiente ist zu erwarten (z. B musikalische Umrahmung, Verleihung von Preisen oder Urkunden, gesellschaftliches Umfeld)?
- Gibt es ein „Drumherum" (Pausentee des Instituts, Führung/Ausstellung)?
- Was ist nach meinem Vortrag vorgesehen (z. B. weiterer Vortrag, Arbeitsgruppen, Aussprache)?
- Gibt es einen Pult, einen Tisch? Was kann man wo ablegen/ausstellen?
- Gibt es Tafel oder Flipchart?
- Kann man Transparente/Dias/Beamer einsetzen?
- Welche technischen Einrichtungen stehen zur Verfügung (Beleuchtung, Verdunkelung, Elektroanschlüsse, Mikrofon, Projektoren, Computer, Beamer, Internet-Anschluss, Teleprompter usw.)?
- Wie funktionieren sie? Welche Unterstützung kann man erwarten?
- Steht ein Glas Wasser bereit?
- Welches Ziel verfolgt der Vortrag? Ist er (Teil einer) Informations-/Bildungsveranstaltung?
- Welche Öffentlichkeitsarbeit wurde für meinen Vortrag geleistet?
- Wann genau rede ich?
- Wie sind die Honorar- und Spesenzahlung geregelt?

Einige Fragen, die Sie an sich selbst richten sollten

- Passt der Zeitpunkt zu meinen sonstigen Terminen?
- Auf welche Unterlagen kann ich zurückgrei- fen, welchen Aufwand bedeutet die Vorberei- tung?
- Habe ich eine Chance, mich angemessen vorzubereiten?
  Wie reise ich an? Lässt sich die Angelegen- heit noch mit anderem verbinden?
- Wo übernachte ich?

3.1.2 Die Anmeldung

Wir nehmen für das Folgende an, dass Sie die Einladung – gleichviel, wie sie ergangen ist – annehmen.

In der gedruckten Einladung oder der Internet-Ankündigung finden Sie vermutlich ein Formular „Vortragsanmeldung", durch dessen Einreichen Sie in den Kreis der (potenziellen!) Tagungsredner aufgenommen sind. Sie geben das Thema an, zu dem Sie vorzutragen gedenken, schlagen vielleicht die Sitzungsreihe vor, in die der Vortrag passen könnte, und machen Angaben über die benötigten technischen Hilfsmittel, Zahl der Dias oder dergleichen. Auch kann sich die Frage stellen, ob Sie einen *Vortrag* oder ein *Poster* (s. Abschn. 8.3) anmelden. Schließlich liegt der Einladung oft ein weiteres Formblatt bei, auf dem Sie eine *Kurzfassung* (*engl.* abstract) Ihres Vortrags niederschreiben sollen; damit verschafft sich das wissenschaftliche Tagungskomitee eine Entscheidungsgrundlage, um Ihre Vortragsanmeldung richtig einzuordnen.

● Die Tagungsveranstalter behalten sich vor, ob sie einen angemeldeten Kurzvortrag tatsächlich berücksichtigen, d. h. in das *Vortragsprogramm* aufnehmen wollen.

Vorträge werden nur aus triftigen Gründen abgelehnt: etwa, wenn zu viele Anmeldungen eingegangen sind oder wenn der Gegenstand, den Sie für Ihren Vortrag vorgesehen hatten, nicht in das Konzept der Veranstaltung passt.[1] (Eine Nichtberücksichtigung aus letztem Grund wäre ähnlich, wie wenn ein Manuskript für eine Publikation abgelehnt wird, weil es nicht bei der richtigen Zeitschrift eingereicht worden ist.) Vor allem behalten sich die Veranstalter die Entscheidung vor, in welche Sitzung der Vortrag integriert werden soll, wann genau also der Vortrag stattfinden wird. Bis Ihnen die Entscheidung darüber mitgeteilt ist, müssen Sie sich als Anmelder alle Tage des Programms in Ihrem Terminkalender freihalten, auch wenn Sie nicht vorhaben sollten, wirklich die *ganze* Tagung zu besuchen.

Dass Ihre Vortragsanmeldung angenommen worden ist, finden Sie in der gedruckten Ankündigung bestätigt, die der Einladung folgt und die das komplette Programm enthält. (Bei größeren Tagungen gibt es wahrscheinlich eine erste und zweite Ankündigung, wobei die erste nur die Plenar- und Hauptvorträge enthält.) Dass Ihre Anmeldung zu einem Diskussionsbeitrag oder Poster-

---

[1] Es gibt auch andere, besondere Gründe, warum jemand auf einer wissenschaftlichen Tagung als Redner *nicht* gern gesehen oder nicht gelitten wird. So soll es einem Professor von der University of California in Irvine ergangen sein, der aus bestimmten Untersuchungen und Berechnungen über das Verhalten von Fluorkohlenwasserstoffen (FCKW) in seinem Labor und am Schreibtisch „unhaltbare" Rückschlüsse bezüglich deren Ozon-abbauender Wirkung in der Stratosphäre gezogen hatte. Immerhin durfte er später (1974) darüber in *Nature* publizieren. 1995 erhielt F. Sherwood ROWLAND, der Held dieser Geschichte, für eben diese umweltrelevanten Arbeiten, zusammen mit Paul CRUTZEN vom MPI für Chemie in Mainz und Mario MOLINA vom MIT (Cambridge, Mass., USA), den Nobelpreis für Chemie.

Vortrag angenommen worden ist, wird oft nicht durch einen eigenen Brief oder eine E-Mail bestätigt. Hingegen wird eine Ablehnung dem Anmelder in jedem Falle sofort mitgeteilt.

Vortragsanmeldungen zu kleineren Fachtagungen sind etwa ein halbes Jahr vor der Tagung einzureichen. Dies bedeutet, dass Ihre Vorbereitung schon früh einsetzen muss. Mit der Angabe eines *Themas* ist es oft nicht getan. Wegen der Zusammenfassung, die Sie bei der Anmeldung übersenden, müssen Sie schon zu diesem frühen Zeitpunkt wissen, über welche *Ergebnisse* Sie im Einzelnen berichten werden, und mit welcher *Zielsetzung* Sie das tun wollen (s. Abschn. 3.1.3).

Diese Konsequenz wird oftmals als widersinnig empfunden und beklagt, birgt sie doch die Gefahr, eine wirklich aktuelle Berichterstattung während der Tagung gar nicht erst aufkommen zu lassen. Der Sinn einer Tagung sollte es doch sein, sich über neueste Ergebnisse und wissenschaftliche *Tages*themen auszutauschen! Da hilft nur:

● Formulieren Sie Ihre Zusammenfassung so allgemein, dass eher Hintergrund und Zielsetzung erkennbar werden als Ergebnisse.

So halten Sie sich die Möglichkeit offen, Resultate vorzustellen, die Sie zum Zeitpunkt der Anmeldung selbst noch nicht kannten. Sollten sich tatsächlich noch ganz neue Entwicklungen ergeben, so können Sie immer noch von Ihrem früheren Konzept im Vortrag abweichen. Mit Formulierungen wie

„... anders als ursprünglich angekündigt, ...“
„... entgegen unseren früheren Erwartungen mussten wir daher ...“

können Sie im Vortrag auf diese Situation aufmerksam machen. Das vermittelt den Eindruck der Spontanität und Echtheit und erhöht die Spannung.

In anderen Fällen, in denen Sie es in der Hand haben, sollten Sie sich sogar die endgültige Formulierung des Themas möglichst lange vorbehalten und zunächst nur einen *Arbeitstitel* Ihres Vortrags zur Verfügung stellen.

Warum Einladungen und Vortragsanmeldungen so früh – bei großen Kongressen sind die Fristen noch viel länger – erfolgen müssen, hat NEUHOFF in seinem Buch *Der Kongreß* (1995) ausführlich begründet und beschrieben. Dort finden Sie auch zahlreiche Hinweise zur „Philosophie“ und „Typologie“ von Kongressen: Welche Arten von Kongressen (große/kleine; breit angelegte/hoch spezialisierte; nationale/internationale usw.) gibt es? Welche Ziele verfolgen sie? Als Tagungsredner muss man sich mit diesen Fragen auseinandersetzen, um nicht später mit seiner Darbietung in Schieflage zu geraten.

● Prüfen Sie in den Unterlagen, welche *Ziele* die Tagung verfolgt, und stimmen Sie darauf Ihren Vortrag ab.

Wenn es sich um ein *Symposium* oder um einen *Workshop* mit beschränkter *Teilnehmerzahl* handelt, steht der Austausch von *Expertenwissen* im Vordergrund.

Hier können Sie mit Ihren Ausführungen sehr stark ins Einzelne gehen und beispielsweise Ihre Methoden genau beschreiben. Bei größeren Tagungen und Kongressen geht es mehr um das Vermitteln von *Überblicken*, für die Hörer um das „Hineinschnuppern" in Nachbargebiete, um „Horizonterweiterung" (vgl. erster Kasten von Abschn. 4.9.1). Entsprechend sind die Vorträge zu gestalten.

- Machen Sie sich klar, welche Erwartung *Sie* mit dem Besuch der Tagung als *Zuhörer* verbinden.

3.1.3 Das Vortragsziel

Wir gelangen zu einer Kernfrage, deren richtige Beantwortung man getrost als das A und O des erfolgreichen Vortrags ansehen darf:

- Versuchen Sie herauszufinden, welche Art von *Interesse* die Zuhörer an Ihrem Vortrag nehmen können.

Wir haben hierauf schon angespielt, und zwar im Zusammenhang mit „Verständnis" in Abschn. 1.4.2. Ein Stichwort dort war das *Anspruchsniveau*. In einem wissenschaftlichen Umfeld geht das Interesse damit Hand in Hand: Was kann bei den Zuhörern eines Fachvortrags als bekannt („Vorwissen") vorausgesetzt werden, was wollen sie noch erfahren?

Was hier auf den Fachvortrag auf einer Tagung gemünzt ist, gilt als „Leitmotiv" für jede Art von Vortrag oder Präsentation. Schon an der früheren Stelle haben wir deshalb von unserem „Zweiten Kategorischen Imperativ" gesprochen. Vorträge werden nicht um ihrer selbst willen gehalten, sondern weil damit Interessen verbunden sind. Die Zuhörer wollen – jedenfalls im beruflichen Umfeld – etwas erfahren, das sie umsetzen können; sie nehmen dazu aus Ihrem Vortrag mit, was für *sie* relevant ist, den Rest vergessen sie schnell wieder.

- Versuchen Sie, Ihr Informationsangebot mit den Interessen der Zuhörer in Einklang zu bringen.

Auf der Tagung können Sie sich selbst als Testperson sehen, da Sie dort auch Vorträge anderer anhören werden. Als Redner treten Sie auf der Tagung vermutlich nur einmal in Erscheinung. Als Hörer werden Sie viele Vorträge besuchen. Welche Themen, welche Vortragenden werden für Sie interessant sein, nach welchen Kriterien werden Sie „Ihr" Programm zusammenstellen, wenn mehrere Parallelsitzungen angeboten werden?

- Stellen Sie sich selbst als Ihren *Hörer* vor!

Mit dieser Maxime werden Sie vermutlich einen guten, nämlich einen „hörerfreundlichen" Vortrag halten.

Noch etwas ist wichtig schon bei Ihrer Vortragsvorbereitung, gewissermaßen der Umkehrschluss des zuletzt Gesagten:

● Welches *persönliche* Ziel verfolgen *Sie* mit Ihrem Vortrag?

Auf einer Produktvorstellung beispielsweise wollen oder sollen Sie dafür sorgen, dass bei Ihren Zuhörern der Wunsch entsteht, das Produkt zu besitzen. Wenn Sie auf eine Dozententagung gehen, dann ersichtlich in der Hoffnung auf einen Ruf. Aber es gibt noch andere Antworten auf die gestellte Frage, z. B.: Ich will ideenreich, gründlich, beharrlich, dynamisch, sachkundig, überzeugend, ausgleichend, risikobereit ... wirken! Auch Klarheit hierüber kann Ihnen helfen, eine Linie in Ihren Vortrag zu bringen. (Mehr über Zielgebundenheit von Vorträgen bei HIERHOLD 2002.)

Bevor Sie sich also daran machen, Ihren Vortrag zu „disponieren", d. h. eine *Disposition* dafür zu entwerfen, sollten Sie drei Kernfragen für sich beantwortet haben (vgl. z. B. bei JUNG 1994, S. 28):

- – Worüber will ich sprechen?
- – Zu welchem Ziel will ich meine Hörer führen?
- – Wie muss ich das Thema behandeln, um dieses Ziel zu erreichen?

Unsere Überlegungen kreisen um diese Kernfragen. So hat sich das „Worüber" der Rede nach den Umständen, beispielsweise nach der ergangenen Einladung (Abschn. 3.1.1), zu richten. Über „Ziel" und „Hörer" hat dieser Abschnitt gehandelt, ohne dass das Thema damit abgeschlossen wäre. Vor allem auf das „Wie" werden wir immer wieder zu sprechen kommen müssen.

3.2 Stoffsammlung und Stoffauswahl

Nachdem Sie sich Rechenschaft über Ziel und Zielgruppe verschafft haben, wenden Sie sich der *Vorbereitung* zu. Welche Unterlagen benötigen Sie für den Vortrag? Wenn Sie eine Kurzfassung verfasst und eingesandt haben, ist die Frage schon vorgeklärt. Beginnen Sie nunmehr mit der *Stoffsammlung (Materialsammlung)*. Es geht darum, Ihre Rede zu „erfinden". (In der klassischen Rhetorik – z. B. im ersten Buch CICEROS – wurde die Phase der Stoffsammlung und -abgrenzung *inventio* genannt.) Bei einem größeren Vortrag schadet es nicht, wenn Sie in dieser Phase stets ein *Notizbuch* oder einen Satz Karteikarten bei sich führen; vielleicht kommt Ihnen der Einfall, was Sie noch ansprechen möchten, im nächsten Verkehrsstau.

● Sammeln Sie zunächst, ohne bewerten oder ordnen zu wollen.

Einen Hauptvortrag bestreiten Sie in der Regel nicht nur aus eigenen Ergebnissen. Sie brauchen also die Unterstützung von Mitarbeitern oder Kollegen.

● Machen Sie Ihre Umgebung auf Ihren Vortrag aufmerksam, damit andere Ihnen zuarbeiten können, ohne unter Zeitdruck zu geraten.

Sie können sich *Listen* anlegen und vermerken, welche Materialien schon vorliegen und welche noch beschafft werden müssen. Zur Prüfung auf *Vollständigkeit* Ihrer Sammlung eignen sich zweidimensionale Felder, in deren Zeilen und Spalten Sie Stichwörter eintragen. Diese *Matrixmethode* bietet sich besonders zum Vorbereiten von Übersichten an, in denen nichts fehlen soll: Leere Felder würden auf das Fehlen hinweisen. Beispielsweise können Sie *Messgrößen* gegen *Zielgrößen* oder Synthesemethoden gegen Stoffe stellen.

● Sammeln Sie lieber zu viel als zu wenig.

Ein paar Gedanken mehr festhalten kostet nicht viel. Nehmen Sie dann eine *Gewichtung* vor, stellen Sie Rangfolgen her, setzen Sie *Prioritäten – selektieren* und *komprimieren* Sie! Lassen Sie über Bord gehen, was doch nicht so wichtig ist; es fehlt dann *bewusst* und nicht, weil es übersehen oder vergessen wurde. Oder sparen Sie weniger Wichtiges für die Diskussion auf. Der frei assoziierenden schöpferischen Phase folgt also eine kritisch-analytische *Auswertungsphase*.

● Teilen Sie rechtzeitig Ihren Mitarbeitern – unter Nennung von Terminen – mit, welche Ergebnisse oder Zwischenberichte Sie noch brauchen.

„Das Gedächtnis ist die Schatzkammer der Beredsamkeit" schrieb QUINTILIAN in einem seiner zwölf Bücher *Institutio oratoria* (um 50 n. Chr.). Hier sehen wir erstmals einen der Gründe: Gilt es doch, aus tausend Dingen, die man irgendwann in seinen Kopf getan hat, sich jetzt wieder das Richtige einfallen zu lassen. Die „Dinge" müssen dazu im Gedächtnis auffindbar verwahrt sein. Dass man heute vieles auch in einem Computer speichern kann, setzt jene alte Feststellung nicht außer Kraft.

Sie werden entscheiden müssen, welche Experimente oder Recherchen Sie selbst noch abschließen möchten. Überlegen Sie weiter, welche *fremden* Quellen oder Unterlagen zu beschaffen sind. Ergebnisse anderer Labors wollen Sie im Vortrag als solche vorstellen oder für die Diskussion im Kopf haben. Dazu müssen Sie sie vorher gelesen haben! Wenn Sie die eine oder andere *Literaturquelle* nachlesen, stellen Sie fest, dass weitere Quellen eingesehen und möglicherweise vorher beschafft werden müssen. Wollen Sie mit Ihrem Vortrag aktuell sein, so bitten Sie vielleicht den einen oder anderen Kollegen um Vorabdrucke (*engl.* preprints) von Arbeiten, die zur Veröffentlichung eingereicht sind oder die demnächst veröffentlicht werden sollen. Für noch nicht publizierte Ergebnisse wäre ggf. zu fragen, ob sie verwendet werden dürfen. All das will rechtzeitig in die Wege geleitet sein, auch im Zeitalter von Mailboxen und Informationsnetzen kann man den Zeitaufwand dafür nicht auf Null reduzieren.

In den 1940er Jahren entwickelte der Amerikaner Frank P. ROBINSON zusammen mit seinen Studenten eine Methode für das effiziente Erarbeiten von Stoff

z. B. bei der Lektüre eines Buches. Er nannte sie die SQRRR-Methode nach den Schritten, in denen man vorgeht. Die fünf Buchstaben stehen für

"survey • question • read • recite • review" (SQRRR).

Diese Methode – sie läuft auch unter dem Kürzel SQ3R – ist von Hause aus eine *Lernmethode*, von ihren ursprünglichen Anwendern als "Study and Reading Method" gedacht. In neuerer Zeit ist sie immer wieder auch in anderen Feldern als der Lernpädagogik aufgegriffen worden, so auch in der *Managementlehre*, d. h. beim Manager-Trimm-Dich. Hans JUNG hat gute Erfahrungen damit beim Vorbereiten von Reden gemacht und kommt auf die Vorgehensweise in seinem *Handbuch der kommunalen Redepraxis* (1994, S. 28) etwa mit folgenden Worten zu sprechen:

- – Survey: Überblick über das zu behandelnde Thema verschaffen;
- – Question: Mit Fragen an den Stoff herangehen, z. B. „worüber will ich sprechen?", „mit welchem Ziel für die Hörer?", „wie? ";
- – Read: Unterlagen und verfügbare Quellen auswerten;
- – Recite: Wiederholen, Aufzählen des Wichtigen, Kontrollieren;
- – Review: Nachprüfung, Abschlusskontrolle.

Wir denken, das haben wir immer etwa so gehalten, ohne von der „Formel" gewusst zu haben. Dennoch mögen die fünf Buchstaben (wie einige andere Buchstaben-Kürzel, die wir in diesem Buch erwähnen) nützliche Merkposten sein.

3.3 Die drei Formen der Rede

3.3.1 Freie, halbfreie und gebundene Rede

Wir kommen zu einem weiteren entscheidenden Punkt, der *Vortragstechnik*. Im folgenden Kapitel (Kap. 4) werden wir uns damit erneut befassen, doch können wir an dieser Stelle dem Thema nicht ausweichen. Die Art der Vorbereitung – welche *Vortragsunterlagen* sind bereitzustellen? – hängt davon ab, *wie* Sie vortragen werden.

● Es gibt drei Möglichkeiten, einen Vortrag zu halten: in freier Rede, mit Stichwortzetteln oder nach Manuskript.

1. In der *freien Rede* formuliert der Vortragende, während er spricht („denkendes Sprechen", „vorauseilendes" *Denksprechen*). Das Gedanken-Fassen und das Gedanken-in-Worte-Kleiden finden in einem statt. Was manche hierin zu leisten vermögen, ist erstaunlich. Freies Reden (freier Vortrag) heißt freilich nicht unvorbereiteter Vortrag. Der Vortragende hat sich vorher sorgfältig überlegt, was er sagen will. Die Worte dafür, vielleicht sogar die Abfolge der Darbietung der einzelnen Gedanken, findet er während des eigentlichen Vortrags.[1)] Das „Denk-

---

[1] In einer Betrachtung „Fortbildungsschulen für Theaterdirektoren" sprach Ch. MORGENSTERN – mit Blick auf die Schauspieler – vom „Zusammenhang zwischen Hirn- und Lippentätigkeit"
→

sprechen" erfordert höchste Konzentration und setzt Übung voraus. Einige Politiker scheinen ihre Gedanken in Form von „Textbausteinen" mit sich herumzutragen, so dass sie fast „aus dem Stand" einen einstündigen Vortrag, inhaltsschwer und passend zum Anlass, halten können, den sie nie zuvor in dieser Form geboten haben. *Sie sollten sich damit zunächst nur bei kleineren Anlässen versuchen.*

2. Beim Vortragen mit *Stichwörtern* hat man sich zuvor wichtige Gedanken oder Sachverhalte notiert, um sie dann während des Vortrags frei auszuformulieren *(halbfreie Rede; Kärtchentechnik)*. Die Stichwörter stehen auf *Stichwortzetteln* oder *-karten*, die in einer festgelegten Reihenfolge „abgearbeitet" werden; sie sind dazu nummeriert. Das Verwenden von Stichwortzetteln – die keineswegs verborgen werden sollten – hat mehrere Vorteile, die Sie vielleicht wahrnehmen wollen:

- Stichwortzettel sind wie das Netz beim Drahtseilakt; sie nehmen die Angst vor dem Steckenbleiben und verhindern beim Absturz das Schlimmste.
- Stichwortzettel helfen sicherzustellen, dass nichts Wesentliches beim Vortrag vergessen und dass die vorgesehene Reihenfolge eingehalten wird.
- Stichwortzettel zeigen, dass sich der Redner vorbereitet hat, ohne sich einen freien Vortrag zuzumuten; das schmeichelt den Zuhörern, weil sie sich wichtig genommen fühlen, und macht den Redner sympathisch, weil menschlich.

3. Beim Reden nach *Manuskript* schließlich ist der ganze Vortrag schon vorher in Worte gefasst worden. Man trägt eine Textkonserve vor *(Vorlesung, gebundene Rede)*, Sprechdenken[1] wie bei der freien Rede ist nicht erforderlich. Von vielen wird dieses Verfahren als „ungekonnt" oder gar anstößig angesehen, unseres Erachtens zu Unrecht.[2] Sehr wichtige Dinge, bei denen es auf den Wortlaut ankommt, sollte man nicht der spontanen Wortfindung überlassen, das wäre vermessen und könnte für den Redner gefährlich werden. Regierungserklärungen werden nicht frei oder nach Stichwörtern abgegeben.

---

und davon, dass das „gesprochene Wort das Endprodukt eines psychischen Prozesses" sei. Er erwartete (mit einem parodierenden oder resignierenden Unterton) von der systematischen Untersuchung dieser Zusammenhänge und Prozesse einen „völligen Umschwung unsrer heutigen Darstellungskunst". Die Überlegung war ziemlich modern – die meisten Rednerschulen werden heute von Psychologen geleitet.

[1] Zu diesem rhetorischen Begriff gibt es ein treffendes französisches Sprichwort: „L'idée vient en parlant."

[2] Wir stehen mit unserer Meinung nicht allein. Jedenfalls dem Fachvortrag wird eingeräumt, dass es „nötig, angebracht und nützlich sein (kann), sich eng oder völlig an den geschriebenen Text zu halten" (MACKENSEN 1993, S. 380), und mit Blick auf das ausgearbeitete Manuskript, ob es nun zugeklappt oder aufgeschlagen vor dem Redner liegt: „Es steht fest, dass viele berühmte Redner, die ihre Vorträge gleichsam mit dem guten Gewissen der übergründlichen Vorbereitung darbrachten, oft den Ruf glänzender Redner besaßen."

Bedeutende Politiker haben Redenschreiber, erfahrene und kluge Personen ihres Vertrauens, denen sie nur Vorgaben machen, was sie ansprechen wollen. Daraus „macht" der oder die getreue Person im Hintergrund die Rede, die dem, der sie halten wird, nicht auf Anhieb und nicht ganz gefallen muss. Aber darauf kommt es uns hier nicht an, sondern darauf, *dass* die Rede vorfabriziert wird. Auch *muss* ein nach Manuskript gehaltener Vortrag keineswegs der Spontaneität ermangeln, so dass die Befürchtung, er werde steril wirken, nicht zwingend ist. „… wich an der Stelle vom vorbereiteten Manuskript ab", liest man dann vielleicht in der Zeitung (die die Rede möglicherweise schon vorher kannte), und das war dann eine bedeutsame Stelle. Herausragende Redner aller Zeiten haben ihre Reden sorgfältig vorbereitet. Und viele davon sind der Nachwelt erhalten geblieben, einige aus Epochen, in denen es noch keine Radiomitschnitte oder Pressestenografen gab – sie müssen mithin *vorher* schriftlich aufgezeichnet worden sein. Auch die *Ars rhetorica* des ARISTOTELES war eine Vorlesungsaufzeichnung. Wie immer: für manche kommt dieses Verfahren nicht in Betracht („Woher soll ich heute wissen, was ich morgen sagen will?").

Gleichviel, woher Sie beim Vortragen Ihre Worte nehmen, Sie brauchen dazu ein gutes und schnell funktionierendes Gedächtnis. Hätten Sie es nicht, dann bliebe Ihnen nur, Augen und Finger auf dem Papier zu halten und etwas Vorgefertigtes abzulesen – das freilich hätte mit Rede nichts mehr zu tun. Viele Rednerschulen beginnen daher noch heute – wie schon in der Antike – mit dem Üben des Gedächtnisses. Mehr als ein paar Anstöße können dabei allerdings nicht vermittelt werden. Denn Gedächtnisschulung ist Persönlichkeitsbildung und als solche eine Lebensaufgabe (z. B. VESTER 1998).

3.3.2 Übergänge

Die drei Verfahren sind nicht so streng getrennt, wie man meinen möchte. Die „freie" Rede könnte eine auswendig gelernte sein, gehalten nach einem Manuskript, das der Redner nur nicht mitgebracht hat. Man nennt dies *gesteuerte freie Rede* oder *Deklamation*, und auch gegen diese Form der Rede werden schwerwiegende Bedenken vorgebracht. Gewiss besteht die Gefahr, dass die Deklamation zu einem „Herunterleiern" ohne ausreichende Hinwendung zur Zuhörerschaft wird, dass eine echte „Stimmung" nicht aufkommt. Wir meinen aber, dass es hier nicht um ein Prinzip geht, sondern um das „Wie" der Ausführung. Manche Redner erreichen mit dieser Technik alles, was man nur erreichen kann (s. Abschn. 4.6). Immerhin setzt auch dieses Verfahren eine hohe intellektuelle, dem Sprechdenken ebenbürtige Leistung voraus: das *Auswendiglernen*.[1] Wer

---

[1] Bemerkenswerterweise wird das Auswendiglernen oft mit dem „Herzen" in Verbindung gebracht, obwohl es in diesem Organ sicher nicht stattfindet (*engl.* to learn by heart, auswendig lernen; ähnlich *franz.* apprendre par cœur). Die Sprache scheint hier anzudeuten, dass der auswendige Vortrag – bedient sich seiner nicht auch der Schauspieler und manchmal der Musiker? →

ein schlechtes Gedächtnis für Wortfolgen hat, wird das Sprechdenken im Vergleich zur Deklamation als leicht empfinden.

Selbst wenn keine schriftliche Aufzeichnung existiert, kann sich der Redner mit seinem bevorstehenden Vortrag so intensiv beschäftigt haben, dass er nicht mehr wirklich „frei" formuliert.

● Vortragen *mit* Manuskript heißt nicht *nach* Manuskript.

Manche Redner ziehen es vor, ein Manuskript anstelle von Stichwortzetteln auf das Rednerpult zu legen. Das verschafft ihnen die Möglichkeit, jederzeit auf die Formulierungen des Manuskripts als „Rettungsanker" zurückzugreifen. Ob sie es tun, ist eine andere Sache. Die Entscheidung darüber fällt erst während des Vortrags, und allein darin liegt ein gehöriges Maß an Ursprünglichkeit.

Als Redner können Sie das Benutzen des Manuskripts von Ihrer Tagesform abhängig machen. Oder Sie können Stellen, die Ihnen besonders wichtig scheinen (z. B. wörtliche Zitate), dem Manuskript entnehmen, während Sie andere frei formulieren. Sie können auch Aussagen, bei denen es Ihnen auf den Wortlaut ankommt, auswendig lernen (z. B. Einführung, Schluss). Bestimmte Elemente, wie die Erläuterungen zu den vorgeführten Bildern, haben Sie gar nicht zu Papier gebracht, also verwenden Sie nur für einen Teil Ihres Vortrags ein Manuskript.

● Eine Vortragsmethode, die zwischen dem Einsatz von Stichwortzetteln und dem Vortrag mit Manuskript liegt, ist die Benutzung eines *markierten* Manuskripts.

Wir gehen darauf in Abschn. 3.3.3 ein.

Das Abfassen eines „Volltextmanuskripts", gleichviel ob der Vortrag genauso gehalten wird oder nicht, hat noch einen anderen Vorteil: Sie können ein solches Manuskript an Kollegen oder Zuhörer – oder die Presse[1] – weitergeben.

– als reine Belegung und Abrufung von Speicherstellen im Gehirn kaum vorstellbar ist. CICERO definierte *memoria* als „die sichere Wahrnehmung von Dingen und Wörtern in der Seele" (nach YATES 1990, S. 17) – wahrscheinlich rühren die genannten Sprachwendungen aus der alten Rhetorikschule, die über das ganze Mittelalter bis in unsere Zeit fortgewirkt hat. Vielleicht sollten wir besser von „Inwendiglernen" statt von Auswendiglernen sprechen, und diesen Ausdruck findet man tatsächlich in der Fachliteratur (z. B. MÜLLER-FREIENFELS 1972, S. 98).

[1] Für eine sinnvolle Arbeit von Fachjournalisten sind Vortragsmanuskripte (zu den von ihnen besuchten Vorträgen) unabdingbare Voraussetzung (s. Schrift *Die Fachwelt und die Öffentlichkeit – Ein Merkblatt zur Pressearbeit bei Kongressen und Fachtagungen*, im Literaturverzeichnis unter „Arbeitskreis Medizinpublizisten"). Im Internet heißt es auf einer Website www.medizin publizisten.de/publikation3/hmtl u. a.: „Fachjournalisten, gleichgültig, ob sie für die Fachpresse oder die Medizin- und Wissenschaftsressorts großer Publikumsmedien oder auch für beide Mediensparten zugleich arbeiten, interessieren sich für diese Informationen natürlich auch, doch geht ihr Informationsbedürfnis darüber hinaus: Sie wollen und müssen sich einzelne Fachvorträge während der Tagung anhören und zusätzliche Gespräche und Interviews mit den Wissenschaftlern führen. Hilfreich sind für Fachjournalisten auch ausgewählte Vortragsmanuskripte, die sie als Arbeitsunterlage für eine fundierte Berichterstattung benötigen."

Auch können Sie es bei sich archivieren, und schließlich können Sie daraus eine Publikation machen. Dieser letzte Aspekt ist besonders wichtig im Zusammenhang mit der Publikation von *Kongressbänden*.

● Stellen Sie fest, ob von Ihnen ein *Vortragsmanuskript* für Zwecke der Publikation erwartet wird.

Wie auch immer: die Entscheidung, *wie* ein Vortrag gehalten werden soll, sollte sich nach den Umständen ebenso wie nach den rhetorischen Talenten des Redners richten. Wir hielten es für falsch, das eine für gut und das andere für schlecht zu erklären. Jeder muss für sich den besten Weg finden, und ein Vortrag eines Redners muss nicht wie ein anderer sein; nur:

● Entscheiden Sie frühzeitig, welche Vortragstechnik Sie benutzen werden, und richten Sie Ihre Vorbereitungen danach.

Wie dies geschehen kann, bedarf noch der Erläuterung. Zuvor aber sei ein Blick in eine andere Welt gestattet: die Musik. Auch Musiker kennen drei Arten des Vortrags. Wenn sie „auswendig vortragen" (also die Noten im Kopf haben), dann nennen sie das gerne *extemporieren*; wenn sie ein „Manuskript" benutzen, *vom Blatt spielen*; und wenn sie „frei vortragen", *improvisieren*. Wenn wir eine Beethoven-Sonate hören, dann hören wir Musik „nach Noten". Niemand käme auf die Idee, die Leistung des Pianisten zu schmälern, weil er sich an die Noten hält. (Oder des Schauspielers, weil er nach „Drehbuch" spricht.) Doch zurück in unseren Hörsaal!

● Gleichgültig, welche Vortragstechnik Sie wählen, lernen Sie Anfang und Ende Ihres Vortrags auswendig, oder schreiben Sie beide auf.

Der erste und der letzte Eindruck, den der Vortragende macht, zählen am meisten, da wollen Sie sicher keine Fehler machen. Einführung und Zusammenfassung sind – wie Start und Landung beim Flug – am anspruchsvollsten, da gilt jedes Wort. Auch ist ihnen die höchste Aufmerksamkeit gewiss. Dem werden Sie Rechnung tragen. Für die „Überzeugungsrede" kann es sogar sinnvoll sein, dass Sie mehrere Abschlüsse vorbereiten, um dann den zu verwenden, von dem Sie glauben, dass er die zwischen Ihnen und Ihren Zuhörern erreichte Übereinstimmung am besten wiedergibt.

3.3.3 Bereitstellen der Unterlagen

Das Benutzen von *Stichwortzetteln* ist von Vielrednern und professionellen Redetechnikern perfektioniert und auch in Büchern beschrieben worden (z. B. in RUHLEDER 2001).

● Für die Stichwortzettel verwenden Sie zweckmäßig nicht zu dünnes Papier; als Stichwortkarten eignen sich Karteikarten im Format A6.

Von A7-Karten raten wir ab, da sie wie Spickzettel in einer Hand verschwinden. Für die wichtigsten Teile des Vortrags können Sie Kärtchen unterschiedlicher *Farbe* verwenden, z. B. grün für die Einleitung, weiß für den Hauptteil, rosa für den Schluss (s. auch Abschn. 4.5).

Jede Karte trägt ein Stichwort, das versteht sich. Das „Stichwort" muss nicht wirklich *ein* Wort sein, Sie können auch eine Wortkette oder eine Überschrift notieren (Stich*satz*karte). Dazu können weitere Informationen kommen („Nebenstichwörter"; s. Abb. 3-1). Beispielsweise können Sie durch senkrechte Linien linke und rechte *Felder* erzeugen. Links steht ein (Haupt)Stichwort, nach rechts kommen zusätzliche Erläuterungen, Beweismittel, Zahlen oder weitere Begriffe, die an dieser Stelle des Vortrags „fallen" müssen. Schriftzeichen, Symbole oder Bildchen dürfen nicht zu klein sein, damit sie problemlos und schnell zu erkennen und erfassen sind. Manche Vortragende notieren sich ihre Gedächtnisstützen in einer Symbolik oder Bildersprache, die wohl nur sie selbst verstehen. Aus der Stichwortkarte wird dann eine Stich*bild*karte.

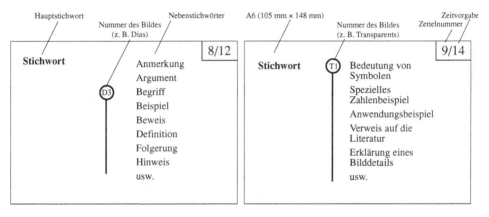

Abb. 3-1. Beispiele für Stichwortkarten.

● Zusatzerläuterungen auf Stichwortzetteln dürfen das Stichwort nicht „erschlagen". Eine Zusatzinformation, die nie fehlen darf, ist aber die *Zettelnummer*.

Schreiben Sie diese Nummer in das rechte obere Eck des Zettels oder der Karte. Auf Disziplin bedachte Redner verwenden *Doppelnummern* wie 8/12 und zeigen damit an, dass (im Beispiel) die 8. Karte bis zur 12. Minute reichen soll. Wir halten diesen Trick – nennen wir ihn *Zeitvorgabe* – für sehr nützlich.

● Nicht fehlen sollten gleichfalls Hinweise auf Bilder (oder anderes Informationsmaterial), die mit dem Stichwort in Verbindung stehen.

Wie viele Stichwortzettel sind angemessen?

● Anzustreben ist der Einsatz eines Stichwortzettels für eine Redezeit von etwa einer Minute.

Wenn Sie in dieser Zeit etwa 8 Sätze zu je etwa 12 bis 14 Wörtern, also etwa 100 Wörter sprechen, liegt Ihr „Stichwortanteil" bei 1 % – genügend Raum für freies Formulieren.[1] Der weniger Geübte wird mehr Stichwörter verwenden, vielleicht für jeden zweiten Satz eines, entsprechend etwa vier Stichwortzetteln pro Minute. (An dieser Grenze wird das ausformulierte Manuskript die bessere Lösung.) In einem Kurzvortrag von 15 Minuten kann man maximal 60 Stichwörter abhandeln.

Auf eine verwandte Methode, die Verwendung von Handzetteln (statt Stichwortzetteln), gehen wir in Abschn. 4.5 ein.

● Vortragsunterlagen – gleichviel, ob es sich um Stichwortzettel, Handzettel oder Manuskriptblätter handelt – werden nur auf einer Seite beschrieben.

Sie können so besser Ordnung halten und brauchen die nicht mehr benötigten Blätter während des Vortrags nur beiseite zu schieben: Das lenkt Sie und die Hörer weniger ab als Umblättern.

Weniger zu sagen ist über das Vorbereiten eines *Vortragsmanuskripts*. Es sollte wie ein zur Publikation einzureichendes Manuskript in doppeltem Zeilenabstand auf A4-Blätter geschrieben werden. Eine Randspalte könnte wiederum für Stichwörter benutzt werden. Ansonsten werden Sie Wichtiges unterstreichen oder, noch besser, mit *Markern* in fluoreszierender Signalfarbe „anleuchten". Dazu können Sie verschiedene Farben benutzen, z. B. Rot für Stichwörter, Grün für (wichtige) Abschnittsanfänge und Gelb für Definitionen und andere wichtige Stellen und Formulierungen.

Sie brauchen dann für einen 15-Minuten-Vortrag etwa sieben solcher Seiten mit 1500 Buchstaben, wenn Sie die mittlere Wortlänge mit 7 Buchstaben und die Sprechgeschwindigkeit mit 100 Wörtern pro Minute (vgl. vorstehende Fußnote sowie Abschn. 1.3.2) ansetzen. Für „Extrazeiten" – besonders nicht aufgezeichnete Bilderläuterungen – verringert sich die Länge des Vortragsmanuskripts entsprechend.

---

[1] In einem Plenarvortrag von 45 Minuten Dauer kommen wir auf etwa 4500 Wörter. In einem wissenschaftlichen Fachvortrag dürfte spätestens jedes zehnte davon ein Fachausdruck aus dem „Idiom" der jeweiligen Disziplin sein, die anderen sind nur der gemeinsprachliche Kitt zu ihrer sprachlogischen Verknüpfung. Als Redner müssen Sie sich aber nicht nur auf ca. 500 Termini konzentrieren, sondern auf die 2- bis 3-fache Zahl; jeder Terminus ist nämlich mit bestimmten „Zutaten" – wie Verben und Präpositionen – in *Fachwendungen* mehr oder weniger fest verbunden. Man kann also die vorige Zahl getrost mit 3 multiplizieren: 1500 Fachwörter müssen in Ihren Redefluss in einer vorgegebenen Weise an den richtigen Stellen eingebaut werden – eine außerordentliche Leistung! Glücklicherweise ist man sich dessen als Vortragender kaum bewusst. Wer zu den Experten eines Fachs gehört, vollführt diese Kür mit Bravour. Jeder andere strauchelt bei den ersten Ansätzen.

Manche Vortragende bevorzugen größere Schrift als üblich. Mit einer Schriftgröße von 14 Punkt eines Textverarbeitungssystems kann man einer Sehschwäche oder auch der oft schlechten Beleuchtung am Pult begegnen. Gelegentlich ziehen es Redner vor, das Manuskript anders auszugeben als gewohnt: mit *jedem* Satz am linken Schreibrand beginnend! Zweifellos kann man dadurch das „Lesen mit schweifendem Blick" während des Vortrags (s. Abschn. 4.6.1) ungemein erleichtern. Man kann auch *Pausenzeichen* („ | ") eintippen oder zu betonende oder langsam zu sprechende Teile hervorheben, z. B. durch gesperrtes Schreiben. Ob noch weitere Anweisungen von Hand hinzugefügt werden sollen – wie „wieder ruhiger werden", „spöttisch" – entscheide jeder für sich. Als Vortragender legen Sie sich durch solche Maßnahmen selbst eine Zwangsjacke an, und Ihr Lächeln wirkt vermutlich, wie es dann ist: künstlich. (*Nachrichtensprecher* allerdings erreichen durch solche Maßnahmen in Verbindung mit den genauen Zeitvorgaben, dass jede einzelne Nachricht sekundengenau zu Ende geht.)

● Nummerieren Sie die Seiten fortlaufend, indem Sie die Seitenzahlen an gut sichtbarer Stelle, z. B. oben in der Mitte oder rechts, auf die Blätter schreiben.

Zweckmäßig tun Sie dies von Hand in großen kräftigen Ziffern – denken Sie daran, was passieren könnte, wenn Ihnen die Seiten aus irgendeinem Grund durcheinander geraten!

Der Text sollte überwiegend aus Hauptsätzen mit allenfalls kurzen Nebensätzen bestehen und viele Verben enthalten. Auch so eignet er sich zur Publikation! Beim Abfassen des Vortragsmanuskripts müssen Sie unter Umständen Ihren sonstigen Schreibstil aufgeben und dem Zweck anpassen (mehr zum Vortragsstil s. Abschn. 1.2.2 f.). Statt „Nachdem wir somit die Ursache kennen, wollen wir ..." und „Weil sich die Ursache so nicht zweifelsfrei klären ließ, musste ...", können Sie sagen:

„Wir kennen somit die Ursache. Jetzt wollen wir ..."

„Die Ursache ließ sich also nicht zweifelsfrei feststellen. Deshalb musste ..."

Sprechen Sie öfter „mit Doppelpunkt", als Sie den Doppelpunkt sonst in einem Schriftsatz anwenden würden, z. B.:

„Somit steht fest: X ist größer als Y."
(statt: „Somit steht fest, dass X größer als Y ist.")

Eine solche Sprache muss nicht kurzatmig oder grobschlächtig wirken. Aber sie ist leicht aufzunehmen.[1] Wenn Sie, z. B. für einen Kongressband, ein Manu-

---

[1] Für die Freunde des Skurrilen bemühen wir hier noch einmal TUCHOLSKY aus dem viel zitierten Traktat „Ratschläge für einen schlechten Redner". Es heißt dort: „Du musst alles in die Nebensätze legen. Sag nie: ‚Die Steuern sind zu hoch.' Das ist zu einfach. Sage: ‚Ich möchte zu dem, was ich soeben gesagt habe, noch kurz bemerken, dass mir die Steuern bei weitem ...' So heißt das." Und: „Sprich mit langen, langen Sätzen – solchen, bei denen du dich zu Hause, wo →

skript vorbereiten, können Sie dort noch immer etwas anders formulieren. Niemand heißt Sie, genau in den Worten zu sprechen, die geschrieben stehen.

● Ein gutes Vortragsmanuskript kann man auch publizieren, aber nicht jedes für die Publikation geeignete Manuskript ist ein gutes Vortragsmanuskript.

Plant der Veranstalter eine Publikation, so wird er *Richtlinien* ausgeben, was die äußere Form des einzureichenden Manuskripts angeht. Unterlagen dazu werden Ihnen möglicherweise vom Verlag, der die Publikation vornehmen wird, zugehen. Sie können zu einer reibungslosen und zügigen Publikation bald nach der Tagung (oder auch schon zur Tagung) beitragen, indem Sie diese Richtlinien beachten (Näheres s. NEUHOFF 1995).

3.4 Bild-, Demonstrations- und Begleitmaterial

3.4.1 Bild- und Demonstrationsmaterial

Die Hauptstützen des wissenschaftlichen Vortrags sind Bilder. Der Einsatz von Bildern macht den Vortrag zum *Bild-unterstützten Vortrag* oder (kürzer) zum Bildvortrag. Dieser Terminus ist allerdings nicht üblich, man spricht eher vom *Lichtbildvortrag* und spielt damit auf die Technik an, mit der die Bilder in Szene gesetzt werden: mit Licht auf dem Wege der *Projektion*. Man darf die Behauptung wagen, dass fast alle Vorträge in Naturwissenschaft, Technik und Medizin heute Bild-unterstützt sind. Auf der nächsten Tagung können Sie sich davon überzeugen. Wer keine Bilder während seines Vortrags zeigt, scheint etwas Wichtiges vergessen zu haben, er würde seine Zuhörer beunruhigen. (Gewiss, früher ging es auch anders; wir mögen auch heute das Wort Lichtbildvortrag nicht, weil es so klingt, als käme es beim Vortrag darauf an, die Lichtbilder durch Worte zu erklären – dabei ist es gerade umgekehrt!)

● Treffen Sie rechtzeitig eine Entscheidung hinsichtlich der *Bildtechnik*.

Werden Sie *Transparente (Folien)* oder *Dias* zeigen? Wollen Sie *E-Bilder* mit Präsentationssoftware einsetzen? Die Vor- und Nachteile dieser Bildsysteme werden wir in Kap. 5 erörtern. Möglicherweise sind Sie auch durch die Gegebenheiten am Ort des Vortrags gebunden, erkundigen Sie sich! Oder sehen Sie die Einladungsunterlagen darauf an.

Für einen Vortrag wird man in der Regel nur die eine oder die andere Technik anwenden, doch gibt es Redner, die sich über solche „Regeln" souverän hinwegsetzen und auf mehrere Bildsysteme nebeneinander zugreifen: Auf einer

---

du ja die Ruhe, deren du so sehr benötigst, deiner Kinder ungeachtet, vorbereitet, genau weißt ...". – Stellen Sie sich vor, Wagner hätte zu Faust statt „Ich fühl' es wohl, noch bin ich weit zurück" gesagt: „ Ich würde schon sagen, dass ich noch weit zurück bin" – entsetzlich! (Statt des Kommas nach „wohl" hätte ein Doppelpunkt stehen können, auch ein Beispiel von *Doppelpunkt-Sprechen.*)

Bildwand werden beispielsweise Transparente mit Apparate- und Anlagen- modellen projiziert; eine zweite Bildwand dient für die Diaprojektion von Spek- tren und anderen detailreichen Darstellungen.

● Legen Sie fest, welche Bilder Sie zeigen wollen.

Wissenschaftler, die häufig vortragen, führen umfangreiche *Dia-Archive*, *Folien- alben* oder Bilddateien auf ihrem Computer. Sie versuchen, ihr *Bildmaterial* modular aufzubauen, d. h. so, dass man die Bilder unabhängig vom Anlass und in beliebigen Abfolgen einsetzen kann, je nach Zweck. In einer Sammlung die- ser Art finden sich vielleicht einige Bilder von vorausgegangenen Anlässen, die für den neuen Vortrag wieder verwendet werden können. Andere müssen erst- mals geschaffen werden.[1]

● Wenn Sie mit der Herstellung der Bilder jemanden betrauen können oder wollen, sprechen Sie rechtzeitig Termine ab, und stellen Sie Ihre Entwürfe nicht zu spät zur Verfügung.

Auch wenn Sie sich selbst an Ihr altes (veraltetes!?) Zeichenbrett oder an den Bildschirm setzen, tun Sie das nicht in „letzter Minute". Gute Bilder wollen erarbeitet sein, sie kommen nicht im Handumdrehen zustande. Jedes Motiv soll- te genau überlegt und handwerklich einwandfrei – technischen *und* ästhetischen Ansprüchen genügend – entwickelt werden (s. Abschn. 4.7.3 sowie Teil II). Sor- gen Sie also dafür, dass Ihnen zu gegebener Zeit für alle wichtigen Sachverhal- te, die Sie Ihren Zuhörern in Bildform vorführen wollen, ein Dia, ein Transpa- rent oder ein E-Bild zur Verfügung steht.

Auf den Einsatz anderen *Demonstrationsmaterials* (statt von Bildern), etwa in Experimentalvorlesungen, wollen wir nicht näher eingehen (s. TAYLOR 1988).[2] Ein Abschnitt darüber würde am besten von einem Vorlesungsassistenten verfasst werden; manche Tricks dieses leider im Aussterben begriffenen Berufsstandes sind anekdotenträchtig. [Wir vermerken überhaupt, und mit Bedauern, einen Niedergang der klassischen *Experimentalvorlesung*, wenngleich zwei Veröffent-

---

[1] In einem lesenswerten Buch über *Communication in Medicine* (HARLEM 1977, S. 70; das Buch ist bedauerlicherweise nicht mehr neu aufgelegt worden) fanden wir eine Schilderung folgender schöner Begebenheit: Ein für seine Vortragskunst bekannter Wissenschaftler war schon um die halbe Welt gereist, um über seine jüngsten Ergebnisse zu berichten. In X-Stadt angekommen, bat er seinen Gastgeber – zu dessen Verblüffung – einige Stunden vor dem Vortrag, ihn doch in seinem Hotelzimmer zu besuchen, er brauche seine Hilfe. Die Hilfe bestand in genauer Aus- kunft über die äußeren Umstände (Hörsaal, Vortragsdauer) und vor allem die Zuhörerschaft: "How many people would come and what type of people would be there? On the basis of this information he worked for about 2 hours picking out slides and writing down a few keywords. Needless to say his lecture was a great success."

[2] *E-Vorlesungsskripte* finden sich heute über das Internet in den Digitalen Bibliotheken etlicher Universitäten, z. B. eines zur *Experimentalvorlesung Organische Chemie* aus der Uni Essen (Professor RADEMACHER). Lassen Sie sich also von virtuellen Vorlesungen für Ihre nächste "demonstration lecture" beflügeln, holen Sie sie in Ihre reale Welt!

lichungen im Verlag dieses Buches Grund zur Hoffnung geben (KRÄTZ und PRIESNER 1983, ROESKY und MÖCKEL 1994/1996). Wir haben das Thema bereits am Ende von Abschn. 1.2.1 angesprochen.]

● Gestalten Sie Ihre Bilder plakativ.

Ihre Zuhörer nehmen markante Aussagen, die in großer Schrift wie von einem Plakat auf sie wirken, schnell und gut auf. Sie können sich dann wieder Ihnen zuwenden und Ihnen weiter zuhören. Überladen Sie Ihre Bilder nicht mit Text – machen Sie nicht diesen Fehler, dem man leider immer noch vielerorts begegnet.

3.4.2 Schriftliche Unterlagen

Eine Art von „Begleitmaterial" – neudeutsch *Handout* – soll uns noch kurz beschäftigen, nämlich die schriftlichen Unterlagen, die Sie bei manchen Gelegenheiten Ihren Zuhörern zur Verfügung stellen wollen *(Teilnehmerunterlagen*; s. Kasten*)*. Es gibt sicher mehrere Gründe, solche Unterlagen an seine Zuhörer zu verteilen.

Schriftliche Unterlagen

Deckblatt
– Name des Vortragenden, Anschrift des Instituts oder der Firma, Telefonnummer und E-Mail-Adresse; Thema, Datum und Ort des Vortrags
Weitere Blätter
– Gliederung des Vortrags
– Einleitung
– Wichtigste Bilder (Diagramme, Formeln, Apparateskizzen usw.)
– Ergebnisse
– Schlussfolgerungen
– Literatur (wichtige, auch eigene)

Warum schriftliche Unterlagen?

– *Schriftliche Formulierung*
Im Vortrag wird meist frei und spontan formuliert. Dies führt manchmal zu –

unfreiwillig – ungenauen Formulierungen. In schriftlicher Form hat der Vortragende jedoch vor dem Vortrag – im „stillen Kämmerlein" – Zeit, sich jede einzelne Formulierung genau zu überlegen. Überdies kann man – zusätzlich zu den Kernaussagen des Vortrags – (weitere) Einzelheiten, Beispiele, Anwendungen usw. festhalten.
– *Mitschreibstress*
Viele Zuhörer machen sich während des Vortrags Notizen, eine Mühe (und Ablenkung!), die ihnen Teilnehmerunterlagen ersparen können.
– *Bleibendes*
Die Zuhörer können aus Ihrem Vortrag eine gute bleibende Erinnerung mit nach Hause nehmen. „Denn was man Schwarz auf Weiß besitzt ..."

Aber zu welchem Zeitpunkt sollte man sie verteilen: vor oder nach dem Vortrag oder während des Vortrags? Der Zuhörer möchte die Unterlagen am liebsten zu Beginn des Vortrags haben, weil er dann weiß, „was er hat" und ggf. weniger mitschreiben muss. Der Vortragende hingegen gibt sie lieber erst zum

Schluss aus, weil seine Zuhörer sonst in den Unterlagen blättern und nicht mehr konzentriert zuhören können. Obwohl es stimmt, dass der Köder dem Fisch und nicht dem Angler schmecken soll, empfehlen wir dem „Angler" für die meisten Vortragssituationen:

- Teilen Sie schriftliche Unterlagen für die Teilnehmer an Ihrer Vortragsveranstaltung nicht vor dem Vortrag oder während des Vortrags aus.[1]

Das würde beispielsweise bei einem Kurzvortrag auf einer Tagung stören. Wenn Sie zu Beginn Ihrer Ausführungen erst einmal bitten, Stapel mitgebrachter Blätter zur gefälligen Bedienung weiterzureichen, müssen Sie gerade während der wichtigen Einführungsworte auf die ungeteilte Aufmerksamkeit Ihrer Zuhörer verzichten.

Auch *vor* dem Vortrag ausgelegte Unterlagen lenken ab, weil zunächst darin geblättert wird. Am besten stellen Sie die Unterlagen *nach* dem Vortrag zur Verfügung. Kündigen Sie lieber Ihr Material an mit Anmerkungen wie

> „... alle Bilder können Sie den Unterlagen entnehmen, die ich Ihnen nach meinen Ausführungen gerne überlassen werde ..."

> „... für Interessierte habe ich einige Unterlagen zusammengestellt, in denen die wichtigsten Fakten zusammengestellt sind. Ich will sie Ihnen gerne zusenden, wenn Sie mir nach dem Vortrag Ihre Anschrift geben ..."

Stellen Sie nach dem Deckblatt einige Kernaussagen Ihrer Ausführungen zusammen, und verbinden Sie diese mit wichtigen Abbildungen, Tabellen und kurzen erläuternden Texten. In der Regel werden Sie nicht alle Bilder, die Sie projiziert haben, in Ihre schriftlichen Unterlagen aufnehmen. (Sie werden dann freilich Zuhörer erleben, die fehlende Seiten suchen – eine für Sie und die anderen Zuhörer störende Blätterei.) Die wichtigsten Bilder mit geeignetem verbindendem Text können aber durchaus die Grundlage für die Unterlagen bilden. Die Unterlagen sind auch ein geeigneter Platz, um auf zusätzliche eigene Arbeiten und sonstige weiterführende Literatur hinzuweisen.

Bei einer Management-Präsentation können Sie die Unterlagen als *Tischvorlage* einige Tage vor der Veranstaltung zusenden, damit sich Ihre Zuhörer vorbereiten und ggf. Fragen notieren können.

---

[1] Für unsere Ausführungen gehen wir von einem Vortrag (Kurzvortrag, Hauptvortrag) aus. Wir weisen aber darauf hin, dass man in Vorlesungen oder Seminaren durchaus schriftliches Begleitmaterial vor der Vorlesungsstunde oder sogar zu Beginn des Semesters verteilen will und kann. In dem Fall räumen Sie aber Ihren Zuhörern genügend Zeit ein, sich die Unterlagen *vorher* anzuschauen. Vielleicht bitten Sie zu gegebener Zeit, die zweite Seite aufzuschlagen, und beginnen dort mit Ihren Ausführungen. – Für Vorlesungen gelten in manchen Zusammenhängen andere Regeln. Beispielsweise können Bilder, die Sie projizieren, durchaus selbsterklärend sein (vgl. auch Abschn. 4.7.3) und den Zuhörern schon *vor* der Veranstaltung als A4-Papierausdrucke (in der Regel um 30 % verkleinert) gegeben werden.

Manche Vortragende bevorzugen *halbfertige* Unterlagen: In den Kopien, die den Zuhörern zur Verfügung stehen, fehlen wesentliche Zahlen, Beschriftungen, Verbindungslinien usw. Die Teilnehmer können diese Vorlagen während des Vortrags ergänzen und müssen somit besonders aufmerksam Ihren Ausführungen folgen. Selbst Geschriebenes hat höheren Erinnerungswert, und ein persönliches Skript ist in mancher Hinsicht nützlicher als Fertigware. Aber dieses Vorgehen halten wir nur bei Schulungsveranstaltungen für angebracht.

3.5 Gliederung des Vortrags

Bilder gliedern den Vortrag. Deshalb und weil man die *Gliederung* selbst zu einem Bild machen kann, sprechen wir das Thema an dieser Stelle bereits an.

● Schon ehe Ihre Stoffsammlung komplett ist, können Sie mit dem Gliedern (*Strukturieren* des Stoffes) beginnen.

Dieses Strukturieren ist nichts anderes als der zweite der fünf Teile der klassischen Rhetorik, die *dispositio*, die dem ersten, der *inventio*, folgt; nämlich das „Anordnen der aufgedeckten Dinge".[1] Um zu einer optimalen Anordnung zu gelangen, können Sie sich des Mehrsatz-Schemas bedienen, das wir in Abschn. 2.3 vorgestellt haben. Andere Methoden beruhen auf der Bildung von Ideen-Clustern auf großen Papierbögen oder auf dem Sortieren von Ideen-Karten in der optimalen Anordnung (EBEL und BLIEFERT 1998, Abschn. 2.3.1).[2] Bei anderer Gelegenheit schon festgehaltene Notizen auf Karteikarten können bei der zuletzt genannten Methode unmittelbar mitverwendet werden. Überlegen Sie, ob die sachliche Zusammengehörigkeit den Aufbau Ihres Vortrags oder Referats bestimmen soll – manchmal ist eine abweichende Aufbereitung besser vermittelbar.

Wem diese Methode zum Ordnen von Gedanken zu altmodisch ist, der wird sich eines speziellen Outline-Programms bedienen, oder er wird die im privaten Brainstorming gesammelten Gedanken in der *Gliederungsansicht* seines Textverarbeitungsprogramms zuerst in Stichworten niederlegen, sie dann ordnen und

---

[1] Wer jetzt neugierig geworden ist, dem seien auch noch die drei weiteren Teile genannt: *elocutio*, *memoria* und *pronuntiatio*, frei übersetzt: in Worte fassen, einprägen, vortragen. In der Aufzählung der fünf Teile wird der eigentliche Vortrag als Schluss- und Höhepunkt eines Entwicklungsvorgangs empfunden. Vielleicht kann man die Antwort, die ein berühmter Prediger auf die Frage gab, wie lange er für die Vorbereitung einer seiner Predigten brauche, von daher verstehen. Er sagte: 40 Jahre. – In der christlichen *Predigtlehre* unterscheidet man ebenfalls fünf Etappen der Vorbereitung und des Vortrags von der Kanzel: Exegese, Meditation, Ausführung, Aneignung, Vollzug. Die Parallelen sind unschwer zu erkennen.
[2] ALTENEDER 1992 spricht in diesem Zusammenhang von *Freewheeling,* aus dem Englischen für „Freilauf". Auch der Begriff *Mindmapping* taucht in diesem Zusammenhang auf, was man etwa mit „Entwerfen von Landkarten des Geistes" übersetzen kann. Letzten Endes betreibt man hier „Brainstorming" (um noch ein englisches Wort zu gebrauchen) mit sich selbst.

die so gewonnene „Outline" – das Wort steht im Englischen für Umriss, Kontur,
Silhouette oder, bei Texten, für Gliederung – schrittweise mit Leben erfüllen:
zuerst mit den gesammelten Stichworten in Form einer Liste, dann mit weiteren
Gedankenstützen, im Telegrammstil hingeworfenen Fragmenten und schließlich mit ausformulierten Texten. Das kann beliebig oft verfeinert, umgeworfen
und neu begonnen werden, bis das Ergebnis zufrieden stellt. Die Textverarbei-
tungssoftware Microsoft WORD bietet diese Möglichkeiten mit allem erforderlichen „Handwerkszeug".[1] Für „Augenmenschen" mag das Verfahren nicht ausreichend inspirierend sein, sie werden vielleicht auch mit den älteren Methoden
experimentieren und ihre Gedanken auf Papierbögen als „Strukturbäume" wach-
sen lassen wollen.

● Man kann zwischen dem logischen und dem didaktischen Vortragskonzept
  unterscheiden.

Es kommt darauf an, wie die Zuhörer den Stoff am besten verstehen, nicht, wie
der Stoff „an sich" ist. Vielleicht wollen Sie die Zuhörer an gewissen fehlerhaften Ansätzen oder Irrwegen teilhaben lassen, obwohl das zum Zeitpunkt des
Vortrags nicht mehr „Sache" ist; schließlich haben auch Sie aus den Fehlern
gelernt. Anders der streng logisch aufgebaute Fachvortrag; er schreitet – ähnlich
wie der Artikel in einer Fachzeitschrift – von den Prämissen über Methoden und
Ergebnisse zu Ihren Schlussfolgerungen (s. Abschn. 2.3) voran. Doch auch längs
dieser Bahn können Sie „didaktische", das Verständnis fördernde Stützpunkte
errichten.

● Hilfreich ist, wenn Sie den Aufbau Ihres Referats oder Vortrags zu Beginn
  Ihrer Ausführungen als Bild zeigen.

Der Überblick, den die Zuhörer dadurch gewinnen, erleichtert das Verständnis
Ihres Vortrags. Unter Umständen können Sie dieses Bild auch an eine Wandtafel

---

1 Das entscheidende Programmsegment lässt sich als Untermenü „Gliederung" im Menü „Ansicht" aufrufen. Das Arbeiten damit ist einfach: Die Einträge erscheinen in Form einer Liste, ein
später daraus auszudruckendes Inhaltsverzeichnis vorwegnehmend. Zur weiteren Bearbeitung
stehen Schaltflächen mit Pfeilsymbolen zur Verfügung. Eine Bewegung eines Stichworts nach
oben bedeutet, dass dieser Gegenstand an früherer Stelle abgehandelt werden soll (als zuerst
vorgesehen); umgekehrt bewirkt der Nach-unten-Pfeil eine „spätere" Position in der Liste der
Einträge. Pfeile nach links und rechts haben Erhöhung bzw. Erniedrigung des *Rangs* in der
hierarchischen Anordnung zur Folge. Die einzelnen Einträge werden jetzt „gestaffelt" angeordnet, aus der (linearen) Liste wird eine Struktur. Die jeweiligen Textstücke unter einem Gliederungspunkt „bewegen sich mit", wenn in dieser Weise an der Abfolge und Hierarchie der Gliederung
gefeilt wird. Jederzeit ist durch einen Menübefehl ein Übergang in die eigentliche Textverarbeitung
(z. B. in den Ansichten „Standard" oder „Seitenlayout") möglich, d. h., das Konzipieren und das
Texten können nahtlos ineinander übergehen. Spätere Nachbesserungen und Verfeinerungen
oder das nachträgliche Einschieben von vorher vergessenen Gegenständen, die zum Thema gehören, sind fast „bis zur letzten Minute" möglich – da ist gegenüber früher alles sehr viel einfacher geworden.

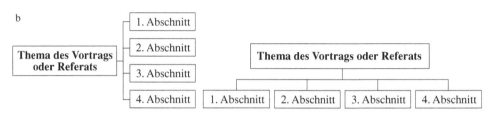

a

Thema des Vortrags oder Referats
1. Abschnitt
2. Abschnitt
3. Abschnitt
4. Abschnitt

| **Thema des Vortrags oder Referats** |

● 1. Abschnitt

  ● 2. Abschnitt

    ● 3. Abschnitt

      ● 4. Abschnitt

b

Abb. 3-2. Verschiedene Darstellungen des Aufbaus eines Vortrags oder Referats **a** in Form eines Inhaltsverzeichnisses, **b** in Form eines Organigramms, jeweils in zwei Varianten.

schreiben oder mit einem zweiten Projektor während des Vortrags „stehen" lassen. (Diese wirkungsvolle *Doppelleinwand-Technik* kann man auch auf andere wichtige Bilder und Bildserien anwenden, wofür wir weiter vorne schon ein Beispiel gegeben haben.) Das Bild kann die Form einer Liste ähnlich einem Inhaltsverzeichnis annehmen (s. Abb. 3-2 a), visuell einprägsamer ist aber eine Darstellung als *Organigramm* (s. Abb. 3-2 b). Die heutige Präsentationssoftware bietet vielfältige Möglichkeiten, solche Schemata am Bildschirm zu entwerfen.[1]

---

[1] Organigramme lassen sich innerhalb einer ausgefeilten Textverarbeitung als „Objekte" leicht erstellen und in den Text einfügen oder zu eigenständigen Bildvorlagen verarbeiten. Das WORD-Subprogramm ORGANIGRAMM ist für die Darstellung der hierarchischen Gliederung von Unternehmen oder Projektgruppen entwickelt worden. Da auch Vortrags- und andere Texte hierarchisch geordnete Strukturen sind, lassen sie sich mit diesem Programm bearbeiten. Man braucht nur Kapitel, Abschnitte und Unterabschnitte an die Stelle von Begriffen wie „Manager", „Mitarbeiter" und „Assistent", „Gruppe" und „Untergruppe" zu setzen, und schon lässt sich die Textstruktur „in Szene setzen". In die entstehenden Kästen (Felder) kommen jetzt die Abschnittsnummern und -überschriften als „Titel" zu stehen. Die Felder sind durch waage- und senkrechte Linien verbunden und können, zusätzlich zur inhärenten Struktur, noch durch ihre Farben und ihre Rahmen gegeneinander optisch abgehoben werden. Auch kann man dem so gewonnen Organigramm verschiedene „Ansichten" geben, z. B. tabellenartig oder baumartig. Das alles verschafft einen schnellen Überblick über die Struktur des Textes, doch eignet sich die Methode nach unserer Erfahrung weniger zum Strukturieren selbst als vielmehr zur Visualisierung des Ergebnisses. Zu spontanen Einfällen inspiriert doch eher die Flipchart als der Bildschirm. Bei umfangreichen und stark gegliederten Texten stoßen Programm wie Bildschirm bald an ihre Grenzen. Dieses Buch würden wir so nicht „visualisieren" wollen; doch um den Aufbau eines Vortrags sichtbar zu machen, ist das Programm gut geeignet.

● Halten Sie niemals einen Vortrag, ohne wenigstens in Gedanken eine Gliederung dafür entworfen zu haben!

Sie brauchen nicht *ein* Wort aufzuschreiben, wenn Sie nicht wollen (und wenn Sie sich auf Ihr Gedächtnis und Ihre rasche Formulierkunst verlassen können). Aber Sie müssen darüber meditiert haben (wie der Kanzelredner bei der Predigtvorbereitung, vgl. vorstehende Fußnote), was Sie in welcher Reihenfolge sagen wollen. Errichten Sie also Ihren Vortrag wie ein Haus, nach Plan; nur beim Domino-Spielen lässt man es darauf ankommen, ob und wo der nächste Baustein gesetzt werden kann.

Meditation kann ein In-sich-Hineinhorchen, im Wechsel mit Phasen des „lauten Denkens", sein; eine Selbstbefragung, die man so lange fortführt, bis die *Sinnkontur* sich klar und deutlich abzeichnet. [In ihrem Buch *Frei reden ohne Angst und Lampenfieber* rückt Natalie ROGERS (1992) die Stoffgliederung in den Mittelpunkt der Rednerschule; ihr „Talk-Power-Programm" der Stoffaufbereitung eignet sich wohl weniger für wissenschaftliche Fachvorträge als für die Überzeugungsrede, aber wenn Sie sich zu diesem Gegenstand noch mehr Anregung wünschen – wir haben nichts konsequenter Durchdachtes dazu gelesen.]

● Prägen Sie sich die Sinnkontur Ihres Vortrags ein. Schreiben oder zeichnen Sie die Gliederung auf, wenn Sie sicher gehen wollen.

Meditieren setzt *Konzentration* voraus: das Abschalten anderer Gedanken, das Abstellen störender Außeneinflüsse und vor allem die intensive innere Anteilnahme und Zuwendung auf den Gegenstand des Vortrags.

Der Konzentration bedarf es natürlich auch, um Stichwortzettel oder ganze Vortragsmanuskripte in das Gedächtnis aufzunehmen. Wie Sie diese „vierte Stufe der Rede" – das *Memorieren* – bewältigen, ist Ihre Sache. Auch wie lange Sie dazu brauchen und wie oft Sie Ihre Rede üben, kann Ihnen niemand vorschreiben. Der eine sucht sich wie für den Probevortrag (s. nächsten Abschn.) eine ruhige Stunde in seinem Arbeitszimmer, der andere geht lieber mit seinen Gedanken und Konzepten in den Wald. Wählen Sie, wenn Sie diesen Bewegungsdrang haben,[1] eine Wegstrecke ohne Verkehr und Ampeln; denn wenn Sie die

---

[1] Für motorisch veranlagte Menschen gehört das Gehen zum Denken. Von den alten Griechen, die am liebsten einherwandelnd philosophierten, über die Mönche des Mittelalters mit ihren klösterlichen Kreuzgängen bis hin zu vielen Zeitzeugen, Gelehrten ebenso wie Schriftstellern, ist immer wieder belegt worden, wie wichtig ihnen die körperliche Bewegung war, um Gedanken freizusetzen. – Wer einen Text durch Anfertigen eigener handschriftlicher Exzerpte, durch stilles oder halblautes Nachsprechen mit Bewegen der Lippen am besten aufnehmen kann, darf sich ebenfalls zum „motorischen Typ" zählen. Manche Fachleute zählen selbst das Hören zur Motorik – schließlich läuft es auf der Grundlage von Schallwellen und Bewegungen von Rezeptoren im Ohr ab. Für die eigene geistige Arbeit, auch für das Vorbereiten eines Vortrags, kann es nicht schaden, sich dieser Zusammenhänge für die optimale Entfaltung des „Ich" bewusst zu sein.

Sache richtig machen, sind Sie so in Ihre Gedanken vertieft, dass Sie bei Rot über die Straße gehen!

Wir sind hier vom Gliedern zum Einprägen, von der *dispositio* zur *memoria*, gesprungen. Der Sprung ist nicht so weit, wie er scheinen mag. Nur was Struktur hat, kann man sich einprägen. Nicht umsonst verknüpften die alten Gedächtniskünstler die Stützpunkte in ihrem Kopf mit bildlichen Wegmarken.

3.6 Probevortragen

3.6.1 Proben oder nicht?

Sie wollen sich optimal auf die „Live-Situation" vorbereiten. Was können Sie alles tun? Eine ganze Reihe von „Hausaufgaben" (s. Kasten) erfordert Ihre Hingabe.

Vorbereitung „zu Hause"

– Aufbereiten der Inhalte, über die Sie vortragen wollen
– Herstellen der Bilder (s. Kap. 6);
– Probevortragen (mehr dazu in diesem Abschnitt)
– Mentales Durchspielen der Ernstfall-Situation und möglicher Pannen (s. Abschn. 4.11)
– Bereitstellen aller notwendigen Unterlagen (z. B. Manuskript, Folien, Karten) und von Anschauungsmaterial
– Bereitstellen evtl. benötigter technischer Ausrüstungen (wie Laserpointer oder Ersatzkabel für Ihren Computer; s. auch Abschn. 4.11)

Eine wichtige Vorbereitung könnte darin bestehen, dass Sie den ganzen Vortrag vor dem Ernstfalle „zur Probe" halten, vielleicht auch, um selbst noch zu gedanklichen Klärungen zu kommen (Sprechdenken als kreative Übung). Geschieht das „im stillen Kämmerlein", dann ist die Situation ziemlich künstlich. Wenn die Exerzitie einen Nutzen haben soll, müssen Sie den Vortrag laut halten, also tatsächlich mit etwa der Stimmstärke sprechen wie beim Vortrag selbst. Und das heißt laut! Meistens hat man die Räumlichkeiten gar nicht, um dies ungestört und ohne zu stören tun zu können. Vielleicht gelingt es Ihnen stattdessen, sich die Vortragssituation so intensiv vorzustellen, dass Sie Ihre Rede halten können, ohne auch nur die Lippen zu bewegen. Was Sie dann tun, gehört in den Bereich des *mentalen Trainings*. Wir haben mit dieser Methode des „stummen Sprechens" gute Erfahrungen gemacht, andere offenbar auch (LEMMERMANN 1992, S. 64).

● Ein wichtiges Ergebnis eines *Probevortrags* ist die Ermittlung der *Vortragsdauer*.

Zu diesem Zeitpunkt können Sie noch etwas gegen Überlänge unternehmen, nämlich kürzen. Aber lohnt der Aufwand dafür? Einen Vortrag von einer dreiviertel Stunde Länge zur Probe zu halten, wird Sie anstrengen, wenn Sie die Sache richtig machen. (Wenn nicht, lassen Sie es besser bleiben.) Eine Unterbrechung bringt die Zeitmessung durcheinander. Sie könnten dem begegnen, indem Sie die „Auszeit" mit einer bereitgehaltenen Stoppuhr messen. Aber auch so ist die Situation durch die Unterbrechung gefälscht, und Sie fragen sich als kritischer Wissenschaftler zu Recht, was da eigentlich noch gemessen wird.

Überhaupt müsste die Vortragssituation möglichst genau simuliert werden, wenn eine zuverlässige Beurteilung herauskommen soll. Beispielsweise müssten auch die Bilder an die Wand projiziert und besprochen werden. Lohnt das? Die Proberei kann sogar auf eine falsche Fährte führen. HIERHOLD (2002) empfiehlt von vorneweg, zum Zeitbedarf der laut (und mit allen Handgriffen) gesprochenen Probe noch einmal 10 % für den echten Auftritt hinzuzuschlagen, und wenn es sich um eine stark Bild-orientierte Präsentation handelt sogar 20 % gegenüber dem „berechneten" Zeitbedarf.

● Der wirkliche Vortrag wird mit ziemlicher Sicherheit länger dauern als der Probevortrag, weil Sie ohne Zuhörer doch zu schnell gesprochen haben.

Auf Widerwillen stößt meist der Rat, den Vortrag vor dem *Spiegel* zu halten, um auch die Mimik und Gestik richtig einstudieren zu können. Sein eigenes Bild zu fixieren, ist nicht jedermanns Sache. Wir wissen von hervorragenden Rednern, die sich der Spiegelübung nie unterzogen haben, weil sie ihnen (wie uns) albern erscheint. Wollen Sie sich kontrollieren und Ihren Vortragsstil verbessern, gehen Sie zweckmäßig auf einen einschlägigen Kurs.[1]

3.6.2 Probevortrag vor Publikum, Generalprobe

Anders als die Spiegelübung ist der Probevortrag vor einer echten Zuhörerschaft zu beurteilen: Wenn es richtig ist, dass die erfolgreiche Rede vom Wechselspiel zwischen Redner und Publikum lebt, dann sollte auch dieses bei einem Probevortrag zugegen sein. Wenn Sie einen Arbeitskreis leiten, haben Sie eine gute Möglichkeit. Warum halten Sie Ihren nächsten Vortrag nicht zuerst vor Ihren Mitarbeitern? Sie machen dann etwas, was auch Künstler kennen und worauf sie ungern verzichten – eine *Generalprobe*. Und wenn Sie Mitarbeiter in einem Arbeitskreis sind, wird Sie der Leiter bestimmt bitten, in einer Arbeitskreissitzung vor der Tagung Ihren Vortrag zum Nutzen aller zu präsentieren. Wir wissen von Firmen, die aus dieser Bitte eine Verpflichtung gemacht haben: Niemand *darf* als Vertreter der Firma einen Vortrag „draußen" halten, der nicht zuvor zur Probe vor Kollegen gehalten und ggf. verbessert worden ist – Ausdruck starken Corporate-Identity-Bewußtseins (s. Abschn. 1.1.3).

Zur Probe vortragen können Sie auch in sehr kleinem Kreis – vielleicht besteht Ihr Publikum nur aus *einer* Person.

Proben Sie also vor „Publikum"! Sie bekommen so wichtige Rückmeldung von anderen, und das kann Ihnen helfen, Schwachstellen in Ihrem Vortrag zu finden und auszumerzen. Tun Sie alles, um auf den Ernstfall vorbereitet zu sein.

---

[1] Es gibt viele Organisationen, die solche Kurse unter den verschiedensten Namen wie Präsentationskurs, Rhetorikkurs oder Rednerschule anbieten. Wenn Sie an einer solchen Veranstaltung teilnehmen wollen, überzeugen Sie sich, dass Sie die Möglichkeit haben, vor der Videokamera vorzutragen.

Bereiten Sie dazu Ihr Publikum auf seine Rolle vor: Stellen Sie Ihren Probe-Zuhörern Fragen, auf die Sie gerne Antworten haben möchten. Das muss nicht die Form eines Fragebogens annehmen, vielleicht kommen Sie gesprächsweise zum Ziel. Je genauer Ihre Fragen sind, umso mehr können Sie von dieser Veranstaltung profitieren. Eine Auswahl der bei einem Probevortrag von *anderen* zu prüfenden Kriterien finden Sie im Kasten.

Aber auch Sie sollten sich unmittelbar nach dem Probevortrag einige Fragen stellen und beantworten (s. Kasten). Ihnen sind sicher selbst Dinge aufgefallen,

---

Fragen, die Sie als Vortragender an Ihre *Zuhörer* stellen sollten

● *Thema, Gliederung, Argumentation*
– Wurden die durch das Thema geweckten Erwartungen erfüllt?
– War der Aufbau des Vortrags gut und nachvollziehbar?
– War für die Zuhörer der rote Faden erkennbar?
– Waren die Aussagen folgerichtig angeordnet?
– Wurden die Gedanken ohne Sprünge entwikkelt?
– Waren die Argumente einleuchtend?
– Genügten die Erklärungen für das Verständnis?
– Waren die Beispiele klar und plastisch?
– Wurden Fachbegriffe, wo erforderlich, definiert und angemessen erläutert?
– Waren Anfang und Schluss gut, sind sie noch im Gedächtnis?

● *Sprache, Stimme, Körpersprache*
– War die Sprache angemessen?
– Waren Lautstärke, Sprechtempo, Stimmführung usw. zufriedenstellend?
– Wurden Pausen richtig eingesetzt?
– Fühlten sich die Zuhörer unmittelbar angesprochen?
– Wirkte der Vortrag einigermaßen „frei", oder klebte der Vortragende zu stark an seinen Unterlagen?
– Bestand ausreichend Blickkontakt?
– Wurden Gestik und Mimik als hilfreich empfunden?

● *Projizierte Bilder, Medien*
– Waren Bilddetails – auch von den hinteren Plätzen aus – gut erkennbar?

– Waren die Bilder verständlich?
– Hatten die Bilder eine angemessene Informationsdichte?
– War die Anzahl der Bilder richtig, reichten die Standzeiten aus?
– Waren Text und Bilder gut miteinander verknüpft, ergänzten sie sich?
– Waren die Bilder handwerklich einwandfrei? Waren die Bilder gefällig/gut grafisch gestaltet in Bezug auf Schriftgröße, Kontraste, Farbgebung usw.?
– Gab es Fälle, in denen anderes Bildmaterial die Aussagen besser unterstützt hätte?
– Hätte der Projektor für bestimmte Passagen ausgeschaltet werden müssen?

Fragen, die Sie als Vortragender an sich selbst stellen sollten

– Wie viel Zeit wurde benötigt? Müssen Kürzungen vorgenommen werden, sind zusätzliche Teile einzubauen?
– Haben die vorgesehenen Zeitmarken im Manuskript oder auf Stichwortzetteln gestimmt?
– Standen alle Einträge wie „Licht an" usw. an den richtigen Stellen?
– An welchen Stellen sind Stichwortzettel oder Manuskript zu verbessern?
– An welchen Stellen hatten Sie den Eindruck, dass gesprochenes Wort und/oder Bilder geändert werden müssten?
– Hat die Integration der Bilder geklappt?
– Welche Fragen sind bei Ihnen während des Vortrags aufgetaucht und unbeantwortet geblieben?

die Sie verändern wollen, ohne dass Ihr Probe-Publikum Sie darauf aufmerksam gemacht hätte.

Wenn es möglich ist, Ihre Probeveranstaltung mit einer *Videokamera* aufzunehmen, nutzen Sie die Gelegenheit. Sie können dann später die vorgebrachten Hinweise überprüfen. Vielleicht kommen Sie zu dem Ergebnis „So schlecht war das ja gar nicht!", dann haben Sie schon viel gewonnen.

Im Kasten haben wir noch einmal ein paar „Unsitten" zusammengestellt, die sie unbedingt vermeiden sollten.

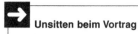

Unsitten beim Vortrag
- Kein Blickkontakt
- Am Manuskript kleben
- Stöhnsilben und sinnlose Füllwörter (s. Abschn. 1.3.2)
- Redezeit überziehen

3.6.3 Zeitmaß

Wir wollen der Frage der *Vortragsdauer* noch etwas weiter nachgehen. Das Probevortragen ist vor allem bei *Kurzvorträgen* angezeigt, da sie in einen engen Zeitrahmen gestellt sind. Weil es hier fast auf jedes Wort ankommt, wäre es fahrlässig, Ablauf und Zeiteinhaltung überhaupt nicht zu prüfen. In mancher Hinsicht muss die Vorbereitung umso intensiver sein, je kürzer der Vortrag ist.

● Setzen Sie sich Zeitmarken.

Notieren Sie in Ihrem Manuskript (s. Abschn. 3.3.1), auf Ihren Stichwort-Karten (s. Abschn. 3.3.3) oder auf den Flipframes (s. Abschn. 5.4.4) geplante Minuten oder die Uhrzeit, zu der Sie Ihre Botschaft bis zu dieser Stelle abgehandelt haben wollen. Platzieren Sie Ihre Uhr für Sie gut sichtbar (beispielsweise auf einem Rand des Overhead-Projektors), wenn sonst keine Uhr in Ihrem Blickfeld ist.

Sehen Sie bei einem Kurzvortrag etwa 15 % (etwas über 2 Minuten) für die Einführung, etwa 75 % (etwas über 11 Minuten) für den Hauptteil und etwa 10 % (ca. $1^1/_2$ Minuten) für die abschließende Zusammenfassung vor.

Bei einem 45-Minuten-Vortrag könnten Sie beispielsweise festlegen, dass die Einführung nach 12 Minuten und der Hauptteil nach (insgesamt) 38 Minuten beendet sein müssen. Dann bleiben Ihnen noch 7 Minuten für Zusammenfassung und Schlussworte. Den Hauptteil stecken Sie zweckmäßig mit weiteren Marken ab. (Beachten Sie, was wir hier suggeriert haben: mehr Zeit für die Einführung – ein Viertel der ganzen Redezeit! Manche erfahrene Redner verbringen ihre Zeit vor einem größeren Publikum bis zu zwei Dritteln mit einer sorgfältigen Ein- und Hinführung und verwenden nur den Rest für die neuen Ergebnisse und technischen Einzelheiten – sie dürfen sicher sein, allen Zuhörern etwas zu geben.)

● In den Hauptteil sollten Sie „Pufferaussagen" einplanen.

Das sind Teile, auf die Sie zur Not – sollten Sie beim späteren Vortrag die Zeitmarken überschreiten – zum Teil oder vollständig verzichten können. Es mag geschehen, dass Sie einige dieser „Knautschzonen" davon tatsächlich opfern müssen. Lassen Sie im Vortrag lieber ganze Blöcke weg, bevor Sie Zugeständnisse an die Qualität Ihrer Ausführungen machen oder anfangen, schnell zu sprechen. Bereiten Sie für Notfälle „Sollbruchstellen" im Vortrag vor, und stellen Sie sich auf Zwangslagen (die Sie vielleicht gar nicht zu vertreten haben) ein. Eine Zwangslage ergibt sich beispielsweise, wenn der Vortrag erst mit Verspätung beginnen kann und von Anfang an unter Zeitnot steht.

● Kürzen Sie möglichst nie an Einführung und Schluss.

Diese beiden Teile sind die Dreh- und Angelpunkt Ihrer Ausführungen. Sie sind „Türöffner" und – hoffentlich – krönender Schlusspunkt.

Umgekehrt könnten einige Aussagen als Reserven bereitstehen für den – seltenen – Fall, dass Sie zu früh mit Ihren Ausführungen fertig werden sollten.

Der langen Sprechprobe können Sie dadurch entgehen, dass Sie nur Einführung und Schlussteil zur Probe sprechen. So bekommen Sie gerade die wichtigsten Teile des Vortrages unter Kontrolle!

● Bestandteile des Vortrags, die Sie probesprechen können, sind auch *Bilderläuterungen*.

Wenn Sie nicht das ganze Ereignis übungshalber abspulen wollen, kann es nützlich sein zu testen, wie lange Sie für die Besprechung eines typischen Bildes brauchen. Auch selbsterklärende Bilder – wir raten für Vorträge davon ab (s. Abschn. 4.7.3) –, bei denen der Vortragende eine *Sprechpause* einlegen muss, wären dabei zu berücksichtigen. Der Routinier wird auf dieses alles möglicherweise verzichten.

Wenn Sie ein Manuskript verwenden, müssen Sie sich wegen des Zeitmaßes keine großen Sorgen machen. Sie brauchen nur die Anzahl der Wörter abzuschätzen und durch Ihre *Sprechgeschwindigkeit* zu dividieren, so bekommen Sie die Sprechzeit in Minuten. Können Sie dann noch mit früheren Vorträgen vergleichen, so haben Sie sich ohne viel Aufwand gut abgesichert.

● Man spricht in der Minute etwa 800 bis 900 Zeichen oder etwas über 100 Wörter.

ROGERS (1992) nennt 150 Wörter pro Minute,[1] was nur bedeuten kann, dass sie eine geringere mittlere Wortlänge annimmt; das mag im englischen und gemein-

---

[1] Auch WIEKE (2002, S. 79) veranschlagt (im Deutschen) eine *Sprechgeschwindigkeit* von etwas 150 Wörtern pro Minute, schränkt jedoch ein: „Dieser Wert wird aber stark dadurch beeinflusst, ob Sie tatsächlich nur den Manuskripttext mehr oder weniger fließend ablesen oder ob Sie Ihr Manuskript ab und an verlassen, improvisieren und extemporieren, Ihre Rede mit Aktionen bereichern ... oder eine Präsentation durchführen, was erfahrungsgemäß zu größeren Pausen veranlasst." Mit der vorgegebenen (hohen) Sprechgeschwindigkeit ergibt sich überschlagsweise, dass man für drei Minuten *Sprechzeit* ungefähr zwei Manuskriptseiten mit 30 Zeilen zu je etwa 60 Zeichen braucht. In diese Rechnung ist eine mittlere *Wortlänge* von ca. 8 Zeichen pro Wort eingegangen. (Das vorliegende Kapitel umfasst im Augenblick 10 555 Wörter mit 74 874
→

sprachlichen Bereich stimmen, sicher nicht für einen in Deutsch gehaltenen Fachvortrag.

Um eine Manuskriptseite (2-zeilig geschrieben, ca. 50 Zeichen pro Zeile) vorzutragen, brauchen Sie etwas weniger als 2 Minuten, für einen 45-Minuten-Vortrag müssen Sie mithin etwa 22 Seiten eines 2-zeilig oder etwa 15 Seiten eines $1^1/_2$-zeilig geschriebenen Manuskripts vorsehen. Sind die Erläuterungen zu den Bildern im Text nicht enthalten, so vermindert sich die Manuskriptseitenzahl entsprechend.

3.6.4 Tonbandaufnahme

Einigen Ausprobierens wert ist auch ein Vortrag in einer *Fremdsprache*. Wer seinen ersten Vortrag in fremder Zunge hält, sollte versuchen herauszubekommen, wie er klingt und ob er von den Muttersprachlern verstanden wird. Auch den vorgesehenen Text selbst (wenn er aufgezeichnet ist) sollte man einen Sprachkundigen durchsehen lassen, denn Fehler entstehen auf zwei Ebenen: bei *Aussprache* und *Intonation* sowie bei Wortwahl und Satzbau.

Hier ist die *Tonbandaufnahme* zur Probe angezeigt, deren sprachliche Qualität Sie prüfen lassen. Dann verbessern Sie sich so lange, bis die Testperson zufrieden ist. Sie können auch den umgekehrten Weg gehen und z. B. einen Engländer bitten, das englische Vortragsmanuskript auf Band zu sprechen. Das hören Sie sich dann – nachsprechend – so lange an, bis Sie glauben, es ähnlich gut zu können.

Manche Redner setzen die Tonbandaufnahme auch in der *eigenen* Sprache ein, um die Wirkung eines Vortrags nach Manuskript zu prüfen. Dazu sollten Sie den auf Band gesprochenen Vortrag wenigstens eine Woche beiseite legen, um ihn dann – Sie werden so zu Ihrem eigenen Zuhörer – aus der zeitlichen Distanz auf sich wirken zu lassen. Klingt das ganze zu „geschrieben", ist es noch immer möglich, schlecht gelungene Stellen zu verbessern.

● Der Vortrag soll sich schwungvoll anhören. Besonders die Einführung darf nicht fade wirken.

Noch können Sie einen „nach Nichts schmeckenden" Vortrag aufbessern. Vielleicht können Sie hier und da ein Quäntchen Humor oder Ironie als Reizmittel einbauen. In der Einleitung ist das Moment *Überraschung* gefragt. Irgendwie

---

Zeichen, Leerzeichen mitgezählt, was geringfügig über 7 Zeichen pro Wort bedeutet.) In einem wissenschaftlichen Text sind die Wörter im Allgemeinen länger als in der Gemeinsprache, aber das tut hier nicht viel zur Sache. Der Mund muss Laut-Zeichen formen und nicht Wörter. Die vorige Überschlagsrechnung ist wegen des hohen Ansatzes „150 Wörter pro Minute" auf der kritischen Seite, und Sie werden wahrscheinlich länger als drei Minuten brauchen für das Vortragen von zwei Manuskriptseiten der vorgenannten Art. Wir halten unseren Ansatz in Abschn. 3.3.3 mit etwa 100 Wörtern pro Minute, also mit geringerer Sprechgeschwindigkeit, für den besseren Schutz gegen Überschreiten der dem Vortragenden zugestandenen *Redezeit*.

müssen Sie das Interesse der Zuhörer einfangen, die ja zunächst mit eigenen Gedanken beschäftigt sind (die Engländer sprechen von "catch interest"; s. auch die AIDA-Formel in Abschn. 2.5). Wenn Sie sich, von einer anderen Arbeit herkommend, vor das Tonbandgerät setzen, können Sie feststellen, ob Ihnen dieses Einfangen gelungen ist – gegebenenfalls nachwürzen!

● Sie können einen Probevortrag auch dazu benutzen, um die Sammlung der Stichwortzettel oder das Vortragsmanuskript zu einem „Drehbuch" auszubauen.

Dazu vermerken Sie auf der rechten Hälfte der Stichwortzettel (s. Abschn. 3.3.3) oder am Rande des Manuskripts entsprechende Hinweise. Mit den Abkürzungen „D" und „T" für Dia bzw. Transparent können Sie dann am Manuskriptrand etwa anmerken: „D 10 ein" oder „T 5 aus". Zusätzlich können dort Hinweise stehen wie „Licht aus", „5 s Sprechpause" oder „20-min-Grenze", für die Verdunkelung des Saallichts, eine besonders wichtige Sprechpause oder eine Zeitmarke.

Alles Proben und Probieren steht natürlich in einem inneren Widerspruch zum Ideal des freien Vortrags. Auch hier werden Sie abwägen und Kompromisse schließen müssen.

4 Der Vortrag

4.1 Einstimmen, Warmlaufen

Das Vortragen beispielsweise einer Geschäftsvorlage im Kollegenkreis bedarf keiner größeren Umstände. Es genügt, wenn Sie mit Ihren Unterlagen rechtzeitig im Konferenzraum sind und bereitstehen, auf die Bitte des *Besprechungsleiters* hin das Wort zu ergreifen. (Eingefleischte Präsentatoren werden uns widersprechen und nichts für so wichtig halten wie die Begründung einer Geschäftsvorlage; sie haben ja Recht, wenn es um einen Vorstandsbericht geht.)

Wir sprechen hier von der großen Herausforderung etwa bei einem Vortrag auf einer wissenschaftlichen Tagung oder in einem fremden Institut. Hier beginnt der Countdown am Tag vorher.

● Sehen Sie zu, dass Sie den kommenden Tag gut ausgeschlafen beginnen.

Gehen Sie rechtzeitig zu Bett, und nehmen Sie zur Not, sollten Sie nicht zur Ruhe kommen, ein Beruhigungsmittel. Außergewöhnliche Situationen rechtfertigen außergewöhnliche Maßnahmen. Ein paar Baldriandragees aus der Hausapotheke können jedenfalls nicht schaden.

● Stellen Sie das Rauchen möglichst schon ein oder zwei Tage vorher ein.

Nehmen Sie stattdessen Hustenbonbons, um die Stimmbänder geschmeidig zu machen.

Sicher haben Sie sich Ihren Reiseplan zurechtgemacht.

● Bauen Sie, wenn irgend möglich, *Zeitreserven* für die Anreise zum Vortragsort ein.

Bei Anfahrt mit dem Auto ist es ratsam, einen Stau auf Straße oder Autobahn einzukalkulieren. Ist Ihnen der Ort unbekannt, so sollten Sie weitere Zeitreserven für die Bewältigung des innerstädtischen Verkehrs vorsehen. Hoffentlich haben Sie sich die Kopie eines Stadtplans mit vorgezeichneter Fahrstrecke vom Sekretariat Ihres Gastgebers besorgt oder einen Routenplaner im Internet angezapft. Manche steuern heute ihr Ziel mit dem Autopiloten in ihrem PKW an, lassen sich also von einem eingebauten Navigationssystem an den „Ort des Geschehens" dirigieren. *Programmhefte* von Tagungen pflegen auf die Möglichkeiten, den *Veranstaltungsort* zu erreichen und den eigenen Wagen zu parken, genau einzugehen.

● Setzen Sie sich, wenn vermeidbar, vor Ihrem Vortrag keinem Stress aus.

Wenn Sie eine Stunde vor Vortragsbeginn den Platz erreichen, so ist das gut und üblich; aber eine Stunde vorher überhaupt erst am *Tagungsort* einzutreffen, ist zu knapp, vor allem wenn Sie in ein Tagungsprogramm eingebunden sind. Sind

Sie einer Einladung gefolgt, so wird ein aufmerksamer Gastgeber für Sie zur Verfügung stehen. Er wird Sie in eine angenehme, anregende Situation einbeziehen, um etwa vorhandene Anspannungen abzubauen. Ein Gespräch im Zimmer des Gastgebers oder in der Cafeteria zusammen mit einigen Kollegen oder eine Führung durch die Labors lenken ab und vermitteln Ihnen das gute Gefühl, willkommen zu sein. Sie können es jetzt brauchen.

Zeit, sich nochmals auf Ihren Vortrag zu konzentrieren, werden Sie jetzt nicht mehr haben, und das ist gut so. Sie gehen sonst „übertrainiert" in die erste Runde. Möchten Sie allerdings die letzte halbe Stunde für sich alleine sein, so sagen Sie das. Dafür wird man Verständnis haben und Ihnen vielleicht ein leeres Zimmer mit einer Tasse Kaffee oder Tee anbieten.[1]

Sehen Sie zu, dass Ihre Innereien zu diesem Zeitpunkt in Ordnung sind. Sie sollten vorher nicht zu schwer gegessen haben, das würde belasten. Sie müssen wissen, ob Alkohol Sie eher anregt oder ermüdet. Im Zweifel bestellen Sie beim Essen davor lieber Mineralwasser oder Orangensaft.

Wir hoffen, dass Ihre Kleidung in Ordnung und dem Anlass angemessen ist. In Amerika sagt man: "Not overdressed, not underdressed". Sie können im Pullover, im karierten Hemd oder im Wickelrock erscheinen, wenn das zu Ihnen passt. Fragen Sie sich aber, ob es auch den anderen passen wird. (Extravagantes „Outfit" bei Ihrer öffentlichen Antrittsvorlesung, wenn ein Teil Ihrer Hörer, den Anlass wichtig nehmend, im dunklen Anzug oder im „kleinen Schwarzen" daherkommen, wäre sicher nicht angemessen.) Wenn es auf dem Weg zum Hörsaal windig war, sollten Sie Ihrer Frisur noch einen Blick schenken. Ein kurzer Gang zu einem Spiegel schadet nicht.

● Inspizieren Sie rechtzeitig den *Vortragsraum* (s. auch Kasten auf S. 123).

Schon bei Ihren Vorbereitungen haben Sie sich erkundigt, welche technischen Einrichtungen zur Verfügung stehen. Überzeugen *Sie* sich davon, dass sie tatsächlich da sind und funktionieren. Wenn Sie *Dias* mitgebracht haben: wer wird sie vorführen? Suchen Sie frühzeitig den Vorführer oder die *Projektionsmannschaft* auf und übergeben Sie Ihre Dias; besprechen Sie Einzelheiten. Weisen Sie auf Besonderheiten hin, vereinbaren Sie, wie Sie sich verständigen und welche Art der *Signalverbindung* Sie halten wollen.

Wenn es eine technische *Signaleinrichtung* gibt und Sie nicht nur mit Hand- oder Rufzeichen ("next slide, please") oder durch Aufstampfen des Zeigestocks

---

[1] Es gibt Getränke, die Sie vor einem Vortrag besser meiden. Dazu gehören alle Schleim bildenden Getränke, z. B. alle milchhaltigen; auch Nahrungsmittel wie Schokolade sollten Sie vor Ihrem Auftritt besser nicht zu sich nehmen. Der Schleim legt sich „um die Stimme", was den Klang Ihrer Stimme verändert. Säurehaltige Getränke wie manche Fruchtsäfte können die Stimmbänder reizen. (Wenn Sie sich schon räuspern müssen, dann tun Sie dies nicht aus der Tiefe des Halses heraus, sondern aus der Mundhöhle, denn sonst reizt das Räuspern selbst Ihre Stimmbänder – spülen Sie lieber mit Wasser nach.)

Fragen, die Sie sich im Vortragsraum stellen sollten

● Den *Raum* betreffend
– Ist die Anordnung der Stühle so, dass alle gut sehen und hören können?
– Funktioniert die Raumbeleuchtung? Wo sind die Schalter für die verschiedenen Lampen? Lässt sich der Raum schnell verdunkeln/erhellen?
– Gibt es eine Raumbelüftung? Gibt es eine Klimaanlage?

● Den *Overhead-Projektor* betreffend
– Steht der Projektor günstig? Hat er den richtigen Abstand zur Projektionsfläche? Wo sind seine Schalter, wie funktionieren sie?
– Wie erscheinen die Bilder auf der Projektionsfläche? (Einer trüben Objektivlinse kann man mit einem sauberen Taschentuch mehr Leuchtkraft einhauchen.)
– Kann man aus der letzten Reihe die Bildinhalte noch erkennen?
– Sind Arbeitsfläche und Projektorlinse sauber, frei von Staub, von Fingerabdrücken usw.?
– Kann man die Transparente neben dem Projektor ablegen (für Rechtshänder in der Regel links vom Projektor)? Stört der Lüfter des Projektors?
– Sind gebrauchsfähige Filzschreiber zu Hand? (Bringen Sie am besten Ihren eigenen Satz farbiger Schreiber mit.)
– Ist das Projektorkabel am Boden festgeklebt und gut markiert?
– Wer ist für Ersatzbirnen zuständig?

● Wenn Sie die *Tafel* benutzen wollen
– Wie kann man sie herauf- und herunterlassen?
– Ist die Tafel sauber?
– Darf das, was auf der Tafel steht, weggewischt werden? (Selbst wenn Sie die Tafel nicht brauchen, ist es störend, weil ablenkend, wenn sie voll geschrieben ist.)

● Aufmerksamkeit für *weitere Einrichtungen*
– Stellen Sie fest, ob ein *Lichtzeiger* vorhanden ist und wie er funktioniert, oder wo der *Zeigestock* steht.

– Inspizieren Sie das *Rednerpult*. Was kann man darauf deponieren? Wie lässt sich die Pultbeleuchtung einschalten? (Das hat unmittelbaren Einfluss darauf, wie gut Sie mit Ihren Vortragsunterlagen arbeiten und gleichzeitig mit den Zuhörern Verbindung halten können.)
– Gibt es eine *Saaluhr*? (Wenn nicht, legen Sie am besten bei Beginn des Vortrags eine Uhr auf das Pult; es wirkt seltsam, wenn man als Redner auf die Armbanduhr schauen muss.)
– Wenn im Raum abgestandene Luft liegt, können Sie vielleicht bewirken, dass *gelüftet* wird. Mehr Frische und mehr Aufmerksamkeit werden Ihnen und Ihren Hörern gut tun.
– Bitten Sie darum, dass ein Glas Wasser bereitgestellt wird.

● Das *Mikrofon* betreffend
– Prüfen Sie, ob eine elektroakustische Anlage vorhanden ist, ob Sie das Mikrofon brauchen und wie es funktioniert.
– Lassen Sie sich von einem Kundigen erklären, wie die Lautsprecheranlage funktioniert.
– Machen Sie eine Sprechprobe („Soundcheck"). Wählen Sie dazu laute und leise Passagen Ihres Vortrags; „eins", „zwei", „drei" reichen nicht aus! Lassen Sie feststellen, ob Klang und Lautstärke auch in den hinteren Reihen richtig sind. Versuchen Sie, mit Hilfe von Sprechproben die Anlage an ihre Stimme anzupassen. Störungen wie Rückkopplungseffekte, Rauschen oder Atemgeräusche lassen sich so vermeiden.

● Zum elektronischen Projektionssystem *Computer/Beamer*
– Funktioniert der Anschluss?
– Sind die projizierten Bilder scharf (genug)?
– Funktionieren ggf. Rücksprünge?
– Tut es die mitgebrachte Fernbedienung?
– Sind die Bildübersicht auf dem Notebook und die projizierten „Full-Screen-Bilder" auf der Leinwand zu sehen?
– Lassen sich Animationen/Filmsequenzen projizieren?

das nächste Dia herbeiholen wollen, dann lassen Sie sich zeigen, wie die Einrichtung gehandhabt wird. Und wenn Sie selbst projizieren, dann probieren Sie das ganze am besten einmal aus, um nicht nachher am „Wo-geht-denn-der-Projektor-an-Syndrom" zu leiden. Schließlich müssen Sie wissen, wie die *Fernbe-*

dienung (auch der Rücklauf des Magazins zu vorherigen Dias), die *Saalverdunkelung* und die Veränderung des *Saallichts* funktionieren.

Übergeben Sie eine Kopie Ihres Manuskripts an den Vorführer, wenn Sie möchten, dass die Dias „von allein" im richtigen Augenblick erscheinen. Bei der Verwendung des *Arbeitsprojektors* sind Sie immer Ihr eigener Vorführer. Hier dürfen Sie selbst arbeiten; prüfen Sie, ob das auch klappen wird.

Wenn Sie mit Präsentationssoftware *E-Bilder* projizieren wollen, müssen Sie die Kompatibilität des Projektionssystems Ihres Gastgebers mit Ihrer mitgebrachten Datei und ggf. mit Ihrem eigenen Notebook testen: Es gibt zu vieles, was hier „schief" laufen kann. Im Extremfall müssen für Ihre wichtigsten Bilder Transparente aushelfen.

● Wenn Sie mit dem *Mikrofon* arbeiten (müssen), planen Sie ausreichend Zeit für einen *Sprechprobe* ein.

Im Allgemeinen sind Mikrofone heute sehr empfindlich. Je kürzer der Abstand vom Mund zum Mikrofon ist, umso stärker werden alle Sprechnebengeräusche (wie Atmen, Schlucken) übertragen. Halten Sie deshalb ein *Handmikrofon* nicht – wie ein Sänger – direkt vor den Mund: Halten Sie es in ca. 30 cm Abstand entfernt und in Brusthöhe, sprechen Sie also *über* das Mikrofon. Bei stehenden Mikrofonen achten Sie darauf, dass Sie nicht zu nahe davor stehen, sondern gleichfalls darüber sprechen. Üblich sind heute Funkmikrofone. Falls Sie ein älteres Mikrofon mit Kabel bekommen, sollten Sie das Kabel einmal locker um die Hand wickeln und dann das Mikrofon in diese Hand nehmen.

Es gibt stationäre und tragbare Mikrofone. Sie bedingen unterschiedliche Redetechniken. Im einen Fall müssen Sie beim Mikrofon bleiben und immer genau, aus etwa 30 cm Entfernung, in Richtung auf den Kopf des Mikros sprechen. Ungeübte vergessen das im Eifer des Gefechts und sprechen aus unterschiedlichen Abständen und Winkeln zum Tonaufnehmer, was zu unterschiedlichen Lautstärken im Hörsaal führt – das ist sehr störend. Aus diesem Grund und um die Bewegungsfreiheit des Redners zurückzugewinnen, werden mehr und mehr tragbare Mikrofone eingesetzt. Man hängt sie sich an einer Schnur um den Hals. Lassen Sie sich zeigen, wie das geschieht.

Wenn Sie wissen, dass Ihnen manchmal beim Sprechen die Lippen trocken oder die Kehle rau werden, bitten Sie, ein *Glas Wasser* bereitzustellen. Wir haben es erlebt, dass ein Sprecher nicht mehr weiter kam, weil seine Sprechwerkzeuge den Dienst versagten. Zu große Anstrengung? Zu trockene Luft? Aufregung? Wie auch immer: dem kann man vorbeugen.

● Tragen Sie auf einer Tagung vor, so gebieten Höflichkeit und Klugheit, sich vor der Sitzung dem *Chairman* oder der *Chairlady* vorzustellen.

Vielleicht können Sie ein paar freundliche Worte miteinander wechseln. Jedenfalls will die Chairperson wissen, ob Sie da sind und ob alles in Ordnung ist.

Schon aus Rücksicht gegenüber den anderen Rednern der Sitzung werden Sie die ganze Sitzung über anwesend sein. Wenn Sie nicht der erste Redner sind, gewinnen Sie einen Vorteil durch Ihre Gegenwart: Sie können feststellen, wie das alles läuft und welche Schwierigkeiten Ihrer Vorredner Sie vermeiden können.

Damit sind die Instrumente gestimmt, das Konzert kann beginnen.

4.2 Einführung und Begrüßung

Als Vortragende(r) haben Sie in einer der vorderen Reihen des Hörsaals Platz genommen. Vom Leiter der Sitzung oder von demjenigen, der Sie eingeladen hat, wird mindestens Ihr Vortrag angekündigt; in der Regel werden Sie auch vorgestellt. Bitten Sie die Chairperson oder den Gastgeber schon vor dem Vortrag darum! Es fällt einem selbst meist schwer sich öffentlich „bekannt" zu machen. Niemand wird sich selbst oder seinen Arbeitskreis loben mit Worten wie „Ich bin einer derjenigen, die wichtige Beiträge zum X-Gebiet geliefert haben" oder „Ich gehöre zum Arbeitskreis von Professor Y, der bekannt durch seine Arbeiten über ... ist". Deshalb sollten Sie schon vor Beginn des Vortrags dem „Vorsteller" einige (am besten schon zu Hause vorbereitete) Angaben über sich übergeben. So erleichtern Sie der Person, die Sie ankündigen will, die Aufgabe.

Die Vorstellung ist auch der Moment, in dem darauf hingewiesen werden kann, dass Sie *nach* dem Vortrag für Fragen zur Verfügung stehen.

Zumindest gehören zu einer Ankündigung Worte wie

„Wir hören jetzt den Vortrag von Frau X über ..."
„Als nächster auf unserem Programm steht Herr Y mit seinem Vortrag über ..."

Dann werden Sie gebeten, an das *Pult* zu kommen.

Für einen jungen Menschen bei seinem ersten Auftritt kann das „ganz schön" aufregend sein, er weiß kaum, wie er die Füße voreinander setzen soll. Und dann weiß er nicht, wie er sich hinter, neben oder vor dem Pult aufbauen und wo er seine Hände lassen soll. Da kann es helfen, wenn man sportliche Wettkampferfahrung hat. Die Situation ist bekannt: Gezittert wird nur, bis man auf die Aschenbahn geht. Der Startschuss wirkt dann wie eine Befreiung, jetzt hat man nur noch das Ziel vor Augen.

Am besten ist es, sich auf die Situation *vorher* einzustellen, die Szene – bis hin zu Trittstufen und Kabeln, über die man stolpern kann – im Geiste ablaufen zu lassen. Doch jetzt ist der Punkt gekommen, an dem Sie sich auf Ihren Vortrag einfach nur freuen dürfen. Und damit gehen Sie einigermaßen schwungvoll „hinaus". Der *Vorsitzende* sagt vielleicht noch ein paar Worte über Sie zum Publikum und gibt dann mit einem kurzen „Frau (oder Herr) X, bitte!", begleitet von einer einladenden Handbewegung Richtung Rednerpult, das Zeichen.

Sind Sie Haupt- oder Alleinvortragender, wird Ihr Gastgeber einige Worte mehr verwenden, um Sie der Zuhörerschaft vorzustellen, und beispielsweise kurz über Ihren wissenschaftlichen Werdegang berichten.

● Auch wenn die Situation verwirrend ist, zwingen Sie sich, auf die *Begrüßungsworte* zu achten (und nicht in Ihren Vortragsunterlagen zu wühlen).

Manchmal sind diese Worte mehr als nur aneinander gefügte Floskeln, und Sie können Dinge heraushören, die Sie zu erfreuen vermögen. Ein erfahrener Gastgeber wird sich an dieser Stelle etwas Nettes und Persönliches einfallen lassen, und dann ist es gut, wenn Sie mit Ihren ersten Worten hierauf eingehen können. Bringen Sie mehr zuwege als

> „Ich danke der Frau Vorsitzenden für ihre freundlichen Worte.
> Das erste Bild zeigt ..."

oder gelingt es Ihnen gar, einen zugespielten Ball geschickt aufzugreifen: dann haben Sie gleich zu Anfang einen wichtigen Punkt gesammelt.

● Entscheidend für Fortgang und Erfolg des Vortrags sind die *ersten* Sätze.

Der oder die Vortragende wird mit Augen und Ohren abgetastet. Meister der Zunft verstehen es dabei, aus den Sekunden, die sie verstreichen lassen bis zum ersten Anheben der Stimme, Kapital zu schlagen; sie nutzen diese „Augenblicke", um durch Körperhaltung und -bewegung Souveränität auszustrahlen, sie schauen nicht *über* das Publikum in eine wesenlose Ferne, sondern *ins* Publikum. Die Art, wie sie die Runde mustern, signalisiert den Zuhörern:

> „Der hat etwas zu sagen, der will *mir* etwas sagen."

● Versuchen Sie, mit möglichst ruhiger, Ihrer normalen Stimmlage zu sprechen.

Das mit der „normalen" Stimmlage liest man in Rhetorikbüchern, aber eigentlich ist das eine nicht erfüllbare Forderung. Schließlich ist die *Situation* nicht normal! Außer wenn Sie vor einem kleineren Zirkel auftreten, werden Sie lauter sprechen müssen als gewohnt, sonst hört man Sie weiter hinten nicht. Oder Sie müssen in ein Mikrofon sprechen, auch das für die meisten eine ungewöhnliche Randbedingung. Die Ruhe in der Stimme allerdings ist eine Sache, die nur Sie selbst betrifft. Leider ist die Stimme verräterisch und nicht immer unter Kontrolle zu halten. Wir haben noch nie jemanden mit den Knien schlottern sehen, aber an nervöse Klangschwingungen erinnern wir uns (um ehrlich zu sein: auch bei uns).

● Versuchen Sie, die Zuhörer in Ihre Einführungsworte einzubeziehen.

Am Beginn eines Diskussionsbeitrags könnte ein kurzes

> „Ich danke der Frau Vorsitzenden und freue mich, an diesem Ort (oder: auf dieser für unser Fach so wichtigen Tagung) über die Ergebnisse meiner Arbeitsgruppe berichten zu dürfen"

stehen. Dann freuen sich alle mit, und sei es nur wegen der Bestätigung, dass sie an einem bedeutenden Ereignis teilnehmen. Bei einer eigens für Sie einberufenen „Sitzung" können Sie sich des Mittels der *Captatio benevolentiae* (s. Abschn. 2.6) noch stärker bedienen. Manchmal ist man als Zuhörer wirklich gespannt, was an der Stelle gesagt werden wird. Eine Anmerkung des Redners wie

> „Es war heute Vormittag beim Gang durch dieses Institut, an dem ich vor jetzt acht Jahren mein Postdoktorat absolvierte, ein eigenartiges Gefühl, meinen Namen an den Schwarzen Brettern angeschlagen zu sehen"

schafft Atmosphäre und ist überdies eine interessante Information. Wirkungsvoll wäre auch:

> „Wie der Herr Vorsitzende schon angedeutet hat, ist mir dieses Institut nicht ganz unbekannt. Ich war ja ..."

Damit zeigt der Redner vollends, dass er die Situation im Griff hat.

Wir haben damit einige der „klassischen" *Eröffnungen* einer Rede angesprochen: *Kompliment*, *Situationsbezug*, *Anknüpfen* an Vorredner. Es gibt weitere, fast so viele wie beim Schachspiel (einige Beispiele s. Kasten). Wir überlassen es Ihnen, sich Passendes – auch für spätere Stellen Ihres Vortrags – zurechtzulegen.

Beispiele für Eröffnungen eines Vortrags

- *Tagesbezug*, Einbinden aktueller Ereignisse
- *Schlagzeile*, Bezug auf Meinungsbildner
- *Parole*, Bezug auf ein gängiges Dogma oder Vorurteil
- *Zitat*, Ausleihe eines Einfalls (auch: Aphorismus, Sprichwort, Bonmot)
- *Anekdote*, Erinnern an Fiktives
- *Begebenheit*, Einflechten von Erlebtem oder Gehörtem

- *Historie*, Bezug auf Gewesenes
- *Begriff*, Hinterfragen eines Worts
- *Anschauung*, Vorzeigen eines mitgebrachten Gegenstands
- *Rhetorische Frage*, Werben um stillschweigende Zustimmung
- *Provokation*, Herausfordern des Widerspruchs;
- *Humor* (s. auch Abschn. 1.2.6)

Doch seien Sie vorsichtig:

● Wählen Sie einen „Einstieg", der zu Ihrem Thema, zu Ihren Zuhörern und zu Ihnen passt.

Auflockernde Einführungen dieser Art werden zwar gerne aufgenommen, aber sie müssen „sitzen". Steuern Sie nicht zu sehr vom Thema weg.

Und seien Sie besonders vorsichtig bei der „Humor-Eröffnung" – und allgemein beim Würzen Ihres Vortrags mit geplantem *Humor*. Versuchen Sie nicht, unter allen Umständen witzig zu sein. Wenn Sie mit Humor auf gutem Fuße stehen, dürfen Sie gerne kurze intelligente Scherze machen, vorausgesetzt, sie bringen den Vortrag weiter. Ihr Witz muss aber für die Zuhörer überraschend sein; altbekannte Witze, witzige Bemerkungen über Abwesende oder witzig gemeinte Pauschalurteile sollten Sie vermeiden. Wenn Sie etwas Witziges sagen (oder vielleicht als Cartoon an die Wand projizieren), warten Sie nicht auf das Lachen und lachen Sie auch selbst nicht mit.

Es gibt eine Eröffnung, von der wir abraten: die *Entschuldigung*. Wenn Sie sich für irgendetwas entschuldigen – manche Redner tun dies in fast masochistischer Weise –, laufen Sie Gefahr, sich selbst zu schaden. Man kann Ihre Entschuldigung als Vorwand oder als vorbeugende Maßnahme für den Fall des Versagens deuten, vielleicht machen Sie auch ganz unnötig auf eine Schwäche aufmerksam, die sonst unbemerkt geblieben wäre. Selten sind Entschuldigungsgründe dazu angetan, Sie als Helden und Überwinder erscheinen zu lassen. Und wenn, dann bringen Sie die Entschuldigung lieber später im Vortrag als zur Eröffnung.

Für alles Weitere brauchen wir Ihnen nur noch zu wünschen, dass Sie an diesem Tage nicht von der *Angina rhetorica*, der geschwollenen Rede, befallen sind.[1]

4.3 Beginn des Vortrags, Lampenfieber

Nachdem Sie Ihrerseits Begrüßungs- und Einführungsworte gesprochen haben, müssen Sie nun zur Sache kommen. Dieser Augenblick nach den freundlichen Einführungsworten erscheint uns als der kritischste im Vortrag. Er ist zudem der wichtigste, da dem Redner gleich zu Anfang die höchste Aufmerksamkeit entgegengebracht wird. Daher wiederholen wir unseren Rat:

● Es empfiehlt sich, die ersten Sätze „zur Sache" *auswendig* zu lernen.

Gleichgültig, ob Sie frei, mit Stichwortkarten oder -zetteln oder mit Manuskript vortragen, Sie bringen auf diese Weise wenigstens ein bisschen Ruhe und Sicherheit in die erste kritische Phase. Wenn Sie die einmal hinter sich gebracht haben und die Stimme sich warm gesprochen hat, setzt sich das Gefühl durch: Es wird schon gehen! Und dann geht es auch (s. unten „Habituation").

Wir kommen auf das weit verbreitete *Lampenfieber* zurück, das sich als *Redeangst* niederschlägt. (In sozialwissenschaftlichen Texten haben wir auch die Begriffe „Kommunikationsangst" und „Kommunikationsbesorgnis" gefunden.) Viele Menschen leiden daran (s. z. B. STEINBUCH 1998), kennen jedenfalls die Symptome. Darauf kommt es fast schon an: ob sie unter etwas, was auch anderen „widerfährt", *leiden* oder eher das Gefühl entwickeln, ohne diesen Reiz-

---

[1] Wir fanden das treffliche Sprachbild bei UHLENBRUCK (1986, S. 24). Vielleicht sollten wir bei entsprechenden Symptomen in Zukunft von „Morbus Uhlenbruck" sprechen.

faktor – den „Kick" des gelegentlichen Sprechens vor anderen – gar nicht leben zu können. Wenn Sie von fraglicher „Krankheit" nie betroffen waren, wenn Sie das Reden vor anderen „lediglich" als schöne Art der Selbstbestätigung, Höhepunkt Ihrer Arbeit, als willkommene Abwechslung oder als „ganz normal" empfinden, dann überschlagen Sie die nächsten Seiten. Aber es gibt dieses leidige, aus übergroßer Anspannung und vielleicht auch aus Verkrampfung geborene Phänomen (s. Kasten „Redeangst" am Anfang von Abschn. 2.1.1), und für die, die es kennen und damit zu tun haben, haben wir diese Seiten geschrieben. In jedem Rhetorikbuch wird die Redeangst angesprochen, wir können nicht ganz daran vorbei gehen. Seine eigenen Reaktionen zu verstehen trägt dazu bei, sie zu akzeptieren, besser mit ihnen fertig zu werden, ja: sie sogar zu nutzen.

Die Redeangst ist wohl im Wesentlichen eine *Versagensangst*, das bedrohliche Gefühl, einer Sache oder Situation nicht gewachsen zu sein. Sie sei, so kann man in Fachtexten nachlesen, keine Urangst des Menschen wie beispielsweise die angeborene Angst des Kindes, von der Mutter verlassen zu werden. Vielmehr handle es sich um eine *Sozialphobie* oder (sprachlich richtiger) *Soziophobie*.[1] Die Abtrennung von den „Urängsten" erscheint uns recht künstlich, gibt es doch daneben die Auffassung, gerade die Redeangst sei tief im Menschen verankert. Sie lasse sich auf jene Urtage zurückführen, in denen das Leben in Herden organisiert war. Der Mensch als „soziales Wesen" sei letztlich ein Herdentier und als solches gewöhnt, das Primat eines Leittieres anzuerkennen. Wer ans Rednerpult trete, werde in dem Augenblick zum „Leittier", auf das die anderen ihre Augen richten, auf das sie hören, das jetzt „das Sagen hat". Nur sei nicht jeder in der Lage oder willens, plötzlich aus der „Herde" (sagen wir: *Gruppe*) herauszutreten, den gewohnten Schutz der Gruppe zu verlassen, *Leitfigur* zu spielen.[2] Die Gruppe als „Gegenüber" jagt ihm Angst ein, er mag nicht „im Mittelpunkt stehen". Lange vererbte oder eingeprägte Verhaltensmuster hindern ihn daran.

Gehen wir kurz einem Wort nach: *Phobie*. In der griechischen Mythologie war Phobos die Verkörperung von Furcht und Schrecken, Sohn und Begleiter des Kriegsgottes Ares. Phobie ist in lexikalischer Kürze festgelegt als „seel. Störung mit unangemessener Furcht vor bestimmten Situationen oder Gegen-

---

[1] Unter „Soziophobie" warf unsere Internet-Suchmaschine nahezu 2450 Fundstellen aus mit Verweisen auf spezielle (ganz aktuell geführte) Websites, Bücher, Selbsthilfegruppen und Kontakte. Die Bücher tragen Titel wie „Angst, Panik und Phobien", „Ängste verstehen und überwinden", „Bammel, Panik, Gänsehaut: Die Angst vor den Anderen"). Das breitere Thema betrifft offenbar mehr Menschen, als man ahnt, und es spart auch Leistungsträger, deren Wissen gefragt ist, nicht aus. Doch gehen wir davon aus, dass Phobien für unsere Leser nur eine marginale (oder gar keine?) Rolle spielen. Soweit es speziell um Redeangst geht, mögen Bücher der Allgemeinen Rhetorik weiter helfen, wo unsere Hinweise nicht ausreichen.
[2] Wir erinnern uns nicht, wo wir auf das „Herden"-Modell der Rhetorik gestoßen sind, können ihm aber viel abgewinnen.

ständen, die die Lebensmöglichkeiten des Betreffenden z. T. erheblich einschränkt." Auch von „Überempfindlichkeitsreaktion" ist die Rede. „phob" tritt auch als Wortbildungselement auf in substantivischen und adjektivischen Zusammensetzungen, immer mit der Bedeutung „(krankhafte) Furcht", wobei die Klammern andeuten, dass der Übergang von „ganz normal" bis zu „behandlungsbedürftig" fließend ist. Nach diesen wenig erbaulichen Mitteilungen schließt unser Stichwortartikel (im *Großen Brockhaus*) so: „Furcht im sozialen Leben lässt sich am wirksamsten durch Selbstsicherheitstraining und Gruppentherapie begegnen." Wir hören da zwei hilfreiche Dinge heraus: Zum ersten sind wir als Redner mit unserer Sonderform der Soziophobie, der „Redeangst", nicht allein und dürfen uns an dem alten „Geteiltes Leid ist halbes Leid" wieder aufrichten; und zum zweiten kann man sich gegen die Furcht – die ja in unserem Fall fast immer *unangemessen* ist – zur Wehr setzen. Wir *haben* etwas zu sagen, sonst hätten uns „die anderen" nicht dazu aufgefordert; man übergibt uns die Leitung, und sei es nur für ein paar Minuten – freuen wir uns darüber, versuchen wir, den Augenblick zu genießen!

Lampenfieber ist eine besondere Form einer Stress-Reaktion, ein *Stresssyndrom*, ausgelöst von der puren Vorstellung „Vortrag" (oder „öffentlicher Auftritt", „Rednerpult"). Doch was ist *Stress*? Das Wort erfüllt unseren Alltag, fast jeder fühlt sich wenigstens zeitweise von irgendetwas oder irgendwem „gestresst". Dabei glaubt man gewöhnlich zu wissen, was das ist und wie man damit umzugehen hat. Und doch finden Psychologen und Psychotherapeuten hier reiche Betätigungsfelder. Tatsächlich kann man mit Methoden der *Stressbewältigung* Stressreaktionen wie das Lampenfieber in seine Schranken weisen. Deshalb wollen wir den diesbezüglichen Fragen kurz nachgehen, obwohl es nicht unsere Absicht ist, eine „Ars medica rhetoricae" zu schreiben; das sei besser dazu Berufenen überlassen.

Eingeführt als fachlichen Terminus hat das Wort Stress – ein Biochemiker, der Kanadier H. SELYE. Der Begriff ist dem *Deutschen Universalwörterbuch* (Dudenverlag, unsere Ausgabe von 1989) einen längeren Eintrag wert:

> „Streß, der... gepr. [(1936)... mit engl. stress = Druck, Anspannung, gek. aus distress = Sorge, Kummer ... zu lat. distringere = beanspruchen, einengen]; erhöhte Beanspruchung, Belastung physischer u./od. psychischer Art (die bestimmte Reaktionen hervorruft ...)"

Knaurs Großes Gesundheitslexikon sieht Stress als Begriff der Medizin[1] „für Belastungen aller Art (Kälte, Hitze ... Überanstrengung, Aufregung, Angst)." Was sich aus den Belastungen für den Körper und für jeden Einzelnen ergibt,

---

[1] SELYE hat das von ihm geprägte Wort in die *Medizin* eingeführt, doch hätte er nicht österreichischen Ursprungs und Fast-Zeitgenosse von Sigmund FREUD sein dürfen, wenn sich nicht alsbald auch die *Psychologie* des Begriffs bemächtigt hätte.

sollte man davon als *Stresssyndrom* absondern, ebenso wie die auslösenden Faktoren, die *Stressfaktoren* (Stressoren). Diese eigentlichen Einflussgrößen stehen oft mit den durch sie ausgelösten Wirkungen/Symptomen nur in lockerem Zusammenhang. Dieselben Faktoren lösen beim einen diese Reaktionen aus, beim anderen jene und bei wieder einem anderen – gar keine. „Der steckt das gut weg", sagt man von diesem, die anderen tun es offenbar nicht...

4.3 Beginn des Vortrags, Lampenfieber

Wie kann man mit Stress umgehen? Das ist es, was wir wissen wollen. Alles Grundlegende, was Sie in dem Zusammenhang interessieren mag, können Sie ärztlichen Fachveröffentlichungen und Ratgebern entnehmen. „Stress vermeiden" ist nicht immer ein probates Mittel. Wenn wir einen Vortrag halten wollen/sollen/müssen, da müssen wir „durch". Unsere zuletzt zitierte Quelle nennt bündig sechs Punkte eines Anti-Stress-Programms; wir geben sie hier leicht gekürzt im Kasten wieder und reichen sie somit an unsere Rhetorik-beflissene Leserschaft weiter. Sie, geneigte Leserinnen und Leser, können dieses „Programm" Punkt für Punkt auf Ihre Situation übertragen.

Anti-Stress-Programm

1. Entspannung durch „Atempausen" in unserem täglichen Leben.
2. Realistisch denken: Der Mensch sollte sich nichts vormachen. Keiner erreicht alles, jeder wird früher oder später irgendwelche Enttäuschungen erleben. Niederlagen ohne Selbstmitleid verarbeiten!
3. Die Zeit optimal einteilen. Was getan werden muss, soll Vorrang haben; man soll sich aber nicht durch zu viele Aktivitäten verzetteln.
4. Neuordnung des Lebensstils; gesünder leben durch bessere Ernährung, sportliche Betätigung, wahre Muße.
5. Ausschaltung überflüssiger Stressquellen ...
6. Besinnung auf innere Werte; eine positive Grundstimmung pflegen; Zuversicht und Fröhlichkeit ...

Die Regeln sind offenbar für die Langzeit-Anwendung gedacht, aber wir werden sie sinngemäß auch auf die Tage und Stunden vor einem Vortrag anwenden können.

Aus der *Sozialpsychologie* ist belegt, dass es einen Zusammenhang gibt zwischen dem physiologischen Erregungsniveau (z. B. Angst, im Besonderen hier Lampenfieber) und dem *Leistungsniveau* (s. Abb. 4-1). Danach steigt die Leistungsfähigkeit ganz allgemein mit zunehmender Erregung zunächst an und fällt nach Erreichen eines Höchstwerts mit weiter wachsender Erregung wieder ab. So gibt es auch in der Vortragssituation bei einer bestimmten Erregung ein Leistungsmaximum: Bei dieser „gesunden mittelstarken Angst" sind Sie als Vortragender am leistungsfähigsten.

Die Lage des Maximums auf der Erregungsskala ist individuell verschieden. Sie hängt davon ab, ob Sie eher dem *Sympathicus-* oder dem *Antisympathicus-*

Leistungs-
niveau

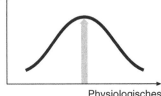

Physiologisches
Erregungsniveau

Abb. 4-1. Zusammenhang zwischen dem Leistungsniveau und dem pysiologischen Erregungsniveau.

Typ der Stress-Geplagten angehören.[1] Wie viel „prickelnde Atmosphäre" Sie brauchen, um in Ihre rednerische Bestform zu kommen, werden Sie selbst herausfinden.

Das *Lampenfieber* kann durchaus medizinisch relevante Züge annehmen, mit Beschwerden *physiologischer* Art (wie Herzklopfen, Blässe, Spannungen, Kopfweh, Magenschmerzen bis zum Völlegefühl – „Kloß im Hals" – und Erbrechen), *kognitiver* Art (Konzentrationsschwäche, Gedächtnisschwund) oder *motorischer* Art (Händezittern, Störungen beim Gebrauch der Sprechwerkzeuge und Stimme). Die Symptome können sich schon Wochen im Voraus ankündigen und zu Schlafstörungen führen, und das alles heißt, dass man sie nicht einfach „auf die leichte Schulter nehmen" kann.

Das Lampenfieber – das Wort kommt aus der Schauspielersprache[2] – ist die psychologisch-physiologische Ursache des *Blackouts*, die ähnlich wie eine Kreislaufstörung u. a. zum momentanen Verlust des Sehvermögens führen kann.

Gilt es also, das Lampenfieber zu bekämpfen; sich schamhaft einzugestehen, dass man unter der Angst steht, einen Fehler zu machen und sich öffentlich zu blamieren? Nein:

● Das Lampenfieber *gehört* zu einem Vortrag wie das Salz in die Suppe.

In seinem lesenswerten Buch *Natürliche Rhetorik* (2002, S. 38) sieht HOLZHEU das Lampenfieber geradezu als die Voraussetzung einer erfolgreichen Rede an: „Lampenfieber ist das Beste, was einem Redner passieren kann." Wir brauchen es nicht auszurotten, sondern wir müssen es akzeptieren und nur auf ein Normalmaß zurückführen: Anspannung „in Maßen" – „mittlere Erregung (Angst)" sagten wir vorhin – ist leistungsfördernd.

---

[1] Stress-Patienten vom ersten Typ reagieren auf Stressfaktoren überspannt oder mit Abwehr-Aggressionen, begleitet und verursacht von einem erhöhten Ausstoß an Adrenalin; die vom zweiten Typ reagieren eher indolent-apathisch, je nachdem, ob ihr Herz mehr vom herzleistungssteigernden *Nervus sympathicus* oder dem das Herz hemmenden *Nervus parasympathicus* gesteuert wird.

[2] Angespielt wird damit auf die Lampen, die die Bühne erleuchten, wenn sich der Vorhang hebt. Auch das Wort „im Rampenlicht stehen" (für: im Mittelpunkt stehen) hat hier seinen Ursprung.

● Nutzen Sie das Lampenfieber als Energiespritze!

Sie werden bemerken, dass sich nach einer Zeit die physiologischen Reaktionen normalisieren (man spricht auch von *Habituation* der Angst) und dass die innere Anspannung langsam verschwindet oder sich zumindest deutlich verringert, wenn die Situation eingetreten ist, vor der Sie so viel Angst gehabt haben, wenn Sie also vor dem Publikum stehen und mit ihren Ausführungen beginnen.

● Tue was Du fürchtest, und Deine Angst stirbt einen sicheren Tod. (KONFUZIUS)

Was kann man also tun, um seine Angst effektiv zu nutzen? Will der Vortragende leistungsfähig an seinen Vortrag herangehen, sollte er seine Angst – sein Lampenfieber – auf ein gesundes Mittelmaß reduzieren. Dazu stehen ihm mehrere Strategien zur Verfügung. (Sie werden bemerken, dass die drei im Kasten genannten in dem allgemeinen Sechs-Punkte-Programm der Stressbewältigung weiter vorne enthalten sind.)

> **Strategien zum Reduzieren von Lampenfieber**
> – Kognitive Umstrukturierung
> – Habituation (physiologische Gewöhnung)
> – Organisatorische Vorbereitung

Eine erste wird in der Psychologie *kognitive Umstrukturierung* genannt [sagen wir kurz: Kognition, *lat.* cognitio für Erkenntnis, (richterliche) Untersuchung]: Der Vortragende sorgt selbst für eine Umbewertung des Lampenfiebers. Er beginnt, Lampenfieber als Energiequelle zu verstehen! Das Lampenfieber beweist, dass es für den Redner schrecklich wäre, eine gute Sache schlecht vorzutragen und Menschen zu enttäuschen, denen er Wertschätzung entgegenbringt. Gar nicht übel, doch! Nervosität ist schließlich menschlich, aber nicht jeder kommt überhaupt in die Lage, sich *dieser* nervösen Attacke auszusetzen, weil niemand ihn danach gefragt hat. Mit dieser Einstellung sammeln Sie wahrscheinlich sogar Sympathie-Pluspunkte bei Ihren Zuhörern.

Eine zweites Prinzip der Angstreduktion ist die *Habituation (physiologische Gewöhnung)*: Da der menschliche Organismus nicht non-stop auf Alarmbereitschaft „laufen" kann, besteht eine Möglichkeit der Angstbewältigung darin, dass sich der Vortragende so oft in die Angst auslösende Situation begibt oder so lange in ihr verweilt, bis sich das physiologische Erregungsniveau und damit das Lampenfieber senken.

Eine dritte Strategie ist mit *organisatorische Vorbereitung* umschrieben worden. Kein griffiger Begriff, sagen wir einfach „Organisation" dazu. Organisieren heißt, Abläufe vorbereiten. Und alles Vorbereiten enthält neben dem *logistischen* Element – der Vorsorge, dass bestimmte Dinge zu bestimmten Zeitpunkten an bestimmten Orten vorhanden und einsatzbereit sind – immer auch eine *mentale* Komponente. Das Wissen nämlich, alles für das Gelingen Erforderliche getan zu haben, verschafft erst die Sicherheit und bereitet den geistigen Boden für das Gelingen dessen, was da organisiert werden soll. Die Zuversicht der Truppe, gut gerüstet und geübt zu sein, nicht ohne vorausgegangene Manöver und Manöverkritik ins Gefecht gehen zu müssen, ist schon der halbe Sieg. Unter diesem Gesichtspunkt wollen wir jetzt noch einmal kurz rekapitulieren, was wir in anderen Zusammenhängen und z. T. in größerem Detail schon in Kap. 3 besprochen haben.

Wir haben für Sie nachstehend einen „Halbkasten" gebaut, eine Einrückung mit einer Randlinie zur Betonung. Und wir haben Verben, Tätigkeiten, durch Kursivsatz hervorgehoben (nicht Substantive oder Adjektive, wie sonst): Das alles sind *Handlungen*, die Sie bereits vollbracht haben. Auf die dürfen Sie stolz sein, auf deren Wirksamkeit dürfen Sie sich jetzt verlassen. Überblicken Sie doch mit uns, was Sie schon geleistet haben:

> Sie haben sich frühzeitig auf die tatsächliche Redesituation *eingestellt*. Sie haben sich selbst trainiert, geschunden, *gedrillt*; haben mit sich oder Kollegen zusammen im „Sandkasten" *experimentiert* wie der Feldherr mit seinen Offizieren vor der Schlacht („was machen wir, wenn…?"), verschiedene – auch unerwartete – Entwicklungen *vorweggenommen*, dafür *gesorgt*, dass jeder Handgriff sitzt, jeder Gedanke im richtigen Augenblick „im Schlaf" abrufbar ist. Sie haben Ihre Unterlagen für den bevorstehenden Einsatz *optimiert*. Den Stoff, den Sie vor „den Anderen" entwickeln wollen, haben Sie lückenlos im Kopf, können ihn bei Bedarf vorwärts wie rückwärts *abrufen*. Sie *verfügen* über ein perfektes Timing, d. h., der zeitliche Ablauf stimmt, *nichts* ist dem Zufall *überlassen*. Sie haben sich mit den Räumlichkeiten und technischen Ausstattungen *vertraut gemacht*. Sie *kennen* die Stärke und Zusammensetzung der „Truppe", gegen die Sie antreten werden. Sie haben selbst "Worst Case Szenarios" *durchgespielt*. Sie haben sich auf alle erdenklichen Situationen, die während des „Gefechts" eintreten können (unerwartete Zwischenfragen, Unterbrechungen... „der Projektor geht nicht mehr!") schon im Vorfeld *geistig eingestellt*. Und Sie dürfen dazu noch *wissen*, dass einige der Begriffe aus der Militärsprache, die wir soeben haben einfließen lassen, den tatsächlichen Ernst der Lage völlig überzeichnen.

Sie sind angemessen *angezogen*, können mit Ihrem Erscheinungsbild *zufrieden sein*.[1] Meist tritt Ihnen überhaupt niemand feindselig gegenüber, die „gegnerischen Truppen" sind oft nur zu gerne bereit, nach dem ersten Trompetenstoß zu Ihnen *überzulaufen*. Zum Teufel (verzeihen Sie, bitte) – was soll denn da noch schief gehen? Was soll die Aufregung überhaupt?

An der Stelle – wurde es Ihnen bewusst? – haben Sie die *organisatorische Vorbereitung* (die „Organisation") wieder an die *kognitive Umstrukturierung*

---

[1] Sie haben gewiss daran *gedacht*, dass Sie nicht nur sich, sondern auch „den Anderen" *gefallen* wollen, und dass die Kleidung nicht nur dem Anlass gemäß *aussehen*, sondern auch angenehm zu *tragen* sein soll. Sie wollen und werden sich darin *wohl fühlen*. Ein zu enges Hemd mit eng gebundener Krawatte oder Schuhe mit ungewohnt hohen Absätzen, die zu Fußschmerzen führen, zu warme oder zu leichte Kleidung könnten Ursache für Ihr Unwohlsein sein, Ihre „äußere Sicherheit" beeinträchtigen. Aber auch dem haben Sie im Vorfeld *Rechnung getragen*, vielleicht morgens noch schnell den Wetterbericht abgehört.

herangeführt. Sie sitzen in einer Ringburg, die unangreifbar ist. Ein „Bild am Rande" (Abb. 4-2) mag deutlich machen, wie uns die Situation erscheint: Sie sind jetzt von drei Wallringen umgeben, deren einen wir der Kürze halber „Kognition" genannt haben, den anderen „Habituation", den dritten „Organisation" in Anlehnung an die Begriffe im vorstehenden Kasten. (Wir hätten auch „verstehen", „sich daran gewöhnen" und „sich darauf vorbereiten" sagen können.) In dieser Wallburg können Sie getrost Ihre Flagge hissen, niemand wird das Bollwerk stürmen.

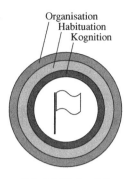

Organisation
Habituation
Kognition

Abb. 4-2. Wallmodell.

● Zuhörer lehnen den Superredner ab, der sich nie verspricht, weil er ihnen unmenschlich erscheint; und den achtlosen Redner, weil er ihr Selbstwertgefühl untergräbt.

Modernen Zuhörern ist Perfektion von Vortragenden eher unheimlich. Was sie bewundern, ist die innere Beteiligung. So auch hier: Anerkennung findet das *Engagement* des Redners, sein Verstrickt-Sein in die Sache, von der er spricht, und seine Zuwendung zu den Menschen, zu denen er spricht.

● Das Geheimnis des erfolgreichen Redners liegt nicht in seinen Tricks, sondern in seiner Hingabe und Zuneigung.

Wir wissen von einem Nobelpreisträger, der Stunden vor einem Vortrag kaum ansprechbar war. Man hörte ihn in einem Zimmer, in dem er bei Bestrafung nicht gestört werden durfte, unruhig auf- und abgehen. Danach schlug er seine Zuhörer in Bann und entließ jeden mit dem Bewusstsein, eine denkwürdige Stunde miterlebt zu haben.[1]

Der Empfehlungen, mit Lampenfieber umzugehen, gibt es, wie wir gesehen haben, viele; auch der beruhigenden Geschichten, wie andere in prekäre Situationen geraten und lebendig wieder herausgekommen sind. Und dann passiert es doch: Ihr sonst so gut funktionierendes Hirn rebelliert, die Gedanken überschlagen sich („Ich wollte doch an der Stelle ..., aber ich habe ...") und kommen dennoch zu keinem Ergebnis. Oder der Kopf macht einfach Pause: *Denkverweigerung.* Sie fallen in ein Schwarzes Loch, der *Blackout* ist da. (Der Begriff wird in der Physik angewandt, z. B. im Zusammenhang mit Empfangsstörungen oder bei Unterbrechung des Funkkontakts.) Wir werden mit der Angelegenheit am besten fertig, wenn wir sie auf eine ganz nüchterne Ebene stellen *(s.*

---

[1] An zahlreichen Beispielen weist BIEHLE (1974) nach, wie stark sich viele berühmte Redner bei ihren Auftritten „gestresst" fühlten – manche nur bei Ihrer *Jungfernrede*, andere ihr Leben lang. „Bei meiner ersten Rede befand ich mich in höchst elender Verfassung. Die Zunge klebte mir am Gaumen, ich konnte nicht ein einziges Wort herausbekommen." Der dies sagte, war Lloyd GEORGE, der starke Mann Englands im 1. Weltkrieg, ein hervorragender Redner und Meister der psychologischen Massenbeeinflussung. Sich solches zu vergegenwärtigen kann ungemein hilfreich sein.

kognitive Umstrukturierung). In Abschn. 4.6.3 stehen einige praktische Ratschlä-ge, was man tun kann, wenn „der Faden gerissen" ist. Denn anders als beim Sport, wo ein Muskelriss zum Aufgeben zwingt, kann dieser Schaden in Sekun-den repariert werden: Es ist ja nicht eine Nervenbahn, die gerissen ist, sondern „nur" der Gedankenfluss.

4.4 Freies Vortragen

Wir wollen darüber nicht viele Worte verlieren. Manche scheinen für das freie Vortragen besonders begabt zu sein, sie sprechen jederzeit und beliebig lange makellos.[1] „Ähs" und „Mhs" kennen sie nicht, am besten holte man sie gleich vor die Fernsehkamera. Sie sind Meister des „Denksprechens", über das wir schon in Abschn. 3.3.1 das Notwendigste gesagt haben.

Andere tun sich schwer, ihre guten Gedanken in entsprechend gute Worte zu fassen. Mit Übung kann man eine Menge Boden gutmachen, vielleicht haben Sie selbst schon Kollegen über längere Zeit beobachten können, die ziemlich linkisch anfingen und jetzt jeder Situation gewachsen sind, als wäre es schon immer so gewesen.

● Außer frühzeitiger und ständiger Übung sind ein jederzeit abrufbares Exper-tenwissen und gute *Vorbereitung* auf den Anlass Garanten für erfolgreiches freies Vortragen.

Darüber haben wir schon hinlänglich gesprochen. Freilich reichen Wissen und gute Vorbereitung nicht aus, die Frage ist doch: Mit welcher inneren Einstellung gehen Sie auf Ihre Hörer zu? Selbst die kühle Einschätzung von deren Bildungs-stand und Informationsbedürfnis genügt nicht.

● Bauen Sie die Schranken zwischen sich und den Menschen ab, zu denen Sie sprechen. Bauen Sie *Sympathien* auf!

Ihre Zuhörer wollen sich etwas von einem Menschen erzählen lassen, der ihnen genehm ist. Sonst geben sie ihm – Ihnen? – Antipathie zurück. Ihre besten Argu-mente und attraktivsten Bilder nutzen dann wenig: Sie sprechen gegen eine Wand aus Ablehnung, Zweifel, vielleicht sogar Verachtung. Vermitteln Sie möglichst zu Beginn Ihres Vortrags einen sympathischen Eindruck und versuchen Sie, die-sen Eindruck während des Vortrags noch zu verstärken. Bauen Sie ein *Sympathie-feld* auf. Setzen Sie möglichst viele Sympathieförderer ein (s. Kasten).

---

[1] Wieder war es MACKENSEN (1993, S. 35), der unübertrefflich formulierte, worum es geht: „Denken und Sprechen sind gleichsam zwei Takte derselben Melodie, zwei Phasen desselben Vorgangs. [...] Irgendwo in dem Zweitaktgeschehen Denken:Sprechen / Sprechen:Denken ist ein Hebel, an dem der Sprecher sitzt. [...] Das ist wohl das größte Wunder an und in der Sprache, dass [...] schließlich doch der einzelne Mensch, das Individuum, die Sprachleistung hervor-bringt und gestaltet." – Wir können dem nichts Besseres anfügen.

Vier Sympathieförderer

● *Angenehme Situation*
Andere Menschen wirken oft sympathisch, weil man selbst in guter Stimmung/Verfassung ist. Tragen Sie also zu einer entspannten Atmosphäre bei.

● *Erscheinungsbild*
Die mit den Augen wahrgenommenen Eindrücke (z. B. Kleidung, Erscheinungsbild, Mimik und Gestik) sind wesentlich dafür, ob andere uns „mögen" oder nicht. Machen Sie also einen gepflegten optisch ansprechenden Eindruck. – Menschen sind nun einmal „Augentiere"!

● *Wahrgenommene Ähnlichkeit*
Menschen, denen wir ähnlich zu sein glauben, wirken auf uns sympathisch. Binden Sie also in Ihre Ausführungen Informationen ein, die auf Gemeinsamkeiten zwischen Ihnen und Ihren Zuhörern eingehen.

● *Sprechweise und Stimme*
Eine unangenehme Stimme wirkt unangenehm – so einfach ist das. Lautstärke, Sprechgeschwindigkeit und Verständlichkeit müssen „stimmen", damit Ihre Zuhörer Ihnen gerne zuhören.

Was die Sprechtechnik angeht, erlauben wir uns eine Erinnerung (s. auch Abschn. 1.3.2):

● Sprechen Sie mit *Nachdruck*, lassen Sie Ihre Stimme leben. Sprechen Sie laut und deutlich!

„Wie denn sonst?", werden Sie sagen. Nur was laut und deutlich ausgesprochen wird, kann aufgenommen werden. Und doch achten manche Redner nicht ausreichend auf ihre *Aussprache*. Im Vortrag ist es zwar zu spät für Stimmbildung und Sprecherziehung, aber einiges kann man durch einen Willensakt momentan beeinflussen.

● Deutlich aussprechen heißt vor allem keine *Silben* auslassen, Endsilben und Endkonsonanten nicht „verschlucken".

Bei einem Vortrag in deutscher Sprache sollten Sie sich bemühen, Deutsch in *Hochlautung* zu sprechen. *Dialekt* gehört nicht in einen Vortrag. Wir haben nichts gegen einen Anklang von „Dialektmelodie": Sie verleiht der Sprache des Vortragenden persönliches Flair, erzeugt eine Atmosphäre von Wärme und Vertrautheit. Aber landschaftsbezogene Aussprachen und umgangssprachliche Wortformen und Ausdrücke kann man bei einem formalen Anlass nicht gelten lassen – je weiter vom „Entstehungsort" entfernt, desto weniger. Was in Stuttgart noch klingen mag, löst in Berlin eher Widerwillen aus. (Verzeihung! Die Orte sind austauschbar.)

Eine der Sinnbedeutungen des Wortes „artikulieren" ist „deutlich aussprechen". Wir haben es hier also mit der *Artikulation* der Sprecherzieher zu tun. Jemand sagte einmal, die Artikulation sei für den Redner, was die Orthografie für den Schriftsteller. Wollen wir uns also vor unseren Zuhörern nicht blamieren wie seinerzeit vor dem Deutschlehrer mit einem fehlerhaften Diktat, müssen wir rechtzeitig auf unsere Aussprache achten.

Und noch einmal das Thema *Blickkontakt* (s. auch Abschn. 1.2.8):

● Wollen Sie, dass die Zuhörer an Ihren Lippen hängen, dann schauen Sie ihnen in die Augen.

Gerade der freie Vortrag lebt vom Blickkontakt, der einen stillen Dialog („schweigendes Mitreden") zuwege bringt. Starren Sie nicht eine einzige Person an: Das Fixieren einzelner Zuhörer wirkt aggressiv. Suchen Sie auch nicht ständigen Blickkontakt zum „wichtigsten" Zuhörer, das wirkt devot. Sondern verteilen Sie Ihre Blicke auf mehrere, die Ihnen sympathisch erscheinen. Wenn Sie einzelne Personen kurz anschauen, wirkt das selbstbewusst und offen.

Wenn Sie ein Manuskript verwenden, lesen Sie „mit schweifendem Blick". Es ist bekannt, dass sich immer auch die Umgebung der angeschauten Person angesprochen fühlt. Lassen Sie also nicht eine Ecke des Hörsaals links liegen, man würde sich dort zurückgesetzt fühlen. Verteilen Sie Ihre „Stützpunkte" auf mehrere Stellen, und wechseln Sie sie nach einer Weile. Ein Autor (HIERHOLD 2002) empfiehlt, die Blicke in Form des Buchstabens M auf bestimmte „Sympathieträger" zu lenken (also zuerst vorne links, dann hinten links, dann in der Mitte, dann hinten rechts und schließlich vorne rechts) und bei jedem 3 bis 5 Sekunden zu verweilen. Diese Zeit – sie erscheint dem Vortragenden wahrscheinlich endlos lang – wird als erforderlich angesehen, um den Zuhörer „ins Visier zu nehmen" und wirklich mit Nachdruck anzusprechen. Andere halten es schlicht mit dem „Rundumblick"; aber bitte *verweilen* Sie an einigen Stellen, vermeiden Sie den unsteten „Scheibenwischerblick" ebenso wie den abwesenden Blick.

Anfangs fällt es schwer, in der Zuhörerschaft überhaupt einzelne Gesichter auszumachen. Schließlich ist man mit sich selbst und seiner Aufgabe und mit seinen Vortragsunterlagen beschäftigt, das reicht eigentlich. Es reicht nicht! Zwingen Sie sich dazu, einzelne Gesichter hinter dem Schleier hervortreten zu lassen, den die Aufregung zwischen Sie und Ihre Zuhörer gelegt hat – es wird gelingen.

Sie dürfen Ihre Zuhörer nicht aus den Augen verlieren, auch um auf deren Reaktionen reagieren zu können: Zwischenrufe oder Einwürfe vom Typ „Wieso dies?", „Das stimmt doch gar nicht!" oder „Erklären!" sind bei einem wohlerzogenen Publikum eher selten. Aber:

● *Körpersignale* müssen Sie wahrnehmen!

Wir führen einige der Signale an, mit denen Ihre Zuhörer mit Ihnen den Dialog führen – selbst dann, wenn Sie das gar nicht wahrnehmen sollten. Diese Signale sind zweifellos individuell geprägt, aber auch national/ethnisch.[1] Wir möchten niemandem hier ein „Übersetzungsmonopol" einräumen (natürlich auch uns

---

[1] In Indien bedeutet unser verneinend/ablehnend gemeintes Kopfschütteln *Zustimmung*. Da kann man sich ganz schön täuschen. Also – aufgepasst! Japaner zeigen in ihren Gesichtern angeblich keinerlei Gemütsregung (manche Filme leben von dem Klischee). Wahrscheinlich sind wir nur unfähig, sie zu lesen.

Körpersignale von Zuhörern

- Stirnrunzeln, Hochziehen der Augenbrauen: Erstaunen, Zweifel, aber auch Nachdenken;
- Zusammengezogene Augenbrauen: Widerspruch;
- Augen gehen zur Decke, womöglich mit heruntergezogenen Mundwinkeln: Abneigung;
- Kopfschütteln: Erstaunen, Zweifel, Unmut;
- Ruckartiges Zurückwerfen des Kopfes: Der Vortragende hat vielleicht etwas besonders Überraschendes (Dummes?) gesagt;
- Anheben oder Zurückziehen von Schultern und/oder Händen: Hört der damit nicht bald auf, oder „Na und? Was soll's?";
- Kopf mit den Händen stützen: „Lass mich in Ruhe", wenn die stützende Hand das Blickfeld zum Vortragenden versperrt; ansonsten: „mein Kopf ist schwer", ein Zeichen für Nachdenken (denken Sie an die Position des Denkers von Auguste RODIN);
- Verschränkte Arme: entweder bequemere Position oder Abwehrhaltung/Schutz gegenüber Inhalten oder Vortragendem;
- Geräusche mit Fingern, Trommeln: Ungeduld (eine Pause wäre für diesen Zuhörer jetzt angebracht);
- Beine übereinander schlagen, Körper zur Seite drehen: nur mit einem Ohr zuhören;
- Tief in den Sitz rutschen: Schlummerhaltung einnehmen;
- Geräusche durch Bewegen auf der Sitzfläche: Zuhörer wechselt oft seine Sitzposition, er fühlt sich unwohl, eigentlich wäre jetzt eine Pause angebracht;
- mit dem Nachbar tuscheln;
- in Unterlagen blättern.

nicht), aber auf einige Grundmuster und ihre Interpretation in gewohnten (mitteleuropäischen?) Zonen können wir uns vielleicht verständigen (s. Kasten).

Wir haben schon früher angedeutet, dass wir nicht zu denen gehören, die der „freien Rede" – oder jedenfalls der völlig freien – als einzig „wahrer" Redeform huldigen. Es gibt erfahrene Rhetorik-Lehrer, die an ihr sogar deutliche Kritik üben. Bei AMMELBURG (1988, S. 59) haben wir dazu folgende Stellungnahme gefunden:

> „Ein Redner, der sich vornimmt, längere Ausführungen ohne schriftlich vorliegende Gedächtnisstütze anzugehen, behindert im Grunde genommen nur sich selbst. Denn er erschwert sich – durch die erforderliche Gedächtnisleistung – zusätzlich seine Aufgabe und kann sich weniger auf seinen rednerischen Ausdruck, die Wortwahl oder den Stil konzentrieren. Es ist daher Unsinn, diese Erschwernis in Kauf zu nehmen auf Kosten der rednerischen Leistung."

Unsinn oder nicht, Sie brauchen sich jedenfalls nicht zu zwingen, einen Hauptvortrag oder auch nur einen Kurzvortrag auf einer Tagung ganz frei zu halten, schon gar nicht, solange Sie mit Redeangst zu kämpfen haben.

Wenn Sie sich überfordern, stehen Sie sich womöglich selbst im Wege. Setzen Sie sich erreichbare Ziele! Ihr Ziel darf es *nicht* sein – noch mal das Thema von vorhin –, *keine* Angst zu haben. Versuchen Sie vielmehr, mit Ihrer individuellen Disposition (mit *Ihrer* Ausprägung der Angst) effektiv umzugehen. Machen Sie sich bewusst, dass manche Angstsymptome, wie rot werden und stottern oder zittern, am stärksten immer von Ihnen selbst wahrgenommen werden, das Publikum merkt davon weniger. Ein Tipp dazu: Suchen Sie sich einen Verbündeten im Publikum, der auf diese Dinge achtet und Ihnen im Anschluss an die Veranstaltung, vielleicht sogar während des Vortrags, Rückmeldung gibt. Häufig ist solch ein Abgleich von Selbst- und Fremdbild – also dem Bild, das man selbst von sich hat, und dem, das sich andere von einem machen – beruhigend!

Gehören Sie andererseits zu den begnadeten Kollegen, die tatsächlich aus dem Augenblick heraus fehlerfrei und noch dazu „lebendig" formulieren können, dann wird Sie sicher niemand einer unsinnigen Handlung zeihen, wenn Sie Ihre Begabung ausspielen und sich über solche Vorbehalte, Mahnungen zur Vorsicht und überhaupt alle wohlgemeinten Ratschläge hinwegsetzen, sie vielleicht gar nicht erst zur Kenntnis nehmen. Dann bleibt uns nur zu hoffen, dass Sie sich nicht unkritisch überschätzen – und, Sie zu beglückwünschen.

Doch so bewundernswert Ihre Sprachbeherrschung auch sein mag, am Ende heißt es noch darüber hinaus:

● Sprechen Sie nicht nur mit der Zunge!

Mit diesem Satz, den wir unseren „Vierten Kategorischen Imperativ" nennen, fassen wir noch einmal zusammen, was wir soeben und schon bei früherer Gelegenheit über die Elemente der Körpersprache – Gestik, Mimik und Motorik – gesagt haben. Gerade Hochleistungssprechern mag diese Erinnerung helfen, sich vor allzu einseitigem Perfektionismus zu bewahren.

4.5 Vortragen mit Stichwortkarten und Handzetteln

Nehmen wir an, Sie haben (wie in Abschn. 3.3.3 beschrieben) Stichwortzettel oder -karten angelegt. Es gibt zwar keinen Grund, sie wie *Spickzettel* zu verstecken, aber A7-Kärtchen verschwinden fast in Ihrer Hand. Sie können Ihre Stichwörter mit sich führen: vom Pult zur Tafel, zum Flipchart, zum anderen Ende des Podiums. Eine Hand zum Schreiben oder Zeigen bleibt frei, und allenfalls beim „Mienenspiel" der Hände sind Sie beeinträchtigt. Stets sind die Stichwörter „zur Hand", das gibt Sicherheit und erhöht Ihren Aktionsradius.

Die geistige Leistung, die Sie jetzt vollbringen, ist *variables Gedächtnis* genannt worden – im Gegensatz zum „mechanischen" beim Auswendiglernen. Auch Ausdrücke wie „lebendiges", „denkendes" oder „konstruktives" Gedächtnis zeigen, worum es geht: um die Fähigkeit, aus wenigen „Gedächtnisfetzen" das Ganze zusammenzusetzen.[1]

---

[1] Konstruktives Gedächtnis: das lässt sich aufbauen und üben. Es ist eines der wirksamsten Mittel, um die Anforderungen von Beruf und Alltag zu meistern. Dies ist eine Stelle, an der wir den Satz in Abschn. 1.1.2 in Erinnerung rufen dürfen: „Die Schule des Lebens ist eine Hochschule rednerischen Könnens."

● Wenn Ihr Referat „läuft" und Sie sicher sind, dass Sie nichts vergessen haben, brauchen Sie die Karten oder Zettel nicht zu konsultieren, oder nur das eine oder andere Mal bei einem *Themenwechsel* Ihres Vortrags oder am Schluss.

Sie können dies unbekümmert tun und etwa mit den Worten begleiten

„Lassen Sie mich kurz feststellen, ob ich nichts übersehen habe. "

Vielleicht finden Sie noch einen Hinweis auf eine Sache, die Sie tatsächlich vergessen haben. Sie können aus der Not eine Tugend machen und das Versäumte nachholen mit Worten wie:

„Wir haben noch etwas Zeit, so dass ich Ihnen einen weiteren Aspekt nicht vorenthalten will."

Die Zuhörer werden das nicht übel nehmen. Gespräche springen immer hin und her, und ein Vortrag ist ja auch ein Dialog. Es kommt auf die Situation an. Möchten Sie das vermeiden – auch schön, dann schauen Sie vorher in Ihre Zettel!

● Das Benutzen von Stichwortkarten oder -zetteln empfiehlt sich auch dann, wenn Sie den Zeitplan strikt einhalten müssen.

Der Blick auf die Minutenangaben im rechten oberen Feld der Karten (s. auch Abb. 3-1 in Abschn. 3.3.3) zeigt Ihnen an, ob Sie im Plan liegen. Es gibt immer Möglichkeiten für kleine Kurskorrekturen (s. das Stichwort *Pufferaussagen* in Abschn. 3.6.3). Meist muss man sich kürzer fassen – nicht: schneller sprechen! Sie brauchen dazu nur bei dem einen oder anderen Bild etwas kürzer zu verweilen, hier oder da ein Detail wegzulassen, und holen die Zeit wieder ein.

Manche Redner halten für den Fall, dass sie Zeit *übrig* behalten sollten, *Episoden* und *Anekdoten* bereit und notieren sie auf ihren Stichwortzetteln oder bauen sie bewusst als Stilmittel ein.

Eine häufig angewandte Technik erfahrener Redner besteht darin, nur wenige Karten anzulegen, z. B. für wörtliche Zitate und Zahlen. Kommen dazu noch je eine Karte für Anfang und Schluss (ausformuliert!), so ist der Redner noch besser abgesichert, als wenn er diese wichtigen Teile auswendig gelernt hätte. Von der mehr oder weniger freien Rede des Hauptteils mündet der Redner beispielsweise 4 Minuten vor Ablauf der Redezeit in das Lesen mit schweifendem Blick (s. Abschn. 4.6.1) ein und darf gewiss sein, dass er einen guten Abgang haben wird.

Umgekehrt vollzog sich am Anfang der Übergang zur freien Rede. Verwenden Sie in diesem Fall ein A4-Blatt für die Einführung und eines für den Schluss – es handelt sich nicht mehr wirklich um Stichwortzettel, sondern um Textfragmente – und dazu vielleicht noch ein drittes für die Gliederung (Abschnittsfolge z. B. nach Art von Überschriften). In die mit dem Computer-Textsystem geschriebene Gliederung können Sie Zeitmarken und andere Regieanweisungen sowie Hinweise auf weitere Zettel eintragen. In kräftiger Handschrift ausgeführt, ergänzen diese Vermerke die Gliederung zu einem verlässlichen Führer durch den Vortrag.

Diese Methode der *Handzettel* können Sie auf weitere wichtige Passagen ausdehnen, manchmal reicht das Format A5 oder sogar A6 aus. Legen Sie die Handzettel in der richtigen Reihenfolge neben die Gliederung.

● Handzettel in Verbindung mit einer Gliederung sind eine wirkungsvolle Variante zu den üblichen Stichwortkarten.

Sie sehen also: Es gibt mehrere Formen der „Zettel- und Kartenwirtschaft". Wählen Sie das zu Ihnen und dem jeweiligen Anlass Passende aus.

Das Thema „Stichworte" lässt sich weiter variieren.

● Statt Stichwortkarten oder -zetteln können Sie die *Bilder* als Stützpunkte Ihres Vortrags benutzen.

Wenn Sie das *Bildmaterial* geschickt entworfen und zusammengestellt haben, deckt es den ganzen Vortrag lückenlos ab, und Sie können sich daran entlang hangeln. Diese despektierlich als „System Affe" bezeichnete Technik wird oft eingesetzt. Dies bemerkt der Zuhörer manchmal daran, dass der Redner zunächst das Bild aufruft und dann erst mit seinen Erläuterungen einsetzt. Wir halten dieses Verfahren durchaus für legitim. Es gestattet viel gefragten Rednern, ihre Vorbereitungszeit zu verkürzen. Sollte es einmal (was wir nicht hoffen!) zu einer Panne am Projektionsgerät kommen, wird das Auditorium allerdings schnell bemerken, ob Sie Ihren Vortrag auch im Kopf haben. Fachleute der (professionellen) Präsentation sind hier weniger mild. Sie halten das Aufrufen eines Bildes ohne verbale *Ankündigung* seines Inhalts für einen Kunstfehler. Versuchen Sie also, mit Wendungen wie

> „Wir beschritten also einen anderen Weg ..."
> „Das Ergebnis hat uns nicht wenig überrascht ..."

das Bild (das den „Weg" bzw. das „Ergebnis" zu zeigen hätte) bei Ihren Zuhörern einzuführen, die Hörer darauf *neugierig* zu machen. Wenn Sie, sobald das Bild zu sehen ist, eine Sprechpause einlegen, werden alle sich auf das Bild konzentrieren und versuchen, es zu verstehen. Ganz wird ihnen das nicht gelingen, so dass sie auf Ihre Erläuterung *gespannt* sind.[1] So bleiben immer Aktion und Interaktion im Vortrag. Im günstigen Fall gibt ein Bild das Stichwort für das nächste, so dass Sie sich „professionell" verhalten können, ohne sich den Vortrag im Einzelnen eingeprägt zu haben.

---

[1] Zwei verruchte Theologen haben in dem Zusammenhang von „Minirock-Technik" gesprochen. Was tut der Minirock? Er deckt das Wesentliche ab, ist aber kurz genug, um Interesse zu erwecken. Entsprechend können Sie es also mit der Bildinformation halten, aber eigentlich gilt das Prinzip auch für den Vortrag als Ganzes (BREDEMEIER und SCHLEGEL 1991, S. 12).

Wir haben erlebt, wie ein genialer Vortragender gleich aus *zwei* Projektoren Bilder auf *zwei* Leinwände werfen ließ, ohne jemals im geringsten Zweifel zu sein, auf welcher Leinwand als nächstes welches Bild zu erscheinen hatte. Ein anderer arbeitete abwechselnd mit normalen und mit 3D-Projektionen auf derselben Leinwand, auch er in fehlerfreier Eigenregie.

Wenn Sie *Transparente* und *E-Bilder* vorführen, haben Sie Ihre Bild-„Krücken" selbst in der Hand und entgehen – im Gegensatz zu Dias – der Gefahr, nicht vorab zu wissen, was kommt. Sie sehen das nächste Bild auf dem Tisch neben dem Overhead-Projektor bzw. in der Bildübersicht Ihres Präsentationsprogramms als erster, bevor Sie es auflegen, und können sich so auf das neue „Stichwort" einstellen. Auch das ist ein Grund für die Beliebtheit der Folien- und der „E-Folien"-Technik.

4.6 Vortragen mit Manuskript, der auswendig gelernte Vortrag

4.6.1 Lessprechen

In mancher Hinsicht stellt das Vortragen mit Manuskript, die sog. *gebundene Rede*, die höchsten Anforderungen. Schon die Umstände fordern den Redner. Ein Manuskript ist vermutlich angefertigt worden, weil es sich um einen langen Vortrag handelt, vielleicht zu einem „zeremoniellen" oder öffentlichen Anlass, oder weil das Vorgetragene wichtig genug ist, um später publiziert zu werden. Dazu kommt aber noch etwas:

● Vortragen vom Manuskript erfordert eine Technik, die gelernt sein will.

Das Problem liegt darin, dass wir als Redner weder lesen – im Sinne einer Selbstbeschäftigung – noch wirklich vorlesen, sondern mit dem Auditorium in Verbindung stehen wollen und doch in das Manuskript sehen müssen. Es lohnt sich, die Situation zu analysieren.

Gewöhnliches *Lesen* ist Kommunikation zwischen zwei Menschen: einem unsichtbaren, dem *Autor*, und einem sichtbaren, dem *Leser*. Die Augen des Lesenden sind auf das „Medium" Papier gerichtet, die Umgebung ist abgeschaltet. Das kann es nicht sein, was wir hier brauchen.

Auch *Vorlesen* (im engeren Sinne) genügt nicht. Ein Vortrag ist keine *Dichterlesung*, die lebt vom Klang der Worte. Sie will auch keine langweilige Unterrichtsstunde sein. Was wir brauchen, wenn wir nicht gerade im Rundfunk sprechen, ist geistige Interaktion mit den Zuhörern während des lauten Lesens.

Die „Vorlesung" hat zwar in der akademischen Welt ihre Heimat, aber sie wird nicht im Wortsinn verstanden. Der Professor, der seine Vorlesung wirklich vorläse, wäre ein schlechter Hochschullehrer. Es mag zwar ein *Vorlesungsskript* geben, aber darin steht nicht das, was der Professor sagt – ein Skelett vielleicht der Vorlesung, eine Sammlung von Formeln und Diagrammen, aber nicht der eigentliche Vortrag. Der wird im nächsten Jahr anders lauten, auch wenn noch dasselbe Skript kursiert. Das Wort *Vorlesung* wurzelt in der Geschichte: In einer weniger freien Epoche ließen sich die Landesherren schriftlich vorlegen, was die Professoren vor den Studenten ausbreiten durften. (Ob sie jemals ihr Ziel erreichten, Akademiker am Denken zu hindern, muss bezweifelt werden.)

● Der gute Vortrag vom Manuskript verlangt eine über das Vorlesen hinausgehende Zuwendung des Sprechers zu seinen Hörern.

Zu dieser Zuwendung gehören der Blickkontakt mit den Zuhörern *(Lesen mit schweifendem Blick)*, Gestik und Mimik, kurz alles, was wir im Zusammenhang mit der freien Rede erörtert haben. Da hat es selbst der Sprecher im Rundfunk leichter, denn solches wird von ihm nicht erwartet. Dem Vortragenden, der zu sehr an seinem Manuskript „klebt", ist der Vorwurf gewiss:

> „Warum hat er seine Sentenzen nicht in schriftlicher Form verteilt,
> dann hätten wir uns das Herkommen sparen können!"

● Es gilt, gleichzeitig zum Text *und* zum Auditorium Kontakt zu halten.

Dieser Prozess der doppelten Zuwendung – in Analogie zum Denksprechen der freien Rede müsste man dazu „Lessprechen" sagen – ist genau untersucht worden. Dabei kam etwa folgendes heraus:

Voraussetzung für den erfolgreichen Vortrag vom Manuskript ist, dass man die Kunst des *Schnell-Lesens* beherrscht. Dann bleibt dem Redner neben dem Lesen genügend Zeit für die Zuhörer. Außerdem verlangt die Technik ein gut trainiertes Kurzzeitgedächtnis, da es ja erforderlich ist, die aufgenommenen Textbilder so lange zu fixieren, bis sie einige Sekunden später ausgesprochen, dann gelöscht und durch neue ersetzt werden können. Dazu wird der Text des Manuskripts gedanklich in *Wortblöcke* zerlegt, die einzeln aufgenommen und an die Zuhörer weitergegeben werden. Das geschieht jeweils in mehreren Phasen, die z. B. HARTIG (1993, S. 62) als *Fünf-Schritt-Technik* bezeichnet hat (s. Kasten).

Sie blicken also immer abwechselnd in Ihr Publikum und dann wieder auf Ihr Manuskript. Sind Ihre Augen dabei zu lange auf das Papier gerichtet, so entsteht der Eindruck, Sie seien eigentlich mit sich selbst beschäftigt und schauten nur von Zeit zu Zeit nach, ob noch alle Zuhörer da sind. AMMELBURG (1988, S. 49) gibt die Zeitanteile mit 50 : 50 oder mehr zugunsten des Blicks zu den Zuhörern an.

So zu verfahren erfordert mehr als die Fähigkeit, Wortblöcke „mit einem Blick" zu erfassen. Man muss auch praktisch ohne Zeitverlust die Textstelle wieder finden, an dem die Augen das Papier zuletzt verlassen haben. Letztlich kommen Ihnen auch hier gute Vorbereitung und ein gutes Gedächtnis – jetzt geht es, wie auch beim Rezitieren und Deklamieren (s. unten), um das Langzeitgedächtnis – zustatten. Wenn Sie die Sätze vorgeprägt im Kopf haben, müssen

Fünf-Schritt-Technik

- *Einpräge-Phase* Wortblock aufnehmen und im Gedächtnis speichern
- *Aufblick-Phase* Augenkontakt zum Publikum herstellen
- *Vortrag-Phase* Wortblock aussprechen
- *Verweil-Phase* Wirkung der Worte beim Publikum feststellen
- *Abblend-Phase* Augenkontakt mit Publikum abbrechen und in die nächste Einpräge-Phase einsteigen

usw.

Sie sie nicht wortweise aufnehmen, ein „Anstoß" genügt. Dasselbe gilt, wenn Sie ein guter Formulierer sind: Ein Satzanfang, ein Stichwort reichen Ihnen aus, den Rest schöpfen Sie aus dem Augenblick. Insofern ist das Vortragen vom Manuskript – wir sagten es schon bei früherer Gelegenheit (s. Abschn. 3.3.2) – sowohl mit dem freien Vortrag und dem Vortrag mit Stichwortzetteln als auch mit dem auswendig gelernten Vortrag verwandt. Voraussetzung des Auswendiglernens ist ja ebenfalls die Existenz eines Manuskripts; die Frage ist nur, ob das Manuskript beim Vortrag vorhanden ist und eingesetzt wird oder nicht.

● Die Vortragstechnik ist dann vollendet, wenn die Zuhörer sie nicht bewusst bemerken.

Hat der Redner ein Manuskript benutzt? Man kann sich nachher nicht erinnern, ein Umblättern von Seiten bemerkt zu haben. Wahrscheinlich hat es stattgefunden, aber der Redner verstand es, seine Zuhörer suggestiv auf anderes zu lenken.

Da wir gerade bei Suggestion sind, sei eine Mischtechnik der Rede geschildert, der sich manche Politiker bedienen. Sie lassen den Text ihrer Rede so aufschreiben, dass links ein breiter Rand bleibt, der ein Drittel bis zur Hälfte der Seite ausmachen kann. Dort stehen Stichwörter oder Halbsätze, die das wesentliche des rechts stehenden Volltextes ausmachen. Es handelt sich offenbar um eine Mischung von Stichwortzetteln und Volltextmanuskript, besonders verwandt auch mit der in Abschn. 3.3.2 erwähnten Markierungsmethode. Man spricht in dem Zusammenhang von „Rückfalltechnik": Genügt dem Redner die linke Manuskriptseite, so ist es gut, andernfalls kann er auf den vorbereiteten Text rechts „zurückfallen". – Diese Technik gewährt Freiraum für den Redner und stellt gleichzeitig sicher, dass am nächsten Tag Auszüge der Rede in der Zeitung stehen können. Machen wir es genauso!

Dürfen wir diese Ausführungen über die verschiedenen Formen und Umstände des Vortrags noch einmal in einem Satz zusammenfassen?

● Passen Sie den sprachlichen Ausdruck der Redesituation an!

Dies ist unser „Fünfter Kategorischer Imperativ". Wenn Sie in jedem Vortrag einen Prüfstein auf dem Weg zum nächsten sehen, können Sie dem noch einen

„Sechsten Kategorischen Imperativ" anfügen:

● Wählen Sie Ihren Vortragsstil und stimmen Sie Ihre Vorbereitungen darauf ab!

Aber dieser Schluss führt uns im Sinne einer Rekursionsformel an den Anfang (besonders Kap. 3) zurück. Bleiben wir lieber bei Ihrer augenblicklichen Aufgabe – noch läuft die Szene!

4.6.2 Auswendig vortragen

Wir sprechen an dieser Stelle noch einmal den *auswendig gelernten Vortrag* an. Bei manchen Sprachpädagogen ist er verpönt, aber wir können darin nichts Anstößiges – allenfalls eine riskante Technik – entdecken. Wer ein gutes „mechanisches" Gedächtnis hat, mag sich ihrer bedienen; sein Vortrag kann durchaus „frei" wirken, ohne es zu sein. Für alle anderen bedeutete das Verfahren freilich Vergeudung von Kraft und Zeit bei der Vorbereitung und schließt sich schon deshalb aus.

Ein Vortragender wurde angesprochen:

> „Herr Kollege, ich bewundere Ihre Kunst, völlig frei so vollendet zu sprechen, aufs höchste."

Die Antwort war ernüchternd:[1]

> „Da müssen Sie Ihren Respekt fallen lassen. Ich habe meinen Vortrag seit Wochen auf jedem Spaziergang auswendig vor mir hergesagt."

Das Beispiel (es ist nicht erfunden) belegt, dass „Deklamation" (s. Abschn. 3.3.2) sehr erfolgreich sein kann; natürlich nur, wenn gutes Gedächtnis *und* weitere rhetorische Mittel eingesetzt werden. Das Verfahren ist aber gefährlich. Was machen Sie, wenn Sie „den Faden verlieren", wenn „der Faden reißt" und Sie nicht wissen, wie es weitergeht? Ein Souffleur ist nicht zur Stelle, da haben es die Schauspieler besser.

Als auswendig nach Vorlage sprechender Redner haben Sie wahrscheinlich ein gutes visuelles Vorstellungsvermögen. Sie sehen beim Vortrag förmlich, dass

---

[1] Sie gibt gleichzeitig einen methodischen Hinweis: Das Auswendiglernen bedarf des besonderen Ortes, der Abgeschiedenheit z. B. des Waldes. – Über die Kunst des *Auswendiglernens (Memorierens)* können wir uns hier nicht verbreiten, aber einen Rat wollen wir anbieten, da er Sie vom Waldpfad wieder in Ihr Arbeitszimmer führt: „Beim Auswendiglernen sollte nicht mit lauter Stimme gelesen, sondern mit Gemurmel meditiert werden. Auch ist es offensichtlich besser, das Gedächtnis des Nachts zu üben als bei Tag, weil uns das Schweigen ringsum zu Hilfe kommt, so dass die Aufmerksamkeit nicht durch die Sinne nach außen abgelenkt wird. Es gibt ein Gedächtnis für Dinge und ein Gedächtnis für Wörter, doch müssen die Wörter nicht immer auswendig gelernt werden. Sofern man nicht gerade sehr viel Zeit zur Meditation hat, genügt es, die Dinge selber im Gedächtnis zu behalten, vor allem, wenn das Gedächtnis nicht von Natur aus gut ist." Ganz schön praktisch, diese Ratschläge, und fundiert (Unterscheidung zwischen den Wörtern und „den Dingen selbst") – sie wurden zur Zeit der Völkerwanderung in Nordafrika in lateinischer Sprache aufgezeichnet (s. YATES 1990, S. 55).

Sie jetzt auf Seite 13 unten des – beiseite gelegten – Manuskripts stehen. Nun wollen Sie weiter sprechen und gelangen an einen Punkt in der Mitte von Seite 14. Was Seite 14 oben steht, will Ihnen nicht einfallen. Wenn Sie sich dadurch verwirren lassen, wird es gefährlich (wenn das Manuskript nicht in Reichweite ist).[1]

4.6.3 Blackout

Was wollen Sie unternehmen, wenn Sie den Faden verloren haben (Blackout)? Sie tun gut daran, sich auf die Situation einzustellen. Dazu müssen Sie sie analysieren (s. auch Abschn. 4.3). Tritt sie dann ein, so können Sie damit auch umgehen. Zunächst:

● Meist bedarf das Flicken des gerissenen Fadens nur einiger Sekunden. Überbrücken Sie diese Zeit! Nehmen Sie einen neuen Anlauf.

Verkrampfen Sie sich nicht, Ihr Malheur ist auch anderen passiert. Zur Not blicken Sie in die Runde oder bleiben dem letzten Bild zugewendet, als betrachteten Sie es noch interessiert. Die Zuhörer tun dann dasselbe und merken die *Kunstpause* nicht. Oder es fällt Ihnen ein, dass Sie zum vorangegangenen Bild noch etwas sagen wollten. Bis das erst einmal erscheint, ist wahrscheinlich alles wieder in Ordnung.

Wenn nicht, haben Sie weitere Möglichkeiten, Zeit zu gewinnen:

– Trinken Sie einen Schluck Wasser! Auch bei einem 15-Minuten-Vortrag wird man das als Zuhörer nicht missbilligen. Wir halten das Glas Wasser in Reichweite schon aus diesem Grund für nützlich. Oder schnäuzen Sie sich mit einem kurzen „Entschuldigung!".

– Wiederholen Sie! Wahrscheinlich ist der Faden an einer Stelle gerissen, an der der Vortrag eine Zäsur (*lat.* für Einschnitt) hat, etwa am Übergang von einem Abschnitt zu einem anderen. Sagen Sie etwas wie

„Es ist an dieser Stelle angebracht, das zuletzt Gesagte noch einmal kurz zusammenzufassen."

Wenn Sie nicht wirklich in eine Nervenkrise geraten sind, wird es Ihnen möglich sein, den vorderen Teil des Vortrags bis zur Bruchstelle oder Teile davon zu *rekapitulieren* (von *lat.* caput, Kopf; eigentlich: Überschriften in Erinnerung rufen). Vielleicht genügt schon ein kurzes

---

[1] August BEBEL, der Mitbegründer der Sozialdemokratischen Arbeiterpartei, blieb in einer seiner großen Volksreden stecken. Er soll später gesagt haben: „Mein Temperament war mit meinen Gedanken durchgegangen. Ich hätte vor Scham in den Boden sinken mögen. Ich gelobte mir, nie mehr eine Rede auswendig zu lernen – und bin gut damit gefahren." Das Dumme ist nur, dass man auch im freien Vortrag, ja in einem harmlosen Gespräch plötzlich an einen Punkt geraten kann, wo man nicht mehr weiß, was man sagen wollte. Das ist der Grund, weshalb wir uns in jedem Fall mit „Katastrophenplänen" befassen müssen.

„Ich möchte noch einmal betonen, dass ..."

mit einem Rückgriff auf nur wenige Sätze. Leider kann man das Verfahren des Rekapitulierens nur anwenden, wenn der Vortrag bis zur Bruchstelle schon recht weit fortgeschritten war, sonst gibt es nichts zum Zusammenfassen.

– Zeit gewinnen Sie auch, indem Sie eine „plötzliche Eingebung" oder ein weiteres Beispiel nachtragen. Neben *Nachträgen* bewähren sich *Einschübe*: „Erlauben wir uns an dieser Stelle eine kleine Abschweifung" oder „Mir fällt hier eine *Begebenheit* ein".

Im letzten Fall wenden Sie die „Anekdoten-Technik" an, die auch als Zeitkorrektiv eingesetzt werden kann (s. Abschn. 4.5).

Sie müssen also etwas tun, um Zeit zu gewinnen (s. Kasten). Auf keinen Fall dürfen Sie nichts tun und stumm warten, bis Ihnen die Fortsetzung einfällt. Denn sonst entsteht die ausgewachsene *Verlegenheitspause*, genau die Peinlichkeit, die uns zuvor als Alptraum erschienen war.[1]

● *Ignorieren* Sie den „Bruch", wenn die Zeit zu seiner Reparatur nicht ausreicht; machen Sie einfach weiter!

Vergessen Sie nicht: der Blackout findet nur in Ihrem Kopf statt, Ihre Zuhörer bemerken nichts davon.

Fahren Sie an einer anderen Stelle fort als der vorgesehenen! Sie überspringen also einen Teil Ihres Vortrags, das merken die Zuhörer meist nicht. Wenn Sie erst ruhiges Fahrwasser zurück gewonnen haben, arbeitet Ihr Gedächtnis

---

Was tun bei einem Blackout?

– Das bisher Gesagte kurz zusammenfassen
– Zur Seite treten und letztes projiziertes Bild betrachten
– Zum nächsten Thema des Vortrags übergehen, Teil(e) überspringen
– Nachträge und Einschübe (vielleicht Anekdote)
– Hilfsmittel: auf Stichwortkarten oder -zetteln nachsehen

---

[1] Wir haben eine ausgewachsene Situation dieser Art erlebt. Einer von uns saß im Publikum, als ein älterer Herr die Bühne betrat und den *Faust* gab – als Alleinunterhalter! Er sprach GOETHES Meisterwerk, mit verteilten Rollen, auf einem Stuhle sitzend, völlig allein dem Publikum ausgeliefert, ohne einen Hauch von Requisiten. Vielen im Publikum stockte der Atem, als er hereinkam, völlig wehrlos, mit nichts in der Hand! Er sprach den ganzen *Faust I*, ungekürzt, sämtliche Rollen – auswendig! (Mit der Rolle des Mephisto war er einst auf der Bühne berühmt geworden.) Er machte es grandios. Das Haupt des ergrauten Mimen und Regisseurs wirkte mächtig, und mächtig konnte die Stimme noch rollen, oder sehnsüchtig flehen, verzweifelt aufbegehren, kalt in den Leidenschaften der Menschen rühren. Und alles ging hervorragend, bis gegen Ende eine Passage ein zweites Mal kam und dort stehen blieb, wo man 20 Sekunden vorher schon gewesen war – als habe eine Schallplatte einen Sprung. Der Künstler hielt inne und verkündete: „Gestatten Sie bitte, dass ich das noch einmal wiederhole." Vielen mag das wie ein besonderer Gag vorgekommen sein. Aber es blieb auch im dritten Anlauf dabei: Der Faden war gerissen, in dem Gehirn, das eben noch Zeugnis von unfasslicher Leistungsfähigkeit abgelegt hatte. Will QUADFLIEG – er war es, Sie hätten es doch erraten –, einer der begnadetsten Rezitatoren deutscher Zunge, beendete die Vorstellung etwas vorzeitig mit den Worten: „Es tut mir leid, aber Sie haben einen denkwürdigen Abend erlebt, den, als der alte Quadflieg stecken blieb." Das Publikum erhob sich ehrfürchtig und ging nach Hause oder ließ das Geschehnis in der Theaterbar ausklingen. Den, der dabei gewesen war, erfasste zwei Jahre später Wehmut, als er vom Ableben des großen Künstlers erfuhr. Für ihn ist jener gerade durch diese Szene, die menschliche Würde ausstrahlte, in unauslöschlicher Erinnerung geblieben.

wieder einwandfrei. Es leistet sogar Doppelarbeit, und plötzlich fällt Ihnen während des Weitersprechens ein, was Sie vorhin sagen wollten. Es ist meist ein Leichtes, das wieder einzuflicken etwa mit den Worten

> „Ich habe vorhin einen Gedanken übersprungen, den wir nachholen sollten, weil er zum weiteren Verständnis wichtig ist."

> „Es gibt noch ein wichtiges Detail, das ich Ihnen auf keinen Fall vorenthalten möchte."

(und nicht: „Ach, entschuldigen Sie, ich habe vorhin vergessen, ...").

Eine weitere Möglichkeit:

● Ziehen Sie sich auf Hilfsmittel zurück!

Nehmen wir an, Sie haben bisher nach Gedächtnis oder mehr oder weniger frei gesprochen, verfügen aber über ein Manuskript. Es liegt auf dem Pult und sollte eigentlich nicht aufgeschlagen werden. Was schadet es, wenn Sie es doch tun? Wenn Sie flink sind und die bewusste Stelle schnell finden, brauchen Sie über die eintretende Verzögerung kein Wort zu verlieren. Farbmarken im Text können das Auffinden beschleunigen.

Oder Sie sagen etwas Entwaffnendes wie

> „Mir fehlt im Augenblick ein Detail, das ich Ihnen nicht vorenthalten möchte. Gestatten Sie, dass ich meine Unterlagen einsehe."

Bei einem Abendvortrag macht eine Bemerkung wie

> „Der lange Arbeitstag fordert sein Opfer, ich darf etwas nachsehen"

den Redner doch eher sympathisch! Vielleicht können Sie sich sogar ein schlichtes

> „Nun habe ich den Faden verloren"

erlauben.

Das sind die wichtigsten Strategien zur Krisenbewältigung, vielleicht fallen Ihnen noch weitere ein. Die zuletzt genannte Methode (Rückgriff auf Unterlagen) kann man natürlich auch anwenden, wenn Stichwortzettel in Reichweite sind. Eine Lesebrille, die Sie zum Vortragen nicht aufgesetzt haben, sollte griffbereit beim Manuskript oder den Stichwortzetteln liegen, damit von daher keine unnötige Verzögerung eintreten kann.

Mit allen diesen Haken und Ösen finden Sie den verlorenen Faden mit Sicherheit wieder. Sie müssen sich nur entschließen und *etwas* unternehmen!

4.7 Einsatz von Bild- und Demonstrationsmaterialien

4.7.1 Bildunterstützung

Für Naturwissenschaftler, Ingenieure und Mediziner sind Bilder wesentliche Bestandteile eines Vortrags. Deshalb ist der *Bild-unterstützte Vortrag* auch die Vortragsform, die in diesem Buch im Vordergrund steht. Noch haben wir wenig darüber gesagt, welche Arten von Bildern es gibt, wie Bilder beschaffen sein sollen und wie sie eingesetzt werden. Dies soll jetzt in einem Überblick geschehen. Einzelheiten der Bildgestaltung, der Herstellung und Vorführung der Bilder bleiben späteren Kapiteln vorbehalten. Aber schon jetzt stellen wir Ihnen unseren „Siebten Kategorischen Imperativ" (den letzten) vor:

● Unterstützen Sie Ihren Vortrag mit Bildern – aber richtig!

Der Vortragende, der in den vorangegangenen Abschnitten im Mittelpunkt gestanden hat, tritt jetzt zurück. Wir müssen etwas allgemeiner auf die Rolle des *Bildes* im Vortrag eingehen und kommen erst über die Verbindung von Bild und gesprochenem Wort wieder auf den Vortragenden zurück. Als Person ist er aber immer präsent, denn die Bilder, die es vorzuführen gilt, tragen – ähnlich wie die Sprache – seine „Handschrift" als Ausdruck seiner *Persönlichkeit*.

Manchmal kann man im Vortrag vorgefertigte *Plakate*, *Poster*, *Karten* oder *Tafeln* einsetzen. Wie man damit umgeht, bedarf keiner großen Erläuterung. Allerdings müssen Sie schon vorher geklärt haben, wie die Bilder gut sichtbar gemacht werden können. Die Möglichkeiten reichen vom Aufhängen an einem Stativ über das Anklemmen an eine *Magnettafel* mit Hilfe von Haftmagneten bis zum Anzwecken an eine *Pinnwand* oder zur Verwendung von *Flipcharts*. Beispielsweise können Sie auf dem Flipchart einzelne Blätter (*engl.* chart, Karte, Tafel) bemalen, um sie zum gegebenen Zeitpunkt aufzuschlagen (*engl.* flip, klappen, hin- und herbewegen).

● Das Flipchart gehört als ergänzendes Hilfsmittel ebenso wie die Wandtafel und der Arbeitsprojektor zur Standardausrüstung von Konferenz- und Seminarräumen.

Man versteht darunter ein transportables, staffeleiartiges Gestell, das in einer Halterung auf einer festen Unterlage große Stücke Papier trägt. Die Blätter (Karten) haben meist das Format A1 (594 mm × 841 mm), womit der Zuhörerkreis auf ca. 25 Personen begrenzt ist: In einem Raum, der mehr Personen fasst, wären die *Anschriebe* von den entfernten Plätzen nicht mehr zu lesen. Man schreibt (zweckmäßig in Druckschrift; besser lesbar als Schreibschrift) oder zeichnet mit kräftigen Strichen mit breiten Filzschreibern[1]. Das Medium Flipchart be-

---

[1] Es eignen sich beispielsweise die Flipchart-Marker der Edding GmbH (www.edding.com) No. 383 mit Keilspitze (Strichdicke bis 5 mm) für Überschriften und No. 380 mit Rundspitze →

währt sich vor allem in Seminaren z. B. zur Fixierung von Diskussionsergebnissen („Spontanmedium"). Wichtige Blätter können mit einer Kamera aufgenommen und so dokumentiert werden.

Es gibt heute eine elektronische Fortentwicklung des Flipchart, *Whiteboard* genannt:[1] Sie besteht aus einer berührungsempfindlichen Wand, in die sich Daten (Text, Skizzen, Zeichnungen usw.) vom Computer importieren lassen und die sich wie ein Flipchart beschreiben lässt, und das alles mit digitaler Speicherung.

Während des Vortrags können Sie mit der Hand auf Einzelheiten von – vorbereiteten oder neu entstandenen, „klassischen" oder elektronischen – Bildern zeigen; doch achten Sie darauf, dass Sie sich nicht zwischen Bild und Zuhörer stellen.

● Weisen Sie von der Seite her auf das Bilddetail.

Sie können auch einen *Zeigestock* (oder einen der praktischen Teleskop-Zeigestöcke in Bleistiftgröße, ausziehbar auf eine Länge von ca. 1 m) verwenden, und wenn das Bild weiter oben hängt, *brauchen* Sie den Zeigestock. Diese Situationen kommen eher im heimischen Hörsaal bei Vorlesungen vor als bei Vorträgen an fremdem Ort. Wer schleppt große Bildrollen mit sich herum, wenn es auch anders geht?

Eine Renaissance hat die Bildtafel-Technik allerdings bei *Poster-Vorträgen* erlebt (s. Abschn. 8.3). Da es sich dabei nicht um Vorträge im üblichen Sinne handelt, brauchen wir darüber im Augenblick nicht zu sprechen. Was die Herstellung von Postern wie auch der anderen Bildmaterialien angeht, sei auf Teil II verwiesen.

4.7.2 Dias, Arbeitstransparente und E-Bilder

Eine wichtige Vorführtechnik ist die *Diaprojektion*. Sie hat viele Jahre lang den Vortragsstil auf naturwissenschaftlich-technisch-medizinischen Fachtagungen geprägt, sieht sich aber zunehmend der Konkurrenz durch die Projektion von *Arbeitstransparenten (*„Folien", *Arbeitsprojektion, Overhead-Projektion)* und von *E-Bildern (elektronische Projektion)* verdrängt. Beim Kleinvortrag in Seminar- und Konferenzräumen und in kleineren Hörsälen erfreuen sich die zuletzt genannten – jüngeren – Projektionstechniken großer Beliebtheit; auch in Plenarvorträgen auf großen Tagungen kann man sie heute antreffen.[2] In beiden Fällen sehen

---

(Strichdicke bis 1,5...3 mm) für den übrigen Text.

[1] Dieses Whiteboard ist nicht zu verwechseln mit der in der Netzwerkkommunikation von mehreren Personen auf ihren Computern gemeinsam benutzbaren „elektronischen Tafel" bei virtuellen Sitzungen.

[2] Von der Lichtstärke her kann die Arbeitsprojektion und die elektronische Projektion auch in einem *Auditorium Maximum* mit der Diaprojektion gleichziehen. Allerdings können projizierte Arbeitstransparente, bedingt durch den Standort des Projektors, an der hohen Hörsaalwand trapezförmig verzerrt erscheinen. Viele Vortragende und ihr akademisches Publikum stört das nicht.

151

die Zuhörer/Zuschauer nicht das Bild selbst, sondern ein vergrößertes Abbild, das mit Hilfe von Licht auf einer reflektierenden (weißen) Fläche erzeugt wird.

Der Vorgang heißt *Bildprojektion* oder kurz *Projektion*, die Fläche – z. B. ein Teil der Hörsaalwand – *Projektionsfläche* oder *Bildwand*. Die eigentlichen Bilder werden *Projektionsvorlagen* genannt, sie entstehen aus *Bildvorlagen (Originalvorlagen)*, wie später im Einzelnen zu besprechen sein wird. Die beiden Vorführtechniken „Dia" und „Folie" unterscheiden sich in der Art der Projektionsvorlagen und der optischen Strahlenführung. Gemeinsam ist ihnen, dass mit durchfallendem Licht gearbeitet wird (man spricht auch von *Durchlichtprojektion*); die Projektionsvorlagen sind also *transparent*.

● Bei der Diaprojektion verwenden Sie kleine, nur wenige Zentimeter große Projektionsvorlagen – die *Dias* – als Einzelbilder, die Sie im abgedunkelten Raum ohne natürliches oder künstliches Umgebungslicht vorführen: *Dunkelraumprojektion.*

Allerdings werden die meisten Diavorträge heute in *halb*abgedunkelten Räumen gehalten – die hohe Lichtstärke der modernen Diaprojektoren und die Beleuchtungstechnik mit schrittweise oder stufenlos absenkbarer Raumbeleuchtung machen es möglich. Der Unterschied ist von größter Bedeutung, gestattet doch das Dämmerlicht während der Vorführung noch einen Kontakt zwischen Vortragendem und Zuhörern. Der Vortragende kann Blickkontakt halten. Und die Zuhörer *sehen* den Vortragenden und können seine Gestik, vielleicht auch seine Mimik wahrnehmen; auch können sie in dem nur halb abgedunkelten Raum schriftliche Aufzeichnungen machen.

● Bei der *Arbeitsprojektion* setzen Sie großflächige Projektionsvorlagen *(Arbeitstransparente, Transparente)* ein, meist bei normaler Raumhelle mit natürlichem oder künstlichem Umgebungslicht: *Hellraumprojektion.*

Sie legen die Informationsunterlage, das Transparent, auf die Arbeitsfläche eines Diaskops und können es dort während des Vortrags ergänzen oder verändern (daher auch die Bezeichnung *Schreibprojektor* für diese Art von Bildwerfer). Die Projektionsvorlagen sind meist ungerahmte, im Vergleich zu den Dias großflächige Bilder auf durchsichtigem (transparentem) Material.

Vom optischen Prinzip her handelt es sich auch bei der Arbeitsprojektion *(Overhead-Projektion)* um eine Diaprojektion, d. h. um einen „Bildwurf" mit durchfallendem Licht. Der Unterschied zur Diaprojektion im engeren Sinne ist die Verwendung des großen Objektfeldes, die die Vorführung im Hellraum gestattet, da eine größere zu durchleuchtende Fläche für die Bildübertragung – und damit mehr Licht, das sich gegen das Umgebungslicht behaupten kann – zur Verfügung steht.

Besonders stark hat sich in den letzten Jahren die Projektion von E-Bildern entwickelt.

● *E-Bilder* sind elektronische Bilder, also im Computer gespeicherte Bilddateien, die mit Hilfe eines geeigneten Computerprogramms über einen Datenprojektor (Beamer) projiziert werden.

Projektionsvorlage ist dabei eine im Datenprojektor erzeugte Bildpunkte-Matrix, ähnlich dem Bild auf dem Computer-Bildschirm, die auf optischem Weg projiziert wird. Gewechselt werden dabei Bilder durch Klick auf eine Taste des Computers oder durch Bedienung der Computermaus.

Die Vor- und Nachteile der drei Verfahren wollen wir in Teil II näher erläutern und stattdessen hier die allgemeinen Anforderungen herausarbeiten, die an Art und Qualität der vorgeführten Bilder sowie die Verbindung der Bildvorführung mit dem gesprochenen Vortrag gestellt werden müssen.

4.7.3 Anforderungen an die Bilder

Visuelle Darstellungen – Bilder – sollen eine wesentliche Aufgabe bei der Vermittlung der Information übernehmen. Sie sind tragende, durch das gesprochene Wort verbundene Bausteine des Vortrags.

● Bilder sollen das gesprochene Wort unterstützen.

Bei Präsentationen besonders im kommerziellen Bereich mögen die Bilder manchmal wichtiger sein als der gesprochene Text. Aber im naturwissenschaftlich-technischen Umfeld steht der Vortragende mit seinen Ausführungen im Mittelpunkt, Bilder sollen „nur" verdeutlichen, erklären helfen, Orientierung geben. Für Vorträge gilt:

● Bilder sollen nicht *selbsterklärend* sein.

Damit Ihre Bilder ihre Aufgabe erfüllen können, müssen sie einer Reihe von Anforderungen genügen. Wir besprechen diese Anforderungen hier im Zusammenhang, obwohl die Bilder meist nicht während des Vortrags entstehen, sondern vorher; auch Kap. 3 hätte dafür den Rahmen abgeben können.

● Bilder sollen einfach und übersichtlich sein. Packen Sie nur mäßig viel Information in ein Bild – der Betrachter kann ein Zuviel nicht verarbeiten.

Denken Sie an unseren Ersten Kategorischen Imperativ (s. Abschn. 1.4.1)! Stellen Sie nur Wesentliches in Ihren Bildern dar, verzichten Sie auf alles, was nicht zur „Botschaft" gehört. Mit zu vielen Einzelheiten lenken Sie den Betrachter ab und ermüden ihn.[1]

---

[1] Tufte (1983, S. 105) definierte in diesem Zusammenhang das "data-ink ratio" und verlangte:
 • Maximize the data-ink ratio.
Wir werden in späteren Kapiteln (Kap. 7, Kap. 8) hierauf zurückkommen und Hinweise geben, wie Sie durch Weglassen nicht benötigter Netzlinien, Skalierungen und anderen Ballast versuchen können, der Forderung zu genügen. Informationsfachleute sprechen in dem Zusammenhang auch vom signal-to-noise ratio. Zweifellos gilt das Tuftesche Postulat für jegliches Texten ebenso wie für die Bildgestaltung.

● Ein Bild soll möglichst nur *einen* in sich geschlossenen Gegenstand, Vorgang oder Gedanken darstellen und eine entsprechende Überschrift tragen.

Auch diese Forderung ist im Hinblick auf die begrenzte Aufnahmefähigkeit des Betrachters und seine Vorliebe für „Informationsbissen" zu stellen. Außerdem machen Sie es sich damit leichter, Ihre Bilder in mehr als einem Vortrag zu verwenden (s. das Stichwort *modularer Aufbau* des Bildarchivs in Abschn. 3.4.1). Schließlich können Sie vorbereitete Bilder mit eng begrenzter Thematik eher – z. B. bei Zeitverzug – überspringen oder zusätzlich einbringen als Bilder, die versuchen, mehrere Gedanken gleichzeitig auszudrücken.

● Trennen Sie Einzelheiten von Bildern deutlich voneinander und arbeiten Sie großflächig; verteilen Sie die einzelnen Teile eines Bildes ebenmäßig über die Bildfläche.

Buchstaben und Ziffern sind Details, die der Betrachter nicht gut aufnehmen kann. Schriftzeichen sind weniger schnell erfassbar als bildhafte Elemente. Das Lesen von Text erfordert Zeit und die volle Aufmerksamkeit des Betrachters, die somit dem Zuhören verloren geht.

● *Beschriften* Sie Bilder möglichst knapp, halten Sie *Bildtexte* kurz.

Das Vorführen von viel Text *(Textgrafik)* oder gar ganzer (selbsterklärender!) Sätze im Bild – jetzt oft *Chart* genannt – gibt selten einen Sinn, Ihr Vortrag will ja keine gemeinsame Bilderlesung sein. Wenn schon Textinformation, so soll sie – wie Überschriften – stichwortartig gefasst sein, also nicht aus ausformulierten Sätzen bestehen. Müssen Sie auf verbale Argumente zurückgreifen, so können Sie durch Symbole *(Einleitungszeichen* wie ●, vgl. Abb. 7-2*)* oder durch die Anordnung des Textes in der Fläche die Geschwindigkeit der Wahrnehmung beeinflussen.

Besonders schwer erfassbar sind Zahlen in Tabellen. Beziehungen oder Tendenzen lassen sich aus ihnen kaum erkennen. Ästhetische oder suggestive Wirkungen gehen von Tabellen auch nicht aus. Daher:

● Verzichten Sie auf Tabellen, geben Sie *Diagrammen* den Vorzug.

Bei Darstellungen in Koordinaten können Sie unter Umständen auf *Skalierungen* der Achsen verzichten und nur einen qualitativen Zusammenhang aufzeigen. Das genügt oft, denn Zahlen kann man sich ohnehin schlecht merken. Auch in technischen Zeichnungen sollten Sie mit Zahlen sparsam umgehen, sie lenken vom Wesentlichen ab. *Maßangaben* können – bis auf wenige Hauptmaße – in der Regel entfallen. Die sonst im Maschinen- und Apparatebau üblichen Darstellungen sind also als Vorlagen nur bedingt geeignet. Auch ein Zuviel an zeichnerischen Einzelheiten stört.

● Lassen Sie weg und vereinfachen Sie, Ihre Bilder werden dadurch verständlicher und aussagekräftiger.

Werfen wir an dieser Stelle und in Gedanken einen Blick auf ein Bild, das aus *mathematischen Formeln* und *Gleichungen* besteht. Wenn ein solches in einem Vortrag vor Naturwissenschaftlern „aufgelegt" wird, geht fast hörbar ein Stöhnen durch die Sitzreihen. (Mathematiker mögen ja mit einem hingerissenen „Ah!" reagieren.)

● Setzen Sie (mathematische) Gleichungen nur mit größter Zurückhaltung in Ihrem Vortrag ein.

Mathematik ist nun einmal ein äußert verdichteter Zustand der „Materie Information". In dieser Verdichtung ist der Stoff schwer zu verdauen, überfordern Sie Ihre Zuhörer nicht! Führen Sie Gleichungen nicht vor, um ihre Beherrschung des Gegenstandes zu belegen. Jedermann und jederfrau glaubt Ihnen gerne, dass Sie Ihre „Algebra" im Griff haben. Konzentrieren Sie sich auf die wesentlichen Beziehungen, verzichten Sie auf Herleitungen. Erläutern Sie, worum es geht, was die einzelnen *Terme* bedeuten, was die Gleichungen aussagen. Wiederholen Sie lieber einmal zuviel als einmal zuwenig, wofür die einzelnen *Formelzeichen* stehen. Ihre Hörer werden es Ihnen danken.

Man kann das Gesagte in der Empfehlung zusammenfassen:

● Halten Sie die *Informationsdichte* Ihrer Bilder niedrig.

Die Empfehlung leitet sich aus den Grenzen der gedanklichen Verarbeitung wie auch der optischen Wahrnehmung ab. Was die visuelle *Erkennbarkeit* angeht, sind folgende Faktoren zu berücksichtigen:

– Maße der kleinsten Details (z. B. eines Buchstabens) im projizierten Bild;
– Betrachtungsabstand;
– Farbe des Bildes oder Details.

Aus Größe eines Details im projizierten Bild und dem Betrachtungsabstand ergibt sich der *Sehwinkel*. Der Sehwinkel, aus dem man das kleinste Detail eben noch erkennen kann, ist durch das *Auflösungsvermögen* des Auges bestimmt, er liegt bei etwa $2' = 1/30°$. Damit der Betrachter ein Detail auch aus 15 m Entfernung (Tiefe eines mittleren Hörsaals) noch „auflösen" kann, darf es folglich nach den Gesetzen der Geometrie auf der Projektionswand nicht kleiner als ca. 10 mm sein. Wir gehen darauf in Teil II erneut und ausführlicher ein.

4.7.4 Einblenden der Bilder in den Vortrag

Für Ihre Bilder haben Sie von der Planung bis zur handwerklichen Fertigstellung viel Zeit investiert. Sie werden also nicht nur einfach das nächste Bild an die Wand werfen und weiterreden. Vielleicht folgen Sie hier der bereits an anderer Stelle in anderem Zusammenhang (vgl. Abschn. 1.2.4) beschriebenen Strategie:

● Sage, was Du zeigen wirst. Zeige es. Und dann sage, was Du gezeigt hast.

WILL (2001, S. 79) hat daraus einen „Vierschritt für das Bilderzeigen" gemacht (s. Kasten). Auf eine „Formel" gebracht, sei die Vorgehensweise „Vier-A-Technik" genannt.

Vier-Schritt-Technik für Bildpräsentation:
„Vier-A-Technik"

1. Ankündigen	„Auf dem nächsten Transparent (Dia) werden Sie ... sehen."
	„Das nächste Bild soll Ihnen einen Einblick geben in ..."
	„Die nächste Folie soll den Zusammenhang zwischen XX und YY verdeutlichen."
2. Auflegen	Erst jetzt wird das Bild an die Wand projiziert oder das neue aufgelegt.
3. Ansehen lassen	Stille (Pause), damit sich Ihre Zuhörer orientieren können.
4. „A"erklären	Und dann mit Worten und/oder mit einem Zeigegerät auf dem Transparent (z. B. mit einem Folienzeiger) oder an der Leinwand (z. B. mit einem Laserpointer) auf Bilddetails („A", „B" ...) weisen und diese erläutern.
usw.	

Mit Ihrer gesprochenen Ankündigung sorgen Sie dafür, dass Ihre Hörer wichtige „Anschlussstellen" nicht verpassen. Sie setzen Vorabsignale, die – wenngleich akustisch – ähnlich wirken wie die Ankündigungstafeln vor Autobahnausfahrten für den Reisenden.

Niemand kann gleichzeitig konzentriert lesen und zuhören. Seien Sie sich bewusst, dass jedes neue Bild Ihre Zuhörer anfangs voll beschäftigt. Wenn Sie sofort nach Auflegen des Bildes mit dem Reden beginnen, werden einige Ihrer Zuhörer weiterlesen, aber einiges nicht hören; andere werden ihnen zwar zuhören, aber sich weniger um das gerade aufgelegte Bild kümmern. Also:

● Lassen Sie Ihren Zuhörern genügend Zeit, sich auf neue Bilder einzustellen!

Tragen Sie mit dazu bei, dass Ihre Zuhörer nicht von Ihrer gesprochenen Botschaft abgelenkt werden.

● Führen Sie nicht zu viele Bilder vor, lassen Sie ein projiziertes Bild 1 bis 2 Minuten stehen, bevor Sie das nächste zeigen.[1]

Nehmen wir – mit einigem Optimismus – an, Sie haben Bilder zu Ihrem Vortrag mitgebracht, die den genannten Kriterien genügen. Wie werden die Bilder eingesetzt? Gleichgültig, welche Bildtechnik Sie sich vorgenommen haben, die Vorführung muss wie die Bilder selbst auf bestimmte Randbedingungen Rücksicht nehmen. Eine zu schnelle Abfolge von Bildern wäre abträglich, da auch ein gut gestaltetes, nicht mit Einzelheiten überfrachtetes Bild eine bestimmte Zeit erfordert, bis man es überblickt und gedanklich verarbeitet hat.

---

[1] Wir zitieren Richard HORTON von der Redaktion der angesehenen Zeitschrift *The Lancet*. In einer Rezension des Werkes von Maeve O'CONNOR *Writing Successfully in Science* (O'CONNOR 1991) schreibt er in *European Science Editing* (September 1991, S. 16): "The general rule for research presentations is one slide per minute: any more and the eyes of your audience will drift upwards to count the ceiling tiles or downwards to dream about the quickest route to the bar."

Die ersten 5 bis 10 Sekunden davon gehen jeweils für die Aufnahme des Bildes durch die Zuhörer ab, nur der Rest der Zeit gehört Ihnen und Ihren Ausführungen. Eine *Standzeit (Projektionszeit, Darbietungsdauer)* von 2 Minuten ist bei detailreichen Bildern wünschenswert; sie bedeutet, dass in einem 15-Minuten-Vortrag nur 7 oder 8 solcher Bilder gezeigt werden können. Für einen 45-Minuten-Vortrag ergeben sich somit etwa 20 bis 25 Bilder; als Obergrenze werden 30 Bilder genannt (GRAU und HEINE 1982). Eine Verkürzung der Standzeit ist bei weniger detailreichen Bildern oder bei *Bildfolgen* möglich, wie man vom häuslichen Dia-Vortrag über den letzten Urlaub weiß. Auch in einem wissenschaftlichen Vortrag könnten Realaufnahmen, die allgemeine Eindrücke vermitteln sollen – etwa über „Die Entwicklung der Gletscher in den Alpen" –, in rascherer Folge vorgeführt werden. Als Untergrenze für die Standzeit solcher Bilder, auch von selbsterklärenden Bildern in Ton-Bild-Schauen, gelten 10 bis 15 Sekunden. (Nur Werbespots kommen bei Bildsequenzen mit noch erheblich kürzeren Zeiten aus, aber da muss man nichts verstehen.)

● Brauchen Sie mehr als 2 Minuten, um die Botschaft eines Bildes zu vermitteln, so ist das Bild überfrachtet.

Dann wäre es besser gewesen, einzelne – verkürzt oder vereinfacht dargestellte – Bereiche des Bildes zu kennzeichnen und sie in weiteren Bildern in größerem Detail darzustellen.

Eine Bildfrequenz von einem Bild pro Minute bedeutet nicht, dass die optimale Betrachtungsdauer bei einer Minute läge. Manche Fachleute setzen diese mit etwa 15 Sekunden für ein gut aufgebautes Projektionsbild sehr viel kürzer an, danach beginne das Bild zu langweilen. (15 s sind ungefähr die Reichweite des Kurzzeitgedächtnisses!) Nun haben wir uns als Hörer noch selten gestört gefühlt, wenn ein Bild länger gezeigt wurde, als zu seinem Verständnis notwendig war, wohl aber, wenn es zu früh „weggenommen" wurde. Man braucht ja das Bild als Zuhörer nicht länger anzuschauen, als es interessiert.

Wenn Sie als Vortragender trotzdem ein Bild nicht länger „stehen" lassen wollen, als sein Inhalt zur Unterstützung Ihrer Ausführungen dient – was dann? Nehmen wir an, Sie wollen das nächste Bild erst in zwei oder drei Minuten zeigen, weil es erst dann durch Ihre Worte vorbereitet ist. Das vorige Bild brauchen Sie nicht mehr, aber für weniger als eine Minute den Projektor aus- und die Saalbeleuchtung einzuschalten, rentiert nicht. Warum entfernen Sie nicht das Bild, ohne die Projektions- und Beleuchtungsbedingungen zu ändern?

● Wenn die Zeit zwischen zwei Bildern zu groß wird, können Sie auch Leer-Bilder projizieren, um solche Zeiten zwischen Bildern zu überbrücken.

Die *(engl.)* "blancs" sollen denselben Hintergrund (z. B. weiß oder blau) wie die Bilder haben, nur eben keine Information enthalten. Bei der Arbeitsprojektion genügt es, wenn Sie nicht mehr benötigte Transparente von der Glasscheibe nehmen und ggf. statt ihrer ein Papier oder einen Karton auflegen, sollte das Licht blenden. (Manche Projektoren haben eine Abblendvorrichtung.) Jetzt sind Wort- und Bildvortrag vollkommen synchronisiert, kein Bild lenkt zur Unzeit von Ihrem Vortrag ab. Sie selbst bleiben im Mittelpunkt, und nebenher helfen die Projektionspausen durch „Leer-Bilder", Ihren Vortrag zu gliedern.

Bei all diesen Überlegungen darf eines nicht vergessen werden: Die Vorführrung langer Bildfolgen im abgedunkelten Raum belastet die Zuhörer. Das mit der Diaprojektion einhergehende Dunkel oder Halbdunkel im Raum schläfert unweigerlich ein.

● Der Raum sollte nie stärker und nie länger abgedunkelt werden, als unbedingt erforderlich ist.

(Vielleicht nehmen Sie vor dem Vortrag eine Möglichkeit wahr, dies zu prüfen und abzusprechen.) Schließlich geht das Dämmerlicht zu Lasten des Kontakts zwischen Auditorium und Redner. Die Rolle, in die Sie als Vortragender nur zu leicht geraten, ist mit Ausdrücken wie „Geisterbeschwörer", „Rufer in der Nacht", „Stimme im Schlafsaal" karikiert worden. Die Zuhörer wissenschaftlicher Vorträge sind, was den Blickkontakt zum Vortragenden angeht, zu Abstrichen bereit, wenn nur die „Botschaft" stimmt und ein Fachpublikum zu faszinieren vermag. Aber Sie sollten diese Konzessionsbereitschaft nicht missbrauchen und nicht mehr Bilder einsetzen, als zur kompakten Informationsübermittlung wirklich erforderlich sind.

Nehmen wir an, Sie haben alle diese Dinge bei der Vorbereitung bedacht und spätestens beim Probevortrag korrigierend eingegriffen, so dass jetzt alles „stimmt". Es bleibt noch die Forderung zu erfüllen:

● In einem Bild-unterstützten Vortrag sollen gesprochenes Wort und (projiziertes) Bild eine Einheit bilden, sich ergänzen.

Auf ein wichtiges Instrument, um dieses Ziels zu erreichen, soll im folgenden Abschnitt eingegangen werden.

4.7.5 Der Lichtzeiger

Wir möchten hier einer Zeigehilfe eine eigene kleine Abhandlung widmen, da uns dieser Gegenstand wichtig erscheint. Dieses kleine Gerät ist bei der Projektion von Dias und E-Bildern sehr hilfreich, bei Transparenten kann man auf Ihn verzichten, weil man direkt auf dem Bild zeigen kann (s. auch Abschn. 4.7.6).

● Der *Lichtzeiger (Lichtpfeil*, auch *Pointer)* ist die Klammer zwischen Wort und Bild in einem Bild-unterstützten Vortrag.

Wir haben es als Zuhörer in zahllosen Vorträgen erlebt: Die Verständlichkeit kann ungemein gesteigert werden, wenn der Zeiger richtig eingesetzt wird. (Vom Benutzen des Zeigestocks raten wir ab: Er ist nur bei kleinen Projektionsflächen ein adäquater Ersatz, und wenn kein volles Licht im Raum liegt, ist er schwer zu sehen.)

Es geht hier um *Blickführung*. Es gibt unterschiedliche Auffassungen, ob diese Maßnahme erforderlich sei oder nicht. Manchmal wird argumentiert, ein Bild solle *selbsterklärend* sein, und dann bedürfe es keines Zeigers. Aber mit dieser Argumentation kann man den Vortragenden auch gleich abschaffen. In Vorträgen eingesetzte Bilder sollen sich nicht ganz aus sich heraus erklären, wie wir schon weiter vorne als Merksatz formuliert haben – wir wissen uns hier im Einklang mit vielen routinierten Präsentatoren. (Bei Lehrveranstaltungen wird man sich nicht an diese Empfehlung halten müssen.[1])

● Bieten Sie Bilder an, die Aufmerksamkeit erwecken, aber erst durch Ihre Worte – nach einem kleinen „Aha-Erlebnis" – verstanden und gespeichert werden.

In Vorträgen über einen chemischen Gegenstand beispielsweise spielen oft bestimmte Atome, Bindungen oder Reaktionsorte in Strukturformeln eine entscheidende Rolle. Die Ausführungen des Vortragenden werden besser aufgenommen, wenn dem Zuhörer gezeigt wird, wovon genau die Rede ist. Dies können Sie mit Worten erreichen. Zusätzlich können mit Hilfe des Lichtzeigers die betreffenden Stellen im Bild auf der Bildwand „angedeutet" werden. Dazu wirft der Lichtzeiger eine *Lichtmarke* (z. B. einen Punkt, ein Kreuz oder einen Pfeil) auf die Wand. Damit die Lichtmarke auch vor dem hellen Hintergrund eines Bildes gut erkennbar ist, muss sie leuchtstark sein und möglichst nicht in Weiß, sondern in einer anderen Farbe erstrahlen. Wirkungsvoll sind Lichtzeiger, die eine orange-rote Lichtmarke erzeugen: Sie ist auf hellem wie auf dunklem Hintergrund gut auszumachen. Es gibt dafür geeignete Handlampen mit Batteriebetrieb oder auch Netz-gebundene Geräte mit Kabelanschluss. Besonders gut sichtbare scharfe Lichtmarken erzeugen *Laserpointer,* die es im handlichen Kugelschreiberformat auch mit integrierter Fernbedienung für Ihren Computer/Beamer gibt.

● Sie können den Lichtzeiger als Punkt- oder Strichmarke oder zur Kennzeichnung ganzer Areale des projizierten Bildes einsetzen.

Um einen „Punkt" in einem Bild oder eine Zeile oder Spalte (durch Anleuchten, Unterfahren usw.) einwandfrei zu kennzeichnen, müssen Sie den Lichtzeiger ruhig führen. Unkontrolliertes Wackeln wirkt störend und ist einem unmissverständlichen Lokalisieren abträglich. Die Länge des „Lichtarms" bewirkt, dass selbst kleinste Zuckungen oder Ihr Herzschlag übertragen werden. Viele Redner trauen ihrer „ruhigen Hand" in dieser Hinsicht nicht allzu viel zu, und sie tun gut daran; sie fassen den Lichtzeiger mit beiden Händen und legen die Hände zur

---

[1] Wir akzeptieren bei Vorlesungen, Seminaren o. ä. selbsterklärende Bilder. Aber auch hier sollte das Gesprochene nicht nur den Bildinhalt wiedergeben, sondern zusätzliche Informationen liefern, die die Zuhörer in den ihnen vielleicht vorliegenden Handouts notieren können.

zusätzlichen Stabilisierung an den Körper etwa auf Höhe des untersten Rippenbogens an. Jetzt ruht die Lichtmarke tatsächlich dort, wo sie hingehört, und wandert nicht erratisch umher. Gelegentlich sieht man einen Vortragenden seinen Ellbogen auf das Rednerpult aufstützen, auch das ein gutes Mittel, um dieses Ziel zu erreichen.

Wenn Sie diesem Aspekt – ähnlich auch beim Hantieren mit Zeigern am Arbeitsprojektor – Aufmerksamkeit schenken, werden Sie mit geringem Aufwand viel gewinnen. Es ist ähnlich wie beim „Rauschen" während einer Musikübertragung: Man hat Stör- und Hintergrundgeräusche als Hörer nicht gern und fühlt sich im Kunstgenuss beeinträchtigt. Hier haben wir es mit einem „optischen Rauschen" zu tun, und wenn der Vortrag genossen werden soll, muss dieser Effekt unterdrückt werden. In einem Feld guter Redner während einer Vortragssitzung sind es schließlich solche „Kleinigkeiten", die vom Zuhörer bewusst oder unbewusst als Unterscheidungsmerkmale registriert werden.

● Durch eine kreisende Bewegung können Sie Teilbereiche des Bildes, von denen gerade die Rede ist, ausdeuten.

Versuchen Sie, Ihre Worte und Ihre – durch den Lichtzeiger übertragenen – Körperbewegungen zu synchronisieren. Die Wirkung bei den Zuhörern ist verblüffend, gewinnen sie doch den Eindruck, von Ihnen jederzeit „ins Bild gesetzt" zu werden. Auch das ist eine Form der Körpersprache, doch verwenden Sie die „Lichtkanone" nicht wirklich als Ihren verlängerten ausgestreckten Zeigearm: Sie werden sonst aus den genannten Gründen sehen, dass das Ergebnis deutlich hinter Ihren eigenen Wünschen zurückbleibt.

● Schalten Sie den Lichtzeiger *ab*, wenn Sie ihn nicht mehr brauchen.

Die meisten Geräte sind heute mit einer *Drucktaste* ausgestattet, so dass es genügt, den Fingerdruck zu lockern, um das Lichtzeichen zum Verschwinden zu bringen. Gehen Sie auf „Licht aus!", *bevor* Sie den Zeiger beiseite legen. Versäumen Sie das, so wird der Lichtpfeil über Ihr schönes Bild fahren, als wolle er es durchstreichen.

Wir müssen an dieser Stelle einräumen, dass es auch andere Auffassungen gibt. Für manche sind Zeigestock und Lichtzeiger Relikte aus der Zeit der *Wandtafeln* und *Schautafeln*; sie schlagen stattdessen eine raschere Bildfolge vor mit jeweils herausgehobenem Detail. In letzter Konsequenz führt diese Überlegung zur in Wort und Bild synchronisierten vorfabrizierten *Ton-Bild-Schau* – zum „Vortrag aus der Steckdose". Zu viel Technik aber tötet den Geist, sie schränkt die Freiheit des Vortrags (und des Vortragenden) ein. Wir halten es im wissenschaftlichen Vortrag lieber mit dem Lichtzeiger, zumal diese „Technik" wenig aufwändig ist.

Das Blickführen birgt allerdings die Gefahr, den Kontakt zum Auditorium zu verlieren und – mit dem Rücken zum Publikum – zur Projektionsfläche zu spre-

chen. Dies lässt sich im Falle der Arbeitsprojektion bei niedrig hängender Bildwand mit der „Touch-Turn-Talk-Technik" (*Drei-T-Technik*;
HIERHOLD 2002, s. Kasten) vermeiden.

Ähnlich können Sie auch an Wandtafel und Flipchart
arbeiten. Auf die Projektion von Dias und E-Bildern lässt
sich diese Technik aus einem einfachen Grund meist nicht
übertragen: Solche Bilder werden oft auch in größeren Hörsälen eingesetzt, und da ist die Projektionsfläche zu hoch
angeordnet und zu groß, als dass man das Bilddetail mit der
Hand oder einem Zeigestock erreichen könnte. Jetzt bleibt
nur:

● Stellen Sie sich seitlich zur Bildwand orientiert so auf,
  dass Sie durch leichtes Kopfdrehen die gegenüberlie-
  gende Seite des Hörsaals anblicken und ansprechen können.

Setzen Sie dann den Lichtzeiger (statt der Hand) in der oben
beschriebenen Weise ein, den Körper halb zum Bild und
halb zum Auditorium gewandt. Wechseln Sie gelegentlich Ihren Standort, damit
sich auch die andere Seite angesprochen fühlt.

→ Drei-T-Technik	
Touch	Gehen Sie seitlich, den Körper zum Auditorium orientiert, an die Bildwand heran und berühren Sie mit der Innenseite der bildseitigen Hand die Stelle auf der Projektionsfläche, ohne zu reden.
Turn	Verweilen Sie kurz an dieser Stelle, und wenden Sie sich dann zum Publikum, ohne die Hand vom Bilddetail zu nehmen.
Talk	Nehmen Sie wieder den Blickkontakt auf, und reden Sie dann weiter.

4.7.6 Arbeitstransparente

Bei der Arbeitsprojektion haben Sie neben der geschilderten noch eine *zweite*
Möglichkeit der Blickführung: auf der *Arbeitsfläche* des Projektors, auf die Sie
soeben Ihr Bild aufgelegt haben. Welche ist besser? Wir meinen: das Arbeiten
auf der Arbeitsfläche (vielleicht heißt sie auch deshalb so), und hierin stehen wir
im Widerspruch zu einigen anderen Autoren. Der Gefahr sind wir uns wohl
bewusst. Sie besteht darin, dass Sie jetzt „vor sich hin" sprechen statt zum Auditorium, dass Ihr Blick zu stark nach unten (auf die Arbeitsfläche) gerichtet ist.
Jetzt droht Ihre Stimme auf Projektor und Tischplatte zu „verhallen", auch entsprechen Sie gesenkten Hauptes nicht dem Optimismus-verströmenden Ideal-
bild der Kinesik.

Spaß beiseite – hier *lässt* sich die Touch-Turn-Talk-Technik auch dann anwenden, wenn viele Details gezeigt werden müssen. Sie brauchen keine Körper-
drehungen durchzuführen, eine kurze Kopfbewegung genügt. Nehmen Sie Ihren Blick so früh wie möglich von der Vorlage wieder weg und richten Sie ihn
nach vorne, zu Ihren Hörern.

● Verwenden Sie zum Zeigen auf dem Arbeitstransparent einen *Folienzeiger,*
  und sprechen Sie nach Art der gebundenen Rede!

Wir brauchen hier nur noch auf die Fünf-Schritt-Technik von Abschn. 4.6.1 zu
verweisen (die mit der oben genannten Drei-T-Technik verwandt ist), und es

wird ersichtlich, dass man so vorgehen kann. Wie immer *Sie* sich entscheiden, bleiben Sie bei einer Technik. Zeigen Sie Bildeinzelheiten im Vortrag an der Wand *oder* auf der Vorlage.

Der soeben erwähnte Folienzeiger (s. auch Abschn. 5.4.3) kann ein flaches, transparentes Lineal mit pfeilartiger Spitze sein. Es gibt auch Griffel, die bis auf die Spitze durchsichtig sind und sich für den Zweck besonders eignen. Da Sie kaum damit rechnen können, ein so hilfreiches Utensil an fremdem Orte anzutreffen, rüsten Sie sich zweckmäßig selbst damit aus. (Einen Folienzeiger kann man auch selbst aus einer Kunststoffplatte ausschneiden.) Von Folienzeigern vom Typ „Hand" raten wir besonders in einem naturwissenschaftlich-technischen Umfeld ab. Anstelle eines durchscheinenden Folienzeigers können Sie auch einen Bleistift oder ein anderes Schreibutensil verwenden. Aber zeigen Sie bitte auf den Folien nie mit der Hand oder mit einem Finger! Das sieht zum einen nicht besonders schön aus; und zum andern lässt sich ein leichtes Zittern der Hand, das man bei recht vielen Vortragenden beobachten kann, nicht unterdrücken. Dass Sie nervös sind, ist nicht schlimm, aber zeigen müssen Sie es ja nicht unbedingt.

Auch wenn Sie beispielsweise einen Bleistift zum Zeigen von Details auf das Transparent legen, sollten sie mit dem Stift nicht wie mit einem Zeigestock auf das Transparent zeigen (Zittern!), sondern den Stift von außen auf den Projektor an die gewünschte Stelle schieben. Verwenden Sie zweckmäßig keinen runden Bleistift (der rollt zu leicht weg), sondern einen kantigen, oder einen ebensolchen schlanken Filzschreiber.

Beim *Wechsel* der Transparente sollten Sie möglichst nicht sprechen, da Sie dabei nach unten auf die Arbeitsfläche sehen müssten, also wieder Ihren Zuhörern abgewandt wären. Aber noch aus einem weiteren Grund wird dieses „Redeverbot" propagiert. Wenn ein neues Bild erscheint, gilt erfahrungsgemäß ihm die Aufmerksamkeit des Auditoriums. Was in den ersten Sekunden danach gesprochen wird, sei, so heißt es, folglich umsonst gesprochen. Nimmt man dazu die Empfehlung oben, auch bei der Blickführung kurze Sprechpausen einzulegen, so führt das strikte Befolgen allerdings zu einer unliebsamen Konsequenz. Der Redefluss wird immer wieder unterbrochen, und Sie dürfen zu Recht fragen, ob das gewünscht sein kann.

Vielleicht stehen Sie solchen Empfehlungen – sie kommen aus der Ecke Präsentation/Ton-Bild-Schau – überhaupt ablehnend gegenüber, wir wollen es Ihnen nicht verargen. Man sollte die Dinge auch nicht übertreiben und sich als Vortragender Freiräume erhalten. Sie werden ab- und zugeben können z. B. je nach Bedeutung eines Bildes oder Bilddetails und nach dem Aufnahmevermögen, das Sie dem Publikum zutrauen. Schließlich ist Sprechpause nicht gleich Sprechpause, Sie können sie lang oder kurz halten.

Eines sollten Sie freilich noch bedenken: Die Sprechpausen kommen auch *Ihnen* als Vortragendem zustatten, da Sie sich auf das neue Thema, den nächsten „Informationsbissen", und auf Ihre nächsten Worte konzentrieren können. Jedenfalls wenn Sie selbst Transparente auflegen oder E-Bilder wechseln, werden Sie die Entlastung begrüßen. Sprechdenken und noch gleichzeitig mit Folien bzw. mit den Computer oder der Computermaus hantieren käme tatsächlich in die Nähe der Akrobatik.

Von der gelegentlich gehörten Empfehlung, zum Transparentwechsel den Spiegel des Projektors herunterzuklappen, halten wir wenig, da man nach dem Auflegen des Transparents den Spiegel wieder in die richtige Position stellen müsste, was ebenfalls stört. Zum gelegentlichen Abschalten des Projektors haben wir uns schon in Abschn. 4.7.4 geäußert.

Wenn Sie die Bilder vorher gut gegliedert haben, wird Ihnen das Vorführen jetzt leichter fallen. Vielleicht können Sie auf einen Zeiger tatsächlich manchmal verzichten: Sie können „mit Worten zeigen" und vom „rechten oberen Feld", „der grünen Kurve" oder dergleichen sprechen. Aber es ist ähnlich, wie wenn Sie einem Fremden den Weg weisen sollen. Statt „zweimal links und an dem Backsteinbau rechts" legen Sie besser den Finger auf den Stadtplan.

4.7.7 Besondere Techniken mit Transparenten

Erfahrene Redner setzen Mittel der „Maskierung" geschickt ein, um Bildinhalte „häppchenweise" vorzuführen.

● Beim Einsatz von Arbeitstransparenten haben Sie die Möglichkeit, einzelne Teile eines Bildes abzudecken.

Wenn sie eine neue „Folie" auflegen, legen manche Präsentatoren oft gleichzeitig ein Blatt Papier auf oder unter die Projektionsvorlage, um einen Teil des Bildes abzudecken. Dieser Teil wird erst einige Augenblicke später freigegeben, wenn der Vortragende mit seiner Erklärung weiter fortgeschritten ist. Sie können diese „Enthüllungstechnik" *(Aufdecktechnik, Striptease-Technik)* nutzen, um bei den Zuhörern Spannung zu erzeugen. Wir empfehlen aber nicht, beispielsweise Textbilder grundsätzlich zeilenweise aufzudecken (wie das bei Computer-animierten Präsentationen mit dem „Einschießen" von Zeilen schon eine Unsitte geworden ist) – Ihre Zuhörer/Zuschauer könnten Ihr allzu klein portioniertes Aufdecken als Bevormundung missverstehen und Ihnen Überheblichkeit unterstellen.

● In Textbildern ist das Aufdecken von Sinnblöcken in drei Zügen die Obergrenze.

Zu ähnlichen Ergebnissen gelangt man mit *Aufbautransparenten.* Hier werden zusätzliche Informationen mit ergänzenden Folienblättern eingebracht *(Folgetransparenten, Ergänzungsfolien, Überlagen, Überlegern, Overlays),* die man

163

auf das *Grundtransparent* auflegt: Methode des *schrittweisen Bildaufbaus* während der Projektion. (Manchmal spricht man auch von *Überlegtechnik* oder von *Überlagerungstechnik*; s. auch Abschn. 5.4.3.)

● Arbeitstransparente sind lebendiger als Dias, und gerade das macht ihre Beliebtheit aus.

Dieser Aufbau von Bildern aus Bildteilen hat durch POWERPOINT und ähnliche Präsentationsprogramme starke Verbreitung gefunden. Animierte Bildfolgen, geschickt eingesetzt, können bei den Zuhörern das Verständnis fördern. Es kann durchaus Sinn machen, eine Apparatur vor den Augen der Zuhörer „aufzubauen" oder Spektren verschiedener Substanzen nacheinander ins „Bild zu holen".

Die Folientechnik können Sie dazu benutzen, um ganze Bilder auf der zunächst leeren Vorlage „live" zu entwickeln. Manche Vortragende, vor allem bei weniger formellen Anlässen, machen sich diese Möglichkeit zunutze und entwerfen vor den Augen ihrer Zuhörer/Zuschauer Schemata und ähnliches, die gut „ankommen", weil der Betrachter bei ihrer Entstehung zugegen ist. Freilich brauchen Sie dazu eine ruhige Hand und ein gewisses zeichnerisches Talent, jedenfalls ein Gefühl für Anordnung im Raum.

Sie können auch vorbereitete Folien verwenden, auf denen nicht alle Informationen stehen *(Teilfertig-Folien)*. Während Ihrer Präsentation schreiben Sie dann mit Folienstiften die wichtigen ergänzenden Informationen ins Bild. Die Schrift mancher Schreibstifte ist löschbar oder radierbar; aber diese Schrift hält Ihrem Handschweiß nicht stand. Besser verwenden Sie *wasserfeste* (lösungsmittelhaltige) Folienstifte (OHP-Faserschreiber, permanent). Gut geeignet ist die Strichstärke „M"; die feineren Stifte vom Typ „F" wirken dünn und verführen zu kleinerer Schrift. Als Farben kommen vor allem Schwarz, Rot, Blau und Grün in Frage. Für besonders dicke Linien oder für das Kolorieren von Flächen sind OHP-Marker geeignet (einer der Hersteller, Stabilo, nennt solche Marker „Highlighter"). Sie sehen aus wie normale Filz- oder Leuchtstifte, und ihre Striche halten wischfest auf der Folie. Als Farben für Flächen eignen sich besonders Gelb, Orange oder Hellgrün. Solche Stifte bekommen Sie im Papierwarenhandel oder im Versandhandel für Präsentationsartikel (s. auch Abschn. 6.1; mehr zu Farben s. Abschn. 7.6).

Gänzlich unverändert bleibt das Transparent, wenn Sie es unter eine unbeschriebene Folie legen und dann auf diese schreiben *(Unterlegtechnik)*.

Manchmal werden Aufdeck-, Überleg- und Unterlegtechnik unter dem Begriff „Belebungstechniken" zusammengefasst.

● Kaum angewandt bei Vorträgen wird das Arbeiten mit *Rollenfolien*.

Das ist eigentlich schade. Einer unserer verehrten akademischen Lehrer war stark gehbehindert. Man hatte für ihn eine leistungsfähige Projektionseinrichtung in das Pult eingebaut, und so konnten zweimal in der Woche einige Hundert

Studenten miterleben, wie eine Vorlesung „entstand". Das Verfahren war mindestens so nützlich und eindrucksvoll wie der Tafelanschrieb. Es war fast ein
ästhetisches Erlebnis, den Schreiber alle die schön geschwungenen Integrale
und Klammern in Großaufnahme fabrizieren zu sehen. Der Professor war auch
ein Meister der Raumaufteilung, im Nachhinein kommt ein Bedauern auf bei
der Vorstellung, dass die schönen laufenden Meter Vorlesung alle in den Müll
gewandert sind.

4.7.8 Computer-gestützte Präsentationen

Noch vor 10 Jahren – also zur Zeit der 2. Auflage dieses Buches – war nicht
abzusehen, wie sich die elektronischen Hilfsmittel zur Präsentation von Bildern
entwickeln würden: Damals gab es zwar zu erschwinglichen Preisen LC-Dis-
plays, die man auf den Overhead-Projektor legte und mit denen man einzelne
Bild- und/oder Textdateien – mit mäßiger Qualität – projizieren konnte. Inzwischen ist die Ausstattung von Hörsälen und Vortragsräumen mit leistungsfähigen *Daten- und Videoprojektoren (Beamern)* schon (fast) die Regel (mehr zu
diesen Geräten s. Abschn. 5.6.2). Tragbare Computer mit einem Videoausgang
können mit diesen Geräten verbunden werden, und die zu Hause vorbereiteten
„elektronischen Transparente" lassen sich projizieren.

Es gibt auch Geräte, bei denen man ohne Notebook präsentieren kann. Man
kann beispielsweise POWERPOINT-Slide-Shows oder Bilddateien in ein für den
Projektor verständliches Format umwandeln und über einen Speicherstab
(Memorystick, PocketDisk o. ä.) mit USB-Schnittstelle an den Projektor anschließen. Der Projektor wird dann – ohne die Hilfe des Notebooks – über die Fernbedienung gesteuert (z. B. Modell VPL-CX6 von Sony).

Welche Software wollen Sie verwenden? Inzwischen wird von vielen „elektronische Präsentation" mit *POWERPOINT-Präsentation* gleichgesetzt. POWERPOINT
ist ein Präsentationsprogramm und Teil des Microsoft-Office-Programmpaktes
(zu dem auch WORD und EXCEL gehören). Andere typische Präsentationsprogramme – manche auch Teile von Office-Paketen – sind HARVARD GRAPHICS
(das älteste Präsentationsprogramm; www.harvardgraphics.com), FREELANCE
GRAPHICS (VON LOTUS; http://www.lotus.com/products/product2.nsf/wdocs/
freelance), KEYNOTE (von Apple; http://www.apple.com/de/keynote/) und die
Präsentationsfunktion des kostenlosen OPENOFFICE (www.openoffice.org; ein
Freeware-Programm von Sun Microsystems).

Es gibt noch andere Programme (die nicht den Präsentationsprogrammen
zugeordnet werden), deren Dateien und deren Datendarstellung sich zum Präsentieren aber durchaus eignen. Grundsätzlich kann man alle Programme, die
(im Querformat) Seiten-orientiert Text und Bilder „verarbeiten", für Computer-
gestützte Präsentationen verwenden. Wichtig ist bei solchen Programmen nur,
dass die Dateiinhalte seitenweise auf dem Bildschirm dargestellt bzw. auf die

Leinwand projiziert werden können. Dies lässt sich schon mit einfachen Textverarbeitungsprogrammen wie WORD (von Microsoft) bei der Ansicht „Seitenlayout" erreichen; dabei stören jedoch noch Rahmen und Menüleisten. Seiten-orientierte Layoutprogramme wie PAGEMAKER oder FRAMEMAKER (beide von Adobe) können im Prinzip gleichfalls verwendet werden; aber auch bei diesen Programmen lassen sich die Menü-Balken oder andere grafische Elemente auf der Bildoberfläche, die z. T. zum Steuern des Programms diesen, nicht ausblenden. Gut geeignet sind jedoch ACROBAT-Dateien (*PDF-Dateien*; PDF Portable Document Format) in Vollbild-Darstellung.[1]

Eine Stärke dieser *Präsentationsprogramme* liegt darin, dass „Effekte" in den zu präsentierende Seiten – die Programme selbst benutzen oft den Begriff „Folien" – eingebaut werden können. Eine zweite wichtige Komponente dieses Programmtyps ist die Organisation eines einfach zu steuernden oder gar eines automatischen Ablaufs einer Präsentation. Nicht ganz so weit reichen die Möglichkeiten der Textverarbeitung bei der Erstellung von naturwissenschaftlich-technischen Grafiken. Aber der Import von Bildern (z. B. Diagrammen, chemischen Formeln oder Fotografien, die mit anderen Programmen erzeugt und bearbeitet wurden) ist weitgehend möglich. Oft gibt es in den Präsentationsprogrammen noch einfache Funktionen wie das Vergrößern/Verkleinern oder Beschneiden von Bildern. Einige der Eigenschaften, die Programme besitzen sollten, damit sie für Präsentationszwecke geeignet sind, sind im Kasten auf S. 167 zusammengefasst.

Präsentationssoftware hat viele Vorteile. Alle Text-, Bild- oder Zahlen-Informationen lassen sich mit dem *Notebook* (dem jüngeren Spross des *Laptop*) erzeugen und direkt an der Leinwand oder auf einem Großbildschirm zeigen. Der Vortragende muss zwar bei der Vorbereitung seiner Bilder mehr Arbeit investieren – allein schon, weil er die *Präsentationssoftware* einigermaßen beherrschen muss. Aber dann bringen sie in bestimmten Situationen auch Vorteile; beispielsweise entfällt mühsames Aktualisieren von Daten, das kann das Programm ggf. automatisch machen, wenn nur die geeigneten Datensätze bereitstehen. Weniger Geübte können mit verhältnismäßig geringem Aufwand ansehnliche Projektionsvorlagen erstellen. Auch lassen sich Ton- und Videosequenzen in die Bilder integrieren.

---

[1] Die Autoren kennen einige Hochschullehrer, die die Bilder ihrer Vorlesungen aus Naturwissenschaft und Technik mit FRAMEMAKER (von Adobe) anfertigen. Dieses weitgehend systemunabhängige Layoutprogramm ist besonders für technische und wissenschaftliche Dokumente und Bücher geeignet; es arbeitet stark Druckformate-orientiert. Die Bilder (mit Text und Grafik) werden für den Einsatz zunächst (beispielsweise über den Druckertreiber eines POSTSCRIPT-fähigen Laserdruckers) in POSTSCRIPT-Dateien umgewandelt und dann (beispielsweise mit dem kleinen kostenlosen Programm GSVIEW oder MACGSVIEW; http://www.cs.wisc.edu/~ghost/) in PDF-Dateien, die nicht nur zur Projektion sehr gut geeignet sind, sondern die besonders einfach im Internet den Studenten als Arbeitsmittel zur Verfügung gestellt werden können.

Eigenschaften von Programmen zur Computer-gestützten Präsentation

- Das Herstellen neuer Seiten und das Bearbeiten existierender Seiten soll einfach sein.
- Das Aufrufen von Seiten für die Projektion (z. B. „die nächste Seite", „jetzt nach Seite 12 springen", „Rücksprung auf Seite 3") soll einfach möglich sein.
- Grafiken sollen einfach in (Text-)Seiten integriert werden können.
- Es soll möglich sein, den eigentlichen Bildinhalt vollständig ohne Menü-Leiste oder andere Grafiken der Benutzeroberfläche des Programms zu projizieren.
- Das Auswählen von Bildschirmausschnitten, also das Vergrößern von Bilddetails, ist wünschenswert.

- Ebenfalls zu wünschen ist die Möglichkeit, von den Bildern auf einfache Weise schriftliches Begleitmaterial *(Handouts)* anzufertigen. (Angenehm ist dabei, wenn man die schriftlichen Unterlagen automatisch mit 2 oder 4 Bildern auf einem A4-Blatt anfertigen kann.)
- Manchmal kann es von Interesse sein, dass sich die Bilder eines Vortrags (oder einer ganzen Vorlesung) einfach ins Internet stellen lassen. Die „ins Netz gestellten" Dateien sollten so geschützt sein, dass das Kopieren der eigentlichen Dateien nicht möglich ist, aber beispielsweise der Ausdruck auf Papier.[1]

Präsentationssoftware hat aber auch ihre Schattenseiten – „Risiken und Nebenwirkungen". Da das Erstellen von Bildern im Computerzeitalter so einfach geworden ist, neigen besonders Anfänger dazu, zu jedem Informationshappen Texte, Bilder oder sonstige Gags zu projizieren.

● Nicht alles Illustrierbare muss illustriert und projiziert werden!

Lieber Folien schlachten als „Folienschlachten"! Bilder, die mit Präsentationssoftware geschaffen wurden, gestatten zwar einen dynamisch-animierten Bildaufbau, den Sie nutzen sollten. Aber setzen Sie

---

[1] Die exakte Übereinstimmung von Original und Kopie von E-Bildern und die Einfachheit der Weiterverarbeitung solcher Daten berührt das *Urheberrecht* im digitalen Zeitalter, also den Kopierschutz – auch von *Ihren* „Werken"! – und die Verschlüsselung von Daten, hier vor allem Bilddaten, im Internet. Den unmittelbaren Zugang zu Ihren Daten können Sie über Schlüsselwörter regeln. In technischer Hinsicht ist dem noch anzufügen: Wenn Sie Ihre Bilder als (Systemunabhängige) Acrobat-Dateien ins Netz stellen, können zwar andere die Bilder – Ihre „Folien " – ausdrucken und als Bildschirmabzug *(engl.* screen dump) kopieren; die ursprünglich verwendeten Bilder stehen aber nur in der Qualität zur Verfügung, wie sie diese in die PDF-Datei eingebunden haben. Wenn Sie also *nicht* die Originaldateien einstellen, verfügen Sie zumindest über einen beschränkten Kopierschutz. Der entfällt allerdings in HTML-Dateien, wenn die Originale in einem vom Browser interpretierbaren Format (z. B. GIF oder JPG) vorgelegen haben. In dem Fall werden Sie vielleicht *digitale Wasserzeichen* zum späteren Nachweis einer illegalen Nutzung ihrer elektronischen Dokumente anbringen. Es handelt sich dabei um – meist versteckte, also unsichtbare – Markierungen, die dauerhaft zum Dokument gehören und die im Allgemeinen robust gegenüber Veränderungen und Löschungen sind. Das bekannteste Programm für diesen Zweck stammt von der Firma DigiMarc, das als ein sog. Plug-in (einer Software namens PictureMarc) in zahlreichen Bildbearbeitungsprogrammen wie Photoshop, PhotoPaint oder PaintShop Pro bereits integriert ist. So können Sie existierende Bilddateien kennzeichnen und dadurch meist auch schützen.

– Einblendungen und andere Übergangseffekte,

– Animationen und Bewegungen sowie

– die Wegnahme von Schrift- und Grafikelementen

wohldosiert und wohlüberlegt ein!

Manche Vortragende nutzen die Möglichkeiten, die ihnen die Präsentations-software bietet, im Übermaß. Sie lassen zum Bildaufbau beispielsweise ihre Grafiken in Spiralen durch das Bild fliegen oder bauen ihre mehrzeiligen Text-bilder durch Mausklicks häppchenweise auf. Aber der Reiz des Neuen (und schon nicht mehr so Neuen) schwindet schnell. Nutzen Sie die Technik der Präsenta-tionssoftware nur, wenn sie den Inhalt Ihrer Aussagen wirkungsvoll unterstützt. Sonst verlieren Ihre Zuhörer schnell den Überblick, und sie fühlen sich bevor-mundet.

● Legen Sie sich auf eine Art des Übergangs von einem Bild zum nächsten fest *(Bildübergänge)*.

Durch verspielte *Überblendungen* verliert Ihre Präsentation an dramaturgischer Spannung. Arbeiten Sie lieber mit „harten Schnitten" (nutzen Sie beispielsweise bei POWERPOINT die Einstellung „Ohne Übergang"), gehen Sie also direkt von einem Bild zum nächsten über ohne irgendwelche Übergangseffekte. Bedenken Sie bitte:

● Alles, was über Papiervorlagen für Transparente und Dias gesagt wurde, gilt entsprechend auch für E-Bilder.

Werden Sie, der Vortragende, nicht zum Bildvorführer! Vergessen Sie nie (man kann es nicht oft genug wiederholen): Die Bilder sollen das gesprochene Wort unterstützen, verdeutlichen, nicht ein Eigenleben entfalten.

Die *Computer-gestützte* Präsentation ist gut geeignet für komplexe (farbige) Grafik und für die Darstellung von Abläufen. Mit Hilfe des Computers können Sie Ihre Präsentation teilweise oder vollkommen automatisiert unterstützen. Aber nochmals: Spielen Sie in Ihrer elektronischen Präsentation nicht alle möglichen Effekte aus – halten Sie sich zurück, überfrachten Sie Ihren Vortrag nicht mit optischen Hilfsmitteln:

● Gestalten Sie Ihre Bilder konsistent und sparsam mit Effekten.

Verzichten Sie auf Effekthascherei mit optischem/grafischem Schnickschnack. Nur Anfänger holen aus ihren Präsentationen alles heraus, was das Programm hergibt. Stellen Sie nicht zur Schau, dass Sie das Programm beherrschen; son-dern unterstützen Sie den Inhalt Ihrer Aussagen wirkungsvoll. Und glauben Sie nicht, dass Tonaufzeichnungen, Musik oder Sound in Ihre wissenschaftlich-tech-nische Präsentation mehr Pepp bringt, im Gegenteil! Alles dies wirkt eher be-fremdend und lenkt nur von der eigentlichen Botschaft, die Sie „rüberbringen" wollen, ab. Natürlich können Sie mit einem Präsentationsprogramm eine „Aufführung" schaffen, die völlig ohne Vortragenden auskommt – aber so etwas können Sie sich (vielleicht!) als Unterhaltung bei einer Geburtstagsfeier oder Hochzeit erlauben.

● Setzen Sie einfache Formen, sinnvolle Farben und passende grafische Elemente ein.

Präsentationssoftware liefert Ihnen zahlreiche Layout-Vorschläge mit Hintergründen, bestimmten grafischen Elementen für jedes Bild, mit Vorschlägen für Farben und Schriften (Schriftarten, -größen und -schnitte), für (dreidimensionale) „Tortendiagramme" u. a. m. Wenn Sie solche im Business-Bereich (gerade?) noch akzeptierbaren Vorschläge unkritisch übernehmen, laufen Sie Gefahr, dass Ihre Bilder denen Ihres Kollegen oder Ihrer Kollegin zum Verwechseln ähnlich sehen (WILL 2002 nennt diese visuelle Einheitskost „geklonte Folien"). Also:

● Verändern Sie die vom Programmvertreiber vorfabrizierten Vorlagen.

Erdenken Sie sich Ihr eigenes Bildlayout, erarbeiten Sie sich *Ihren* Folien-Stil! Überlegen Sie dabei genau, welche Farben und grafischen Elemente Ihre Bilder tatsächlich sinnvoll bereichern. Und orientieren Sie sich dabei an Ihren Zuhörern und am Zweck Ihres Vortrags.

Bei automatisch ablaufenden „elektronischen Diashows" können zur Bereicherung Geräusche (z. B. Sprache, Musik) eingeblendet werden. Solche Shows werden im Werbebereich und manchmal bei Schulungen eingesetzt. Aber bei einem Fachvortrag wirkt das in der Regel deplatziert und komisch – es sei denn, Sie sind Zoologe und berichten über Gespräche zwischen Walen oder die Balzgeräusche südafrikanischer Perlhühner.

Eine weitere Gefahr der elektronischen Präsentation: Zu viele Bilder werden in zu schneller Folge projiziert – wir haben schon mehr als 70 Bilder in 30 Minuten erlebt (überlebt?). Ihre Zuhörer haben kaum Zeit genug, das Projizierte zu erfassen, sie werden damit wohl auch nicht alles verstehen und nur wenig „mit nach Hause nehmen" (s. auch Abschn. 3.4.2).

Es ist für den Vortragenden und für die Zuhörer nicht angenehm, wenn sich der Vortragende für den Bildwechsel immer wieder zu seinem Notebook bewegen muss. Um nicht vor dem Computer fixiert zu bleiben, benutzen Sie beispielsweise eine Funkfernbedienung, mit der Sie kabellos Ihren Computer steuern können, um beispielsweise einen Bildwechsel zu bewerkstelligen.

● Vermeiden Sie alles, was Sie zum reinen Gerätebediener werden lassen könnte.

Denn sonst geht der Kontakt zu Ihrem Publikum leicht verloren, und dann haben *Sie* verloren (vgl. auch Abschn. 1.2.8). Vergessen Sie bitte auch nicht: Manche Zuhörer fühlen sich bei E-Präsentationen wie im gemütlichen Sessel vor ihrem Fernseher und lassen sich von den schönen bunten Bildern wie von einem medialen Betäubungsmittel einlullen.

Wir möchten an dieser Stelle noch auf kritische Anmerkungen hinweisen, die in letzter Zeit gegen E-Präsentationen im Allgemeinen und besonders gegen POWERPOINT (Marktanteil ca. 95 %) vorgebracht worden sind (der *Spiegel* 12, 2004, sprach sogar von den „Risiken und Nebenwirkungen des Powerpointilismus"). Es wurde vorgeworfen, Präsentationsprogramme und der von ihnen produzierte Stil aus leicht verdaulichen Texthäppchen und Schaubildern führe zu einer Verflachung des Denkens, ja verblöde geradezu die Nutzer: Zusammenhänge werden schlecht verstanden, und Beziehungen zwischen Aussagen werden schlecht eingeschätzt; komplexe Informationen werden bei dieser komprimierten Form der Informationsweitergabe nur noch oberflächlich und nicht in ihrer tatsächlichen Bedeutung – nicht korrekt – wahrgenommen. Der Computerwissenschaftler E. R. TUFTE schrieb dazu (www.edwardtufte.com): "... the POWERPOINT style routinely disrupts, dominates, and trivializes content." Sogar die Katastrophe um die Raumfähre Columbia (am 1.2.2003) ist in den Zusammenhang mit POWERPOINT gebracht worden: Die Mitarbeiter der NASA hätten wegen dieser Form der Informationsweitergabe nicht wahrgenommen, dass sich die Astronauten in einer lebensbedrohlichen Situation befunden hätten, „die Warnungen seien in einem Meer aus Info-Häppchen untergegangen" *(Spiegel)*.

Auch gilt inzwischen als nachgewiesen, dass POWERPOINT-Animationen suggestiv die Betrachter beeinflussen. Bei einem Experiment sollte ein fiktiver Sportler beurteilt werden; dazu wurden einmal die Ergebnisse als Liste, einmal als einfaches Balkendiagramm und schließlich als Balkendiagramm mit emporwachsenden Balken präsentiert. Bei gleichen Ergebnissen wurde der mit POWERPOINT präsentierte Sportler um mindestens 20 % besser eingeschätzt *(Spiegel)*.

Wir wissen nicht, wie sich das E-Präsentieren – besonders unter dem Einfluss des Internets – entwickeln wird. Wenn wir aber sehen, wie sich Kollegen und Studenten zurzeit schon vom „Powerpointilismus" abwenden und beispielsweise PDF-Dateien mit ACROBAT READER in ihren Präsentationen/Vorträgen/Vorlesungen einsetzen, ist denkbar, dass bald immer mehr Anwender zu anderer als zur „klassischen" Präsentationssoftware greifen werden.

Manche Kollegen benutzen in ihren Vorträgen oder Vorlesungen schon heute ausschließlich Internet-gestützte Plattform-unabhängige *Browser* wie NETSCAPE (www.netscape.com), INTERNET EXPLORER (www.microsoft.com) oder MOZILLA (www.mozilla.org; mit dem Browser FIREFOX) oder auch OPERA (www.opera.com) für diese Zwecke. Damit werden sie sowohl von der Software als auch vom verwendeten Rechner- und Betriebssystem unabhängig. Solche Browser werden vor allem in Lernumgebungen – im *E-Learning* – eingesetzt. Hier wird besonders auf eine schnelle und papierlose Verbreitung von Informationsfolien Wert gelegt („weltweites Präsentieren").

Die mit Browsern zu projizierenden Texte und Bilder werden in der Beschreibungssprache HTML (Hypertext Markup Language, „Sprache zur Auszeichnung

von Hypertext") erzeugt und auch durch den Browser auf dem Monitor dargestellt. Dazu schaffen Sie Ihre „Präsentationsfolien" unter den Rahmenbedingun-
gen einer Internetseite. Zum Aufbau solcher Seiten werden spezielle Programme – *Web-Autorensysteme*[1] wie DREAMWEAVER (von Macromedia), GOLIVE (von
Adobe), HOMEPAGE (von Claris), HOTMETAL (von SoftQuad) oder auch FRONT-
PAGE (von Microsoft) – verwendet. Solche Seiten lassen auch durch den in MS
Office enthaltenen *HTML-Editor* (eine einfache Form eines Web-Autoren-
systems) erstellen.

4.7.9 Demonstrationsmaterial

Bisher haben wir über verschiedene *Medien*[2] gesprochen, die unverzichtbar sind,
um Daten und Informationen darzustellen. Beenden wir diesen Abschnitt mit
einem Wort über das Medium *Demonstrationsmaterial*. Manches – bis hin etwa
zu menschlichen Skeletten – wird von Lehrmittelfirmen und anderen Herstel-
lern in den Handel gebracht. Anderes kann der Vortragende – vor dem Vortrag!
– selbst zusammenbauen und im geeigneten Augenblick hervorholen. Beliebt
bei Chemikern sind beispielsweise Molekülmodelle und Kristallgitter. Achten
Sie ähnlich wie bei Bildern darauf, dass die Objekte nicht zu klein sind. Von
Molekülmodellen gibt es eigens für solche Zwecke – z. B. vom Verlag dieses
Buches – Demonstrations-Sets in größeren als den sonst verwendeten Maßstäben.

Kristalle und andere kleine dreidimensionale Gegenstände lassen sich, wenn
sie undurchsichtig sind, auf dem Wege der *Auflichtprojektion (Epiprojektion)*
auf einer Bildwand abbilden. Das gilt auch für nicht-transparente Bildvorlagen
wie Zeitungsausschnitte oder Bücher. Solche *Episkope* werden unter Namen
wie „Sofort-Presenter" in Spezialgeschäften für Konferenz- und Präsentationstechnik oder für Lehrmittel angeboten.

4.8 Ende des Vortrags

Sie haben es geschafft und sind am Ende des Hauptteils Ihres Vortrags ange-
langt – wie wir hoffen, zur vorgesehenen Zeit. (TUCHOLSKY in *Ratschläge für
einen schlechten Redner*: „Kündige den Schluss an, und beginne Deine Rede

---

[1] Web-Autorensysteme eignen sich für das Erstellen komplexer, Bildschirm-füllender Seiten,
die neben statischen Elementen wie Text, Grafiken oder Bildern auch „Dynamisches" enthalten,
z. B. animierte Grafiken, Videosequenzen oder Ton. Besonders lassen sich in den Dateien interaktive Elemente verankern (z. B. Fragen mit einer Auswahl an Antworten und entsprechenden
Links zu bestimmten Seiten). Leider sind unter Design-Gesichtspunkten die Möglichkeiten,
Internetseiten zu erzeugen, (noch) eingeengt, z. B. durch die eingeschränkte Anzahl Bildschirm-
geeigneter Schriftfonts und verwendbarer Bilddatenformate.
[2] Neben Transparent, Dia und E-Bild zählt man dazu Filme und Videos, Simulationen und
Internet-Auftritte sowie Modelle.

171

von vorn und rede noch eine halbe Stunde. Dies kann man mehrere Male wiederholen." – „Sprich nie unter anderthalb Stunden, sonst lohnt es gar nicht erst anzufangen. Wenn einer spricht, müssen die anderen zuhören – das ist Deine Gelegenheit! Missbrauche sie.") Achten Sie in dieser Phase auf Zeichen des Diskussionsleiters, die Ihnen signalisieren wollen, dass die Redezeit abläuft. Reagieren Sie darauf nicht, so wird der Herr Vorsitzende oder die Frau Vorsitzende Ihren Vortrag beenden – tun sie es lieber selbst!

● Beenden Sie den Vortrag zur vorgegebenen Zeit – Überschreitungen werden übel genommen!

Es ist erstaunlich, mit welcher Ahnungslosigkeit, ja Dreistigkeit hiergegen von manchen Rednern verstoßen wird. Die Pluspunkte, die sie zuvor gesammelt haben, setzen sie mit wenigen Minuten überzogener Zeit wieder aufs Spiel. Im Beruf hat schließlich jeder – Hörer wie Gastgeber oder Veranstalter – seinen Zeitplan und kreidet es dem Redner als unsportlich an, wenn er ihm den durcheinander bringt. Oder er wirft ihm mangelnde Professionalität vor, und das wäre das Schlimmste. (Nur bei Abendvorträgen oder informellen Anlässen ohne Zeitvorgabe dürfen Sie es in dieser Hinsicht weniger genau nehmen.)

Blenden Sie noch einmal – kurz! – auf die Ausgangssituation zurück, etwa mit

„Wie wir somit zeigen konnten, ist tatsächlich ..."
„Ich hoffe, Ihnen gezeigt zu haben, dass ..."

Sagen Sie, was „der langen Rede kurzer Sinn" war. Versuchen Sie auch für die Zuhörer, die zwischendurch nicht mehr ganz bei der Sache waren, noch einmal deutlich zu machen, worum es ging und was erreicht wurde. Dann wird es Ihnen nicht ergehen wie dem Boten, den die Spartaner nach umständlicher Überbringung seiner Botschaft mit den Worten abblitzen ließen: „Wir haben den Anfang deiner Rede vergessen und darum das Ende nicht verstanden."[1]

Es ist bekannt und von Ihnen sicher selbst schon empfunden worden, wenn Sie Zuhörer waren: Gegen Schluss des Vortrags steigt die *Aufmerksamkeit* wieder an, nachdem sie zwischendurch ein Tief erreicht hatte. Hier können Sie also noch einmal etwas bewirken.

● Der Schlussteil ist neben der Begrüßung und Einführung ein besonders wichtiger Teil des Vortrags.

---

[1] Die Geschichte – wir fanden sie bei LEMMERMANN (1992, S. 85) – ist so schön, dass wir sie als Fußnote erzählen müssen. Die Botschaft hatte in der Bitte um eine Getreidelieferung bestanden. Die hungernde Stadt schickte daraufhin einen zweiten Boten nach Sparta, der nur auf einen mitgebrachten leeren Sack wies mit den Worten: „Ihr seht es, er ist leer; tut etwas hinein." Dieser Bote fand zwar Gehör, er musste sich aber belehren lassen: „Fasse dich das nächste Mal kürzer. Dass der Sack leer ist, sehen wir. Dass du um Füllung begehrst, brauchst du nicht zu erwähnen."

Kam es bei den ersten Worten darauf an, die Zuhörer für sich einzunehmen, so geht es jetzt darum, sich einen guten Abgang zu verschaffen. Naturgemäß sind es die Schlussworte, die am längsten nachhallen. Mit einer Bemerkung wie

> „Wir zweifelten nicht nur einmal im Zuge dieser Untersuchung, ob wir auf dem richtigen Weg waren; umso mehr freuen wir uns jetzt über die klare Sprache unserer Ergebnisse"

werden Sie auch einen persönlichen Eindruck hinterlassen.

● Die Schlussworte bieten die beste Gelegenheit, sich bei den Sponsoren der vorgetragenen Untersuchungen und bei Mitarbeitern oder hilfreichen Kollegen zu bedanken.

Vielleicht zeigen Sie ein letztes Bild mit der Ansicht Ihres Instituts oder ein Gruppenbild mit Damen, das Ihren Arbeitskreis zeigt. Das sind nette Gesten, die ähnlich wohlwollend aufgenommen werden wie freundliche Begrüßungsworte.

● Wenn abgedunkelt war, sorgen Sie dafür, dass möglichst schnell wieder Licht in den Raum kommt.

Ob Sie sich mit den letzten Worten auch bei den Zuhörern bedanken sollen („ … und Ihnen danke ich für Ihre Aufmerksamkeit"), ist Geschmackssache. Manche Puristen halten das für eine inhaltslose und somit entbehrliche Formalität. Wir meinen, dass Höflichkeiten dazugehören und ebenso wenig entbehrlich sind wie das „Amen" in der Kirche. Vielleicht können Sie sich etwas Besonderes einfallen lassen, wie:

> „Ihnen danke ich besonders, dass Sie sich an diesem schönen Freitagnachmittag mit mir zusammen für ein Thema interessiert haben, das unsere Gruppe zurzeit so stark beschäftigt."

● Achten Sie darauf, dass das Ende Ihres Vortrags klar zu erkennen ist.

Signalisieren Sie das Ende Ihrer Darbietung deutlich, beispielsweise durch betonte Schlussworte und/oder durch ein kleines Kopfneigen. Oder treten Sie ggf. an die Rampe und verbeugen sich – wie ein Schauspieler. Dann warten Sie den Applaus ab, und erst dann kann die Diskussion (ggf. mit einem Diskussionsleiter als Moderator) beginnen. Alle im Saal müssen erkennen, dass Sie ans Ende Ihrer Ausführungen gekommen sind. Die Zuhörer müssen wissen, wann sie klatschen oder klopfen sollen. Lassen Sie sich nicht den (verdienten) Beifall entgehen, indem Sie die Diskussion vorwegnehmen wollen und Ihre Ausführungen mit einer Frage wie „Haben Sie noch Fragen?" beenden. (Bei Fachvorträgen auf Besprechungen kann es vorkommen, dass der Vortrag ohne Zäsur in die Diskussion einmündet und Ihnen so diese hörbare Anerkennung für Ihre Leistung entgeht.)

Flüchten Sie nach dem Applaus nicht vom Rednerpult weg, werten Sie Ihre Darbietung nicht in den letzten Sekunden noch durch Ihr hastiges „Verschwinden" ab, sondern sorgen Sie für einen *Clean Exit*. Warten Sie den Applaus ab und bedanken Sie sich dafür deutlich, setzen Sie sich dann hin oder eröffnen Sie die Diskussion. Oder Sie warten, dass der Moderator oder die Chairperson sich für Ihren „schönen und interessanten" Vortrag bedankt und zur Diskussion überleitet. Achten Sie auf die Worte: Es kann sein, dass Sie darauf eingehen müssen, zumal, wenn sie schon die erste Diskussionsfrage enthalten.

Vielleicht nutzen Sie den Beginn der Diskussion, um auf Ihre mitgebrachten schriftlichen Unterlagen (s. auch Abschn. 3.4.2) hinzuweisen. Die meisten am Thema interessierten Teilnehmer sind froh, wenn Sie nicht nur im Kopf, sondern auch Schwarz auf Weiß etwas mit nach Hause nehmen können.

4.9 Diskussion und Diskussionsleitung

4.9.1 Diskutanten

Zu einem Vortrag in Naturwissenschaft, Technik und Medizin gehört in der Regel eine *Diskussion*. Mehr als alles andere ist die Diskussion *Dialog, Interaktion*. Manchmal macht die Diskussion die Hauptsache der Veranstaltung aus, etwa bei einem Workshop, Podiumsgespräch *(Podiumsdiskussion)* oder einem *Forum* (s. Kasten).[1] Und manchmal setzt die Diskussion mit Zwischenfragen schon während des Vortrags ein. Wenn Sie das zulassen wollen, sagen Sie es am besten schon zu Beginn, etwa mit den Worten:

> „Sie können mich jederzeit unterbrechen, wenn Sie eine Frage unmittelbar stellen wollen. Das belebt meine Ausführungen und bringt uns nachher schneller ins Gespräch."

Und wenn Sie währen Ihrer Ausführungen auf keinen Fall unterbrochen werden wollen, sagen Sie – schon in den ersten Minuten Ihres Vortrags – beispielsweise:

> „Wenn Ihnen während meiner Darlegungen Fragen kommen, die nicht im Verlauf des Vortrags beantwortet werden, heben Sie sich diese Fragen bitte für die anschließende Diskussion auf. Ich will dann gerne versuchen, sie zu beantworten."

Wir betrachten hier den Normalfall der Diskussion am *Ende* eines Fachvortrags.

> 66 99
>
> Eine „Horizonterweiterung", die entspanntes Aufnehmen neuer und kompetent vorgetragener Fakten aus benachbarten oder auch fremden Forschungsrichtungen für die eigene Arbeit bedeuten kann, sollte keinesfalls unterschätzt werden. Ein regulärer Kongreß muß also auch immer diesen Aspekt der (zumindest angebotenen) Horizonterweiterung zum Ziele haben. Expertendiskussionen über spezielle Themen, Daten und Interpretationen können „Workshops" vorbehalten bleiben. Derartige Workshops – auch in Parallelsitzungen – bei Kongressen vorzusehen, kann die Experten zum Kongress locken. Sicher werden auch sie dann gerne von den zusätzlich angebotenen Möglichkeiten der Horizonterweiterung Gebrauch machen.
>
> Volker NEUHOFF (1995, S. 39)

---

[1] Bei einer *Podiumsdiskussion* findet eine Diskussion zwischen mehreren gleichberechtigten Gesprächspartnern statt, die auf einem Podium sitzen; das Publikum kann in beschränktem Maß einbezogen werden. Bei einem *Forum* werden Fragen aus dem Publikum abwechselnd von verschiedenen auf dem Podium sitzenden Personen (oft: Persönlichkeiten aus Politik, Wirtschaft und Wissenschaft) beantwortet.

Das Wort Diskussion kommt vom *(lat.)* Verb „discutere" (auseinanderklopfen, auseinanderlegen) und bedeutet heute soviel wie Gedankenaustausch oder Erörterung. Ziel der Zuhörer – die jetzt zu *Diskutanten (Diskussionsteilnehmern)* werden – ist es, Meinungen des Vortragenden kennenzulernen, um selbst zu klareren Einsichten und weiteren Erkenntnissen zu gelangen.

Manche halten das „Gespräch nach einem Vortrag" für keine echte Diskussion. Zum einen, weil dem Vortragenden hauptsächlich Fragen und Einwände vorgelegt werden, auf die – schon aus Zeitgründen – doch nur eine einzige Antwort zu hören sein wird; zum anderen und hauptsächlich, weil dem Vortragenden dabei naturgemäß eine beherrschende Rolle eingeräumt ist, was bei einer Diskussion z. B. in Form eines *Rundgesprächs* nicht der Fall ist (oder sein sollte). Wie dem auch sei, wir wollen dem bei Tagungen und Kongressen üblichen Sprachgebrauch folgen und das Fragenbeantworten am Ende eines Vortrags ebenfalls „Diskussion" nennen.

Die Diskussion nach Vorträgen ist aber meist mehr als nur ein Fragen und Antworten. Die Zuhörer stellen in der Regel nicht nur *Fragen*, sondern geben zu Ihren Ausführungen (vielleicht Ihren Schlussfolgerungen) einen *Kommentar* ab, liefern eigene *Beiträge (Diskussionsanmerkungen)*; sie tragen vielleicht selbst einen Standpunkt vor, den sie begründen und mit einem Beispiel belegen, um daraus eine Schlussfolgerung zu ziehen. Möglicherweise kleiden sie ihre „Frage" in die Form eines Handlungsvorschlags wie in dem folgenden Beispiel, das uns ein Leser (Ch. WOLKERSDORFER) zur Verfügung gestellt hat:

> „Meines Erachtens sind Ihre Ergebnisse unvollständig, was die Ursachen des Ozonabbaus angeht. Keine Ihrer Gleichungen enthält nämlich die offenbar jahreszeitlich bedingten Ausdünnungen auf Ihrer dritten Folie. Meine Arbeitsgruppe hat kürzlich einen möglichen Zusammenhang mit der Bromkohlenwasserstoff-Produktion der Ozeane nachgewiesen. Haben Sie versucht, diese Oszillation analytisch darzustellen?"

Hier gibt ein Fachmann dem anderen Zunder, die beiden und auch das Auditorium werden das Problem aus dem Stand nicht lösen. Ist es schon schwer, ein Stück Wissenschaft präzise formuliert einzubringen, so ist es gewiss ebenso schwer, mit einer solchen Anmerkung fertig zu werden. Das Überraschungsmoment und damit schon der halbe „Sieg" lag beim Diskutanten. Ohne eine innere Einstellung auf solche Situationen wird der Vortragende Mühe haben, sich aus der Affäre zu ziehen.

Wir wollen an dieser Stelle an die *Stegreifrede* erinnern. Wenn man Sie um einen solchen „Spontanvortrag" bittet, müssen Sie meistens schnell reagieren und versuchen, Ihre Aussage (z. B. Stellungnahme), um die man Sie bittet (oder die Sie abgeben wollen), gut zu strukturieren, gut zu gliedern. In Abschn. 2.4 haben wir zwei „Konzepte" für Stegreifreden vorgestellt, die Sie in die Lage versetzen, „schlagfertig" strukturierte Aussagen zu formulieren. (Versuchen Sie, Ihre Zuhörer durch Ihren unvorbereiteten Beitrag zu beeindrucken!)

● Die Diskussion kann etwa ein Drittel der Redezeit (ein Viertel der Gesamtzeit) in Anspruch nehmen.

Beim typischen „Kurzvortrag" von 15 Minuten Redezeit rechnet man mit einer Diskussionszeit von etwa 5 Minuten. In dieser kurzen Zeit kann es dazu kommen, dass der Redner „vorgeführt", eine Schwäche seines Vortrags also bloßgestellt wird. Bei manchen Anlässen – man denke etwa an den Promotionsvortrag – geht von der Diskussion eine größere Beunruhigung des Redners aus als vom ganzen Vortrag.

● Stellen Sie sich als Redner im Voraus auf die Diskussion ein.

Kompetenz ist unter Fachleuten noch immer das, was am meisten zählt. Halten Sie also weitere Einzelheiten (ggf. auf vorbereiteten Bildern), die Sie im Vortrag nicht ansprechen konnten, für Ihre Antworten bereit. Ein weiteres Mal wird von Ihnen als Redner ein gutes Gedächtnis verlangt, verbunden mit der Fähigkeit, blitzschnell „schalten" und schlagfertig antworten zu können.

Sehen Sie sich ggf. vor dem Vortrag noch einmal das eine oder andere Ergebnis aus dem publizierten Schrifttum an, damit Ihnen auch in der Hinsicht niemand etwas vormachen kann. Vielleicht ist es Ihnen während des Vortrags gelungen, Ihre Zuhörer auf eine von Ihnen selbst gelegte Fährte zu locken, dann behalten Sie die Angelegenheit am leichtesten unter Kontrolle. (Manche Vortragenden bauen in ihre Ausführungen vorsätzlich Fragen ein oder lassen absichtlich einiges offen, um dann in der Diskussion um so leichter antworten zu können.)

● Halten Sie für die Diskussion das eine oder andere Argument in Reserve, stellen Sie sich auf mögliche Gegenargumente ein!

Vielleicht sind Ihnen Zuhörer und Diskussionsleiter dafür dankbar, denn bei einem allzu perfekten und abgerundeten Vortrag kommt eine Diskussion oft schwer in Gang (was sehr peinlich wirken kann). Sie können auch während Ihres Vortrags ganz offen ankündigen:

> „Wenn Sie das näher interessiert, können wir gerne in der Diskussion darauf zurückkommen."

● Schauen Sie den Fragesteller an, zeigen Sie Interesse, lassen Sie ihn ausreden.

Unterbrechen Sie Fragesteller nie, selbst wenn Sie nach wenigen Wörtern erkennen oder zu erkennen glauben, was der andere wissen will. Hören Sie aufmerksam zu, zeigen Sie ggf. durch Körpersignale wie (aufmunterndes, nicht zustimmendes) Kopfnicken, dass Sie bei der Sache sind (dies gehört zum „Aktiven Zuhören").

Bei Diskussionen geht es nicht nur und nicht immer um die Sache. Auch Wissenschaftler sind nicht frei von Gefühlen wie Missgunst, Abneigung, Besserwisserei und Prahlsucht, und manchmal tritt das in Diskussionen unverhüllt zutage. Sie müssen mit emotionalisierenden „Taktiken" wie persönlichen Angriffen oder Unterstellungen und anderem unfairem Verhalten rechnen (s. Kasten). Am Ende einer berühmten, in die Annalen der Physikalischen Organischen Chemie eingegangenen Redeschlacht um die Gültigkeit einer Theorie, in der ein Kontrahent Argument für Argument des Redners zu zerpflücken suchte, soll es Tränen gegeben haben.

Einige unfaire Taktiken bei Diskussionen

- Emotionalisierung
- Bestreiten der Fachkompetenz
- Simplifizieren von Problemen
- Übertreibung
- Verallgemeinerung von Einzelfällen
- Bestreiten von Tatsachen
- Bestreiten von wissenschaftlichen Ergebnissen

● Stellen Sie sich auf Fangfragen und Tiefschläge ein.

Wappnen Sie sich vor einem Laienpublikum auch auf Fragen von der Art „Was tut der Wind, wenn er nicht weht?", die Erich KÄSTNER ein Kind stellen lässt, oder „Wo kommen die Löcher im Käse her?" bei TUCHOLSKY.

Fangfrage
Frage, bei deren Beantwortung Sie sich in Widersprüche verstricken sollen.

Tiefschlag
Unfaire Attacke, die Sie „erledigen" soll, wenn die erlaubten Schläge dafür nicht ausreichen.

Solche Diskutanten verwechseln Diskussion mit *Streitgespräch*, sie wollen in geschickter Gegenrede den Redner „aus dem Sattel heben", einen Sieg erringen. Der Austausch von Erfahrungen, die Beantwortung der Frage nach dem richtigen Weg und zweckmäßigen Handeln oder nach der besten Sicht der Dinge, letztlich der Gewinn neuer Erkenntnis interessiert diese „Diskutanten" wenig – sie wollen vor Ihnen und dem Publikum eine „Niederschlagende Rede" halten (so der Titel eines bedeutenden Lehrbuchs der dialektischen Redekunst, verfasst von dem griechischen Sophisten PROTAGORAS). Um in einer solchen Diskussion zu bestehen, ist es gut, wenn man etwas von den Überrumpelungstechniken der alten „Streit-Rhetorik" (*Eristik*, von *gr.* éris, Streit) und ihren etwas friedlicheren modernen Ausprägungen als *Einwandtechnik* oder *Argumentationstechnik* weiß (z. B. THIELE 1988; HOFMEISTER 1993).

Wie gut Sie die Situationen meistern, hängt wesentlich davon ab, wie leicht Sie sich verwirren lassen, oder umgekehrt, wie schlagfertig Sie sind; und auch, wie gut Sie sich auf mögliche Einwände eingestellt haben *(Interaktionsstrategie)*. Ein paar Abwehrtechniken und Finten (um in der Sprache des Boxens und Fechtens zu bleiben) kann man lernen, über „Frieddialektik" und „Kampfdialektik" sind ganze Traktate geschrieben worden. Sarkastische Beobachter haben die Verhaltensmuster von akademischen Diskutanten durchleuchtet und dabei einige der nachstehend verzeichneten „Methoden" ans Licht gebracht.[1] Doch zunächst und vor allem:

---

[1] Wir lehnen uns im Folgenden an einen Aufsatz von J. LIEBERTZ in *Phys. Bl.* 1965; 21 (2): 70, →

Typische Killerphrasen, Killerfragen

„Das ist doch alles schon bekannt."
„Das ist doch nichts Neues."
„Wie wollen Sie das denn beweisen?"
„Das sind alles nur Behauptungen/ Thesen."
„Das ist alles noch sehr unausgegoren."
„Das funktioniert so niemals."
„Sie sehen die Dinge viel zu einfach."

● Lassen Sie sich nicht provozieren, bleiben Sie auch bei unfreundlichen, hinterhältigen oder gar beleidigenden Anmerkungen („Killerphrasen", „Killerfragen") ruhig, gelassen und diszipliniert.

Durch Ihre beherrschte Reaktion ziehen Sie mit Sicherheit die Sympathie auf Ihre Seite. Lassen Sie sich nicht die Lautstärke und Unfairness Ihres Kritikers aufdrängen. Die Zuhörer sind wie Sie der Meinung, dass persönliche Angriffe, Gefühlsäußerungen oder auch nur Selbstdarstellung und übersteigertes Pathos fehl am Platze sind. Bleiben Sie möglichst lange sachlich. Wenn Sie eine Frage als „Killerfrage" erkannt haben, versuchen Sie nicht, sachlich auf die Frage einzugehen: das führt zu Diskussionen, die Sie nicht gewinnen können; gehen Sie lieber in die Offensive über und stellen Sie Ihrem Gegenüber sachliche Gegenfragen.

Wenn schon gefochten werden muss, versuchen Sie, das Florett elegant zu führen (z. B. „Vielleicht darf ich schon heute um ein Exemplar der Dissertation bitten, die Sie jetzt ausführen lassen werden, um Ihre These zu belegen").

Nehmen Sie einem Schlag die Wirkung, indem Sie einen Teilrückzug antreten, z. B.:

„Wir haben anfangs ganz ähnliche Überlegungen angestellt,
sind dann aber ..."

oder

„Ihre Schlussfolgerung trifft sicher zu, solange ..."

Dem anderen zum Teil Recht zu geben und ihn zu bestätigen („Methode der bedingten Zustimmung") besänftigt vermutlich. Selbst bei Äußerungen oder Vorschlägen, die Sie widerlegen oder gar *ad absurdum* führen können, sollten Sie in den Beginn Ihrer Antwort etwas Positives zum Fragenden sagen, z. B.

„Das ist eine interessante Frage, die wir uns auch schon gestellt haben."

oder

„Vielen Dank, dass Sie diesen wichtigen Aspekt (noch einmal) ansprechen."

Sie signalisieren dem anderen damit, dass er und sein Redebeitrag Ihnen wichtig sind. Der Fragende wird dann sein Gesicht nicht verlieren und Ihre Replik leichter akzeptieren.

Bedenken Sie, dass nicht nur Sie verletzlich sind, sondern auch der andere. Vermeiden Sie selbst einem Angreifer gegenüber *Dominanzverhalten* („Da haben Sie nicht richtig zugehört", „Sie vertreten hier eine veraltete Auffassung").

an, der auch in *Die Zeit* (23.4.1965) erschien und später leicht gekürzt in *Dtsch. Zahnärztl. Z.* 1991; 46: 791-793 nachgedruckt wurde. Der Verfasser nannte seine Beobachtungen scherzhaft einen Beitrag zur *Dialogie*. – Wir wandeln das um in *Diabologie*.

Auch auf „witzige" Bemerkungen auf Kosten eines Fragestellers sollten Sie verzichten.

Wenn die Fangfrage in die Form

„Da habe ich eine vielleicht dumme Frage ..."

gekleidet war, können Sie sagen:

„So dumm ist die Frage gar nicht".

Dann kann es jedenfalls nicht passieren, dass Sie noch nicht einmal dumme Fragen beantworten können.

Als Vortragender haben Sie in einer Diskussion immer eine besondere Rolle: Sie haben beispielsweise immer Rederecht. Aber Sie dürfen Ihre Position auf keinen Fall missbrauchen. Im Besonderen:

● Machen Sie sich nie über eine Frage – und damit über den Fragenden – lustig.

Schon Ihre scheinbar sachliche Antwort

„Aber darauf bin ich doch vorhin im zweiten Teil meiner Ausführungen ausführlich eingegangen."

lautet nämlich: „Warum fragst du das? Hast du vorhin nicht aufgepasst? Muss ich das Ganze tatsächlich noch einmal erzählen?" Das Publikum spürt die Untertöne sofort, empfindet Ihre Vorwürfe als unangemessen und ergreift möglicherweise Partei für den Fragenden.

Will Ihnen jemand eine Aussage unterstellen, deren Widerlegung er im Köcher bereithält („Methode des gezielten Missverständnisses"), werden Sie standfest und höflich bleiben – es hat ohnehin nur ein Scheinangriff stattgefunden; in Wirklichkeit will sich der Diskutant als kongenialer Mitdenker darstellen, mehr führt er nicht im Schilde. Statt

„Das habe ich doch gar nicht gesagt"

werden Sie etwas formulieren wie

„Ich fürchte, da bin ich missverstanden worden."

Manche Diskutanten ziehen notorisch alles, was vorgetragen wurde, in Zweifel („Skeptizistische Methode"), oder sie klopfen den Redner bewusst auf Stellen ab, an denen er nicht wehrhaft ist. Vielleicht werden Sie gefragt, warum Sie Ihre Experimente nicht auch unter den und den Bedingungen durchgeführt haben („Methode der modifizierten Randbedingungen"). Wenn Ihnen nicht gerade abverlangt wird, die Messung bei minus 300 °C zu wiederholen, können Sie zugeben, dass die Anregung Ihnen sinnvoll erscheint und dass Sie ihr nachgehen wollen.

● Wenn die Frage einen sachdienlichen Hinweis enthält, bedanken Sie sich.

Oder räumen Sie ein, dass Ihnen der Aufwand für die Verfolgung der Anregung zu groß erscheint. Mit einer Bemerkung wie

> „Vielleicht wollen Sie ähnliche Untersuchungen selbst durchführen, ich überlasse Ihnen das gerne."

bringen Sie das Wohlwollen des Auditoriums vermutlich auf Ihre Seite.

Hat jemand Sie auf eine Wissenslücke festgenagelt, so müssen Sie unter Umständen zugeben, eine bestimmte Arbeit (oder etwas anderes) nicht zu kennen, vielleicht ergänzt durch die Bemerkung:

> „Allerdings scheint mir diese Untersuchung nach Ihren Ausführungen nicht in unmittelbarem Zusammenhang mit unserer zu stehen".

Auch hier bricht ein freundliches „Für diesen Hinweis danke ich Ihnen" keinen Zacken aus Ihrer Krone und stimmt den Angreifer milde. Mit

> „Ich werde diese Daten gerne heraussuchen und Ihnen zusenden."

erweisen Sie sich als der Situation gewachsen, wenn Sie ein Ergebnis aus dem eigenen Labor nicht im Kopfe haben.

● Weichen Sie einer gefährlichen Frage nicht aus, aber versuchen Sie unter Umständen, Zeit zu gewinnen.

Vielleicht fällt Ihnen der Sachverhalt, den Sie zur Beantwortung der Frage brauchen, nicht sofort ein. Oder Sie benötigen einen Augenblick, um die Konsequenz des Vorgebrachten zu überdenken oder auch nur die Frage zu verstehen. War die Frage in eine längere Ausführung gekleidet, so ist ein

> „Was genau war nun Ihre Frage, würden Sie das bitte wiederholen?"

statthaft. Oder Sie versuchen selbst, die Frage zu präzisieren, bevor Sie darauf antworten *(Rückfragetechnik, Verständniskontrolle)*. Wenn Sie wissen, dass Sie die Frage nicht beantworten können, geben Sie das am besten gleich zu, z. B. mit den Worten

> „Ich kann diese Frage mit unseren bisherigen Befunden nicht beantworten."

oder

> „Zu einer dahingehenden Voraussage reicht unser Datenmaterial noch nicht aus."

oder einfach

> „Ich habe darüber noch nicht nachgedacht, die Anregung ist aber interessant".

Manchmal ist es schwierig, längeren Auslassungen zu entnehmen, worauf der Diskutant hinaus will. Wiederholt er Ihren Vortrag („Methode der Repetition"), oder erzählt er etwas ganz anderes („Methode der Deviation")? Da helfen nur gutes Zuhören und die Gabe, Wesentliches schnell zu erkennen.

Stellen Sie fest, dass *mehrere* Fragen in der Diskussionsanmerkung enthalten waren, so versuchen Sie, alle zu beantworten. Manchmal geht es aber nur um eine Selbstdarstellung oder gar Selbstbeweihräucherung des Diskutanten („Methode der Autapotheose"). Wenn Sie die Diskussion selbst in der Hand haben, können Sie mit einem kurzen „Danke für diese ergänzenden Anmerkungen" zur nächsten *Wortmeldung* übergehen. Den typischen Vielfrager („Kettenfrager") können Sie mit nur einer Antwort (auf eine Frage, die Ihnen wichtig erscheint) bescheiden und anregen, das Gespräch vielleicht nach dem Vortrag oder in der Pause fortzusetzen.

Deutschen Akademikern wurde nachgesagt, sie diskutierten zu formell und ohne „Biss" im Stile eines höfischen Zeremoniells („Methode der laudativen Akklamation") – verglichen etwa mit den Amerikanern, die ohne große Hemmungen zur Sache kommen. Nach unserem Eindruck haben sich die Stile angeglichen. Freuen Sie sich jedenfalls, wenn Sie eine lebhafte Diskussion hatten. Das ist der schönste Beweis, dass Ihr Vortrag anregend war.

4.9.2 Diskussionsleiter

Es bleibt uns noch, ein Wort über den *Diskussionsleiter (Vorsitzenden, Sitzungsleiter, Chairman)* zu sagen. Er oder sie, die *Chairlady*, hat schon zu Beginn den Vortragenden (mit akademischem Titel) und das Thema (man kann es aus dem Programm ablesen) eingeführt und nach dem Vortrag die Diskussion eröffnet. Wir stellen uns im Folgenden zunächst auf die Tagung und den dort gehaltenen „Diskussionsbeitrag" ein.

● Eine Aufgabe des Sitzungsleiters ist es, vor der Sitzung Kontakt mit der Tagungsleitung und mit den Vortragenden zu halten, um in das Geschehen ggf. mit organisatorischen Hinweisen eingreifen zu können.

Mit den Rednern sollte er sich wegen der Einhaltung des Zeitplans abstimmen, bei ausländischen Rednern vielleicht die Aussprache des Namens erfragen. Eine Aufstellung der Obliegenheiten des Sitzungsleiters finden Sie im Kasten auf S. 182.

Nach einem größeren Vortrag wird ein erfahrener Vorsitzender über einen Dank an den Redner hinaus etwas über die Bedeutung und eigene Einordnung des Gehörten sagen. Daraus kann eine erste Frage an den Redner entstehen, wodurch die Diskussion in Gang gebracht wird. Vor allem wenn nach Eröffnung der Diskussion keine Wortmeldungen kommen, sollte der Diskussionsleiter in der Lage sein, dieses Mittel einzusetzen, um die über dem Auditorium lastende Stille zu überwinden.

Nehmen wir an, Sie seien selbst der Diskussionsleiter. Ihnen obliegt es dann, Wortmeldungen aufzunehmen und das Wort zu erteilen. Schauen Sie dazu in die Runde, damit Sie auch sehen, wo sich jemand zu Wort meldet. Wenn Sie die betreffende Person kennen, beeindruckt es, wenn Sie das Wort nicht „dem Herrn dort mit dem Schnauzbart" oder „der Dame in der zweiten Reihe" erteilen, sondern Herrn X oder Frau Y. Ansonsten tut es eine einladende Handbewegung. Kommen mehrere Wortmeldungen an einer Stelle der Diskussion zustande, so

Aufgaben des Diskussionsleiters

● Vorbereitung der Fachsitzung
– Auf Thema/Themen vorbereiten;
– Klären, ob alle Sitzungsteilnehmer (Redner) anwesend sind;
– Sicherstellen, wie die Namen der Vortragenden auszusprechen sind;
– Notizen über den wissenschaftlichen Werdegang des oder der Vortragenden bereithalten;
– Eintragungen (Namen, Herkunft und Vortragsthema) in Tagungsprogramm oder Vortragsankündigung zusammen mit dem/den Vortragenden überprüfen;
– Kontakt mit Tagungsleitung halten, organisatorische Hinweise geben;
– Auf Zeitplan hinweisen.

● Eröffnung des Vortrags
Eine „Eröffnungsformel" (nach HARTIG 1993), die alle Elemente enthält, die in einer solchen Situation angesprochen werden müssen:
– *Anrede*
(z. B. „Meine Damen und Herren!")
– *Eröffnung* des Vortragsabends, der Fachsitzung usw.
(z. B. „Ich eröffne den heutigen Vortragsabend …")
– *Begrüßung* der Zuhörer
(z. B. „… und heiße Sie dazu herzlich willkommen.")
– *Vorstellung* des oder der Vortragenden
(z. B. „Als Referenten des heutigen Abends stelle ich Ihnen Herrn X vor." Bei größeren Veranstaltungen: wissenschaftlichen Werdegang des Vortragenden aufzeigen.)
– *Nennung des Themas*
(z. B. „Herr X spricht zu dem Thema YY.")
– *Worterteilung*
(z. B. „Bitte Herr X, Sie haben das Wort!")

● Leitung der Diskussion
– Redner für seinen Beitrag danken, ggf. Vortrag und seine Bedeutung aus der eigenen Sicht kommentieren;
– Diskussion eröffnen, erste Wortmeldung entgegennehmen und das Wort erteilen;
– Für den Bedarfsfall (keine Wortmeldung) vorbereitete erste Frage an den Vortragenden stellen;
– Leitung in Händen halten, und Diskussion nicht ausufern lassen;
– Reihenfolge der Wortmeldungen merken (ggf. notieren);
– Unsachlichkeiten unterbinden;
– Nicht an Streitgesprächen beteiligen, möglichst nicht Partei ergreifen;
– Liste der Wortmeldungen schließen.

● Beenden der Diskussion
Eine übliche „Schlussformel" dazu enthält die Elemente:
– *Anrede*
(z. B. „Meine Damen und Herren!")
– *Schluss*
(z. B. „Wir sind am Ende unserer Veranstaltung angekommen.")
– *Dank*
(z. B. „Ich danke Herrn X nochmals für seinen Vortrag und Ihnen allen für die anregenden Diskussionsbeiträge und Ihre Aufmerksamkeit.")
– *Ende*
(z. B. „Die Veranstaltung ist damit beendet" oder Eröffnung eines neuen Vortrags mit der Vorstellung des nächsten Vortragenden.)

notieren Sie alle und erteilen das Wort nach der Reihenfolge der Meldung, wenn die jeweils vorangegangene Frage beantwortet ist. In einer Runde, in der man sich kennen lernen will, können Sie darum bitten, dass sich jeder Diskussionsredner kurz vorstellt; bestehen Sie dann darauf, dass dies auch geschieht.

● Ihre Aufgabe als Diskussionsleiter ist es, die Diskussion zu steuern, Abschweifungen oder Unsachlichkeiten zu unterbinden und ein Ausufern zu verhindern.

Die Rolle des Diskussionsleiters ist mit der des Schiedsrichters in einem Fußballspiel verglichen worden (AMMELBURG 1991). Wie der Schiedsrichter soll der Diskussionsleiter die Einhaltung der Spielregeln durchsetzen, und er soll nicht Partei ergreifen oder selbst Tore schießen wollen.

Wenn eine Diskussion sich zu sehr an einem Detail festhält oder wenn ein Diskussionsredner nicht zum Ende kommt, müssen Sie eingreifen. Dies braucht nicht gleich in der Form des Wortentzugs zu geschehen, vielmehr ist eine Unterbrechung und Weiterleitung mit verbindlichen Worten angezeigt wie

> „Ich nehme an, dass Sie diese Frage im Einzelgespräch weiter vertiefen wollen"

oder

> „Vielen Dank für diese Anregungen; ich glaube aber, dass weitere Fragen zu stellen sind, und erteile das Wort ...".

In sehr großen Hörsälen ist es oft erforderlich, die Verstärkeranlage einzusetzen, damit die Diskussionsredner verstanden werden. Als Diskussionsleiter müssen Sie wissen, welche technischen Einrichtungen vorhanden sind. Oft ist es möglich, Mikrofone an langen Kabeln zu den Sprechern bringen zu lassen. Seltener werden Diskussionsredner gebeten, ins Proszenium zu kommen und ihren Beitrag über das dort vorhandene Mikrofon abzugeben. Als Diskussionsleiter haben Sie die Möglichkeit, um lauteres Sprechen zu bitten. Wenn der Diskussionsredner in einer der vorderen Reihen sitzt, verstehen *Sie* und der Vortragende wahrscheinlich seine Anmerkungen, nicht aber die Personen in den hinteren Reihen. Wiederholen Sie ggf. das Wesentliche der Frage über die Lautsprecher.

Schließlich werden Sie die Diskussion und damit den Vortrag beenden, nachdem Sie vorher die Rednerliste geschlossen haben, und sich nochmals beim Vortragenden und den Diskussionsteilnehmern bedanken.

Vielleicht müssen Sie einmal ein „Podiumsgespräch" von Fachleuten vor einer größeren Öffentlichkeit moderieren. Auch dann sind Sie Diskussionsleiter. Das augenliderklappernde Gebaren hochgestylter FernsehmoderatorInnen brauchen Sie nicht nachzuahmen, aber vielleicht hilft Ihnen die Erinnerung daran, was „moderieren" eigentlich heißt (*lat.* moderare): mäßigen.

4.10 Vortragen in einer Fremdsprache

Einen in anderer als Ihrer Muttersprache zu haltenden Vortrag werden Sie besonders sorgfältig vorbereiten (s. Abschn. 3.6.4), es sei denn, die Fremdsprache stehe Ihnen wirklich gut zur Verfügung. Die besondere Anforderung sollte Sie dazu bestimmen, nach Manuskript vorzutragen, auch wenn dies sonst nicht Ihr Stil ist. Wichtiger ist das Verständnis bei den Zuhörern als Ihr Bemühen zu beeindrucken. Meist handelt es sich bei der „fremden" Sprache um Englisch. In

Englisch können Sie nicht nur in England und USA und den anderen Ländern des englischen Sprachraums vortragen, sondern auch in Frankreich oder Korea – oder in Deutschland. Bei *internationalen Kongressen* ist es üblich, dass Englisch gesprochen wird – gleichgültig, wo der Kongress stattfindet. Vielleicht müssen Sie Ihren Vortrag, in Englisch verfasst, für die „Conference Proceedings" zur Verfügung stellen. Falls Sie Chemiker sind, empfehlen wir Ihnen das schöne Buch von SCHOENFELD (1989) zur rechtzeitigen Lektüre.

● Sprechen Sie in der fremden Sprache betont langsam und deutlich.

Für den Vortrag in fremder Sprache sollten Sie wenigstens 10 % mehr Zeitbedarf ansetzen gegenüber dem Fall, dass Sie ein gleich großes Sprechpensum in Ihrer Muttersprache vorgetragen hätten (HIERHOLD 2002; wir verweisen auch auf die Betrachtungen eines englischen Konferenzteilnehmers in Abschn. 1.2.5). Der langsame Vortrag gibt Ihren Hörern mehr Gelegenheit, sich an Ihre Aussprache zu gewöhnen und in Gedanken falsche Formulierungen oder Betonungen in richtige zu übersetzen. Sie selbst brauchen das Mehr an Zeit für den sorgfältigen Umgang mit der nicht geläufigen Sprache. Sollten Sie doch frei vortragen, so wird ein Zuschlag von 10 % nicht ausreichen. Verwenden Sie besonders einfache Sätze, verdichten Sie auf das Wesentliche; Sie können so den Mehrbedarf an Sprechzeit wieder wettmachen. Vertrauen Sie noch mehr als sonst den Bildern an. Auch dafür haben wir an früherer Stelle (in Abschn. 1.4.1) ein Beispiel gegeben.

● Sie dürfen sich eingangs für Ihre nicht einwandfreie Beherrschung der Sprache entschuldigen.

Meist wird man Ihnen Nachsicht entgegenbringen. Zu einem "Fishing for compliments" sollte Ihre selbstkritische Anmerkung allerdings nicht werden. In einem asiatischen oder anderen Kulturraum außerhalb der englischen Sprachdomäne wirkt sie, wenn Sie Deutscher sind, sogar deplatziert: Vermutlich ist Ihr Englisch für dortige Ohren sehr gut, und man *erwartet* von Ihnen als Europäer, dass Sie gut Englisch sprechen (über Entschuldigungen s. auch Abschn. 4.2).

● Prüfen Sie mit strengem Maßstab, ob Sie sich einen Vortrag in einer anderen (europäischen) Fremdsprache als Englisch zutrauen können.

Vielleicht fragen Sie einen Muttersprachler nach seinem Urteil. Wohlgefällig aufgenommen wird es mit Sicherheit, wenn Sie in der Landessprache beginnen, um dann erst auf Englisch oder Deutsch überzugehen.

Nur gelegentlich, auf großen internationalen Kongressen, setzen die Veranstalter das – teure – Mittel der *Simultanübersetzung* ein. Ist das der Fall, so gilt noch mehr als in irgendeiner anderen Situation die Forderung, langsam zu sprechen, betont, in kurzen Sätzen und mit Pausen – bemühen Sie sich in besonderem Maße um *Sprechdisziplin*.

● Geben Sie Simultanübersetzern eine Chance, Ihre Ausführungen lückenlos und fehlerfrei zu übertragen.

Achten Sie auf die Übersetzerkabine und den Vorsitzenden und – evtl. vorher vereinbarte – Zeichen, die Sie zu langsamerem Sprechen auffordern. Sie machen sich nicht nur bei den Übersetzern unbeliebt, wenn Sie deren Arbeit durch Ihren Redeschwall behindern.

Gedolmetscht wird manchmal *nach* dem Vortrag, in der Diskussion. Fragen werden möglicherweise in der Landessprache an Sie, den Vortragenden, gerichtet und für Sie übersetzt. Vielleicht ist es der Diskussionsleiter, der dieses vermittelt. Auf demselben Weg gehen dann Ihre Antworten zurück.

● Sprechen Sie in kurzen *Wortblöcken.*

Wahrscheinlich ist die Übersetzung nicht wirklich simultan, sondern fällt in die von Ihnen eingeräumten *Sprechpausen.* Kommen Sie dem Kollegen, der zwischen seinen Landsleuten und Ihnen vermittelt, durch Bildung von Pausen entgegen. Mit kurzen Sätzen oder Wortblöcken erreichen Sie, dass wirklich das weitergegeben wird, was Sie gesagt haben. Aus den Reaktionen der Zuhörer können Sie bei diesem *Intervallsprechen* am ehesten erkennen, ob und wie Ihre Ausführungen ankommen. In Rundfunk und Fernsehen kann man gelegentlich beobachten, wie die Profis der politischen Szene das machen.

Bedenken Sie bitte beim Formulieren Ihrer Sätze, dass die deutsche Sprache Eigenheiten hat, die sie für die Simultanübersetzung in besonderem Maße als schwierig erscheinen lassen. Im Gegensatz beispielsweise zum Englischen oder Französischen können Teile von Sätzen durch lange Einschübe auseinander gerissen werden, so Subjekt und dazu gehörendes Verb oder sogar Teile eines zusammengesetzten (d. h. mit Präfixen oder Suffixen versehenen) Verbs. Betrachten Sie die Satzanfänge

„Sie schlugen ihn in der vergangenen Woche in einer kleinen Stadt im Süden des Bundeslandes XXX zum dritten Mal in Folge ...“

„Die Aufgabe kann, wenn geeignete apparative Ausstattung vorhanden ist und die notwendigen weiteren Maßnamen wie AAA und BBB durchgeführt worden sind, ...“

Der Satzsinn erschließt sich – auch für den armen Simultanübersetzer – erst spät, wenn dann beispielsweise weiter gesagt wird

„... zum Vorsitzenden der Arbeitskommission YYY vor.“

„... angegangen werden.“

Wie soll ein Übersetzer – simultan! – solche Sätze übertragen können, ohne Gefahr zu laufen, einen Teil des Satzes vergessen zu haben, bevor er überhaupt damit beginnen kann.

4.11 Pannenvorsorge

Pannen können sich in jedem Vortrag trotz der besten Vorbereitung ereignen. Je mehr der Vortragende von der Technik abhängt, umso größer ist die Gefahr.

Eine wichtige Vortragsvorbereitung besteht darin, dass
Sie sich für die verschiedenen bei Präsentationen auftreten-
den „Emergency-Fälle" genaue Vorgehensweisen überlegen oder Ratschläge/Vorschriften in Erinnerung rufen (wie
ein Pilot vor dem Start). Wenn Sie mögliche „Notsituatio-
nen" schon einmal durchgespielt haben, sind sie in Ihrem
Gedächtnis verankert, und die Lösungen (ggf. notwendigen Handgriffe) lassen sich im Ernstfall dann schnell abrufen – Sie können besser improvisieren. Tun Sie zunächst
vor Ihrem Vortrag alles, damit Sie sich sagen können:

● Ich bin im Rahmen meiner Möglichkeiten optimal auf
  den Vortrag vorbereitet.

Auch im Hinblick auf die Pannenbewältigung sollten Sie
schon zuvor den Vortragsort inspiziert haben. Sollte auf-
grund äußerer Umstände die Zeit, die Sie dort zur Vorbereitung eigentlich bräuch-
ten, zu kurz sein, versuchen Sie – ggf. mit Hilfe des Gastgebers oder der
Chairperson – Zeit zu gewinnen, um beispielsweise Notebook und Beamer vorzubereiten.

Eine der klassischen Pannensituationen ist das *Versagen der Technik*. Für
solche Fälle sollten Sie sich eine Checkliste mit Vorgehensweisen/Handgriffen
erarbeiten und einprägen, die notwendig sind, um die Fehler zu finden und zu
beheben. Aber versuchen Sie nicht – selbst wenn Sie ein noch so guter Bastler
sind –, den Fehler zeitaufwändig selbst beheben zu wollen. Befolgen Sie die
Faustregel (FLUME 2003, S. 122):

● Man sollte nicht länger als 2 Minuten benötigen, um eine unterbrochene Präsentation fortzusetzen.

Im schlimmsten Fall müssen Sie mit einem vollständigen Ausfall der Projektionstechnik rechnen. Wenn die Lampe des Tageslichtprojektors oder des Beamers
defekt sind, helfen nur Ersatzbirnen oder -geräte, für die Ihr Gastgeber oder die
Chairperson (vielleicht) sorgen kann. Sie sind in solchen Fällen nur dann gefragt, wenn Sie eigene Geräte mitgebracht haben. Wenn die Festplatte Ihres
Computers kurz vor der Präsentation oder während des Vortrags versagt, können Sie selbst nicht viel reparieren. Aber Sie können im Vorfeld überlegen, was
Sie alles an „Hardware" zum geplanten Termin mitnehmen wollen (s. Kasten
auf S. 187).

Technische Vorbereitungen, ggf. mitzunehmende „Hardware"

● *Allgemein*
- Zeigegerät(e) (z. B. Teleskop-Zeigestock)
- Armbanduhr
- Ersatzbrille
- Taschentuch, Papiertücher

● Zusätzlich bei einem Vortrag mit *Transparenten*
- Funktionierende Folienschreiber
- Laserpointer, Bleistift, Folienzeiger
- Papierausdruck der wichtigsten Folien (bei Präsentation in kleinem Rahmen)
- Flipchart (bei Präsentation in kleinem Rahmen);
- Unbeschriebene Ersatzfolien

● Zusätzlich bei einem Vortrag mit *Dias*
- Vielleicht können Sie die wichtigsten Bilder auch aus Ihrem Laptop oder Notebook zaubern
- Möglicherweise könnten Overhead-Folien in die Bresche springen

● Zusätzlich bei einem *Computer*-unterstützten Vortrag (s. auch Kasten auf S. 123)
- Präsentationssoftware und Datei der Präsentation sowie ggf. erforderliche Zusatzprogramme (z. B. ein Codec zum Dekomprimieren einer bestimmten Multimedia-Datei) auf geeignetem Datenträger, z. B. CD oder USB-Speicherstab
- Verbindungskabel (vom Computer zum Beamer)
- Zweites Netzkabel für Ihren Computer
- Doppelsteckdose und Verlängerungskabel
- Laden der Akkus Ihres Notebooks
- Bildschirmschoner ausschalten
- Stromverbrauchssteuerung Ihres Computers so einstellen, dass er nach längerer Inaktivität nicht abgeschaltet oder in den Stand-by-Modus umgeschaltet wird
- Batterien Ihrer Funkfernbedienung überprüfen (Ersatzbatterien)

Auf Vortragsreise begeben Sie sich am besten mit einem Reservesatz Dias oder Transparente. Den einen Satz werden Sie wahrscheinlich in Ihrem Handgepäck mitführen wollen – wahrscheinlich übersteht er die Sicherheitstests unbeschadet –, den anderen im Koffer als Reisegepäck aufgeben. Wenn Sie trotz aller Vorkehrungen dennoch in eine Pannensituation geraten: Versuchen Sie, damit gelassen und ruhig fertig zu werden. Tun Sie alles, damit die Veranstaltung nicht abgesagt oder abgebrochen werden muss. Versuchen Sie zur Not, ohne Projektor nur mit der Wandtafel weiterzumachen. Bei Ihren Zuhörern sollte nicht der Eindruck entstehen, dass Sie in Panik sind und nicht mehr weiter wissen. Versuchen Sie, Herr der Lage zu bleiben! Vielleicht kann Ihnen ein eingeweihter Mitarbeiter zu Hause noch rechtzeitig ein paar Ersatzbilder über Satellit zuspielen.

Mustervortrag[1]

(eines nicht ganz so guten Redners)

I thought that in the eight minutes I've got I'd bring you up to date on what our group has been doing in the last year; in a sense this is a progress report and updates the paper we gave here last year; I'wont go over the nomenclature again; could I have the first slide please – oh, I think you must have someone else's box – mine is the grey one with my name on the top, no, wait a minute, not my name, whose name was it now? ah yes, you've found it; there's a red spot on the top right hand side of each slide that is the side that becomes the bottom left when you project it. OK, you've got it now, let's have a look, no, that's the last slide not the first, yes, now you've got the right one but it's on its side, what about the red dot? there are two? well anyway turn it through ninety degrees, no, the other way, yes now we're there, perhaps we could have the lights off, well I'm sorry there are probably too many words on this slide, and the printing is a bit thin; can you read it at the back? you can't; well I'd better read it out; no I won't, it's all in the paper which should be published within a month or so, and anyone who wants I'll give a reprint to afterwards, anyway, for those who can read it, this slide is a block diagram of the purification process we used and before I go any further I should mention that there are a couple of misprints: on the third row, fourth box from the left, well, of course that's the second box from the right, if you can read it, it says alkaline, now that should be acidic; also you can perhaps see the word mebmrane, that should of course be membrane; now if I can have a look at the next slide – now which one is this? ah, yes it's the scatter diagram. I haven't marked the quantities but we are plotting concentration against particle size; if I remember rightly this has been normalised; perhaps I could have the lights for a moment to check in the text, yes, here we are, well it doesn't actually say – we could work it out but it's probably not worth the time, so if I could have the lights off, let's have a look at the plot; well I think you can see a sort of linear relationship – there's a fair bit of scatter, of course, but I think the data are at least suggestive; perhaps if I held up the pointer you could see the relationship more clearly – I expect there's a pointer around somewhere, no I won't need the lights, yes here it is, now you can see the trend and there's just the hint of another trend running subparallel to it through this other cluster of points, you may see that more clearly if I slide the pointer across to the other – no I wasn't saying next slide, just I would slide the pointer; anyway now the next slide is up let's keep it on the screen, now this is the sort of evidence on which the data in the last slide were based; this is a thin section – it could take just a bit of focusing – yes, that's better, it's difficult to get the whole slide focus at once, now the scale is, well that bar is one micron long, hang on what am I saying? it's ten microns long – oh dear, the chairman is giving me the two minute warning, it's difficult to give you a clear picture of this work in only eight minutes, but let's plough on, what was I saying? ah yes, that bar is ten

[1] "Summary" mit freundlicher Genehmigung der Zeitschrift *Nature*. 1978. 272: 743.

microns long, now if we turn to the next slide, please, this is the result of a chemical analysis of the dark region that is near the centre of that thin section, is it possible to go back a slide? well not to worry, you can see in the analysis how dominant – sorry what was that? oh yes the errors are plus or minus a per cent or so – that's the standard deviation, no it cant't be, it must be the standard error of the mean – oh dear, the chairman says my time is up, can I beg half a minute – are there any more slides? really? well let's skip the next two, now this one is pretty important, it brings together several of the threads that you've probably been able to discern running through this talk, but rather than go through it in detail perhaps I should have the lights and just put up one or two key numbers on the blackboard – the chairman says there's no chalk, well it's all in the paper I was mentioning anyway perhaps I've been able to give you the gist of what we've been doing, I guess that's all I've got time for.

David Davies

Teil II

**Bilder: Anforderungen,
Herstellung**

5 Projektionstechnik

5.1 Überblick

Wir wollen in Teil II alle technischen Dinge, die mit der Bildherstellung und -vorführung zusammenhängen, behandeln. Manches, was schon in Teil I angesprochen wurde, ist noch näher zu erläutern. Um Teil II für sich allein lesbar zu machen, haben wir eine geringfügige Redundanz zugelassen. Hinweise auf frühere Textstellen geben wir nur gelegentlich und bitten unsere Leser, die an Hintergründen interessiert sind, das Inhaltsverzeichnis zu Hilfe zu nehmen oder sich anhand des Registers weiter zu informieren.

Unser Hauptaugenmerk muss der *Projektionstechnik* gelten, die daher mit einem eigenen Kapitel (Kap. 5) den Anfang macht. Im nächsten Kapitel (Kap. 6) werden dann die zur Bildherstellung benötigten Werkzeuge im einzelnen vorgestellt, bevor wir die Bestandteile von Bildern (Bildelemente, Kap. 7) und die Arten von Bildern, die man aus diesen Elementen zusammensetzen kann (Kap. 8), näher untersuchen. Bilder, die nicht für die Projektion, sondern den direkten Einsatz vorgesehen sind – *Poster* –, bilden den letzten Abschnitt des letzten Kapitels.

Das unmittelbare Betrachten von *Bildern* (Postern, *Wandtafeln*) und das Herstellen solcher Bilder sind einfachere Vorgänge als die Bildprojektion. Wenn wir den Weg vom Komplizierten zum Einfachen gehen, so deshalb, weil wir damit vom Allgemeinen zum Spezielleren vordringen. Tatsächlich ist die Projektionstechnik so sehr „Allgemeingut" in unseren Hörsälen geworden, dass sie an den Anfang gehört.

Die unmittelbare „In-Augenschein-Nahme" eines Bildes kommt in Vorträgen selten vor; allerdings gilt es auch hier, einiges zu beachten, weil die Bilder ähnlich wie beim Projizieren für mehrere Personen gleichzeitig und aus einer gewissen Entfernung zu erfassen und zu erkennen sein müssen. Da auf optische „Tricks" zur *Bildvergrößerung* verzichtet wird, muss das Bild selbst groß sein: groß jedenfalls im Vergleich zu den Abbildungsvorlagen, die man für Publikationen vorbereitet (Kap. 7 in Ebel und Bliefert 1998). Gewisse Anforderungen an die Technik der *Bildherstellung* und – im Fall von Transparenten – an das Trägermaterial ergeben sich daraus.

Von diesem Sonderfall abgesehen, sind die beiden Kapitel 7 und 8 über Bildelemente bzw. Arten von Bildern ebenso wie das über die verwendeten Werkzeuge (Kap. 6) – wir haben es „Bildtechnik" genannt – auf die Projektion bezogen.

5.2 Vorführbedingungen

5.2.1 Hellraum und Dunkelraum

Wir wollen uns mit der Projektion *transparenter* Bilder mittels durchfallenden Lichts beschäftigen und nennen diese Bilder *Projektionsvorlagen* ungeachtet der Tatsache, dass man auch elektronische (E-Bilder) und nicht-transparente Bilder[1] auf optischem Wege übertragen (also als Projektionsvorlagen benutzen) kann.

Korrekt wäre für unseren Fall die Bezeichnung „transparente Projektionsvorlage", Techniker sprechen auch von *Durchlichtbild*. Das für die Projektion transparenter Bilder verwendete Gerät heißt *Diaskop*.

● In der *Projektionstechnik* unterscheidet man zwischen Hellraumprojektion und Dunkelraumprojektion.

Bei der *Dunkelraumprojektion* ist außer dem von der Projektionsfläche – z. B. einer (konfektionierten) *Bildwand* – zurückfallenden Licht kein diffuses Licht im Raum vorhanden, weder natürliches noch künstliches. Bei der *Hellraumprojektion* tritt durch die Fenster Licht ein, oder es ist künstliches Raumlicht eingeschaltet, oder Tageslicht und Raumlicht stehen gleichzeitig zur Verfügung. (Die Bezeichnung *Tageslichtprojektion* als Synonym für Hellraumprojektion ist nicht korrekt, da es nicht um die Natur des Lichts geht.) Große Hörsäle haben oft keine Fenster, man muss auch tagsüber nicht verdunkeln, um die Bedingungen der Dunkelraumprojektion zu erzeugen. In kleineren Hörsälen und Seminarräumen sind Verdunkelungen herabzulassen, wenn am hellen Tag Bildvorführungen im Dunkeln stattfinden sollen. Die Situation des „Dunkelraums" ist dem Vortrag und seiner Aufnahme durch die Zuhörer abträglich – *Dämmerlicht* stimuliert auf die Dauer eher das Schlafzentrum als die Aufmerksamkeit. Aber die Sichtbedingungen auch aus großer Distanz sind hervorragend, wie jedermann vom Kino her weiß.

Die Hellraumprojektion hat sich in hohem Maße Besprechungszimmer, Seminar- und Konferenzräume und sogar Hörsäle erobert. Die für den „Hellraum" geschaffenen *Arbeitstransparente* lassen sich auch im großen Hörsaal einsetzen. Im teilweise abgedunkelten Raum können Arbeitstransparente und *E-Bilder* mit *Dias* – wir werden im Einzelnen erklären, worum es sich jeweils handelt – durchaus konkurrieren. Hier wie da lassen sich die Bildinhalte auch aus einer Entfernung von 30 Sitzreihen noch erkennen.

---

[1] Bilder, die nicht im durchscheinenden, sondern im *reflektierten* Licht projiziert werden, heißen *Auflichtbilder*. Als solche eignen sich im Prinzip beliebige auf Papier gemalte oder gedruckte Bilder z. B. aus Publikationen oder Bedienungsanleitungen. Die Auflichtprojektion *(episkopische Projektion)* mit Hilfe eines *Epiprojektors* ist aber lichtärmer als die Durchlichtprojektion *(diaskopische Projektion oder Diaprojektion)* und kann – mit beschränkter optischer Wirkung – nur im dunklen Raum vor einer kleineren Zahl von Betrachtern eingesetzt werden.

Für Transparente wie auch für Dias gilt:[1]

● Die Bilder, wie sie vom Zeichenbrett, Plotter oder einem anderen Bild-erzeugenden System kommen, heißen *Originalvorlagen*.

Sie sind meist für die Projektion mit Dia- oder Overheadprojektor nicht unmittelbar geeignet und müssen in *Projektionsvorlagen* umgewandelt werden. Bei der *elektronischen Projektion (E-Projektion)* sind Original- und Projektionsvorlage identisch.

Dem Projizieren in einem hellen oder nur halbdunklen Raum sind technische und sinnesphysiologische Grenzen gesetzt. Dem trägt die Norm DIN 19 045-3 (1998) dadurch Rechnung, dass sie für die Hellraumprojektion größere *Schriften* und stärkere *Linien* verlangt als für die Dunkelraumprojektion. Die in den Tabellen 7-1 und 7-3 zusammengestellten Maße gelten für die Hellraumprojektion und dürfen für die Dunkelraumprojektion um 30 % unterschritten werden (s. auch Abschn. 7.1.2). Allerdings sollten Sie die bessere Erkennbarkeit im Dunkelraum bei der Schaffung der Bildvorlagen nur ausnutzen, wenn Sie sicher sind, dass Sie die Vorlagen nie für die Hellraumprojektion nutzen wollen.

● Fertigen Sie Ihre Bilder so an, dass sie für die Hellraumprojektion geeignet sind.

Dann sind Sie sicher, dass alle Elemente Ihrer Bilder in jeder üblichen Projektionssituation gut erkennbar sind.

5.2.2 Positiv- und Negativprojektion

Die Unterschiede zwischen *Positiven* und *Negativen* sind jedem Amateurfotografen sowohl bei Schwarzweiß- als auch bei Farbbildern bekannt. Es geht im einen Fall um die Vertauschung von *Helligkeitswerten*, im anderen auch um die Änderung von *Farbwerten*.

● Nach der Art der Projektionsvorlagen unterscheidet man zwischen Bildern mit *Positivcharakter* und solchen mit *Negativcharakter*.

Nun würde niemand auf die Idee kommen, seine Urlaubsbilder als Negative zu betrachten oder vorzuführen, weil dies eine Verfälschung von *Realaufnahmen* wäre. Beim wissenschaftlichen Vortrag ist das anders, jedenfalls bei Bildern, die ohne *Grautöne* (allgemein: ohne *Farbwertabstufung*) auskommen. Die aus der Drucktechnik stammende Bezeichnung *Strichabbildung* (*engl.* line art) für ein Bild dieser Art und ihre Abgrenzung gegenüber der *Halbtonabbildung* (*engl.* halftone) bewährt sich auch hier.

---

[1] Hier eine Worterklärung: *Dia* ist eine Kurzform für *Diapositiv*. Zu diesem Wort vermerkt das *Duden Deutsche Universalwörterbuch*: „…[aus *griech.* diá = durch u. Positiv] (Fot.): zu einem durchscheinenden Positiv entwickeltes fotografisches Bild, das dazu bestimmt ist, auf eine Leinwand projiziert zu werden". – Das Wort *Diaskop* (mit *griech.* skopein, betrachten, beschauen) wird als „veraltend" eingestuft und muss dem *Diaprojektor* das Feld überlassen.

Die Strichabbildung entfaltet ihren Informationsinhalt durch die Verteilung von Farbe auf der Fläche, wobei es keine Unterschiede in der Intensität der Farbe gibt. Farbe oder nicht Farbe, das ist die Frage; Grau oder Zwischenfarben kommen nicht vor. Dabei kann man präzisieren:[1]

● Die Strichabbildung mit Positivcharakter *(Positivbild)* enthält vorwiegend dunkle Linien auf hellem Grund, die mit Negativcharakter *(Negativbild)* vorwiegend helle Linien auf dunklem Grund.

Die Farbe kann Schwarz sein, die auf einer weißen oder anderen hellen Fläche verteilt wird, oder z. B. Blau auf einem hellgelben Hintergrund. Die Art der Verteilung ist die *Information*. So werden Zeitungen und Bücher gedruckt, und so werden auch die meisten Bildvorlagen und Bilder für den Bild-unterstützten Vortrag angelegt.

Grundsätzlich ist es gleichgültig, ob die Information dunkel (z. B. schwarz) und der Hintergrund hell (z. B. weiß) ist oder umgekehrt. Worauf es ankommt, ist der Farbwertunterschied, der für das Auge mühelos wahrnehmbar sein soll. Man kann auch die Information auf Projektionsvorlagen schwarz auf lindgrün oder marineblau auf gelb ausgeben. Erforderlich ist der *Kontrast* (mehr zu Farben s. Abschn. 7.6).

Versuchen wir, uns der Grenzen der Negativprojektion bewusst zu werden.

● Negativdarstellungen sind in teilweise oder ganz abgedunkelten Räumen gut zu erkennen.

Moderne Projektionslampen sind so hell, dass sie im Hörsaal noch genügend Licht auf die (tageshelle) Projektionsfläche bringen, um Schrift, Kurven usw. vom Hintergrund – der dann eher dunkel erscheint – deutlich abzuheben. Für Vorträge in technisch gut ausgestatteten Hörsälen können Sie sich auf eine solche Vorführung einstellen. Steht weniger Projektionslicht zur Verfügung, muss die Helligkeit im Raum allerdings reduziert werden.

Man möchte annehmen, dass Negativbilder – im dunklen Raum vorgeführt – besonders augenfreundlich seien, da die Information unmittelbar als Licht auf die Netzhaut gelangt. Schließlich sind die lichtempfindlichen Elemente dazu da, sich durch Licht anregen zu lassen. Die Information „Schwarz" (Dunkel) muss erst durch Differenzbildung als solche erkannt werden. Wie zahlreiche

---

[1] „Positiv" und „Negativ" sind willkürliche Zuordnungen. Wenn ein projiziertes Bild schwarz auf weiß (dunkel auf hell) informiert, spricht man von einem Positiv, weil beim Buchdruck seit Jahrhunderten genau so vorgegangen wird. LUTHER hat seine Bibel nicht weiß in schwarz drucken lassen. Eigentlich ist schwarz (dunkel) die Negation von weiß (Licht, hell): man hätte auch umgekehrt definieren können. – Auf den Unterschied zwischen „weiß" und „hell" im Sinne der Physik sei am Rande hingewiesen. Die Qualität „Weiß" bedeutet das Fehlen von Farbe, die uniforme Verteilung des Lichts auf alle Wellenlängen; die Qualität „Hell" ist die Aufhebung der Dunkelheit. Eine rosa getünchte Projektionsfläche würde auch bei der Bestrahlung mit weißem Licht rosa reflektieren. Doch wollen wir hier nicht die Gesetze der Optik oder die der Sinnesphysiologie wiederholen.

Untersuchungen gezeigt haben, ist das aber nicht der Fall. Offenbar ermüdet der Betrachter durch die Dunkelheit des Raumes schneller, und die erforderliche Lesezeit (bei Bildern mit Schrift) verlängert sich (s. auch obere Kurve in Abb. 7-2, Abschn. 7.1.1). Für das Erfassen eines Negativtextes benötigt man bei gleichem Betrachtungsabstand mehr Zeit, verglichen mit einem Positivtext. Auch die Erkennbarkeit von Bildelementen ist geringer, so dass Schriftgrößen, Linienbreiten usw. bei Negativdarstellungen um 40 % größer angesetzt werden müssen als bei Positivbildern. Allerdings geht diese Empfehlung von einem *nicht völlig* abgedunkelten Raum aus.

Im Positivbild erscheint jedes Stäubchen, das an der Projektionsvorlage oder auf der Linse des Projektors haftet, auf der hellen Fläche des Projektionsbildes. Bei Negativbildern mit ihren dunklen Flächen tritt diese Störung nicht auf.

Wir haben gesehen, dass Bildart und Projektionstechnik in vielfältiger Weise miteinander verknüpft sind und die verschiedenen Arten der Vorführung mit Vor- und Nachteilen einhergehen. Als Vortragender haben Sie die Wahl, wenn auch in Grenzen. Unabhängig von den technischen Möglichkeiten aber gilt:

● Legen Sie sich auf eine bestimmte Bildart – Positiv oder Negativ – fest.

Wenn Sie viele Vorträge halten oder halten wollen, lohnt es, über diesen Punkt nachzudenken. Es stört den Betrachter, wenn innerhalb eines Vortrags Bilder unterschiedlicher Art gezeigt werden. Das Schwarzweiß-Positiv macht neben einem Weißblau-Negativ keine gute „Figur". Die Bildstile Ihrer Vorträge sollten sich nicht voneinander unterscheiden, sonst ist es um den modularen Aufbau und Einsatz eines Bildarchivs geschehen. (Wir haben uns schon frühzeitig auf Positivbilder – klassisch: Schwarz auf Weiß – festgelegt.)

● Setzen Sie nicht unnötigerweise Transparente, Dias und gar noch E-Bilder nebeneinander ein.

Ausnehmen von dieser Empfehlung darf man die – seltenen (vgl. Abschn. 3.4.1) – Vorträge in Doppelleinwand-Technik. Auch wird man in einem Vortrag mit Arbeitstransparenten gelegentlich Realbilder beispielsweise als Dias vorführen. Als Vortragende(r) haben Sie es nicht immer in der Hand, welche Technik Sie einsetzen können.

5.3 Originalvorlagen

5.3.1 Papierformate

In der Projektionstechnik unterscheidet man zwischen dem ursprünglichen Bild, dem zu projizierenden Bild und dem projizierten Bild, das der Zuhörer/Betrachter auf der Bildwand sieht. Das „ursprüngliche" Bild wird als *Originalvorlage* oder auch *Bildvorlage* (manchmal auch *Grafik*) bezeichnet, das daraus für die

Projektion hergestellte Bild als *Projektionsvorlage*. (Von beiden Begriffen muss-ten wir vorstehend schon Gebrauch machen.)

● Originalvorlagen sind die gezeichneten, gemalten, geschriebenen oder ge-druckten Ausgangsprodukte, die zum Herstellen von Projektionsvorlagen dienen.

Original- und Projektionsvorlagen sind bei E-Bildern, wie oben schon gesagt, identisch; doch ist das nicht die Regel, sonst brauchte man den Unterschied nicht herauszustellen. Das gängige und auch für Vorträge meist benutzte „Dia" hat eine nutzbare *Bildfläche (Nutzfläche)* von 23 mm × 35 mm, in dieser kleinen Fläche kann man nicht gut schreiben oder zeichnen. Man zeichnet deshalb auf eine größere Fläche und verkleinert die Zeichnung für die Herstellung des Dias, schon deshalb unterscheiden sich Original- und Projektionsvorlage. Ein weite-rer Unterschied ist durch das Material gegeben:

● Gezeichnet oder ausgedruckt wird auf weißes *Papier*.

Halbtransparentes Zeichenpapier (Pergamentpapier) wird dazu heute nur noch selten verwendet.

Verkleinert oder vergrößert wird beispielsweise mit Hilfe des Fotokopierers, nach Einscannen des gezeichneten Bildes[1] oder durch einen fotografischen Prozess auf einen durchsichtigen *Film* (mehr dazu s. Abschn. 6.2).

Wir wollen uns mit dem Anfertigen von Originalvorlagen beschäftigen.

Für das Herstellen von Originalvorlagen als Papierausdrucke oder Computerdatei wird man in der Regel das Format A4 ver-wenden (A3 oder die kleineren Formate A5 und A6 kommen im Prinzip auch in Betracht). In jedem Falle ist es angeraten, bei den üblichen *A-Formaten* zu bleiben (s. Tab. 5-1), bei denen die Seitenlängen im Verhältnis $1 : \sqrt{2}$ stehen. Die kurze Seite (Kan-te) jedes A-Formats ist identisch mit der langen Seite des je-weils nächst kleineren Formats mit halber Fläche. Alle A-For-mate sind geometrisch ähnlich und lassen sich durch lineare Ver-größerung oder Verkleinerung des Seitenmaßstabs um den Fak-tor $\sqrt{2} \approx 1{,}41$ (Vergrößerung um 40 %) bzw. $1/\sqrt{2} \approx 0{,}71$ (Ver-

Tab. 5-1. Seitenlängen der Papierfor-mate A0 bis A6 nach DIN EN ISO 216 (2002).

Papierformat	Maße (in mm)
A0	841 × 1189
A1	594 × 841
A2	420 × 594
A3	297 × 420
A4	210 × 297
A5	148 × 210
A6	105 × 148

---

[1] Wenn man ältere, also bereits existierende Papiervorlagen verwenden will, wird man mögli-cherweise so vorgehen, d. h. einen *Scanner* benutzen, besonders, wenn man die Bilder teilweise (mit einem geeigneten Bildbearbeitungs- oder Zeichenprogramm) verändern will. Aber heutzu-tage wird man kaum noch Strichzeichnungen (von Spektren, die aus dem Gerät kommen, u. ä. abgesehen) als Papiervorlagen mit Tuschefeder, Kurvenlineal und Schablonen auf einem Zei-chenbrett erzeugen. – Aus einem Messgerät stammende, über einen Schreiber oder Drucker ausgegebene Kurven wird man scannen, die digitalisierte Grafik mit einem Programm wie WINDIG in (x,y)-Wertepaare umwandeln und aus diesen dann in einem geeigneten Rechenprogramm (z. B. EXCEL oder ORIGIN) das gewünschte Kurvendiagramm erzeugen.

kleinerung um 30 %) oder Mehrfache davon ineinander umwandeln. In der Fläche werden daraus Verdoppelungen und Halbierungen.

● Auch aus Gründen der besseren Archivierung empfiehlt es sich, alle Originalvorlagen in *einem* Format (A4) herzustellen.

5.3.2 Bildfelder

Aus den Originalvorlagen müssen Projektionsvorlagen werden. *Transparente*
für die Hellraumprojektion werden später auf die *Arbeitsfläche* des Projektors
aufgelegt und sind nur durch die Abmessungen des beleuchteten Feldes *(Nutzfläche)* begrenzt. „Transparente" – in diesem Falle fotografische Filme – für die
Dunkelraumprojektion werden zu *Dias* gerahmt; das nutzbare *Bildfeld* ist jetzt
durch die Abmessungen des *Diarahmens* gegeben. Bei den üblichen, auch in
Vorträgen meist eingesetzten *Kleinbild*-Dias mit einer Nenngröße von 50 mm ×
50 mm beträgt das Bildfeld innerhalb des Rahmens 23 mm × 35 mm, das Bildseitenverhältnis also nahezu 1 : 1,5 (statt 1 : 1,41 bei den A-Formaten), d. h.,
das Bildfeld ist schlanker als ein A-Format (s. dazu Abb. 5-1). Und für die E-
Projektion ist der „Rahmen" durch Computerbildschirm und Software (z. B.
POWERPOINT oder ACROBAT; mehr dazu s. Abschn. 4.7.8) vorgegeben.

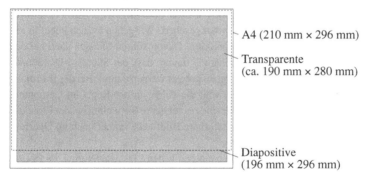

A4 (210 mm × 296 mm)

Transparente
(ca. 190 mm × 280 mm)

Diapositive
(196 mm × 296 mm)

Abb. 5-1. Nutzbare Bildfläche auf einer A4-Seite für Transparente (gerasterte Fläche)
und für Dias (gestrichelte Linie).

● Wir empfehlen, bei Bildvorlagen für die Herstellung von Transparenten und
Dias auf A4-Seiten nach allen vier Seiten einen Rand von mindestens 10 mm
zu lassen.

Bei Transparenten ist dies allein schon erforderlich wegen der *Bildfläche* von
Projektoren, deren Breite die „Höhe" (lange Kante) einer A4-Seite unterschrei-
tet (nämlich 285 mm; vgl. Abschn. 5.4.3).

● Zeichnen Sie vorzugsweise im *Querformat.*

Wenn vom Inhalt her eine Darstellung im Hoch- oder im Querformat möglich ist, sollten Sie das Querformat vorziehen. Dann ist die Regel „Nur die oberen zwei Drittel der Folie beschriften" überflüssig, die man als Empfehlung an manchen Stellen findet.

Haben Sie nämlich ein Transparent im *Hochformat* – im Englischen sprechen die Fachleute von "portrait style" – angelegt und geraten an einen Projektor mit „quer liegender" rechteckiger Bildbegrenzung, so können Sie zwar die Breite Ihres Bildes darstellen, aber von der Höhe nur etwa zwei Drittel (auch deshalb die zuvor angeführte „Regel"). Sie müssen also Ihr Transparent verschieben, eine ganzheitliche Projektion ist nicht möglich.

Warum gibt es Projektoren, die auf Querformat (*engl.* "landscape style") eingestellt sind? Weil so – bei niedrigen Räumen – die Wand besser ausgenutzt und – bei hohen Räumen – eine trapezförmige Verzerrung eher unterdrückt werden kann; weil die Bildmotive (wie bei den Urlaubsbildern) sich besser anordnen lassen und weil das Auge breite „ruhende" Anordnungen angenehmer, und durch die Horizontlinie vertrauter, empfindet als hoch aufgetürmte. Auch bei den üblichen Projektoren gibt es besonders in kleineren Hörsälen oder Seminarräumen bei Hochkant-Bildern das Problem, dass der untere Teil des projizierten Bildes aus den hinteren Reihen oft nicht mehr gesehen werden kann.

Und denken Sie daran: Wir leben in einer Fernsehgesellschaft – haben Sie schon einen Fernseher im Hochformat gesehen? Wir gehen ja auch lieber in ein Breitwandkino als in ein Hochwandkino. Davon sollten Sie sich auch bei der Diaprojektion leiten lassen, unabhängig davon, dass der Standard-Diarahmen gleich gut in beiden Orientierungen eingesetzt werden kann.[1] Bei der E-Projektion stellt sich diese Frage nicht, weil die Bilder in der Regel im Computerbildschirm-Querformat hergestellt sind (es sei denn, Sie wollen bei der Projektion scrollen; aber dann bleibt die sichtbare Bildfläche immer noch im Querformat).

Unsere Empfehlungen haben wir aus den Teilen 1 bis 3 der Norm DIN 19 045 (vor allem Teil 3, 1998) abgeleitet, die sich die Vereinheitlichung der Bildvorlagen zum Ziel gesetzt hat.

Wir haben keine Bedenken, wenn Sie Ihre Bilder für Vorlesungen (nicht für Vorträge!) im Hochformat anfertigen. Sie können dann Ihren Studenten die Bilder als 1:1-Kopie auf Papier zur Verfügung stellen – Bilder allerdings, die wahr-

---

[1] Wir müssen auf ein Dilemma aufmerksam machen. Abbildungen (und Tabellen) in Publikationen erscheinen, den üblichen Buch- und Zeitschriftenformaten angepasst, eher im Hochformat. Allen Vereinheitlichungen der Normen zum Trotz findet die Austauschbarkeit von Bildern hier eine Grenze. Gegebenenfalls muss die Publikation „nachgeben" und das Querformat akzeptieren. Wir werden in Zeitschriften und Büchern künftig vielleicht mehr „Landschaften" als „Portraits" sehen.

scheinlich für eine Papierunterlage eine zu große Schrift haben. Wir bleiben auch bei unseren Vorlesungsbildern beim Querformat, da „Handouts" aus A4-Blättern mit *zwei* auf A5 verkleinerten Querformat-Bildern pro Seite mehr Sinn machen.

Erwähnt sei noch, dass viele professionelle Hersteller von Transparenten Folien mit dem Format 195 mm × 245 mm benutzen, das sich stärker der Quadratform nähert. (Wenn Sie aus Vorlagen mit diesen Abmessungen ohne Informationsverlust Dias anfertigen, bleibt an einer Seite ein Rand frei.)

Wer zum ersten Mal Bilder für Projektionsvorlagen entwirft und sich gezwungen sieht, nicht unerhebliche Flächen (auf A4-Vorlagen) ungenutzt zu lassen, wird sich in seinem Tatendrang beengt fühlen. Wenn noch die Vorschriften für Schriftgrößen, Linienabstände usw. (s. Kap. 7) zu beachten sind, stellt sich heraus, dass weniger auf einem Bild untergebracht werden kann, als man oft wünschte. Diese Einsicht beim Zeichnen ist heilsam, verhindert sie doch, dass Bilder mit zu großem Informationsinhalt entstehen!

5.4 Projektionsvorlagen: Arbeitstransparente

5.4.1 Vorbemerkungen

Wir werden im Folgenden auf drei Arten von *Projektionsvorlagen* eingehen: auf Arbeitstransparente (in diesem Abschnitt), auf Dias (in Abschn. 5.5) und auf elektronische Projektionsvorlagen (in Abschn. 5.6).

● Die wesentliche Aussagen, die für die Gestaltung von *Arbeitstransparenten* gelten, gelten auch für andere Arten von Projektionsvorlagen.

Trotz des Vormarschs der E-Präsentation wird die Lowtech-Projektionsmethode „Arbeitsprojektor" weiter in unseren Vorlesungssälen und Seminarräumen ihren Platz behaupten, allein schon wegen des niedrigen Preises und der Verbreitung dieser Geräte und der Folien sowie der einfachen Herstellbarkeit und flexiblen Nutzung von Transparenten. Die *Diaprojektion* befindet sich allerdings auf dem Rückzug: Das Herstellen von Dias erfordert mehr technischen Aufwand als das von Transparenten, und typische „Folien-Techniken" wie Aufdecktechnik, Überlegtechnik und Beschriften von Teilfertig-Folien während des Vortrags (s. Abschn. 4.7.7, auch Abschn. 5.4.2) sind im System Dia-Diaprojektor nicht möglich. Aber auch das „Dia" wird nicht aussterben: Dias werden wegen ihrer unübertroffenen *Auflösung* in Bereichen, bei denen es auf Detailtreue ankommt, weiter eingesetzt werden (die Korngröße bei Fotos liegt bei 6...8 µm; der Abstand von zwei Pixeln auf einem Bildschirm hingegen nur in der Größenordnung von 0,2...0,5 mm).

Es ist möglich, Gegenstände oder Papiervorlagen mit bestimmten Projektionsgeräten *(Epiprojektoren)* direkt zu projizieren. Da dies in naturwissenschaftlich-technischen Vorträgen eher die Ausnahme ist, soll darauf nicht eingegangen werden.

5.4.2 Material, Farbübertragung

Wir stellen diesem Abschnitt die präzise Begriffsbestimmung nach DIN 108-17 (1988) voran:[1]

● *Transparente* sind durchsichtige *Blattfolien*, auf die durch Schreiben, Zeichnen, Kopieren oder Drucken Informationen aufgebracht worden sind.

Transparente können *vor* oder *während* der Projektion entstehen. *Zugeschnittene* Transparente werden als *Arbeitstransparente* (s. Abschn. 5.4.3) bezeichnet, doch belässt man es oft bei dem kürzeren „Transparente".

Vom Material her handelt es sich um Licht durchlassende, verzugsarme „Zeichnungsträger" aus Kunststoff, die als *Folien* im Handel sind. Durch die Aufnahme von „Bildern" (im weitesten Sinne) werden daraus die Transparente. (Oft werden Transparente „Folien" genannt wie das Trägermaterial.) Die im Zeichenbedarfshandel angebotenen zugeschnittenen Zeichnungsträger haben meist das Format A4; daneben gibt es noch *Rollenfolien*. Das „Endlos"-Format der Rollenfolien eignet sich vor allem zum Aufzeichnen ganzer Vorlesungen – allein schon, weil man auch später noch zurückspringen kann –, doch soll uns das hier nicht weiter beschäftigen.

● Grundsätzlich können Sie auf Folien *direkt* – z. B. von Hand oder mit Hilfe von Druckern und Plottern – zeichnen oder schreiben oder *indirekt* mit Hilfe von Fotokopierverfahren.

Für die verschiedenen Zwecke stehen unterschiedliche Folienqualitäten zur Verfügung. Alle für Trockenkopierverfahren – danach arbeiten die meisten *Fotokopierer* und die *Laserdrucker* – geeigneten Folien (meist aus Polyester) lassen sich auch mit Faserschreibern beschriften. Daneben gibt es aber Folien (oft aus Hart-PVC), die *nur* für die Handbeschriftung vorgesehen sind. Auf sie darf man nicht kopieren, da sie das Einbrennen der pulverförmigen Farbe *(des Toners)* nicht vertragen und sogar den Kopierer beschädigen können. Für Laserdrucker gilt dasselbe, da sie ja nach demselben Prinzip arbeiten.

● Legen Sie keine Folien in die Papiervorlage des Kopierers oder Laserdruckers ein, die dafür nicht geeignet sind!

Die Folien für Fotokopierer („Kopierfolien") werden – auf die einzelnen Geräte abgestimmt – in verschiedenen Stärken (meist um 0,1 mm), Breiten und Längen (meist A4) angeboten. Es gibt sie überdies auch in Farbe (rot, gelb, grün, blau; s. unten), beschichtet oder unbeschichtet, mit oder ohne Rand, mit oder ohne an-

---

[1] Grundsätzlich kann man auch fotografische Filme als Transparente verwenden, doch geschieht dies selten; der Fall ist in der Definition des DIN nicht enthalten.

geklebtem Blatt an der Längs- oder Schmalseite, für Stapelverarbeitung oder für Einzeleingabe.

● Wenn Ihnen ein Farbkopierer, -laserdrucker oder ein Farb-Tintenstrahldrucker zur Verfügung steht, können Sie auch farbige Arbeitstransparente herstellen.

Erforderlich sind für Trockentoner-Geräte *Hitze-stabilisierte* Folien, die meist auch antistatisch behandelt wurden. Einige dieser Folien sind nur für Kopierer oder Drucker mit *Einzelblatt-Einzug* geeignet. Zusätzlich gibt es Folien, bei denen hinter dem Kunststofffilm ein Papier liegt („Papier-hinterlegte" oder „Papier-verleimte" Folien), das an der Schmalseite mit der Folie verleimt ist. Sie sind, wie auch die Folien mit einem weißen Sensorstreifen am Folienlängsrand, für Fotokopiergeräte mit optischer Durchlaufkontrolle zu empfehlen. Für die unterschiedlichen Kopierer werden mehrere Arten von Folien angeboten: Folgen Sie den Empfehlungen der Folien-Hersteller!

● Bei manchen Folien sind die Oberflächen der beiden Seiten verschieden.

Die eine Seite nimmt den Toner haftend auf, von der anderen hingegen blättern Linien, Schiftzeichen usw. oft schon nach kurzer Zeit wieder ab oder lassen sich mit dem Fingernagel leicht abkratzen. Bei einigen Folien kann man sehen oder mit den Fingern fühlen, dass die eine Oberfläche rauher als die andere, also für die Aufnahme des Toners vorgesehen ist. Bei anderen kann man den Unterschied zwischen den beiden Seiten kaum spüren. Leider ist manchmal nicht angegeben, auf welche Seite kopiert werden soll; Sie müssen dann selbst ausprobieren, wo die Schrift am besten haftet – ein paar Versuche lohnen sich.

● Spezielle Folien für *Plotter* lassen sich sowohl mit wasser- als auch mit lösungsmittelhaltigen Stiften beschreiben.

Des Weiteren sind Folien mit Spezialbeschichtung im Handel, die das Trocknen der Tinte von *Tintenstrahldruckern* garantieren und die verhindern, dass die Tinte verläuft (manchmal unter dem Namen „Ink-Jet-Folien" angeboten).

Schließlich gibt es noch besondere Folien für *Thermotransferdrucker* („Thermotransferfolien"). Bei diesen Druckern wird die Folie an einem mit Wachs beschichteten Farbband vorbeigeführt, und mit einem speziellen Druckkopf wird bei höherer Temperatur die Farbe auf die Folie „aufgebügelt".

Sie haben also grundsätzlich mehrere Möglichkeiten zur Auswahl, um „Farbe" auf den Zeichnungsträger zu bringen. Wird ein vorher angefertigtes Bild durch einen fotografischen oder fotomechanischen Prozess auf die Folie übertragen, so ist der „klassische" Unterschied zwischen Bildvorlage und Projektionsvorlage gegeben. Dies ist nicht der Fall, wenn man das Bild direkt auf der Folie erzeugt. Solange es sich nur um Schwarz handelt – für den Druckfachmann ist auch Schwarz eine Farbe –, ist das indirekte Verfahren mit der getrennten Schaffung einer Bildvorlage allein schon aus Gründen der Archivierung anzuraten.

Sie können dann in der gewohnten Weise schreiben und zeichnen und von Ihrer Originalvorlage mehrere Projektionsvorlagen anfertigen, unter Umständen auch für verschiedene Zwecke und in verschiedenen Formaten.

Spezielle *Farbfolien* in Gelb, Grün, Rot oder Blau sind hell genug bei der Projektion, um mit schwarzen Beschriftungen ausreichend zu kontrastieren. Die Farbe gibt den projizierten Bildern eine schönere Anmutung, außerdem lässt der geringere Kontrast die Augen weniger ermüden. Es werden Folien mit Spezial-effekten für die Handbeschriftung angeboten, bei denen Zeichnung und Beschriftung *hell* in dunkel erscheinen (Negativ-Wirkung), z. B. hellrot in rot oder hell-grün in grün. Solche Wirkungen für „höchste Aufmerksamkeit beim Vortrag" (so ein Hersteller in seinem Prospekt) mögen gelegentlich reizvoll sein, sind aber eher für einen Werbevortrag als für einen wissenschaftlichen Fachvortrag geeignet. Außerdem funktionieren sie nur für Handbeschriftung.

● Die direkte Bilderzeugung auf der Folie kommt vor allem dort in Betracht, wo das Bild bewusst erst während des Vortrags geschaffen werden soll.

Sie können dann munter mit Filz- oder Faserschreibern auf der Folie hantieren und brauchen sich über perfekte Ausführungen, Bildformate u. a. nicht zu küm-mern. Auch können Sie auf vorgefertigten Transparenten („Teilfertig-Folien") während des Vortrags „weitermalen" (s. Abschnitte 4.7.7 und 6.1), Teile der Projektionsvorlage erst während des Vortrags aufdecken *(Aufdecktechnik)* oder mehrere übereinander legen *(Überlegtechnik*, s. Abschn. 4.7.7). Ihnen als Vor-tragendem wird damit ein Teil der an die Technik verlorenen Freiheit und die Möglichkeit zur Improvisation zurückgegeben. Hierin liegt ein Teil der Beliebt-heit von Arbeitstransparenten (und der E-Projektion) gegenüber der Dia-Schau begründet, der diese Möglichkeiten nicht offen stehen.

5.4.3 Einzel- und Aufbautransparente, Formate

Transparente können ohne besondere Vorrichtungen auf die *Arbeitsfläche* des Projektors aufgelegt werden. Da die Arbeitsfläche immer und die vom Licht durchstrahlte Nutzfläche des Projektors (vgl. DIN 108-7, 1988) manchmal grö-ßer sind als das Transparent, bedarf es eines gewissen Geschicks, um die Folien gerade und nicht zu weit oben oder unten, rechts oder links aufzulegen.

● Wenn Sie das Arbeiten mit Transparenten nicht gewohnt oder mit dem Pro-jektor nicht vertraut sind, kontrollieren Sie zu Beginn des Vortrags – oder noch besser *vor* dem Vortrag –, ob Ihre Bilder richtig auf der Bildwand er-scheinen.

Dabei können Sie auch eine eventuelle Unschärfe der Projektionsbilder erken-nen und am Projektor korrigieren. Und mit einem *Rahmen*, den Sie um Ihre Darstellung gezeichnet haben, können Sie einen geraden Stand Ihres Bildes auf der Arbeitsfläche einfach dadurch erreichen, dass Sie die Randlinien Ihres Bildes parallel zu den Rändern der Arbeitsfläche des Projektors legen.

Dessen ungeachtet empfehlen wir:

● Überzeugen Sie sich bei *jedem* Bild durch Blick zur Projektionswand, dass das Bild gerade und in der richtige Höhe liegt.

Zum einen sind Sie so sicher, dass Ihr Bild nicht schief an der Wand „steht" und auch die oberen und unteren Zeilen sowie die anderen Ränder gut – selbst von den hinteren Plätzen – gesehen werden können. Zum andern signalisieren Sie durch diese Sorgfalt Ihren Zuhörern, wie wichtig sie Ihnen sind („Zuwendung").

Ein Transparent, das in seinem ursprünglichen Zustand verwendet wird, heißt *ungefasst*. Die Außenmaße des ungefassten Transparents sind ersichtlich die der verwendeten Blattfolie; bei Rollenfolien ist die Breite durch die Rollenbreite gegeben, die Höhe ist unbestimmt. Es gibt aber auch *gefasste* Transparente, die dadurch entstehen, dass man ungefasste Transparente in Rahmen aus Karton oder Kunststoff *(Transparentrahmen)* einlegt. Auch *Wechselrahmen* stehen zur Verfügung (s. auch „Präsentationshüllen" in Abschn. 5.4.4). Die Nutzflächen gefasster Transparente sind durch die *Maskenausschnitte* der verwendeten Rahmen oder Wechselrahmen und durch deren Bemaßung gegeben.

Die Rahmen von Arbeitstransparenten können gelocht sein, wodurch es möglich wird, die Rahmen in Zapfen auf der Arbeitsfläche des Projektors gerade einzuhängen. Die Bilder liegen dann immer an derselben Stelle und erscheinen solange auch an der gleichen Stelle der Projektionsfläche, wie der Projektor nicht verrückt wird. Diese Möglichkeit der „Justierung" werden Sie als hilfreich empfinden, wenn Sie von *Einzeltransparenten* zu *Aufbautransparenten* übergehen (s. auch ISO 7943-2, 1987).

● Aufbautransparente bestehen aus mindestens zwei Einzeltransparenten: dem *Grundtransparent* und dem *Folgetransparent*.

Bei Aufbautransparenten wird die Information auf mehrere Transparente verteilt, und erst wenn alle zusammengehörenden Transparente passgenau auf den Projektor gelegt sind, entsteht die volle Information. Das schrittweise Hinzufügen von Teilen zum Gesamtbildinhalt, der „Aufbau" der Information, kann didaktisch reizvoll sein. Deswegen bedienen sich die professionellen Hersteller von Transparenten für den schulischen Bereich häufig dieser „Überlegtechnik". Versuchen Sie besser nicht, in einer Vorstandssitzung davon Gebrauch zu machen, dort würde man das wahrscheinlich als Spielerei abtun oder auch als Bevormundung empfinden. (Aber wenn wir Sie erst einmal im Vorstand haben, machen Sie von alleine alles richtig.) Und sehen Sie nicht mehr als drei Folgetransparente vor, sonst geht nicht mehr genug Licht durch den Folienstapel.

Sie können Aufbautransparente selbst herstellen, indem Sie mehrere Einzeltransparente mit Hilfe von Klebebändern vereinigen, um dann den Folienstoß

während des Vortrags wie ein Buch „zusammenzublättern". Das ist aber müh-
sam und birgt die Gefahr, dass der Stoß wieder auseinanderfällt oder die Folien
verrutschen, womit es um die erwünschte Passgenauigkeit geschehen wäre. Es
ist daher besser, für diese Zwecke mit gefassten Transparenten zu arbeiten und
die vorhandenen Vorführhilfen zu nutzen (mehr über Halterungen, Justierleisten
und andere Justiermöglichkeiten s. DIN 108-17, 1988).

Sie sollten als Vortragender auch etwas über die Funktion von *Arbeitsprojektoren* wissen. Die Geräte für die Projektion von (Arbeits)Transparenten
heißen auch – für viele die geläufigste Bezeichnung – *Overhead-Projektoren*,
weil das Licht von unten kommt und über Ihren Kopf – oder besser: seitlich
daran vorbei – auf die Projektionsfläche fällt. (Niemand hat sich getraut, dafür
die deutsche Wortschöpfung „Überkopf-Projektor" anzubieten, dagegen sind noch
die Bezeichnungen *Schreibprojektor* und – ungenau – *Tageslichtprojektor* in
Gebrauch.) Wichtig für Sie ist die *Nutzfläche*, auf die Sie Ihre Transparente auflegen, nicht zuletzt wegen ihrer Bemaßungen.

● Die *Nutzfläche* eines Arbeitsprojektors ist der Teil der Arbeitsfläche, der als
   Bildfenster im Projektionsstrahlengang liegt.

Diese Definition deutet an, dass die Arbeitsfläche größer ist als die optisch nutzbare Fläche. Das ist gut so, damit nicht alles herunterfällt, wenn Sie beispielsweise eine Folie nach oben verschieben oder einen Folienstoß blättern wollen.
Auch können Sie als Zeigehilfe einen transparenten *Folienzeiger (Zeigepin)* oder
zur Not einen – kantigen (sonst rollt er weg!) – Bleistift neben die Nutzfläche
legen, um ihn jederzeit rasch zur Hand zu haben. Aber widerstehen Sie bitte der
Versuchung, andauernd mit einem solchen Zeigegerät als Spielzeug Ihre Hände
zu beschäftigen.

Die Nutzfläche ist eine Glasplatte, oft mit abgerundeten Ecken. DIN 108-17
(1988) sieht dafür zwei Nenngrößen vor, nämlich die quadratischen Maße
250 mm × 250 mm und 285 mm × 285 mm, von denen in neueren Geräten fast
nur noch die zweite, größere, verwirklicht wird. Diese Zahlen vergessen Sie am
besten wieder, denn aus technischen Gründen liegt unter der Nutzfläche noch
eine rechteckige oder quadratische *Bildbegrenzung*, die die tatsächlichen Maße
der größten projizierbaren Fläche festlegt; sie beträgt für die vorhin genannten
Nenngrößen der Nutzfläche 245 mm × 245 mm bzw. 280 mm × 280 mm, an
jeder Kante gehen also noch einmal 5 mm verloren. Je nach Projektortyp gibt es
zusätzlich noch rechteckige Bildbegrenzungen *(Maskenausschnitte)* von 198 mm
× 245 mm und 198 mm × 280 mm (DIN 108-17), die nützlich sein können, wenn
man die üblichen rechteckigen Transparente auflegt, weil es dann weniger
Blendlicht gibt. Die Transparentrahmen oder -wechselrahmen sind auf diese
Maskenausschnitte der Projektoren abgestimmt. Sie können also nicht mehr pro-

jizieren, als die Bildbegrenzung des Projektors zulässt. Jeder überstehende Buchstabe erscheint nicht mehr auf der Projektionsfläche.

Da man in Hörsälen heute fast immer Projektoren mit der größeren Nutzfläche antrifft, können Sie sich also bei der Herstellung Ihrer A4-Originalvorlagen auf ein Maß von ca. 190 mm × 280 mm einstellen (s. auch Abschn. 5.3.2).

5.4.4 Einsatz und Archivierung

Transparente sollten plan (also liegend) möglichst staubfrei und im Dunkeln gelagert werden.

● Legen Sie die Transparente nicht direkt aufeinander, sondern durch weiße Blätter voneinander getrennt.

Sie verhindern dadurch, dass die zum Stoß aufgehäuften und in einer Mappe oder Schachtel abgelegten Folien durch elektrostatische Kräfte aneinander kleben. Besser ist es, für jedes Transparent eine Hülle vorzusehen. Geeignet sind *Prospekthüllen (Dokumentenhüllen)* mit Vierfachlochung zum Einlegen in einen Ordner *(Folienalbum)*, aus denen Sie die Transparente während des Vortrags kurz vor dem Einsatz herausnehmen. Doch Vorsicht: nicht alle Dokumentenhüllen sind für die Aufbewahrung von Transparenten geeignet! Einige Kunststoffsorten enthalten Weichmacher, die den Toner von Transparenten, die durch Kopieren gewonnen wurden, ablösen oder die Hülle mit dem Transparent verkleben.

● Im Handel sind Spezialhüllen erhältlich, in denen Sie die Transparente – ohne sie herausnehmen zu müssen – direkt auf den Projektor auflegen können.

Solche Spezialhüllen, ebenfalls mit Vierfachlochung ausgestattet, sind aus glatten, hochtransparenten und Wärme-unempfindlichen Kunststoffen hergestellt und für den Zweck gut geeignet (bei manchen Fabrikaten sind sie durch einen Aufdruck wie „Für Overhead-Folien geeignet" oder „Für Tageslicht-Transparente geeignet" kenntlich gemacht).[1] Diese Hüllen erleichtern Ihre Aufgabe beim Vortrag, da keine Aufmerksamkeit darauf verwandt werden muss, die Folien rechtzeitig herauszunehmen und noch beim Weitersprechen wieder zurückzulegen. Sollten Sie sehr viele Vorträge mit Transparent-Unterstützung halten, so werden Ihnen diese Hantierungen allerdings in Fleisch und Blut übergehen, und Sie können sich die Anschaffung sparen.

Schließlich kann man Transparente in spezielle *Präsentationshüllen* einlegen. Es handelt sich dabei um Folienhüllen mit seitlichen nicht-transparenten Klappstreifen *(Flipframes)*, die zur Projektion aufgeklappt werden können. Diese Streifen verhindern Streulicht: sie verdecken auf dem Projektor die hellen Strei-

---

[1] Das Hüllenmaterial mag noch so transparent sein – nach den Fresnelschen Gesetzen geht an jeder Grenzfläche Material/Luft ein Teil (ca. 4 %) des Lichts durch Reflexion verloren, beim Durchgang durch die Hülle zusätzlich also ca. 16 %.

fen (das Blendlicht, den „Heiligenschein") seitlich oder oberhalb und unterhalb der projizierten Folie. Auch können Sie auf die Randstreifen (die „Flappen") für die Zuhörer „unsichtbare" Informationen schreiben, z. B. Stichwörter, die Sie beim Zeigen des entsprechenden Bildes „abarbeiten" wollen. Lochungen in den Randstreifen gestatten es wiederum, die Transparente – mit eingeklappten Klappstreifen – in handelsüblichen Ordnern abzuheften und aufzubewahren.

5.5 Projektionsvorlagen: Dias

5.5.1 Rahmen und Masken

Diapositive und Dianegative werden senkrecht in den Strahlengang des Projektors gebracht (nicht aufgelegt, wie Arbeitstransparente) und müssen schon deshalb gerahmt werden (DIN 108-1, 1988). *Diarahmen* verleihen Kleinbildern mechanische Stabilität und machen sie archivierbar; vor allem aber schaffen sie die Voraussetzung dafür, dass die Dias von einer halbautomatischen oder automatischen Vorschubmechanik des Projektors sicher erfasst werden können, die „Dia-Schau" also ungestört abläuft. Diarahmen können aus Pappe, Kunststoff oder Metall sein. Die Ecken müssen abgerundet sein. Mit den Filmen zusammen können Glasplättchen gefasst werden, die die Bilder plan halten und zusätzlich vor Staub oder mechanischer Verletzung schützen.

● Für Zwecke des Vortrags sind Hinter-Glas-Rahmungen der glaslosen Rahmung vorzuziehen.

Hingegen sollte man auf Rahmungen, bei denen das Bild zwischen zwei lediglich durch ein Klebeband zusammengehaltenen Glasplatten liegt, verzichten; solche *Glasfassungen* gelten als nicht automatensicher und eignen sich nur für den Handbetrieb.

Dias hinter Glas können sich bei der Projektion nicht aufwölben, wozu sie aufgrund der Erwärmung im Projektor neigen. Dieses Aufwölben ist lästig, weil die projizierten Bilder dadurch unscharf werden und ein ständiges Nachstellen der Optik erforderlich sein kann. Während der Glasschutz hier wirksam Abhilfe schafft, besteht allerdings ein anderes Problem: Durch das Wärme-bedingte Anpressen der Filme an das Glas können sog. Newtonsche Farbringe entstehen, die zusammen mit dem Bild auf die Projektionsfläche übertragen werden. Indem man nur gut abgetrocknete Dias rahmt, kann man dieses Phänomen, das durch die Feuchtigkeitsabgabe noch unterstützt wird, bis zu einem gewissen Grad unterbinden; vor allem aber lässt es sich durch die Verwendung spezieller *Anti-Newton-Gläser* unterdrücken. (Der arme Sir Isaak!)

Um die Erwärmung möglichst gering zu halten, sind die Diarähmchen auf einer Seite weiß gehalten. Die andere Seite ist meistens dunkelgrau oder schwarz.

● Gerahmte Dias setzen Sie so in die Magazine ein, dass die weißen Seiten der Rahmen der Lichtquelle zugewandt sind.

Die *Dicke* der Rähmchen ist nicht festgelegt, doch unterscheidet DIN 108-8 (1991) zwei Gruppen. In der Gruppe 1 („Dia-Nenngröße 5 × 5 – 1,4") liegt die Rahmendicke zwischen 1,0 und 1,4 mm, in der Gruppe 2 („Dia-Nenngröße 5 × 5 – 3,2") zwischen 1,4 und 3,2 mm. Die dünneren Dias der Gruppe 1 eignen sich vor allem für Magazine mit größerem Fassungsvermögen.

In Deutschland sind 3 mm starke Rähmchen, die auch das etwas dickere Anti-NEWTON-Glas aufnehmen können, weit verbreitet. In England und den USA dagegen wird häufig mit dünneren Papp- und Plastikrähmchen gearbeitet, die Magazine sind unter Umständen nicht für die Aufnahme dicker Rähmchen eingerichtet. Wenn Sie auf Vortragsreise im Ausland sind, können Ihnen daraus Probleme erwachsen. Zur Not müssen Sie umrahmen, erkundigen Sie sich rechtzeitig! Um der Eventualität vorzubeugen, ist es sicherer, generell dünnere Rähmchen (≤ 2 mm) zu verwenden. Manche Projektoren können sich auf unterschiedliche Rahmendicken einstellen; die nur ca. 1 mm starken Papprähmchen mit freiliegenden Filmfolien bereiten aber fast immer Probleme.

Wir haben damit bereits die Frage der *Größe* von Diarahmen und Dias angesprochen. Fast durchgängig verwendet wird das sog. *Kleinbild-Dia* mit den äußeren Abmessungen des Rahmens (Rahmenformat) 5 cm × 5 cm. Dazu gehört ein Bildformat von 24 mm × 36 mm. Filme, die Negative oder Positive dieser Größe liefern, nennt man *Kleinbild-Filme*. Zu der *Nenngröße* „5 × 5" gibt es daneben noch die Super-Slides mit dem größeren und quadratischen Bildformat 40 mm × 40 mm (bei entsprechend schmaleren Rahmen). Auf die Dia-Nenngrößen 7 cm × 7 cm oder 8,5 cm × 8,5 cm sollten Sie sich nicht einlassen, da entsprechende Projektoren selten zur Verfügung stehen.

Auf die Herstellung von Diapositiven gehen wir in Kap. 6 näher ein, u. a. in Abschn. 6.6.

5.5.2 Beschriftung und Archivierung

Es gibt *Beschriftungen* auf Dias (z. B. die Archivierungsnummer), die nicht mitprojiziert werden sollen. Solche Angaben sollten Sie auf dem Rahmen oder auf der Diamaske unterbringen; empfehlenswert dafür ist wasserfeste, nicht abwischbare Schrift. Meist notiert man oben einen Kurztitel des Bildes, seitlich links den Namen des Eigentümers oder Vortragenden; wenn Sie rechts Ihre Anschrift hinzufügen, haben Sie eine Chance, verlorengegangene Bilder wiederzusehen.

Weiterhin sollte auf jedem Diarahmen eine Kennzeichnung der Lage des Bildes angebracht sein. Dazu malen Sie auf das Diarähmchen eine *Daumenmarke* (auch *Daumenecke* genannt), z. B. in Form eines dicken „Punktes". Solche Symbole sind auch als Klebeetiketten zu haben. Der Ort dafür ist die Ecke,

209

die rechts oben liegt, wenn Sie das Dia so halten, wie es in den Projektor eingeschoben wird (also das Bild auf dem Kopf, aber nicht spiegelverkehrt; vgl. Abb.
5-2).

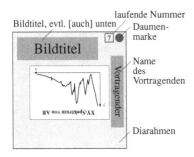

Abb. 5-2. Dia, wie es in den Projektor eingeschoben wird.

● Versehen Sie zusätzlich jedes Dia für den Vortrag mit
einem kleinen Klebeetikett und der laufenden Nummer
darauf, um eine zusätzliche Sicherheit zu geben, dass
die Bilder in der richtigen Reihenfolge erscheinen.

Die Nummern sollen die Folge für *diesen* Vortrag zeigen,
sie sollen abnehmbar sein. Kleben Sie die Etikettchen so
neben die Daumenmarken, dass sie im Magazin des
Projektors (wenn die Dias auf dem Kopf stehen) zu sehen
sind. Auf diese Weise kann sichergestellt werden, dass die
Bilder in der richtigen Reihenfolge und seitenrichtig eingestellt werden. Dies ist wichtig für den Fall, dass die Dias
kurz vor dem Vortrag aus dem Magazin gefallen sein soll-
ten oder das Magazin erst eilends vor dem Vortrag gefüllt werden kann. Die
Zuhörer lesen nicht gerne spiegelverkehrt von rechts nach links oder auf dem
Kopf stehend, diesem Malheur ist somit vorgebeugt.

Und wenn der Vorführer die Dias wirklich einmal aus dem Magazin fallen
lässt – das kommt häufiger vor, als Sie vermuten, und meistens dann, wenn die
Dias nicht mit Nummern versehen sind (MURPHY lässt grüßen)! –, lassen sie sich
schnell wieder einordnen, ohne dass Sie selbst eingreifen müssen.

Wenn Sie befürchten, dass sich die Etiketten ablösen und den Diatransport
im Projektor behindern könnten, greifen Sie zu einem einfachen Mittel: Schreiben Sie die Nummern mit weichem Bleistift auf die „Daumenmarken" der Kunst-
stoffrahmen, sie lassen sich dort problemlos wieder wegradieren.

Die *Archivierung* von Diapositiven will durchdacht sein, wenn Sie später
noch etwas finden wollen. Eine übliche Methode zur eindeutigen Kennzeichnung besteht darin, auf dem Bild selbst oder auf dem Diarahmen eine Abkürzung aus Buchstaben und/oder Ziffern zu verwenden. Sie können die Dias dann
alphabetisch oder nach aufsteigenden Zahlen abstellen. Wollen Sie in einer größeren Diasammlung auch nach sachlichen Gesichtspunkten Ordnung halten,
empfiehlt sich der Einsatz eines Datei- oder Literaturverwaltungsprogramms.

Zur Aufbewahrung von Diapositiven sind Leuchtschränke besonders empfehlenswert, weil es mit ihrer Hilfe möglich ist, bis zu mehrere hundert Dias
gleichzeitig vor einem beleuchteten Hintergrund zu betrachten.

5.6 E-Projektion

5.6.1 Computerbildschirm, transparente LCD-Bildschirme

Bisher sind Ihnen zwei klassische Projektionsarten vorgestellt worden: die Diaprojektion und die Projektion von Transparenten. Elektronik und Computer haben aber inzwischen die Projektionstechnik verändert. Die Veränderungen stehen mit der Verwendung des Computers als „Bildgerät" (s. Abschn. 6.4) in engem Zusammenhang.

Neu an der Computer-gesteuerten („elektronischen") Projektion – wir sagen dafür auch kürzer *E-Projektion* – ist, dass Original- und Projektionsvorlagen nicht mehr körperlich existieren. Die Bilder verschwinden, wenn das Programm ausgeschaltet wird, archiviert bleiben die Bilder nur auf dem für die Speicherung der Bildinformation verwendeten Datenträger. Aber gerade die Flüchtigkeit bringt die Neuerung, die vergleichbar ist mit dem Übergang von der Schreibmaschine zur modernen Textverarbeitung. Im „Business"-Bereich hat die Technik als Komponente der *Desktop Presentation* als erstes Einzug gehalten – noch vor den Präsentationen in Naturwissenschaft, Technik und Medizin.

● Der Einsatz des Computers in der Präsentation hat Konsequenzen. Mit Hilfe dieser neuen Technik können Sie Bilder während Ihres Vortrags „zum Leben erwecken".

Sie können rasche *Bildfolgen (elektronische Bildserien)* zeigen, genauso wie Sie das vom Arbeiten am Bildschirm Ihres PC gewöhnt sind. Selbst *Bewegungsabläufe* in Filmen oder Animationen sind vorführbar.

Sie können auch Berechnungen an der Hörsaalwand ausführen, indem Sie beispielsweise ein Programm für die *Tabellenkalkulation* einsetzen und Ihre Ausführungen durch eine „Live-Analyse" bereichern: Sie variieren bei einem gegebenen Rechenmodell die Parameter und zeigen, „was wäre, wenn ...". Ein Stück Kreide müssen Sie dafür nicht mehr in die Hand nehmen – die „Kreidezeit" gehört der Vergangenheit an.

Einige Dinge sollten Sie bei der „elektronischen Projektion" besonders beachten:

– Sie müssen die in der E-Projektion verwendeten Programme beherrschen, auch das Betriebssystem Ihres Computers. Bei Pannen müssen Sie sich helfen können (s. dazu auch Abschn. 4.11).

– Sie müssen Ihr Datenmaterial bereits vor der Demonstration so aufbereitet haben, dass für die gesamte Präsentation der Bildschirm ausreicht und Scrollen – Bewegen des Bildschirminhalts nach oben oder unten und links oder rechts – möglichst selten erforderlich ist.

– Diagramme, die Sie vorführen wollen und die mit verschiedenen Daten verknüpft werden sollen, müssen vorbereitet sein; Überschriften dazu haben Sie ggf. schon vorher geschaffen, und alles ist mit wenigen Befehlen aufrufbar.

– Ihr Modell und Ihr Datenmaterial haben Sie unter extremen Bedingungen getestet, um auch auf die ungewöhnlichsten Fragen – ohne dass Ihr Programm „abstürzt" – Antwort geben und auf Störfälle reagieren zu können.

Ihre Informationen können vor einem kleinen Personenkreis direkt am *Computer-Bildschirm* vorgeführt werden. Eine Faustregel sagt dazu: Die Anzahl der Personen, die einer Vorführung am Bildschirm folgen können, entspricht ungefähr der Diagonale des Bildschirms in Dezimetern, also an einem 19-Zoll-Monitor (19 Zoll ≈ 4,83 dm) höchstens fünf Personen. Computer mit speziellen *Großbildmonitoren* lassen zwar einen etwas größeren Zuhörerkreis zu, sind jedoch für einen „klassischen" naturwissenschaftlich-technischen Vortrag wenig geeignet oder stehen nicht zur Verfügung.

Eine heute noch vereinzelt anzutreffende Anwendung des Computers als Projektionsgerät beruht auf dem Einsatz transparenter *Flüssigkristallbildschirme,* auch *LCD-Panels* (*engl.* Liquid Crystal Display) genannt, die ihre Bildinformation, Punkt für Punkt, unmittelbar von einem Computer erhalten und die man auf die Arbeitsfläche eines Arbeitsprojektors legen kann. (Man sollte dafür nach Möglichkeit Durchlicht-Projektoren mit spezieller Luftführung verwenden, um Hitzestaus an Arbeitsfläche und LC-Panel zu vermeiden, oder dem System eine gelegentliche Abkühlung gönnen.) Das elektronisch erzeugte Bild wird auf dem „klassischen" optischen Weg mit Hilfe eines Overhead-Projektors für einen größeren Kreis von Personen an die Wand des Seminar- oder Konferenzraums oder an eine spezielle Bildwand „vergrößert". Mittlerweile gibt es auch Notebooks mit abnehmbarem LCD, der zur Projektion genutzt werden kann.

5.6.2 Daten- und Videoprojektoren

Datenprojektoren oder *Videoprojektoren (Beamer)* sind Großbild-Projektionsgeräte, die an den Monitorausgang eines Computers angeschlossen werden und über die der Bildschirminhalt des Computers auf eine (Lein-)Wand projiziert wird. „Computer" bedeutet bei der Projektion im Hörsaal oder im Seminarraum oft „Notebook", das der Benutzer (meist) selbst mitbringt; manchmal reicht auch ein Datenträger wie eine CD oder auch der immer beliebter werdende *Memorystick* (ein kleiner Speicherstab mit USB-Schnittstelle) mit den Daten seiner Präsentation, und der im Hörsaal vorhandene Computer kann (oft: problemlos) verwendet werden. (Bald werden bei Tagungen Bilddateien sicher über das Internet abgerufen, sodass selbst ein Datentransport „im Koffer" nicht mehr erforderlich ist.)

Mit solchen Projektoren können Daten vom Computer und auch Videoaufnahmen projiziert werden. In Konferenzsälen sind stationäre Projektionsgeräte (Gewicht häufig über 10 kg) oft an Deckenhaltern installiert. Daneben sind auch portable Projektoren für die mobile Präsentation weit verbreitet: Aufgrund ihres geringen Gewichts (meistens 2...5 kg; es gibt sogar Geräte, die leichter sind als 1 kg) sind diese Beamer auch für wechselnde Einsatzorte geeignet – denken Sie nur an Präsentationen von Außendienstmitarbeitern.

● Durchgesetzt haben sich bei den Projektoren zwei Technologien: LCD und DLP.

Ein *LCD-Projektor* benutzt ein LCD, um das zu projizierende Bild zu erzeugen. Dieses Bauteil besteht – vereinfacht beschrieben – aus einer Matrix von Zellen, die mit lichtdurchlässigen Flüssigkristallen gefüllt sind. Flüssigkristalle sind homogene Flüssigkeiten mit stäbchenförmigen Molekülen, die sich unter dem Einfluss von elektrischer Spannung parallel ausrichten lassen, sodass eine kristallartige (also in verschiedenen Raumrichtungen verschiedene Eigenschaften aufweisende) Struktur entsteht. Die LCD-Methode macht sich die Eigenschaft solcher Kristalle zunutze, bei bestimmter Ausrichtung der Moleküle die Polarisation von durchgehendem polarisierten Licht zu ändern. Wird an einer solchen Flüssigkristallzelle – dabei steht jede Zelle für einen Bildpunkt – ein elektrisches Feld angelegt, so ändert sich die Polarisation des eingestrahlten Lichts. Mit Polarisationsfiltern wird dann die austretende Lichtmenge gesteuert. Farben werden dadurch dargestellt, dass drei Flüssigkristallzellen zusammengefasst und mit Farbfiltern (Rot, Grün und Blau) versehen werden, die für jeden farbigen Bildpunkt so jeweils verschiedene Anteile dieser drei Grundfarben beisteuern.

Herzstück der *DLP-Projektoren*[1] *(engl.* Digital Light Processing; auch: *Mikrospiegel-Projektoren)* ist ein etwa daumengroßer Mikrochip (DMD, Digital Mirror Device) mit vielen Hunderttausend winziger beweglicher Spiegel, die einzeln angesteuert und bis zu 1000-mal pro Sekunde durch elektrische Impulse gekippt werden können. Wenn auf diese Mikro-Kippspiegel treffendes Licht – jeder Spiegel steht für einen Bildpunkt – aufgrund des eingehenden Signals in Richtung des Objektivs reflektiert wird, sieht der Betrachter ein aus farbigen Bildpunkten (Pixeln) zusammengesetztes Bild. Farbton und Helligkeit des einzelnen Pixels werden dadurch bestimmt, wie kurz oder lang der entsprechende Kipp-Spiegel das Licht (nacheinander die drei Grundfarben Rot, Grün und Blau; in einer Sekunde 24 Bilder) zur Projektor-Optik reflektiert.

Diese Projektoren (die Bilder der DLP-Projektoren sind brillanter als die der LCD-Projektoren) sind durchaus auch für größere Hörsäle geeignet und zum

---

[1] Nach www.necd.de/Technologie_dlp.php/id/88 (Mai 2004).

Teil kaum größer als eine Zigarrenkiste. Sie können auf der Leinwand gut leuchtende Bilder mit mehreren Metern Bilddiagonale liefern.

Solche Projektoren lassen sich durch mehrere Kenngrößen charakterisieren (Tab. 5-2). Das Maß für die „Helligkeit" des Geräts ist dabei die in der Tabelle definierte *Lichtleistung (Lichtstärke)*. Große Säle, große Bilddiagonale und kritische Raumbedingungen wie Fremdlicht erfordern besonders lichtstarke Projektoren. Um andere technische Daten Ihres Projektors, die in Tab. 5-2 nicht aufgeführt sind, wie Gewicht (mobiler oder stationärer Einsatz geplant?), Anschlussmöglichkeiten (Eingänge), Kontrast- und Schwarzwert, Bildwiederholfrequenz und Lüftergeräusche (Betriebsgeräusche des Kühlgebläses), werden Sie sich kümmern, wenn Sie einen Projektor anschaffen wollen (oder müssen).

Tab. 5-2. Einige Kenngrößen zur Charakterisierung von Daten- und Videoprojektionssystemen (Beamern)[a].

Kenngröße	Beispiel, Bemerkung
Auflösung	XGA: eXtended Graphics Array (wie bei den modernen Notebooks) ist Standard; maximale Auflösung 1024 × 768 Pixel (mit dem PC-Monitor kompatibel) VGA: Video Graphics Array, Auflösung 640 × 480 Pixel SVGA: Super VGA; maximale Auflösung 800 × 600 Pixel SXGA: Extended VGA; maximale Auflösung 1280 × 1024 Pixel
Lichtleistung	800...> 3000 ANSI-Lumen[b]
Ausleuchtung[c]	Werte ≥ 80 % gelten als gut; je höher der Wert ist, desto besser ist das Bild ausgeleuchtet
Kontrastverhältnis	≥ 450 : 1 (je höher, desto besser)
Lampe, Lebensdauer	750...6000 Betriebsstunden, je nach Fabrikat[d]
Art des Objektivs	Zoom (manuell oder motorgetriebenes) oder Festobjektiv

[a] Einige Hersteller sind AstroBeam, Benq, Canon, Dell, 3M, Epson, Geha, Hewlett Packard, Hitachi, InFocus, Liesegang, Mitsubishi, NEC, Optoma, Panasonic, Philips, Sanyo, Sony, Toshiba, Videoseven.

[b] Für kleinere abgedunkelte Räume genügen ca. 800 ANSI-Lumen, Tagesbetrieb in hellen Besprechungsräumen ist ab 1000 ANSI-Lumen problemlos möglich; große helle Konferenzräume benötigen Hochleistungsprojektoren mit ≥ 4000 ANSI-Lumen. – ANSI-Lumen: Maß für den Lichtstrom, der von einem Projektionsgerät ausgeht, ermittelt nach einem in der US-amerikanischen Norm ANSI IT7.215-1992 beschriebenen Verfahren (entspricht der in DIN 19 045-8 beschriebenen Vorgehensweise zur Lichtmessung an Projektionswänden).

[c] Vergleicht die Helligkeit in der Mitte des projizierten Bildes mit der am Rand.

[d] LCD-Projektoren benutzten als Lichtquelle Halogen-Lampen (gelbes Licht) oder Metalldampf-Lampen (blaues Licht).

Gehen Sie bei Ihrer Vorbereitung davon aus, dass Ihr Vortrag in einem durch Sonnenlicht hell erleuchteten Raum stattfindet; dann kann es bei Ihrem „Auftritt" nicht schlechter werden. Besonders bei Hellraumprojektion brauchen Sie – verständlicherweise – einen leistungsstarken Beamer. (Die diesbezüglichen Leistungsmerkmale der Geräte werden oft unter „Lichtleistung" oder auch „Helligkeitsangaben" angeführt.)

Manchmal stellen Sie fest, dass die Farbkontraste auf dem Bildschirm gut zu erkennen sind, nicht aber auf dem projizierten Bild. Ursache dafür kann eine falsche Einstellung des Beamers sein: Helligkeit, Bildkontrast, Farbsättigung und Scharfeinstellung lassen sich – meist Menü-gesteuert – verändern. Sollten Sie in Ihrem Arbeitskreis oder in Ihrer Firma öfter den gleichen Beamer verwenden, schreiben Sie sich die optimalen Einstellungen des Gerätes auf. So können Sie den Beamer vor Ihrer Präsentation schnell vorbereiten. Nutzen Sie hingegen nicht Ihren „eigenen" Beamer, so planen Sie ausreichend Zeit ein, um vor Ort das fremde Gerät einstellen zu können.

Sollten Sie nach allen Einstellversuchen mit den Kontrasten der projizierten Bilder nicht zufrieden sein, so reicht möglicherweise die Lichtstärke des verwendeten Projektors für die gegebenen Projektionsbedingungen nicht aus. Sie können dann nur noch auf die Raumbeleuchtung Einfluss nehmen und vielleicht auf „halbdunkel" stellen.

In den letzten 10 Jahren hat sich im Bereich der Projektionstechnik/Präsentationssysteme einiges getan.[1] Besonders liegen die Preise von Daten- und Videoprojektoren *(Beamern)* inzwischen so niedrig, dass sie heutzutage in vielen Hörsälen vieler Hochschulen zur Standardausstattung gehören. Die gegenseitige Durchdringung vom Computer- und Videotechnologie entwickelt sich auch für Anwendungen im privaten Bereich *(Unterhaltungselektronik)* immer weiter, so dass von daher weitere Preissenkungen – und eine weitere Verbreitung – zu erwarten sind.

5.6.3 Gefahren moderner Medien

Zum Abschluss ein paar Gedanken zu den Gefahren der „modernen Medien". Sie, der Vortragende, sind bei deren Benutzung einem doppelten Stress ausgesetzt: einmal dem des Vortrags, der Präsentation; und zum anderen dem, der von dem anspruchsvollen Medium ausgeht. Überdies besteht die Gefahr, dass die projizierten Bilder oder Animationen nicht mehr nur Hilfsmittel, sondern Zentrum des Vortrags werden – der Vortragende wird in eine Nebenrolle gedrängt. Und je mehr der technischen Möglichkeiten Sie nutzen, umso „glatter" wirkt Ihr Vortrag – hoffentlich wird er nicht zur Filmvorführung!

Überlegen Sie gut, ob Sie die Computer-Projektion zu Ihrem Hauptmedium machen wollen. Zwar wirkt eine Computerpräsentation modern und Aufmerksamkeit heischend. Inzwischen gilt es in Studentenkreisen als chic, mit dem

---

[1] Der Markt in diesem Bereich ist derart stark „in Bewegung", dass andauernd neue Projektionssysteme, Verbesserungen usw. angeboten werden. Deshalb sind wir in diesem Abschnitt nur auf die bei Vorträgen zurzeit am weitesten verbreiteten Systeme eingegangen. Wer mehr über andere Möglichkeiten der Projektion im kleineren Rahmen von Seminaren oder Workshops wissen will, sollte die Kataloge des Fachhandels für Lehrmittel und Konferenzbedarf oder für Präsentations- oder Medientechnik studieren.

Seminarbericht als E-Präsentation zu glänzen. Aber denken Sie an die Anfällig-
keit des hoch technisierten Mediums. Und unterschätzen Sie nicht eine weitere
Gefahr: Die Frage drängt sich nämlich auf, ob es wirklich noch um den Vortrag
und die Vermittlung von Information geht oder eher um die Vorführung, wie gut
Sie mit der Präsentationssoftware umgehen können.

Ein weiteres Argument sollten Sie nicht unterschätzen: Ihre „Hochtechnologie-
Projektion" kann Ihr Publikum zumindest in den ersten Minuten vom eigentlichen Vortrag ablenken („Vampir-Effekt"): Ihre Zuhörer denken mehr darüber
nach, wie die Bilder hergestellt wurden oder ob sie ihre Bilder beim nächsten
eigenen Vortrag auch so vorführen sollen – und vergessen Sie und Ihren Vortrag
während dieser Zeit. Vielleicht lassen Sie in einem wissenschaftlichen Vortrag
Platz für die „klassischen" Medien.

Noch eine letzte Frage: Wie sollen die Blicke der Zuhörer/Zuschauer geführt
werden? Mit dem Cursor, mit Hilfe der Maus oder der Tasten einer Batterie-
betriebenen kabellosen Funkfernbedienung Ihres Computers, mit einem Zeigestock, mit einem Lichtzeiger? Bei der unmittelbaren Demonstration am Bildschirm verwendet man grundsätzlich den Cursor und die „Maus" (den „elektronischen Zeiger"). Bei einer optisch oder elektronisch übertragenen Bildserie
sollten Sie so viel wie möglich „mit Worten" und an der Wand zeigen – mit
Ihren Händen, einem Zeigestock oder einem Lichtzeiger. Nur so stellen Sie sicher, dass Ihre Zuhörer/Zuschauer bei so viel Technik auch Sie, den Vortragenden, noch wahrnehmen.

Und zum Abschluss: Wenn Ihr Hightech-System nicht funktioniert, sollten
Sie kein Mitleid von den Zuhörern erwarten. Denken Sie an Notfälle, und planen Sie – wie bei den „Lowtech-Präsentationen" – Reservefolien, Handskizzen
auf Flipcharts und ähnliche Hilfsmittel ein.

6 Bildtechnik

6.1 Freihand-Zeichnen

Wir haben das vorangegangene Kapitel mit „Projektionstechnik" überschrieben und sprechen jetzt von „Bildtechnik".[1] Was ist der Unterschied? Zuerst haben wir die Dinge, die mit der Projektion von Bildern zusammenhängen, in den Vordergrund gerückt. Uns haben Fragen beschäftigt, die mit dem System

Originalvorlage – Projektionsvorlage – projiziertes Bild

und den damit verbundenen Normen, Bemaßungen, Gerätschaften usw. in unmittelbarem Zusammenhang stehen. Es schien uns wichtig, zuerst dafür ein Verständnis zu schaffen. Vom Ablauf her ist es natürlich umgekehrt: Zuerst muss man die Bilder machen, bevor man sie projizieren kann. Wie aber ein bestimmtes Bildelement, ein Strich oder ein Buchstabe etwa, auf die Vorlagen gerät, wollen wir jetzt besprechen, klare Trennungen waren freilich nicht immer möglich.

Manchmal versteht man unter *Bildtechnik* die chemischen (fotografischen, fotomechanischen) und elektronischen Prozesse, die zum Erzeugen, Übertragen und Speichern von Bildern dienen. Wir betonen hier die eher handwerkliche Komponente unter Verwendung konventioneller Bildträger und des Computers.

● Ihre sorgfältig ausgearbeiteten, ansprechenden Bilder sollen für Sie werben und Signale der Wertschätzung für Ihr Publikum sein.

Bilder für Vorlagen sorgfältig mit *freier Hand* zu zeichnen und zu beschriften ist nicht verboten. Manche Autoren (z. B. FEUERBACHER 1990) akzeptieren dies sogar uneingeschränkt für Bilder in Fachvorträgen. Wir haben Plenarvortragende erlebt, die ihrem erwartungsvollen mehrhundertköpfigen Auditorium handgezeichnete Bilder anboten, denen man durchweg das Prädikat „gut" zubilligen konnte. Ruhige, gleichmäßige Strichführung in Verbindung mit gut lesbarer Beschriftung, ausgewogene Raumaufteilung und ein sicheres Gefühl für Proportionen hoben die Bilder über manche andere hinaus, die mit akribischer Technik hergestellt, aber überladen waren.

Wohlwollend akzeptiert wird sicher ein von Hand hergestelltes Transparent, das Sie ankündigen mit einer Bemerkung wie

„Mein Mitarbeiter hat mir gestern Abend telefonisch aktuelle Daten mitgeteilt, die ich Ihnen heute auf keinen Fall vorenthalten möchte."

---

[1] Besonders in diesem Kapitel (und andernorts in diesem Buch) hätten wir gerne selbst Farbe eingesetzt, um einige ihrer Wirkungen unmittelbar erlebbar zu machen. Da das Drucken von Farbe nach wie vor mit zusätzlichen Kosten verbunden ist, haben wir darauf verzichtet, um den Preisrahmen nicht zu sprengen, den sich der Verlag und die Autoren gesetzt hatten.

Vielleicht fügen Sie noch hinzu:

> „Sie werden sicher akzeptieren, dass dieses Bild – ich habe es gestern Abend noch im Hotel angefertigt – im Aussehen von den anderen abweicht."

Genügt eine Freihand-Zeichnung, so sollten Sie nicht mit dem Lineal anfangen, z. B. für ein Achsenkreuz, und dann „von Hand" weitermachen – das wäre ein Stilbruch.

Wenn Sie Bilder von Hand anfertigen oder Teilfertig-Folien während des Vortrags ergänzen wollen, arbeiten Sie mit durchscheinenden Farben, weil sonst das schönste Grün, Blau oder Rot auf der Folie nur schwarz auf der Bildwand erscheint! Es werden dafür *Schreiber (Marker, Folienschreiber)* angeboten mit Spezifikationen wie „Transparent", „Klarsichtfolie" oder „OHP" (für Overhead-Projektion), und dies in Qualitäten wie „wasserfest" oder „permanent" und „wasserlöslich" oder „non-permanent" und „trocken abwischbar", sowie in verschiedenen Strichstärken. Es gibt sogar Folienschreiber, deren Schrift mit speziellen Folienradierern weggerubbelt werden kann. Überdies bieten einige Hersteller spezielle Korrekturstifte an. (Versuchen Sie nicht, Farbe mit Nitroverdünnung, Aceton o. ä. zu entfernen – die Folie wird durch solche Lösungsmittel angegriffen; mit Spiritus könnten Sie Glück haben.)

● Verwenden Sie Schreiber mit *wasserfester* (lösungsmittelhaltiger) Farbe für das Anfertigen von vorbereiteten Transparenten.

Dann kann es Ihnen nicht passieren, dass sich die schönen Bilder während des Vortrags unter Ihrer feuchten Hand verwischen. Auch können Sie die Bilder beim Vortrag mit wasserlöslicher Farbe ergänzen und die Ergänzungen später wieder abwischen. Vor allem für flächiges Arbeiten geeignet sind OHP-Marker vom Typ EB („extrabreit").

Vielleicht bringen Sie das vorbereitete und zu ergänzende Bild auf der Rückseite der Overhead-Folie spiegelverkehrt auf. Dann können Sie Ihr Bild auf der Vorderseite problemlos ergänzen: Der Inhalt der Folie wird nicht durch Schreiben oder Zeichnen mit Filzschreibern zerstört. (Wenn Laserdrucker-kopierte Folien mit Folienschreibern ergänzt werden, wird häufig der aufgebrachte Toner – besonders bei Strichgrafik – durch den Folienschreiber entfernt, und es kommt zu unschönen Linienunterbrechungen.)

Im Allgemeinen halten wir dafür, dass angesichts der heute zur Verfügung stehenden Mittel freihand gezeichnete Bilder die Ausnahme bleiben sollten. – Aber wir sind auch bereit dazuzulernen: Einige jüngere Kollegen haben uns heftig widersprochen: sie empfinden „gute" freihand angefertigte Transparente wegen ihres Retro-Effekts „umwerfend chic".

6.2 Bildvorlagen

Zum Herstellen von Originalvorlagen für die Projektion braucht man dieselben „Zeichengeräte", die auch bei der Vorbereitung von Publikationen (EBEL und BLIEFERT 1998, Kap. 7) verwendet werden. Es gibt mehrere Möglichkeiten, Bilder anzufertigen und zu beschriften. Eingedenk der Leistungsfähigkeit und auch der Verbreitung der modernen *Textverarbeitung* und *Bildbearbeitung* wird man in der Regel davon absehen, Originalvorlagen „freihand" zu zeichnen oder zu beschriften. Auch gehört das Beschriften von Bildern mit Schablonen der Vergangenheit an.

Um heutzutage Bildvorlagen mit *Strichzeichnungen* (s. auch Abschn. 8.1; auf Halbton- und Farbbilder gehen wir in Abschn. 8.2 ein) herzustellen, kommen mehrere Vorgehensweisen in Frage. Wir wollen fünf Wege beschreiben, auf denen Sie zu Bildvorlagen auf Papier – Pergament wird dazu heute kaum noch verwendet – kommen können.

(1) Sie zeichnen die Linien beispielsweise mit Tuschefeder und Kurvenschablone und kleben[1] die mit Computer und einem geeigneten Drucker erzeugten Schriftelemente auf das Blatt.

In Frage kommen dafür vor allem *Laserdrucker* oder *Tintenstrahldrucker,* weniger *Plotter.* Bereits mit Tisch-Laserdruckern – übliche Auflösung: $\geq$ 300 dpi[2] – lassen sich ansehnliche Vorlagen mit kontrastreichen, scharf begrenzten Linien erzeugen.

(2) Sie fotokopieren, ggf. vergrößernd, eine Vorlage (z. B. ein Bild aus einer Fachzeitschrift) und verändern dann auf der Fotokopie die Beschriftung für den Vortragszweck mit der unter (1) genannten *Montagetechnik.*

Wahrscheinlich müssen Sie Teile des Bildes nachbessern. Das Verändern der Beschriftung kann ein Vereinfachen und/oder Vereinheitlichen bedeuten. Sie decken Beschriftungen ab oder überdecken sie mit neuen Beschriftungen. Das letzte Verfahren lässt sich nur auf Papier (nicht auf Pergament) einsetzen; einzelne Linien müssen Sie möglicherweise nachzeichnen. Bei transparenten Zeichnungsträgern bleiben nur das Ausschneiden und ggf. das Aufkleben eines neuen Filmstücks.

(3) Sie erzeugen das gesamte Bild (einschließlich Text) in einem Layout- oder Grafikprogramm. Wenn es sich um ein reines *Textbild* handelt, reicht dafür

---

[1] Als Kleber empfiehlt sich ein Montagekleber, z. B. FIXOGUM (von Marabu). Nach dem Aufkleben von Papierstücken mit grafischen oder Textelementen haben Sie noch Zeit genug, das Papier geringfügig zu verrücken oder gerade zu drehen. Und Sie können dann das Papierstück selbst nach Jahren wieder ablösen.

[2] dpi (Abkürzung für "dots per inch", Punkte pro Zoll) ist ein Maß für die *Auflösung* eines Druckers oder Bildschirms, aber auch einer Grafik. – 1 dpi entspricht 0,394 Punkte pro Zentimeter.

sogar ein einfaches Textverarbeitungsprogramm aus. Sonst werden in einem Grafik- oder sonstigen Spezialprogramm (z. B. zum Erzeugen chemischer Formeln) die grafischen Elemente bereit gestellt und dann beispielsweise in ein *Layoutprogramm (DTP-Programm)* importiert und auf die gewünschte Größe gebracht. Dann wird dieses elektronische Bild *(E-Bild)* beispielsweise über einen Drucker[1] ausgegeben.

Zum Transport von Grafiken aus dem Grafik- in ein anderes Programm eignen sich besonders EPS-Dateien (Encapsulated POSTSCRIPT; auf POSTSCRIPT aufbauende Seitenbeschreibungssprache, konzipiert zum Einbinden von Grafiken in Anwendungen). Für Diagramme sowie komplizierte chemische Formeln und andere Grafiken kann man nur empfehlen:

● Verwenden Sie für die Herstellung von (Sonder)Grafiken Programme, die eine Ausgabe als *EPS-Datei* gestatten.

Solche Dateien lassen sich einfach in andere Programme, mit denen Sie die zu projizierenden Bilder herstellen wollen, importieren und dort in gewünschter Größe an beliebiger Stelle mit optimaler Qualität verankern.

(4) Sie scannen[2] Ihre Strichbild-Vorlage oder nehmen sie mit einer Digitalkamera auf. Das so erhaltene E-Bild können Sie – geeignete Qualität vorausgesetzt – direkt auf Folie oder Papier ausdrucken; ggf. importieren Sie es in ein Layout- oder Präsentationsprogramm und versehen es dort noch mit einer Überschrift.

In diesem Fall ist es erforderlich, beim Scannen auf „gute" Auflösung – z. B. 600 dpi – zu achten, damit das ausgedruckte Bild noch akzeptabel ist. Wenn Sie für Ihre Präsentationssoftware nur an dem E-Bild interessiert sind, können Sie eine niedrigere Auflösung wählen (s. auch Abschn. 6.3).

(5) Sie importieren das über Scanner oder Abfotografieren mit der Digitalkamera gewonnene E-Bild als Zeichenvorlage in ein geeignetes Grafikprogramm. „Elektronisches Nachzeichnen" der gewünschten Elemente (z. B. Kurven) dieses Hintergrundbildes sowie neues Beschriften und Einbau einer Über-

---

[1] Vorsicht bei Farbgrafik: Tintenstrahldrucker liefern immer transparente Bilder; bei Laserdruckern und auch Farbfotokopierern hingegen können einige Farben nicht transparent erscheinen, liefern also bei der Projektion ein schwarzes Bild – ein Test ist unbedingt zu empfehlen!

[2] Mit *Scannern* (von *engl.* to scan, absuchen, abtasten, erfassen) ist es möglich, Bildmaterial (z. B. in Form von „analogen" Fotos) zu digitalisieren und so für den Computer verarbeitbar zu machen. – Das *engl.* Verb scan bedeutet ursprünglich „gründlich untersuchen", im Besonderen auch (mit Strahlen) „abtasten". Diese spezifische Bedeutung (z. B. auch in der Medizin) ist hier gemeint. Davon abgeleitete Wörter wie scanner, scanning sind in dieser Form (dem englischen Sprachgebrauch folgend mit Doppel-n) zu Bestandteilen der deutschen (Fach)Sprache geworden (Scanner, Scanning; auch als Verb scannen, alle in englischer Aussprache). Ein deutsches Wort Scan gibt es nicht, so dass wir oben (der) „Scann" schreiben, obwohl im Englischen der Konsonant hier nicht verdoppelt wird (vgl. scan technology).

schrift liefert ein *E-Bild*, das dann ausgedruckt oder direkt in der *E-Prä-sentation* verwendet werden kann.

Aus den Vorlagen, die nach einer dieser fünf Methoden hergestellt werden, las-sen sich Dias (s. auch Abschn. 6.6) und einfach durch Fotokopieren Transparen-te (s. auch Abschn. 6.5) herstellen. Die nach (3) bis (5) gewonnenen E-Bilder (s. auch Abschn. 6.4) können auch über den Laserdrucker direkt auf Blattfolien gedruckt oder über einen Laserbelichter in Dias umgewandelt werden. Überdies können diese E-Bilder direkt für eine *E-Präsentation* eingesetzt oder in ein *Prä-sentationsprogramm* übernommen und ggf. dort noch weiter bearbeitet werden.

6.3 Vom Bild zur Projektionsvorlage

● Mit Hilfe von *Scanner* oder *Digitalkamera* können Sie bereits vorliegende
   Bilder *digitalisieren*, also in E-Bilder umwandeln.

Diese können Sie dann, wie in Abschn. 6.2 unter (4) oder (5) beschrieben, bearbeiten und auf Papier oder Folie aus-geben oder direkt als E-Bild nutzen. Oft ist es noch erfor-derlich, auf diesem Weg erzeugte Linien mit Hilfe von *Gra-fikprogrammen* „elektronisch nachzubearbeiten", weil ihre Qualität – durch das Scannen verursacht – sonst niedriger ist als die der Vorlage und für Projektionszwecke nicht aus-reicht.

Bildtypen

– *Schwarzweiß-Bilder, Strich-zeichnungen, Texte (Line art)*
   Graustufen spielen keine Rolle.

– *Halbtonbilder, Graustufen-Bilder, Grauwert-Bilder (Gray scaled image)*
   Das Original ist nicht farbig, oder Farben spielen keine Rolle (Far-ben werden zu Grauwerten um-gewandelt), aber es gibt gleitende Übergänge („grau") von Schwarz nach Weiß.

– *Farbbilder (Color image)*
   „Bunt ist meine Lieblingsfarbe"[1]

Für das Erfassen von Schwarzweiß-*Strichzeichnungen* sind alle gängigen Scanner (z. B. Flachbettscanner) geeig-net. Als Einstellungen werden Sie den ausgewählten Bild-bereich „kontrastreich" einscannen (für diese Einstellun-gen sind auch Namen wie „Schwarzweiß" oder „Line art" zu finden). Als Auflösung reicht – wenn das Bild „nachge-zeichnet" und neu beschriftet werden soll – eine mittlere von ca. 300 dpi. (Wenn Sie 600 dpi oder gar 1200 dpi wählen, wird die Dateigröße des gescannten Bil-des unnötig groß.) Auch wenn Sie die Strichzeichnung „nur" für die direkte Projektion in Ihr Präsentationsprogramm importieren wollen – Ihre Projektions-einrichtung „Computer/Beamer" arbeitet mit einer Auflösung von ungefähr 75 dpi

---

[1] Wozu brauchen wir Farbe? Wir haben unseren technischen Rapport an dieser Stelle mit einem Zitat garniert. Mit den Worten oben hat sich ein Künstler (Architekt, Industriedesigner…) dazu geäußert: Walter GROPIUS (Gründer des „Bauhaus" (Weimar/Dessau). – Was uns an dieser Stelle, fernab von technischen Einrichtungen, vielleicht noch unmittelbarer ansprechen kann, ist ein Wort des französischen Malers Paul CÉZANNE: „Die Farbe ist der Ort, wo unser Gehirn und das Weltall sich begegnen." Auch für „Grauton" hat die Spruchweisheit der Menschheit ein Wort bereitgestellt, das wir hier brauchen können: „Man sagt immer, das Leben sei farblos… alles grau in grau. Aber… ist grau nicht auch eine Farbe?" (nach Damaris WIESER, deutsche Lyrikerin und Dichterin).

–, reichen derart niedrige Auflösungen bei Strichzeichnungen (dazu gehört auch gescannter Text) *nicht* aus: Wenn Sie zu niedrige Auflösungen wählen, besteht die Gefahr, dass Linien und Kanten auf Ihrem Bild „ausfransen", schräge Linien ein gestaffeltes Aussehen annehmen. Nehmen Sie also eine hohe Auflösung von 600 dpi oder gar 1200 dpi: dann sind Sie sicher, dass auch schräge Linien und Buchstaben noch sauber aussehen.

Werden Strichzeichnungen mit den Einstellungen am Scanner für Halbtonbilder „eingelesen", lassen sich häufig bessere Ergebnisse erzielen. Obwohl bei dieser Einstellung das Scann-Ergebnis ein wenig unschärfer erscheint, bewirkt die vorhandene Unschärfe optisch einen Glättungseffekt (*Anti-Aliasing*-Effekt, was *engl.* ungefähr so viel wie „Verfremdung" oder „Verdeckung" bedeutet; vgl. Alias, Deckname), der das „Ausfransen" von Konturen überdeckt.

Für das Erfassen von *Halbtonbildern* (s. auch Abschn. 8.2) ist nicht so sehr das *Auflösungsvermögen* des Scanners – 150 dpi reichen für die Erzeugung von Projektionsvorlagen aus – maßgeblich als vielmehr seine *Bildtiefe*. Man versteht darunter die Anzahl der für einen Bildpunkt (Pixel) unterscheidbaren *Graustufen*. Wenn man z. B. von einer „Bildtiefe von 6 Bit" spricht, so sind damit 64 verschiedene mögliche Graustufen pro Pixel ($2^6 = 64$) gemeint, und das reicht im Allgemeinen aus (das menschliche Auge kann maximal ca. 130 Graustufen unterscheiden). Zeitungsbilder werden meist mit 4 Bit Bildtiefe gedruckt; von einer solchen Vorlage würden Sie keine gute Wiedergabe erreichen können, gleichgültig, wie gut der Scanner ist. Gute Ergebnisse bekommen Sie aber von Halbtonabbildungen im gehobenen Zeitschriften- und Buchdruck sowie natürlich von Fotografien. (Aber Achtung: durch das verwendete Druckraster können nach dem Scannen Moirémuster erscheinen!)

Beim Erfassen von *Farbbildern* (s. auch Abschn. 8.2) mit einem Scanner spielt zunächst – wie auch bei Schwarzweiß-Bildern – die Auflösung eine Rolle. Sie sollten aber beim Scannen von Bildern im Farbmodus die Auflösung – wie bei Halbtonbildern – nicht deutlich über das erforderliche Minimum erhöhen: Denn die Größe der Bilddatei nimmt mit Erhöhung der Auflösung quadratisch zu (beispielsweise liegt bei einem A4-Original die Dateigröße bei einer Auflösung von 75 dpi bei etwa 1,6 MByte, bei 150 dpi und 300 dpi jedoch schon bei ungefähr 6,5 MByte bzw. 25,6 MByte). Überdies benötigt der Scann-Vorgang (wie auch die anschließende Bildbearbeitung) bei höherer Auflösung mehr Zeit. Da Sie Ihre Bilder aber nur in der Qualität betrachten können, die der Auflösung Ihres Beamers (die der Ihres Computerbildschirms ähnlich ist) entspricht, reicht meistens eine Auflösung von 75 dpi aus.[1]

---

[1] Es ist im Allgemeinen nur dann sinnvoll, eine Halbton- oder Farbvorlage in hoher Auflösung zu scannen, wenn diese Auflösung auch über das Ausgabegerät ausgegeben werden kann. Bei Druckern liegen übliche Auflösungen bei 300...600 dpi, bei Bildschirmen wie auch bei Beamern nur höchstens bei etwa 100 dpi. (Monitore haben üblicherweise einen Dot-Abstand von 0,26 mm;
→

Nur wenn Sie eine relativ kleine Originalvorlage Bildschirm-füllend vergrößern oder das Bild in „besserer" Qualität archivieren wollen, wählen Sie eine höhere Auflösung (z. B. ≥ 600 dpi).

Als Anhaltspunkt für kleine Vorlagen, die Format-füllend präsentiert werden sollen, kann über die Faustformel

$$A = 2{,}54 \text{ cm} \times \frac{\text{Anzahl der Bildpunkte am Bildschirm (in dpi)}}{\text{Vorlagengröße (in cm)}}$$

die zu wählende Auflösung des Scanners A (in dpi) berechnet werden. (A sollte nicht unter 75 dpi gewählt werden.) Beispielsweise liefert diese Formel für eine Briefmarke (2,5 cm × 2 cm) in halber Bildschirmgröße auf einem Bildschirm (Beamer) mit 1024 × 768 Bildpunkten (s. Abb. 6-1):

$A = 2{,}54^{1)} \times 512/2$ dpi = 650 dpi bzw.

$A = 2{,}54 \times 768/2{,}5$ dpi = 780 dpi

Wählen Sie die Scannerauflösung A = 600 dpi, die diesen rechnerischen Werten am nächsten liegt, dann wird die Briefmarke mit 472 × 590 Bildpunkten auf dem Bildschirm wie gewünscht dargestellt und auch projiziert.

Neben der Auflösung hat auch die *Farbtiefe* (Anzahl der jedem Bildpunkt zugeordneten Farben, angegeben meistens

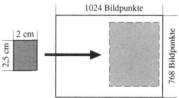

Abb. 6-1. Ermittlung der Scannereinstellung für kleine Bildvorlagen.

in Bit) Einfluss auf die Bildqualität. Meistens wird an den Computer mit einer „Tiefe" von 24 Bit gesendet, womit 16 777 216 (2^{24}) verschiedene Farbtöne dargestellt werden können [man spricht bei dieser Farbtiefe – je 2^8 = 256 Helligkeitsstufen für die drei Grundfarben Rot, Grün und Blau – von *True Color*, Echtfarben(darstellung)]. Bei Bildern für Web-Anwendungen wird meist die Anzahl der Farbbits für jeden Bildpunkt auf höchstens 8 Bit, also auf 2^8 = 256 Farben, reduziert (Farbreduktion) oder in einer Verlust-behafteten komprimierten Form (JPG-Datei, auch als JPEG-Datei bezeichnet; Grafikformat der Joint Photographic Experts Group) in True-Color-Darstellung. Damit werden der Speicherbedarf und der Zeitaufwand für die Übertragung verringert. Die verringerte Bildqualität merkt der Betrachter meistens nicht, weil sein Ausgabegerät – der Computerbildschirm – auch nur einen begrenzten Vorrat an Farben darstellen kann.[2] Selbst bei niedrigerer Farbtiefe haben Sie bei ihrer E-Präsentation also noch „originalgetreue" Farben.

Die Bilderfassung mit Hilfe des Systems Scanner/Digitalkamera-Computer hat gegenüber der klassischen fotografischen (mit Reprofilm) oder xerografischen Reproduktion den Vorteil, dass die Bilder vor der Wiederausgabe direkt elektro-

---

dies entspricht einer Auflösung von 92 dpi.)

[1] Umrechnungsfaktor: 1 inch ≈ 2,54 cm.

[2] Wir haben Scanner gesehen, bei denen folgende Begriffe zur Benennung aufsteigender Scann-Qualität verwendet werden: „E-Mail", „Web", „Print", „Edit", „Archive".

nisch bearbeitet und dabei – unter Präsentationsgesichtspunkten – noch verbessert werden können. Deshalb ist das Verfahren für Strichabbildungen und auch für Halbton- oder Farbbilder von Interesse. Beispielsweise können für den Vortrag unwichtige oder störende Teile „ausgeblendet" und ungeeignete Beschriftungen ersetzt werden [(5) in Abschn. 6.2].

Stellen Sie sicher, dass das Dateiformat, in dem Sie die gescannten Bilder speichern (z. B. TIFF),[1] von ihrem Grafikprogramm „verstanden" wird, was bei Grafikprogramm-typischen Dateiformaten nicht immer der Fall ist. Sonst müssen Sie vor der Weiterbenutzung Ihres Bild-Scans die Datei in ein anderes geeignetes Grafikformat umwandeln.

In den meisten Fällen werden Sie zum Digitalisieren von Bildvorlagen *Scanner* benutzen: sie sind weit verbreitet und einfach zu bedienen. Wie schon mehrfach gesagt, kann man auch mit Hilfe von Digitalkameras „analoge" Bilder in digitale umwandeln. Für manche Zwecke mag ein primitives „Kamera über die Vorlage halten und auf den Auslöser drücken" ausreichen. Wenn Sie aber bessere Qualität benötigen, brauchen Sie eine geeignete Reproeinrichtung mit Stativ und gleichmäßiger Ausleuchtung der Fläche für die Vorlagen.

Die „Originalvorlagen" können auf bereits existierende – z. B. veröffentlichte – Bilder zurückgehen. Wollen Sie ein solches Bild unverändert in einem Vortrag verwenden, so werden Sie die Quelle gebührend erwähnen, z. B. auf dem Bild wie in der Namen-Datum-Zitierung bei Publikationen anmerken: „GERIBALDI 2002". Wenn Sie die Vorlage verändert (z. B. vereinfacht) haben, reicht „Nach CAMBON 1999" oder „Obere Kurve: PERRAUD 2004" als Quellenangabe aus. Auf ein komplettes, bibliografisch korrektes Zitat können Sie im Vortrag verzichten – so genau wollen es die meisten Zuhörer gar nicht wissen: Lenken Sie niemanden vom Wesentlichen ab. Wer sich tatsächlich für die exakte Quelle interessiert, wird Sie während der Diskussion oder nach dem Vortrag darauf ansprechen.

Bevor Sie sich entscheiden, ob ein Bild aus einer fremden Quelle verwendet werden kann, prüfen Sie seine technische Qualität. Dazu gibt es einen „Schnelltest"; genauso testen Sie Ihre eigenen Bilder (s. auch Abschn. 7.7):

● Wenn Sie alle Teile (jedes Zeichen, jede Linie) aus einer Entfernung, die dem 8fachen der längeren Seite der Abbildung entspricht, erkennen können, erfüllt die Abbildung die Qualitätskriterien.

Wo dies nicht der Fall ist, können Sie nachbessern. Überprüfen Sie auch, ob nach Vergrößerung auf A4-Format Buchstaben und Linienstärken die geforderten Werte erreichen.

---

[1] TIFF (Abkürzung für *engl.* Tagged Image File Format) ist ein weit verbreitetes Plattform-übergreifendes Dateiformat, das von fast allen gängigen Anwendungsprogrammen unterstützt wird, die mit Bitmapgrafiken arbeiten. TIFF-Dateien können verlustfrei komprimiert werden. Scanner legen Dateien eingescannter Bilder oft als TIFF-Dateien an.

6.4 Zeichnen mit dem Computer, E-Bilder

Wir haben schon in Abschn. 6.2 unter (3) bis (5) drei Vorgehensweisen angegeben, wie man zu schwarzweißen oder farbigen E-Bildern gelangen kann:

– Das gesamte Bild (einschließlich Text) in einem Layout- oder Grafikprogramm erzeugen (3);

– Bildvorlage scannen oder mit einer Digitalkamera aufnehmen, ggf. mit einem Titel versehen (4); oder

– das gescannte oder mit Hilfe einer Digitalkamera erhaltene E-Bild in einem Grafikprogramm nachbearbeiten und dabei an die Bedürfnisse des Vortrags anpassen (5).

Mit *Computern* können Sie bekanntlich nicht nur rechnen und schreiben, sondern auch zeichnen und sogar malen. Diese Eignung nutzt man heutzutage beim Herstellen von Projektionsvorlagen. Das eigentliche *Zeichnen*, die Bildkonstruktion, findet nicht mehr am Reißbrett, sondern am *Bildschirm* statt. Naturwissenschaftler und Mediziner haben – anders als Ingenieure – in der Regel keine Grundkenntnisse im Technischen Zeichnen und besitzen auch keine entsprechende Ausrüstung. Sie sind also weder im Umgang mit CAD-Systemen *(CAD Computer Aided Design)* vertraut, noch stehen ihnen komfortable große Zeichentische und andere Hilfsmittel eines Konstruktionsbüros zur Verfügung. Sie können aber heutzutage Scanner oder Digitalkameras benutzen und dazu leistungsfähige Software einsetzen:

– *Bildbearbeitungsprogramme (Bitmapgrafikprogramme*; z. B. das professionelle PHOTOSHOP von Adobe, PHOTOPAINT von Corel Systems, PAINT SHOP PRO von Jasc Software, die Freeware GIMP oder PAINTBRUSH von ZSoft), oder

– *Zeichenprogramme (Vektorgrafikprogramme)*, die zum Teil sogar umfangreiche mathematische „Fähigkeiten" einbringen (z. B. DRAW oder PAINTBRUSH von Microsoft, CORELDRAW von Corel Systems, ILLUSTRATOR von Adobe, FREEHAND von Macromedia, CANVAS von Deneba/ACD Systems oder ORIGIN von Microcal Software).

In den Bildbearbeitungsprogrammen können Sie Grauton- oder Farbbilder von Vorlagen bearbeiten, die Sie mit Scanner oder Digitalkamera „digitalisiert" haben, oder mit den Programmen selbst geschaffene Bilder (oder Bereiche solcher Bilder). Zu den Möglichkeiten dieser Bearbeitung von Bildern gehören das Vergrößern und Verkleinern sowie Kippen („Spiegeln" horizontal oder vertikal), Drehen und Dehnen, das Entfernen unerwünschter Bildelemente (z. B. unerwünschten Hintergrunds), das Hinzufügen von Rahmen oder Rändern, die Korrektur verzerrter Bilder, bei Farbbildern verschiedene Möglichkeiten des Korrigierens von Farben, Kontrasten und Bildhelligkeit. Einige einfache Bildbearbeitungsschritte sind sogar in einigen Präsentationsprogrammen möglich.

In den Zeichenprogrammen können Sie E-Bilder in Form von *Vektorgrafiken* erzeugen, die sich nach Belieben – ohne Qualitätsverlust – vergrößern, verkleinern, drehen, perspektivisch verzerren oder mit anderen Bildern oder Bildelementen mischen lassen. Dazu kommen die vielfältigen Methoden der Hervorhebung z. B. von Flächen durch Schraffur oder Rasterung, 3D- und Schatteneffekte (auch im Bereich der Präsentationssoftware und Business-Grafik). Wir können dies hier nur andeuten und verweisen auf die Spezialliteratur sowie auf die Handbücher zu den Bildbearbeitungs-, Zeichen- und Präsentationsprogrammen. Manche Anwendungen – genauer: die Programmanweisungen dazu – sind selbsterklärend oder können einfach „probiert" werden, oft helfen auch die Online-Hilfen der Programme beim Lösen einer bestimmten Aufgabe weiter.

An dieser Stelle noch ein paar Bemerkungen zum Einbau von Bildern in Präsentationssoftware: Über Scanner oder Digitalkamera gewonnene Bilder müssen beim Einbau in das Präsentationsprogramm oft „runterscaliert" werden (sonst ist die eingebaute Datei zu umfangreich, und der Bildaufbau würde zu lange dauern). Bei POWERPOINT beispielsweise werden Bilder beim Einfügen automatisch „im Hintergrund" komprimiert, auch werden manchmal die Bildgrößen angepasst. Auf Art und Stärke der Kompression haben Sie dabei keinen Einfluss. Besser skalieren Sie jedoch das Bild in einem Bildverarbeitungsprogramm wie PHOTOSHOP selbst: Dort können Sie direkt kontrollieren, wie das Bild aussieht, das Sie dann in Ihr Präsentationsprogramm übernehmen. Oftmals kann man die Präsentationsqualität des Bildes steigern, wenn man das Farbfoto in einem Programm wie PHOTOSHOP über ein „Schärfefilter" laufen lässt: Dann treten auf dem Bild Ränder und Kanten – besonders bei kleinen Bildern oder Bildteilen – schärfer hervor („Kantenverschärfung").

In POWERPOINT lassen sich als dynamische Elemente auch Animationen (z. B. als animierte GIF-Grafiken; GIF Graphics Interchange Format, ein Grafik-Format zur Speicherung von Bilddateien) oder Filme (in Formaten wie MPEG oder AVI) einbauen. Schon das Importieren von Filmdateien kann aber ein zeitraubendes Geduldsspiel mit technischen Problemen sein (z. B. um den Codec[1] für ein bestimmtes Video herauszufinden).

Über die Benutzung von Bildbearbeitungs- und Zeichenprogrammen können wir hier nur Andeutungen machen. Es gibt beim Herstellen und Bearbeiten von E-Bildern [die Sie ggf. auch als Transparent oder Dia ausgeben können; vgl. (3) bis (5) in Abschn. 6.2] viele Probleme, deren Bewältigung eine gute

---

[1] *Codec* steht für **C**ompressor/**Dec**ompressor. Mit solchen zum Teil schon im Computersystem vorinstallierten kleinen Programmen werden Audio- und Video-Dateien komprimiert; die Wiedergabesoftware benötigt zum Abspielen solcher Dateien den gleichen Codec, mit dem komprimiert wurde, sonst kann die Multimedia-Datei nicht „entschlüsselt" werden.

Kenntnis der jeweiligen Software und ihrer Möglichkeiten/Grenzen voraussetzt. Sie wollen beispielsweise nur Teile eines Schwarzweiß-Bildes in einer bestimmten Farbe darstellen, oder Sie wollen Teile vorhandener Diagramme oder anderer Strichzeichnungen in verschiedenen Farben wiedergeben, oder Sie wollen Animationen oder Filme einbauen. Um solche „Probleme" lösen zu können, müssen Sie sich mit den jeweiligen Programmen beschäftigen. Hinweise können Sie im Internet über eine Suchmaschine wie www.google.de oder in Foren wie www.wer-weiss-was.de finden. Oder Sie befragen dazu Kollegen, die sich etwas besser auskennen (oder auszukennen scheinen) als Sie.

Chemiker haben sich ihre speziellen Zeichenprogramme für die Darstellung von molekularen Strukturen geschaffen, z. B. CHEMDRAW von Cambridge Scientific Computing, CHEMINTOSH von Softshell oder ISISDRAW von MDL. Alle diese Spezialprogramme können für unsere Zwecke eingesetzt werden.

● Als besonders hilfreich erweist sich die Möglichkeit, Zeichnungen mit Hilfe des Computers zu *beschriften*.

Davon haben wir unter (2) in Abschn. 6.2 schon gesprochen. Allein hieraus ergibt sich eine Menge Unterstützung im Sinne von Zeitersparnis und besserer Qualität. Die „Beschriftung" kann ein Größensymbol sein, also z. B. ein einzelner Buchstabe oder ein Buchstabe mit einem Index, oder ein Pfeil, ein Wort oder mehrere Wörter. Früher galt: Schneiden Sie die einzelnen Stücke aus und rükken Sie alles an die gewünschte Stelle, ggf. unter Zuhilfenahme einer Pinzette, mit einem geeigneten „Montagekleber". Wenn Sie indessen eine Zeichnung oder Grafik direkt am Bildschirm entworfen haben [vgl. (3) in Abschn. 6.2], werden Sie die Beschriftung dort gleich miterledigen[1] und fertig beschriftete Bilder ausgeben.

Ungeeignet wäre beispielsweise in einer Vorlage eine Beschriftung, wenn sie sich anderer Fachausdrücke, Größensymbole oder Einheiten bediente als der Vortrag; ggf. muss vor dem *Neubeschriften* von Achsen umgerechnet, müssen Dezimalkommas in Dezimalpunkte umgewandelt werden (oder umgekehrt). Ob man Beschriftungen in einer anderen Sprache als der Vortragssprache gelten lassen will, ist zum Teil Geschmackssache – wir raten davon ab (s. Abschn. 8.1.1). Bei einem in deutscher Sprache gehaltenen Vortrag könnten englische Beschriftungen – auch aus anderen Vorträgen, die Sie selbst gehalten haben – gerade noch angehen. Deutsche Beschriftungen in einem in Englisch gehaltenen Vortrag wären sicher fehl am Platze.

---

[1] Dazu gibt es innerhalb von Zeichenprogrammen gewöhnlich einen eigenen „Text-Modus", der z. B. im Menü „Zeichnen" von WORD enthalten ist. Eine durch den Buchstaben A und eine Einfügemarke symbolisierte Schaltfläche gestattet es, ein *Textfeld* aufzurufen, mit oder eigentlich in dem man Beschriftungen in unterschiedlichen Formaten erzeugen kann. Nachher lassen sich die Textfelder genau dort positionieren, wo sie gebraucht werden.

Auch ein Zuviel an *Detail* sollten Sie für den Vortrag unterdrücken. Gedacht ist hier etwa an *Netzlinien* oder *Bemaßungen* in Diagrammen und Konstruktionszeichnungen (s. Abschn. 8.1.4). Schließlich können Sie bestimmte Elemente wie Logos und Bildüberschriften hinzufügen, um eine fremde Abbildung an den Stil Ihrer anderen heranzuführen.

Der PC bietet eine elegante Möglichkeit, Bildvorlagen aus einem Arbeitskreis oder Institut zu vereinheitlichen. Dazu können Sie die auf jedem Bild wiederkehrenden Elemente wie Standardtexte, Rahmen oder „Firmen"-Logo in einer „Standard-Datei" speichern. Um ein Bild zu entwickeln, rufen Sie diese Datei mit den Grundelementen auf (bei Präsentationsprogrammen sind dies beispielsweise die „Folienmaster"), fügen Ihre individuellen Elemente (über *Bildelemente* s. Kap. 7) hinzu und sichern das Ergebnis in einer eigenen neuen Datei.

Die technischen Möglichkeiten Ihres Grafik- oder Textverarbeitungsprogramms schöpfen Sie bitte, was die Vielfalt der Schriftarten und -größen angeht, nicht aus. Das wirkt schnell verspielt, ja unharmonisch – unprofessionell. In der Werbebranche gilt eine Regel: *Eine* Schriftart in höchstens drei Größen in einer Anzeige oder einem Prospekt! – eine gute Regel auch für Ihre Transparente, Dias und E-Bilder!

● Denken Sie daran, die Dateien Ihrer Computerbilder in Ihrem *Bildarchiv* auffindbar zu machen.

Jede *Bilddatei* – auch die Bildvorlagen, die Sie eingescannt haben – muss unter einem bestimmten Namen oder auch einer Nummer von Ihrer Festplatte aufrufbar sein. Um das Bildarchiv modular aufbauen zu können, hat es sich bewährt, Bildnummern beispielsweise in Zehnersprüngen zu vergeben. Spätere Bilder können dann noch eingefügt werden. Zweckmäßig speichern Sie zusätzlich alle Dateien (Bilder) eines Vortrags auf einem Datenträger (z. B. einer CD) und legen diese zusammen mit den Papierausdrucken der Bilder ab.

● Speichern Sie Ihre Bildvorlagen immer unkomprimiert oder verlustfrei komprimiert zur Archivierung ab.

Nur so können Sie Bilder – bei gleicher Qualität! – korrigieren oder ergänzen. Überhaupt sollten Sie immer alle Änderungen oder Korrekturen an E-Bildern an den *un*komprimierten Motiven durchführen. Erst wenn das E-Bild fertig und gespeichert ist, sollten Sie auf die gewünschte Größe reduzieren, die Datei komprimieren oder das Bild in ein anderes Format konvertieren. Sonst komprimieren Sie komprimierte Bilder, was spätestens nach dem zweiten Mal zu deutlichen Qualitätseinbußen führt – Sie kennen dieses Phänomen vielleicht von der Kopie einer Kopie einer VHS-Kassette.

6.5 Arbeitstransparente

Um von gedruckten Vorlagen zu Arbeitstransparenten (A4) zu kommen, braucht man in der Regel einen Trockenkopierer. Ihre Vorlagen werden Sie „hart" – kontrastreich – fotokopieren, allein schon um so zu verhindern, dass Ränder von aufgeklebten Papierstücken – z. B. Beschriftungen – als Striche auf dem Transparent erscheinen.

Wie schon in Abschn. 5.4.2 angemerkt, kann man Arbeitstransparente auch auf fotografischem Wege (also als Fotos) gewinnen. Zur Herstellung im Format A4 ist – wie für die Diaherstellung (s. nächster Abschnitt) – eine Kamera notwendig, mit der schwarzweiße oder farbige Originalvorlagen, plan vorgelegt, aufgenommen werden können. Dies erfordert kostspieliges Material: Beleuchtungseinrichtung, Platte für die Vorlage, Fuß mit Kleinbildkamera oder – bei höheren Ansprüchen – spezielle Reproduktionskamera (Reprokamera), für „Repros" geeigneten Film. Man wird dabei in der Regel ein Negativ anfertigen und davon in einem weiteren Arbeitsgang auf transparentem Planfilm (Blattfilm) die spätere Projektionsvorlage herstellen. Das fotografische Verfahren ist sowohl für Schwarzweiß- als auch für Farb-Aufnahmen geeignet und liefert Transparente höchster Qualität. Es ist aber kostspieliger als die zuvor beschriebene „Fotokopier-Methode".

Auf diese Weise werden Sie nur dann vorgehen, wenn Ihnen eine entsprechende fotografische Ausrüstung für andere Einsatzzwecke bereits zur Verfügung steht oder wenn bestimmte technische Anforderungen wie besonders hohe Farbtreue verlangt werden. Häufiger wird das fotografische Verfahren im Bereich der *professionellen* Herstellung von Arbeitstransparenten eingesetzt, wenn von einem Negativ viele Folien herzustellen sind, etwa in Firmen und Verlagen.

6.6 Diapositive und Dianegative

Ein direktes Zeichnen oder Schreiben auf der kleinen Nutzfläche eines Dias ist nicht möglich, und auch Kopiergeräte oder Drucker sind für Kleinbildformate nicht eingerichtet. Im Wesentlichen gibt es für die Herstellung von Diapositiven und Dianegativen nur das fotografische und – bei E-Vorlagen – das elektronische Verfahren. Dabei können schwarzweiße, weißblaue oder beliebige farbige Bilder gewonnen werden.

Von Originalvorlagen lassen sich Diapositive im Kleinbild- oder Mittelformat herstellen. Die Verwendung der Kamera macht das Dia zum idealen Träger von Realbildern, auch von farbigen. Als Filmmaterial kann man Negativ- oder Umkehrfilm für die Schwarzweiß- oder Farbfotografie verwenden. Wenn Sie von einer Vorlage nur *ein* Diapositiv benötigen, verwenden Sie zweckmäßig Umkehrfilm.

● Für die Aufnahme von schwarzweißen Strichzeichnungen eignen sich besonders „hart" arbeitende Filme, die fast keine Farbwertabstufungen kennen.

Die meisten Film-Hersteller bringen solche Filme auf den Markt. Wichtig beim Arbeiten damit ist, dass die Filme entsprechend kontrastreich entwickelt werden. Mehr dazu wird Ihnen sicher Ihr Fotohändler sagen können.

Umkehraufnahmen sind – nach Einbau in Rahmen der Größe 5 cm × 5 cm oder 7 cm × 7 cm – direkt zur Projektion geeignet. Negative von Realaufnahmen müssen in einem zweiten Vorgang auf Positivfilm übertragen werden.

Wenn Sie eine Negativdarstellung einer Originalvorlage haben wollen (was bei Strichzeichnungen der Fall sein kann), machen Sie einfach eine Negativaufnahme.

● Die klassische Methode, Diapositive herzustellen, ist die *Realaufnahme*.

Solche Aufnahmen gehören oft in den Bereich der allgemeinen Fotografie. Hierbei ist das reale Objekt als „Originalvorlage" anzusehen. Manchmal ist es jedoch notwendig, aufwendige Spezialeinrichtungen zu verwenden, z. B. in der Mikro- oder Astrofotografie.

Die häufigste Aufgabe wird für Sie nicht die Herstellung von Realaufnahmen sein, sondern das Umwandeln einer Grafik oder Zeichnung in ein Dia durch „Abfotografieren" oder elektronisches Umwandeln. Für das „Abfotografieren" ist es mit einer guten Kamera dabei nicht getan; gebraucht werden darüber hinaus, wie schon gesagt, ein Reprostativ mit Reprotisch und Beleuchtungseinrichtung und, wenn Sie Ihre Bilder selbst entwickeln wollen und keine Sofort-Dias einsetzen oder eine Digitalkamera verwenden, auch eine kleine Dunkelkammer mit den entsprechenden Einrichtungen. In Firmen und Instituten gibt es oft ein Fotolabor, wo solche Arbeiten ausgeführt werden. Wenn Sie in Ihrer Arbeitsgruppe viel wissenschaftliche Fotografie betreiben, stehen Ihnen die Einrichtungen – sie sind nicht ganz billig, und man muss damit umgehen können – möglicherweise zur Verfügung. Ansonsten bleibt Ihnen immer noch, Ihre Vorlagen zum Fotografen zu bringen und ihm das Fotografieren und Entwickeln zu überlassen.

Bildvorlagen lassen sich aber auch elektronisch in Dias umwandeln:

● Farbdias lassen sich aus E-Bildern mit Hilfe von Diabelichtern direkt gewinnen.

Dazu wird das Bild in der Regel an einem Farb-Bildschirm mit Hilfe eines Grafik-, eines Bildbearbeitungs- oder auch eines Präsentationsprogramms als E-Bild geschaffen und dann mit einem *Diabelichter*[1] auf normalen Diafilm über-

---

[1] Eine übliche Auflösung von Diabelichtern liegt bei 4096 × 2731 Pixeln (also mehr als 4000 Linien auf 36 mm), die Farbtiefe bei 36 Bit. Beachten Sie bitte, dass Ihre Grafik ein Seitenverhältnis von 1 : 1,5 (24 mm × 36 mm) haben sollte; wenn das Seitenverhältnis Ihrer Bilder nicht „passt", bleiben auf dem Dia schwarze Randstreifen.

tragen; dazu wird bei den CRT-Belichtern jeder Bildpunkt – ähnlich wie beim Beamer (s. Abschn. 5.6.2) – in drei Grundfarben zerlegt, und die drei Teilbilder werden nacheinander von einer kleinen Kathodenstrahlröhre (*engl.* Cathode Ray Tube, CRT) über entsprechende Farbfilter auf den Film belichtet. (Vielleicht besitzt das Rechenzentrum Ihrer Hochschule einen Diabelichter. – „Diabelichtung" wird in spezialisierten Geschäften als Dienstleistung angeboten.)

Auch der umgekehrte Weg ist möglich: Aus Dias können Sie E-Bilder (Schwarzweiß oder Farbe) herstellen. Man verwendet dazu am besten spezielle *Diascanner (Filmscanner)*, mit denen sich Dias oder Negativfilme einlesen lassen. Die Auflösung solcher Geräte liegt bei etwa 1800 bis mehr als 4000 dpi,[1]) die Farbtiefe bei 36 bit oder höher.

● Wenn es Ihr Vortrag erforderlich macht, von *Realbildern* in Farbe auf *synthetische Bilder* – Diagramme, zum Beispiel – zu wechseln, so werden diese, wenn sie nur in Schwarz auf Weiß daherkommen, von Ihren Zuhörern als weniger schön empfunden werden.

Um diese Abwertung zu vermeiden, sollten Sie Ihre synthetischen Bilder dann ebenfalls farbig „aufrüsten". Es genügt für den Eindruck, wenn Sie die synthetischen Darstellungen zusammen mit einer durchsichtigen Farbfolie geringer Farbdichte einrahmen. Als Vorzugsfarbe wird hierfür Grün empfohlen. Auch Blaudias würden den Zweck gut erfüllen.

---

[1] Beispielsweise hat der Diascanner PrimeFilm 1800, das kleinste Modell der Firma Pacific Image (http://www. scanace.com/en/product/product.php), eine optische Auflösung von 1800 dpi (dies entspricht 4,2 Millionen Bildpunkten für ein 24 mm × 36 mm-Dia) und eine Bildtiefe/Farbtiefe von 12 bit (Grayscale Mode) oder 36 bit (Color Mode) pro Bildpunkt.

7 Bildelemente

7.1 Schrift

7.1.1 Erkennen und Erfassen

Dieses Kapitel unseres Buches haben wir schon in seiner 1. Auflage 1992 „Bildelemente" genannt. Inzwischen ist *Bildelement* als Begriff stärker ins Bewusstsein getreten. Manches davon verbirgt sich für Computer-Nutzer unter verschiedenen Namen in den mehr oder weniger weit verbreiteten Programmen der Text- und Grafikverarbeitung. Schon in Unterprogrammen für das *Zeichnen* innerhalb von z. B. WORD haben Bildelemente Hochkonjunktur. Was sich unter Namen wie „Linie" (*Linien*, Linien und Striche verschiedener Art bis hin zu *Kurven*), *Pfeile* (Pfeile verschiedener Art, Blockpfeile einschließend), „Rechteck" (das Quadrat einschließend), „Ellipse" (den Kreis einschließend), „Standardformen" ... „Sterne" und „Banner" über entsprechende Schaltflächen aufrufen lässt, sind nichts anderes als Bildelemente. Auch Schrift- und andere Zeichen, Beschriftungen, „Legenden" und Kunstbuchstaben, Symbole (Piktogramme), „Schatten" oder 3D-Effekte – und letztlich *Farben* für die vorbezeichneten Elemente (als *Linienfarben* oder als *Füllfarben* für Flächen oder für den „Hintergrund") sowie „Bildchen im Bild" gehören dazu.

Unser primäres Ziel hier ist es nach wie vor zu beschreiben, was davon für uns nützlich ist, *wovon* man *wie* im Blick auf das Vortragsziel Gebrauch machen kann oder soll; nicht so sehr, *wie* man das im Einzelnen bewerkstelligt. Es ist nicht einmal unser Ziel, Ihnen alles erzählen zu wollen, was es an Werkzeugen für das Zeichnen und *Malen* gibt – Ihrem Spürsinn sei freier Lauf gelassen! Nur das steht fest: Unsere „Werkzeuge" sind heute fast immer elektronisch. Materiell ist hier fast nur noch der Drucker-*Toner* beim Ausdrucken, der an die Stelle der Tusche der Reißbrett-Zeit getreten ist.

Wir beginnen die Besprechung der Bildelemente mit einer Anleitung zum richtigen Einsatz der *Schrift*. Dies mag verwundern, werden doch Bild und Schrift oft als gegensätzliches Paar verstanden. Man kann das Wetter von morgen *entweder* in Worten beschreiben und den Wetterbericht verlesen oder in der Zeitung abdrucken; dazu bedarf es der 26 Buchstaben des Alphabets und der 10 Zahlzeichen (Ziffern). *Oder* man kann Realbilder (Realaufnahmen, Sachbilder) – z. B. als Satellitenaufnahmen – oder Zeichnungen (synthetische Darstellungen, Trickbilder, Computersimulationen) einsetzen, um einen Eindruck davon zu vermitteln, wie gerade die Wolken ziehen und wo es regnet oder schneit und wo es Sonnenschein gibt oder (vielleicht) geben wird.

Aber im wissenschaftlichen Bereich gehören Schrift und Bild eng zusammen, sie ergänzen sich. Auch im technischen Sinne macht man keinen Unterschied. Ein (z. B. projiziertes) „Bild" ist ein Bild, gleichgültig, ob es *Zeichnung* oder Schrift – als *Schriftbild* oder *Textbild (Textgrafik)* – oder ein *Realbild* oder eine Kombination von diesen enthält. Die Schrift[1] wird darin oft zur *Beschriftung*. Unsere Schreib- und Zahlzeichen haben sich selbst aus Bildern entwickelt, der *Bilderschrift*; manche Leute erfinden heute noch ihre eigenen Bilderschriften (s. Abb. 7-1).

Das Stichwort für die folgende Diskussion haben wir schon früher gegeben (s. besonders Abschn. 1.4.1):

a

b

<p>Abb. 7-1. Visuelle Zeichensprache. – **a** Beispiel einer modernen Bilderschrift (mit freundlicher Genehmigung des Künstlers, Werner HARTMANN, Zürich); **b** Bildinschrift eines Physikers.[2]</p>

---

[1] Wir werden nachfolgend unter „Schrift" Buchstaben, Ziffern und Zeichen (wie +, – oder ?) verstehen. Der wesentliche Unterschied zwischen dem „Symbolsystem" (WEIDENMANN 1991, S. 15) *Schrift* und dem Symbolsystem *Bild* besteht in der sequentiellen Anordnung im ersten Fall, die der ganzheitlichen Bildinformation gegenübersteht und sie ergänzt. "Words and pictures belong together. Viewers need the help that words can provide [...] It is nearly always helpful to write little messages on the plotting field to explain the data, to label outliers and interesting data points [...]" (TUFTE 1983, S. 180).

[2] Die auf dem Zifferblatt eines Amperemeters angetroffene Botschaft lautet: „1 Teil der Skala entspricht 10 Milliampere, das Gerät ist für Gleich- und Wechselstrom geeignet, es muss lie- →

● Bilder müssen leicht erkennbar und erfassbar sein.

Mit dem visuellen Erkennen-Können von Bildern und Bildelementen und den Konsequenzen für die Vortragstechnik hat sich eine Norm befasst (DIN 19 045-1, 1997). Beim *Erkennen* geht es um die Fähigkeit des Auges, ein Bildelement noch „auflösen" zu können, beispielsweise den Buchstaben „e" nicht nur als schwarzen Klecks zu sehen. Die Grenzen der Erkennbarkeit unterliegen individuellen Schwankungen, man muss zur Beurteilung von einem „Normbetrachter" ausgehen.

Mit steigendem *Betrachtungsabstand* vom Objekt nimmt die *Erkennbarkeit* ab, da die Auflösung des Bildes auf der Netzhaut durch den Winkel gegeben ist, unter dem der Gegenstand gesehen wird. Mit steigender Distanz erscheint ein Gegenstand unter immer kleineren Winkeln – bis schließlich auf hellen Bildwänden bei etwa einer Winkelminute (1') die Grenze des *Auflösungsvermögens* des Auges erreicht ist, bis also zwei Gegenstandspunkte nicht mehr voneinander getrennt werden können. Was innerhalb dieses Grenzwinkels – er entspricht einer Gegenstandsgröße von etwa 1,5 mm bei Betrachtung aus 5 m Entfernung – liegt, ist strukturlos, nicht erkennbar.[1] In der Projektionstechnik (DIN 19 045-1) wird eine 2,4fache Sicherheit eingerechnet und mit einem kleinsten Sehwinkel von 2,4' gearbeitet, z. B. bei der Ermittlung der Betrachtungsbedingungen in einer Projektionseinrichtung.

Je größer ein Gegenstand ist, desto größer ist – wie jeder aus Erfahrung weiß – der Grenzabstand der Erkennbarkeit. Maßgeblich ist der auf die Größe des Gegenstands bezogene Betrachtungsabstand, der *relative Betrachtungsabstand,* der als Quotient aus der Betrachtungsentfernung und der Breite des projizierten Bildes definiert ist (vgl. Abb. 7-2). Bei der Bildprojektion ist der „Gegenstand" das projizierte Bild. Wenn die Fläche der Bildwand voll ausgenutzt wird, kann an die Stelle der Größe des Bildes die Größe der Bildwand, z. B. ihre Breite *b*, treten.[2] Grundlage für Abb. 7-2 sind Experimente, bei denen die Lesezeit projizierter Texte durch Probanden bei verschiedenen relativen Betrachtungsabständen gemessen wurde.

---

gend oder schräg geneigt (nicht senkrecht) benutzt werden; es hat ein Drehpulsystem mit einem permanenten Feldmagneten; der Strom wird über einen Trockengleichrichter geleitet; für Gleichstrom hat es die Güteklasse 1, für Wechselstrom 1,5; es ist geprüft für 2000 Volt." (Aus: *Physik und Sprache: Festrede gehalten in der öffentlichen Sitzung der Bayerischen Akademie der Wissenschaften in München am 9. Dezember 1952* von Walther GERLACH; Verlag der Bayerischen Akademie der Wissenschaften, München 1953.)

[1] Der Kehrwert des Auflösungsvermögens ist in der Ophthalmologie die *Sehschärfe.* – Hätten Sie einen Adler unter Ihren Zuschauern, so könnten Sie ihm mehr zumuten als der übrigen Zuhörerschaft, weil die Dichte der Sehzellen auf seiner Netzhaut 6-mal höher ist als beim Menschen.

[2] Die meisten Bildwände sind quadratisch, damit rechteckige Bilder im Quer- und Hochformat gezeigt werden können.

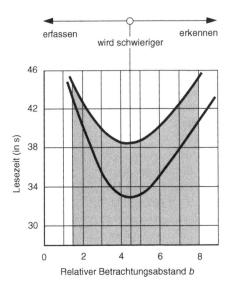

Abb. 7-2. Lesezeit als Funktion des relativen Betrachtungsabstands *b* (Quotient aus Betrachtungsabstand und Breite des projizierten Bildes) im Hellraum bei Positivdarstellung (untere Kurve) und bei Negativdarstellung (obere Kurve). – Das Optimum für Erkennen und Erfassen liegt bei *b* = 4,5 (nach DIN 19 045-1, 1997).

● Der optimale Betrachtungsabstand liegt bei etwa 4,5facher *Bildwandbreite*.

Zu einem *Optimum* des Betrachtungsabstands kommt es, weil zum Erkennen das *Erfassen* tritt, das in umgekehrter Weise vom Abstand abhängt: Je näher man an einen Gegenstand herantritt, desto schlechter ist er in seiner Ganzheit zu erfassen, zu „überblicken". Die Grenze des guten Erfassens ist gegeben, wenn man den Kopf drehen muss, um alle Teile des Gegenstandes oder Bildes zu sehen.

Bei geringerem Betrachtungsabstand wird also das Erfassen schwieriger, bei größerem das Erkennen. Nach DIN 19 045-1 (1997) gilt:

● Der kleinste akzeptable Betrachtungsabstand liegt beim 1,5fachen der Bildbreite *b*, der größte beim 6fachen, entsprechend relativen Betrachtungsabständen im Erstreckungsbereich 1,5...6.

In der Praxis kommen Betrachtungsabstände zwischen 3 *b* und – leider! – ungefähr 10 *b* vor, weil häufig die Projektionsflächen zu klein für die Tiefe der Räume sind. Fleischer (1989, S. 29) sieht für einen Raum größte Betrachtungsabstände von 4 *b* als sehr gut an (aber selten gegeben); solche unter 6 *b* als gut bis zufriedenstellend, und solche über 8 *b* als so schlecht, dass sie nicht vorkommen sollten. Er weist außerdem darauf hin, dass die Verhältnisse für die Zuhörer in den hinteren Reihen *mittel*großer Hörsäle am schlechtesten sind (> 7 *b*). In Büros kommt man immer nahe an die Bildfläche heran, und in *großen* Hörsälen pflegen entsprechend ausladend dimensionierte Projektionsflächen die Dinge wieder aufs rechte Maß zu bringen.

Ein Betrachtungsabstand von 8 *b* muss als „Schmerzgrenze" gelten und wird auch von den Normen noch toleriert. Das bedeutet immerhin eine Hörsaaltiefe von 16 m bei einer Bildwandbreite von 2 m. Wenn Sie bei einem Vortrag an fremdem Ort feststellen, dass man die Bilder aus den hinteren Reihen nicht mehr richtig sehen kann, können Sie nicht viel unternehmen. Wenn es die Verhältnisse zulassen, können Sie bei Transparenten den Overhead-Projektor weiter von der Leinwand entfernen oder daran denken, die Zuhörer/Zuschauer weiter nach vorne zu bitten, aber das löst keine Freude aus; oder Sie können die Standzeiten Ihrer Bilder verlängern oder feine Details oder Beschriftungen besser erläutern, als Sie es vorhatten. Der Fehler liegt jedenfalls nicht bei Ihnen.

„Schuldfrei" können Sie allerdings nur gesprochen werden, wenn Sie Ihre Projektionsvorlagen ordnungsgemäß angefertigt haben. Es kommt bei der Herstellung der Bilder darauf an, wie groß Sie die einzelnen Bildelemente auf die Bildfläche setzen.

● Geben Sie dem Drang, die Bildfläche möglichst zu „nutzen", *nicht* nach!

Zu allem Erkennen und Erfassen (Wahrnehmen) muss schließlich beim Vortrag noch das *Verstehen* treten, und da sind ohnehin Grenzen gesetzt (s. Abschn. 1.4.2 sowie Abschn. 4.7.3).

Aus dem geschilderten Zusammenwirken von Bildgröße, Betrachtungsabstand und Sehwinkel ergeben sich Anforderungen an die Größe einzelner Bildelemente. Mit der Erarbeitung klarer Vorgaben haben sich internationale und nationale Normenausschüsse befasst, und es dürfte kaum ein Gebiet geben, das vom Deutschen Institut für Normung (DIN) stärker bearbeitet worden wäre als das der *Bild-* und *Projektionstechnik*. Über die Betrachtungs-, Sicht- und Projektionsbedingungen beim „Bildwurf" hat das DIN zahlreiche Normen herausgegeben (eine ältere Übersicht war GRAU und HEINE 1980) – vielleicht sind Sie für unseren Versuch dankbar, deren Inhalt für den Normalbedarf des Vortragenden auf ein praktikables Maß zurückzuführen.

7.1.2 Schriftgrößen

Bildelemente, an denen sich die Normung besonders gut „festmachen" lässt, sind die Buchstaben und Ziffern. Über ihre Größe in Projektionsvorlagen gibt es Vorschriften, für jede Bildgröße und für jeden Zweck. Dennoch müssen Sie sich für den üblichen Vortragsgebrauch weder viele Zahlen einprägen noch Tabellen mit sich führen – aus zwei Gründen: zum einen, weil die *Schriftgrößen* (wie die Größen anderer Bildelemente) auf die Bildgröße zu beziehen und als bezogene Werte immer gleich sind; zum anderen, weil wir uns auf eine Standardbildgröße, nämlich A4 mit ca. 10 mm Rand nach allen Seiten, also ungefähr 190 mm × 280 mm, festgelegt haben (vgl. Abschn. 5.3.2) und insoweit auch die Absolutwerte feststehen. Worum wir uns noch zu kümmern haben, sind *Abstufungen* der Schrift für verschieden wichtige Teile der Beschriftung.

Dabei wird die *Schriftgröße (*auch *Schrifthöhe)* als die Höhe eines Großbuchstabens ohne Unterlänge wie H verstanden, man spricht auch von H-Höhe (vgl. Abb. 7-3). Die Großbuchstaben (in der Druckersprache: *Versalbuchstaben*, *Versalien*) unseres Alphabets sind in praktisch allen modernen Schriftschnitten „Buchstaben mit Oberlängen", und darauf kommt es an. Dieselbe Größe haben auch die *Ziffern*. Genauso groß sind schließlich einige Kleinbuchstaben mit Ober- oder Unterlänge (h, g); andere hingegen (a) sind kleiner ($10/14 \approx 7/10$ davon), hier also nicht „maßgeblich".

DIN 19 045-3 (1998) beschäftigt sich mit den Mindestmaßen von Schriftzeichen. Für gedruckte Schriften auf A4-Seiten werden beispielsweise folgende Schriftgrößen (Schriftgrade) angegeben: Bildtitel 5 mm, „Hauptschrift" 3,5 mm und Schrift für Nebenteile 2,5 mm. Wenn man so verfährt, erhält man Bild- und Projektionsvorlagen, die gerade noch aus dem 6fachen des relativen Betrachtungsabstandes erkennbar sind, aber nicht – so unsere Forderung in Abschn. 7.1.1 – aus dem 8fachen. Aus diesem Grund empfehlen wir, eine mindestens (!) um 40 % größere Schrift zu verwenden, als in dieser Norm für Druckschriften angegeben ist (vgl. Tab. 7-1; die in dieser Tabelle angegebenen Maße sind in DIN 19 045-3 übrigens für *handgeschriebene* Schriften empfohlen). Wenn Sie diese Werte als untere Grenzen einhalten, sind die Schriften auf Ihren Bildern auch von den hinteren Plätzen eines „normalen" Hörsaales oder Seminarraumes noch gut lesbar. In Tab. 7-1 finden Sie eine Zusammenstellung der Schriftgrößen; für das Beschriften mit dem PC sind zusätzlich zu den Schriftgrößen in mm die Größen im „Punkt"-System[1] angegeben.

Abb. 7-3. Schriftgröße h, definiert als Höhe der Großbuchstaben (nach DIN 2107, 1986) sowie Zeilenabstand z und Durchschuss d.

- Empfohlene *Mindest*schriftgrößen[2] auf einer A4-Seite: Bildtitel 7 mm, Hauptteile (z. B. Achsenbeschriftungen) 5 mm, Nebenteile 3,5 mm.

Aber selbst wenn Sie mit Schrift dieser Größe Ihre A4-Bilder „füllen" und selbst wenn Sie dabei angemessene Zwischenräume zwischen den Zeilen lassen (60 % der Schrifthöhe), werden ihre Bilder überladen (vgl. Abb. 7-4 a): Sie können bei

---

[1] Die meisten Textverarbeitungs- und Layoutprogramme geben Schriftgrößen in der typografischen Einheit Point (manchmal auch: Pica-Point) des englisch-amerikanischen Pica-Systems an (1 Point = 0,353 mm; 72 Point = 1 in = 2,54 mm) und nicht in Punkt (auch: Didot-Punkt; Kurzzeichen: p) des deutsch-französischen DIDOT-Systems (1 p = 0,376 mm; 12 p = 1 Cicero = 4,513 mm; vgl. DIN 16 507-1, 1998, und DIN 16 507-2, 1999).
[2] In EBEL, BLIEFERT und KELLERSOHN (2000) sind wir noch weiter gegangen und haben für Bildtitel 10 mm, für Hauptteile 7 mm und für Nebenteile 5 mm große Schrift empfohlen.

Tab. 7-1. Mindestmaße für Schriftzeichen (gedruckte Schrift[a)]) auf („klassischen" oder elektronischen) Original-vorlagen in Positivdarstellung (dunkle Schrift auf hellem Hintergrund) zur Herstellung von Projektionsvorlagen für Hellraumprojektion (gegenüber den Vorgaben von DIN 19 045-3, 1998, um 40 % größer).

Schriftgrößen h (in mm) [in p[c)]] für	Format[b)] der Originalvorlage					
	A1	A2	A3	A4	A5	A6
Bildtitel, Teilenummern, Einzelerkennungen	20 [88]	14 [60]	10 [44]	7 [30]	5 [22]	3,5 [15]
Text, Wortangaben, Maßzahlen	14 [60]	10 [44]	7 [30]	5 [22]	3,5 [15]	2,5 [11]
Indizes, Exponenten,[d)] Fußnoten-Zeichen für Bildtitel	14 [60]	10 [44]	7 [30]	5 [22]	3,5 [15]	2,5 [11]
Indizes, Exponenten,[d)] Fußnoten-Zeichen für Text	10 [44]	7 [30]	5 [22]	3,5 [15]	2,5 [11]	1,75 [7,5]

[a] Gedruckte Schriften nach DIN 1451-3 (1987).
[b] Die Formate beziehen sich auf den verwendeten Zeichnungsträger und nicht auf die Größe des Beschriftungsfeldes (s. Abschn. 5.3.2).
[c] Üblich in gängigen Textverarbeitungs- und Layoutprogrammen.
[d] Im Allgemeinen werden Exponenten und Indizes ca. 30 % kleiner gesetzt als die Trägerbuchstaben.

a

Technische Hilfsmittel in Vorträgen

– *Tageslichtprojektor (Overheadprojektor)*: Er ist geeignet für die Prä-sentation von Transparenten mit Textbildern, Grafiken usw.
– *Diaprojektor*: Er wird eingesetzt, wenn (vor allem bei Realaufnahmen) selbst bei großflächiger Projektion noch Bilddetails erkennbar sein sollen; genutzt wird dabei die hohe Auflösung von Dias.
– *E-Präsentation*: Sie ist – wie auch die Präsentation mit dem Tages-lichtprojektor – geeignet für synthetische Bilder und auch für Realauf-nahmen. Die Darlegungen lassen sich teilweise oder vollkommen automatisiert präsentieren.
– *Flipchart*: Dieses Hilfsmittel ist besonders für Präsentationen in kleinerem Rahmen (maximal 20 Personen) geeignet. Verschiedene Phasen der Präsentation können auf einzelnen Blättern dokumentiert werden.
– *Wandtafel (Whiteboard)*: Die Wandtafel (z. B. als Schultafel) ist dafür geeignet, ein Tafelbild zu entwickeln, bei dem es wichtig ist, einzelne Elemente zu löschen, zu ergänzen oder zu verändern.

b

Bilder in Vorträgen

• Herstellung von Bildvorlagen
• Erkennbarkeit und Erfassbarkeit von projizierten Texten
• Schriftart und -größe; der mathematisch-naturwissenschaftliche Formelsatz
• Bildformate (Transparente, Dias, E-Bilder)
• Standzeit von Bildern
• Selbsterklärende Bilder

Abb. 7-4. Beschriftete A4-Seiten (verkleinert), **a** überladen mit Informationen (Bitte ver-stehen Sie diese Befrachtung eines Textbildes *nicht* als Empfehlung!), **b** die Siebener-Regel respektierend.

1 cm Rand nach allen Seiten auf einem A4-Blatt auf fast 20 Zeilen kommen, was der in Abschn. 7.1.3. empfohlenen „Siebener-Regel" klar widerspricht (s. Abb. 7-4 b).

Etwa halb so groß wie die „hervorzuhebenden Teile" (Überschriften) müs-sen die (Groß)Buchstaben der am wenigsten wichtigen Schriftteile sein, um bei der Projektion aus dem kritischen Betrachtungsabstand des 8fachen der Bildwandbreite noch gut erkennbar zu sein.

Auch das Programm POWERPOINT geht mit seinen voreingestellten Schriftgrößen für Überschriften und Haupttext in E-Bildern über die Vorgaben der Norm deutlich hinaus, sogar noch stärker als wir, und liegt mit 44 p für Überschriften und 28...32 p für den Haupttext von Textbildern bei unseren Werten für A3-Bilder! Etwas zu viel des Guten? In Ihren Bildern für die E-Präsentation dürfen Sie die POWERPOINT-Schriftgrößen nach unserer Erfahrung entsprechend den *Mindestmaßen* für die Schriften auf A4-Bildern in Tab. 7-1 (grau hervorgehobene Spalte) nach unten korrigieren, ohne sich deshalb beunruhigen zu müssen.

Erwähnenswert sind noch zwei weitere Differenzierungen, die sich auf die *Projektionstechnik* beziehen, nämlich die Unterscheidung zwischen Hell- und Dunkelraumprojektion und zwischen Positiv- und Negativcharakter von Bildern. Die in Tab. 7-1 empfohlenen Maße gelten für die *Hellraumprojektion*. Nach DIN 19 045-3 dürfen sie für die Dunkelraumprojektion um 30 % unterschritten werden. Dasselbe gilt auch für die nachfolgend zu besprechenden Linienbreiten (vgl. Abschn. 7.2; wir haben hierauf schon in Abschn. 5.2.1 aufmerksam gemacht). Wenn Sie allerdings von der bisher betrachteten Darstellung mit positivem Bildcharakter zu einem Bild mit Negativcharakter übergehen, müssen Sie etwa ebensoviel, nämlich 40 % (von diesen kleineren Werten gerechnet!), wieder „zulegen", worauf ebenfalls schon hingewiesen wurde (s. Abschn. 5.2.2).[1]

● Sie sollten in *allen* Situationen (positiv/negativ, Hell-/Dunkelraum) bei den zuvor genannten Schriftgrößen bleiben.

Wenn Sie für die Dunkelraumprojektion nach den Empfehlungen der Hellraumprojektion beschriften, haben Sie zwar mit den Schriftgrößen zuviel des Guten getan, also auf Ihrem Transparent/Dia/E-Bild Platz „verschenkt". Aber wenn Sie sich entschließen, ein Negativ zu machen, brauchen Sie die Reserve wieder auf. Mit den Hellraum-Werten können Sie also nichts falsch machen!

7.1.3 Zeilenabstände, Hervorhebungen

Wo von Schrift die Rede ist, muss auch von *Zeilenabständen* gesprochen werden (vgl. Abb. 7-3). Man versteht darunter nicht etwa den lichten Abstand zwischen den Zeilen (der wird *Durchschuss* genannt), sondern den Abstand von Grundlinie zu Grundlinie zweier aufeinander folgender Zeilen. Die *Grundlinie* ist dabei die gedachte Linie, auf der alle Großbuchstaben „aufsitzen". Natürlich muss sich der Zeilenabstand nach der Größe der verwendeten Buchstaben richten, er muss mindestens etwas größer als die *Schriftgröße* sein, damit die Ober-

---

[1] Eine Erhöhung der Schriftgröße um 40 % oder auf das 1,4fache bedeutet einen „$\sqrt{2}$-Sprung" (s. auch DIN EN ISO 216, 2002), wie er uns schon mehrfach begegnet ist. Er beherrscht alle Bemaßungen in der Bild- und Projektionstechnik: Papierformate, Schriftgrößen, Linienbreiten.

längen und Unterlängen der einzelnen Zeilen sich nicht ins Gehege kommen.
Tatsächlich sind größere Abstände vorzusehen, um eine gute Lesbarkeit zu ge-
währleisten. Wir haben die von den Normen für Originalvorlagen empfohlenen
Mindestabstände den zugehörigen Schriftgrößen in Tab. 7-2 gegenübergestellt.

● Empfohlen wird mindestens der Zeilenabstand „$1^1/_2$ -zeilig".

Wie Sie sehen, sind die Zeilenabstände um reichlich die Hälfte (60 %)
größer als die Schriftgröße, also etwas größer als „$1^1/_2$ -zeilig", und das
führt beispielsweise bei einer 22-
Punkt-Schrift zu einem Zeilenabstand von 35 Punkt.

Tab. 7-2. Mindestzeilenabstände für Schriften (nach DIN 19 045-3, 1998).

Schriftgröße (in mm)	20	14	10	7	5	3,5	2,5
Zeilenabstand (in mm)	32,0	22,8	16,0	11,4	8,0	5,7	4,0

In Abb. 7-4 a sind auf einer Vorlage 17 Zeilen eingetragen. Unter den extremen Betrachtungsbedingungen in einem großen Hörsaal (8 *b*; vgl. Abschn. 7.1.1)
sind sie zwar selbst aus den letzten Reihen noch lesbar; aber sie wirken trotz der
gliedernden Punkte immer noch wie „Augenpulver". Wir erachten diese von
manchen Autoren empfohlene obere Grenze als „zu viel" und halten es mit der
„Goldenen Sieben":

● Etwa *sieben* Zeilen pro Bild, etwa *sieben* Wörter pro Zeile.

Dieser „Siebener-Regel" sind wir in Abb. 7-4 b gefolgt. Es ist bemerkenswert,
dass die Zahl sieben gerade auch die Zahl der „Einzelelemente" markiert, die
sich im Kurzzeitspeicher des Gehirns aufnehmen lassen (vgl. Abschn. 1.4.3).
Wenn man bei ganzheitlichem Lesen ein Wort als ein solches Element ansieht,
dann heißt das, dass der Kurzzeitspeicher bereits mit *einer* Bildzeile geladen ist.
Für ein einziges Bild dieser Art muss man den Speicher also siebenmal laden –
fragen wir lieber nicht, wo die ganzen Informationen danach bleiben!

Noch weiter geht HIERHOLD (2002) mit „Richtwert 25 Wörter" als Grenze für
die Befrachtung eines Bildes. Unter diesen scharfen Bedingungen (die wir für
gerechtfertigt halten) können – und dürfen! – nicht mehr *Texte* im Sinne ausfor-
mulierter Sätze vorgeführt werden, sondern nur verkürzte Sätze oder Stichworte:

● Das Textbild spricht im *Telegrammstil*, es darf nicht selbsterklärend sein.

Und das ist gut so – wozu brauchten wir sonst den Vortragenden (s. auch Abschn.
4.7.3)?

Reine Textbilder sollen die Ausnahme bleiben. Auch sollen sie visuelle Signale enthalten, damit die Blicke der Zuschauer gelenkt werden. Geeignet sind
dafür (geometrische) Elemente, mit denen Sie

unterstreichen, einrahmen oder auch einkreisen

können. Dass Sie den Linien, Rahmen wie auch Flächen ein Eigenleben einhauchen können, etwa was deren Stärke, Muster oder Farbe angeht, versteht sich inzwischen wohl von selbst.

Als *Einleitungszeichen* von Aufzählungen und Listen kommen neben *Spiegelstrichen* (freigestellten Gedankenstrichen, –; vgl. Abb. 7-4 a) Alternativen in Frage wie

dicke Punkte, Pfeile, Sterne (z. B. ●, → bzw. ✱) und andere Symbole

(bitte nicht: stilisierte Hände oder andere eher dekorative Bildzeichen!). Manche Autoren nennen Textbilder mit den dicken Punkten als Gliederungselementen (als *Aufzählungszeichen*, „Leseleitzeichen"), die wir auch in diesem Buch benutzen, *Bulletcharts* (*engl.* bullet, Flintenkugel; s. auch Abb. 7-4 b).

Auch bestimmte „Textelemente" auf Ihren Transparenten, Dias oder E-Bildern können Sie durch Rasterung oder Farbe oder aber durch unterlegte Flächen hervorheben. Bei Transparenten können Sie dies während des Vortrags mit Filzstiften erledigen.

7.1.4 Schriftarten

Man kann Schriften nach verschiedenen Gesichtspunkten klassifizieren. Einige Grundbegriffe der *Typografie* sollten Sie sich zu eigen machen, bevor Sie Schriften „ins Bild bringen" (vgl. auch BLIEFERT und VILLAIN 1989 sowie RUSSEY, BLIEFERT und VILLAIN 1995).

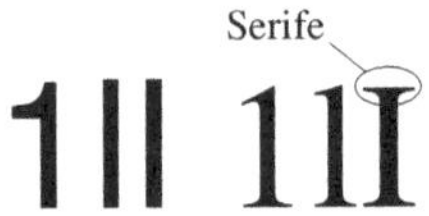

Vom Habitus her unterscheidet man zwischen Serifenschriften und serifenlosen Schriften (s. Abb. 7-5). *Serifen* sind die feinen Anstriche und Füßchen von Buchstaben, wie sie auch die Buchstaben zeigen, mit denen der Haupttext dieses Buch gesetzt worden ist. Im Buchdruck werden Serifenschriften wie „Times" bevorzugt eingesetzt, weil sie ästhetischer wirken und weil Untersuchungen ergeben haben, dass die „Füßchen" den Zeilen optischen Halt geben

Serife

1ǁ 1I

Abb. 7-5. Serifenlose Schrift und Schrift mit Serifen (hier: Helvetica und Times).

und die Lesbarkeit langer Texte verbessern. Bei Projektionsvorlagen spielen solche Gesichtspunkte eine geringere Rolle, hier könnte man die „schnörkellosen" und sachlichen Schriften ohne Serifen wie „Arial" oder „Helvetica" als dem Zweck angemessen ansehen.

Sofern Projektionsvorlagen auch als Vorlagen für den Druck infrage kommen, stehen Sie also vor widersprüchlichen Wünschen und Wirklichkeiten. Gegebenenfalls muss der Verlag, dem die Vorlagen zum Druck eingereicht werden, die serifenlose Beschriftung akzeptieren; er wird das gerne tun, wenn die Bilder sonst gut ausgeführt sind. Oder Sie beschriften auch Ihre Projektionsvorlagen mit einer Serifenschrift, und das ist in der Tat *unsere* Empfehlung:[1]

---

[1] Diese Empfehlung können wir heute umso leichter aussprechen, als uns die modernen Mög-
→

● Beschriften Sie Ihre Bilder wenn möglich in einer *Serifenschrift*.

Damit weichen wir von der Empfehlung mancher Fachleute und dem Verständnis vieler „praktizierender" Wissenschaftler ab, für die serifenlose Beschriftung von Projektionsvorlagen ein Credo ist. Vor allem der VDI (Verein Deutscher Ingenieure) und sein großer Verlag haben in diesem Sinne stilbildend gewirkt. Dem steht die Auffassung von Verlagsherstellern entgegen, die Formeln in serifenloser Schrift für normwidrig halten. Mit Recht weisen sie darauf hin, dass ein Zeichen 1 mit einem allenfalls winzigen Anstrich oben, das sowohl die Ziffer 1 als auch – zum Verwechseln ähnlich – die Buchstaben l und I bedeuten kann, gerade in einem wissenschaftlichen Kontext nicht akzeptabel ist. Schließlich möchte man wissen, ob 1 l „elf" oder „ein Liter" bedeutet. In der Tat arbeiten auch moderne, für den *Formelsatz* entwickelte Textverarbeitungsprogramme wie TeX oder LaTeX mit Serifenschrift, und im *Formel-Editor* von WORD ist auch (neben der Sonderschrift „Symbol" für die griechischen Buchstaben und etliche mathematische Zeichen) als Normalschrift „Times" eingestellt.[1]

Des Weiteren wird zwischen *steilen (aufrechten, senkrechten)* und *schrägen (kursiven)* Schriften unterschieden. Deren Gebrauch ist nicht nach Belieben freigestellt, auch sollten Sie die beiden Schriften nicht willkürlich mischen. Vielmehr soll in naturwissenschaftlich-technischen Texten die Kursivschrift gezielt zur Kennzeichnung u. a. von *Größensymbolen* und *Variablen* (*Formelzeichen* nach DIN 1338, 1996; s. auch DIN 1302, 1999, und DIN 1313, 1998) eingesetzt werden (mehr dazu s. Kasten auf S. 244). Die Zeichen für alles andere, besonders Ziffern, Einheiten und normalen Text, haben folglich steil zu stehen. In Formeln und bei der Bildbeschriftung sollten Sie sich an diese Regeln halten, die auch im Formelsatz des Buchdrucks üblich sind. Durch die Kursivschreib-Regelung (DIN 1338, 1996, DIN 1301-1, 2002, und DIN 1304-1, 1994) sind die Möglichkeiten der Unterscheidung vor allem von Größen und Einheiten im Formelsatz verdoppelt worden (vgl. *m* für Masse, m für Meter).

---

lichkeiten von früheren Einengungen eher technischer Art befreit haben. Mit einer (mechanischen) Schablone konnte man Buchstaben mit „Füßchen" kaum erzeugen, da waren die Tuschefedern oder sonstigen Zeichengeräte überfordert. Heute steht uns ein ungleich wirksameres Werkzeug, das elektronische, zur Verfügung. Nutzen wir es!

[1] Wir zitieren eine Stelle aus dem Werk *Interaction of Color* von J. ALBERS, mit der sich E. E. TUFTE in seinem „Klassiker" *The Visual Display of Quantitative Information* identifiziert (S. 183): "The concept that the 'simpler the form of a letter the simpler its reading' was an obsession of beginning constructivism. It became something like a dogma, and is still followed by 'modernistic' typographers ... Ophthalmology has disclosed that the more the letters are different from each other, the easier is its reading. Without going into comparisons and details, it should be realized that words consisting of only capital letters present the most difficult reading – because of their equal height, equal volume, and, with most, their equal width. When comparing letters with sans-serif, the latter provide an uneasy reading. The fashionable preference for sans-serif in text shows neither historical nor practical competence."

Einige Regeln zum Formelsatz

- ● *Kursiv* setzen
  - Mathematische Variablen
    $a, b, c, x, z, A, B, \alpha, \beta, \gamma$
  - Symbole physikalischer Größen
    m, t, T, r
  - Symbole für allgemeine Funktionen
    $f(x) = u(x)/v(x), z = \varphi(x,y)$
  - Symbole für Naturkonstanten
    R (Gaskonstante), N_A (Avogadro-Konstante)

- ● Steil setzen
  - Zahlen
    1, 2, 3, 2004, π, e
  - Klammern
    ( ) [ ] { }
  - Operatoren
    d, D, Δ, ∇, ∂, %, ‰, ppm, ppt
    $\mathrm{d}f(x)/\mathrm{d}x, \partial g(x,y)/\partial x$, 2 %, 0,1 ppb
  - Verknüpfungszeichen
    +, −, :, ×, =, <, >, ∈, ∪, ∩, ⇒
    AND, OR

- ● Symbole spezieller Funktionen
  exp, log, ln, lg, sin, cos, tan, Re, Im
  $\cos x$, $\exp(-x^2)$, $\mathrm{Re}(z) = a + \mathrm{i}b$
  - Symbole für Einheiten
    m, kg, s, A, K, mol, cd; °C, W, V, Pa, ha
  - Präfixe in Einheiten
    G, M, k, m, μ, n, p; nm, GHz, mbar
  - Summen-, Produkt- und Integralzeichen
    Σ, Π, ∫

- ● Abstand lassen
  - Bei Zahlen
    4150   17 315   1 247,014 33   3 1/2
  - Vor und nach Verknüpfungszeichen
    $3 + 4 = 7$, $f(x) = x^2 - 2x$, 18 mm × 24 mm
  - Zwischen Zahlenwert und Einheit
    3 m   13 °C   180,15 K   12 mmol/L
  - Zwischen Produkten von Einheiten
    70 mg mm⁻¹ L⁻¹   0,4 mg/(kg a)
  - Bei Anteilen
    12,4 %   0,1 ‰   20 ppm

Unabhängig davon darf Kursivschrift in einem fortlaufenden Text zur *Hervorhebung* einzelner Wörter verwendet werden, wie auch in diesem Buch geschehen.

Es sei daran erinnert, dass zwischen Symbolen in mathematischen und physikalischen Ausdrücken an bestimmten Stellen ein *Abstand* (*Freiraum*, *Spatium*) gelassen werden muss (s. Kasten). Beim Drucken von Fachtexten werden dabei Unterschiede gemacht (EBEL und BLIEFERT 1998, S. 353), da ist Freiraum nicht gleich Freiraum. Doch können wir hier von solchen Feinheiten oft absehen. Sollten Sie allerdings anspruchsvolle *Formeln* an die Wand projizieren wollen, so werden Sie auf korrekte Abstände zwischen den einzelnen Zeichen und Symbolen achten. Spezielle Programme und Zusatzprogramme zur allgemeinen Textverarbeitung wie der *Formel-Editor* von WORD bieten (neben „kein Abstand") mehrere verschiedene Zwischenzeichen-Abstände an, z. B. „1-Punkt-Abstandszeichen", „schmales Leerzeichen" oder „breites Leerzeichen". Einige der wichtigsten Regeln des mathematisch-physikalischen Formelsatzes in Bezug auf Steil-/Kursivschreibung und Abstände in Formeln und Ausdrücken sind in dem Kasten auf dieser Seite notiert; unter den jeweiligen „Regeln" stehen in einigen Fällen Beispiele.

Zu jeder Schriftfamilie gehören verschiedene *Schriftschnitte*, die gewöhnlich als *normal, kursiv* und *fett* unterschieden werden, z. B. f, *f* und **f**. Davon haben wir ja oben schon Gebrauch gemacht.[1]) (Für aufmerksame Leser: Den Buchstaben f aus der Schriftfamilie „Times" haben wir mit Bedacht gewählt, denn in seiner kursiven Form zeigt er deutlich, dass es hier nicht nur darum geht, den Buchstaben ein wenig zum Kippen zu bringen. Vielmehr ist das Zeichen für den Kursivsatz neu geschnitten worden, es hat jetzt sogar Unterlänge bekommen! Anscheinend haben auch die schrägen Typen ein Eigenleben verdient.)

Verwenden Sie *normale* Schrift; es bleibt dann noch (neben der kursiven) die fette Schrift für Zwecke der Hervorhebung, in der alle Zeichen verstärkt erscheinen, als habe jemand zu einem dickeren Federkiel gegriffen. Die Formatierungen „kursiv" und „fett" kann man auch *gleichzeitig* auf Zeichen anwenden, dann entsteht „Kursiv-fett", Beispiel: *f*.

● Verwenden Sie zur *Hervorhebung* kursive oder fette Schrift.

Besonders Bildüberschriften sollten Sie fett setzen.

Von einer anderen Art der Hervorhebung, der VERSALSCHRIFT, sei mit Verweis auf die vorige Fußnote abgeraten. Es handelt sich dabei nicht um eine besondere Schriftart, sondern nur um eine besondere Verwendung, nämlich von Großbuchstaben. Zweifellos fallen Bildteile auf, die durchgängig mit Großbuchstaben geschrieben wurden; aber sie sind nicht gut lesbar, dieses Stilmittel sollte daher (sehr) sparsam eingesetzt werden.

Gegen den Einsatz von *Kapitälchen* wie in

ICARD 2002

hingegen ist im Prinzip nichts einzuwenden, wenn man sie einheitlich in allen Bildern beispielsweise für die Angabe von Autorennamen verwendet. (Die hinter dem versalen Initialbuchstaben stehenden Buchstaben sind *kleine* Großbuchstaben, daher Kapitälchen.)

Schließlich gilt es noch einen Unterschied zu machen hinsichtlich der *Breite (Laufweite)* von Schriften (s. Abb. 7-6). Die „normale" Schrift ist hier mit dem Wort *Mittelschrift* belegt. Bei ihr hat der Buchstabe H ein Verhältnis von Größe zu Breite wie etwa 3 : 2. Neben ihr gibt es *Engschriften* und *Breitschriften*, die aber für unsere Zwecke zu vermeiden sind. Engschriften wirken bei schräger Betrachtung der Projektionsfläche durch die perspektivische Verzerrung ge-

---

[1] Im konventionellen Satz wurden zwei Schriftschnitte mit verstärkten Zeichen unterschieden, *halbfett* und *fett*. „Fett" wurde nur für Sonderzwecke (z. B. bei Plakaten) eingesetzt, ansonsten blieben diese Lettern gewöhnlich im Setzkasten. Die normale Hervorhebung war der halbfette Schriftschnitt. Er ist es auch, der im jüngeren angelsächsischen Schrifttum als "bold" bezeichnet wird und uns in vielen Programmen, die verschiedene Schriftschnitte verwenden, entgegentritt, in deutschen oder deutschsprachigen Programmen als „fett". Wir schließen uns diesem Gebrauch (der eine typografische Verarmung bedeutet) an. In früheren Auflagen dieses Buches haben wir noch den Schriftschnitt „mager" erwähnt, doch haben wir uns auch von ihm verabschiedet, da er in den gängigen Fonts nicht angeboten wird.

Abb. 7-6. Schriften unterschiedlicher Laufweite.

quetscht, sie werden unleserlich. Breit-schriften dürfen zwar angewendet wer-den (DIN 19 045-1), wirken aber klo-big. Wer die üblichen Druckschriften verwendet, läuft keine Gefahr, etwas falsch zu machen.

7.2 Linien

Für den Mathematiker hat eine Linie keine Dimension außer ihrer Erstreckung. Sie ist ein gedankliches Konstrukt. Für den Praktiker ist eine wichtige Eigen-schaft der Linie – außer der, zwei Punkte miteinander zu verbinden – ihre Dicke, Stärke oder Breite *(Linienbreite)*. Gezeichnete Linien sind unterschiedlich dick, je nach Charakter und Zweck. Die Festlegungen über die Linienbreite sind ähn-lich wie die über die Schriftgröße: Sie orientieren sich an der Größe der Bildflä-che und „sollen mit den verwendeten Schriften korrespondieren" (DIN 16 521, 1999).

● Die stärkste Linienbreite soll bei Standard-A4-Zeichnungen etwa 0,7 mm betragen.

Ähnlich wie bei den Schriftgrößen gibt es eine Abstufung nach unten für „weni-ger wichtig"; als geringste Linienbreite in einer A4-Zeichnung gibt die Norm 0,25 mm an. In Tab. 7-3 sind die Werte auch für andere Zeichenformate zusam-mengestellt, wobei jeweils vier Bedeutungsstufen unterschieden werden. Die empfohlenen Linienbreiten in jeder Spalte entsprechen ungefähr der $\sqrt{2}$-Abstu-fung.

Die meisten Grafikprogramme gestatten, Linien beliebiger Breite in mehre-ren Maßen zu erzeugen: in Millimeter (und in Zoll), in (Didot-)Punkt, in (Pica-)Point (Definitionen s. Abschn. 7.1.2). Daneben gibt es auch noch die Fest-legung von Linienbreiten mit speziellen Namen wie „fein" oder „fett" (s. Tab. 7-4). Überdies findet man in Layoutprogrammen noch den Begriff *Haarlinie* für die feinste darstellbare Linie (Breite meist ca. 0,1 mm).[1]

In Tab. 7-3 sind die relativen Breiten für die Linien von Netzen („Neben-teile"), Achsen („Hauptteile") und Kurven („hervorzuhebende Teile") in Kurven-

---

[1] Zwei Warnungen im Zusammenhang mit Linienbreiten: Wenn Sie Bilder verkleinern, kann dies dazu führen, dass solche Linien nicht mehr dargestellt werden. Und wenn Sie aus einem Programm, z. B. aus einem CAD-Programm, Zeichnungen in Ihre Präsentationsprogramm über-nehmen wollen, sollten Sie überprüfen, ob besonders die feineren Linien bei der Projektion noch „kommen" oder ob Sie nach Import ins Präsentationsprogramm verschwunden sind. Es ist peinlich, wenn Ihnen erst während des Vortrags auffällt, dass zwar die Zeichen für Widerstände und Kondensatoren gut zu sehen sind, dass es aber in Ihrem Schaltplan keine Verbindungs-leitungen (mehr) gibt.

Tab. 7-3. Linienbreiten und Linienabstände auf Originalvorlagen in Positivdarstellung zur Herstellung von („klassischen" oder elektronischen) Projektionsvorlagen für Hellraumprojektion (nach DIN 19 045-3, 1998).

Linienbreiten (in mm) für	Format[a] der Originalvorlage				
	A2	A3	A4	A5	A6
hervorzuhebende Teile	1,4	1,0	0,7	0,5	0,35
Hauptteile	1,0	0,7	0,5	0,35	0,25
Nebenteile	0,7	0,5	0,35	0,25	0,18
kleinste Linienbreite: z. B. Maß- und Schraffurlinien	0,5	0,35	0,25	0,18	0,13
kleinster Abstand zwischen zwei Linien	doppelte Linienbreite der breiteren Linie				
kleinster Zwischenraum zwischen Schraffurlinien	8 × kleinste Linienbreite				

[a] Die Formate beziehen sich auf den verwendeten Zeichnungsträger und nicht auf die Größe des Beschriftungsfeldes (für das Format A4: s. Abschn. 5.3.2).

Tab. 7-4. Verschiedene Linienbreiten (nach DIN 16 521, 1999).

Benennung	Breite	
	in Punkt	im mm
fein		0,1
halbfett, 1 p fett	1 p	0,375
fett, 2p fett	2 p	0,750

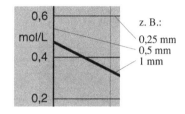

Abb. 7-7. Linienbreiten in Diagrammen (nach DIN 461, 1973).

diagrammen festgelegt, nämlich 1 : $\sqrt{2}$: 2. Eine andere (ältere) Norm (DIN 461, 1973) empfiehlt dafür eine andere Abstufung, nämlich 1 : 2 : 4 (die manchmal recht gewalttätig wirkt; vgl. Abb. 7-7). Es bleibt Ihnen überlassen, das für Ihren Geschmack und Ihre Zwecke Richtige in diesem Rahmen zu tun (s. auch Abschn. 8.1.1). Auf keinen Fall sollten Sie, nur um einer dieser Normen Genüge zu tun, mit feinem Strich gezeichnete Diagramme (beispielsweise aus Messgeräten) „dick" zeichnen, wenn dadurch Information verloren geht.

Die Angaben in Tab. 7-3 beziehen sich wiederum auf Vorlagen für die Hellraumprojektion. Wenn die Vorlagen nur für die Dunkelraumprojektion geschaffen werden, dürfen die Linien um 30 % weniger breit sein. Für Negativdarstellungen sollten sie demgegenüber um 40 % stärker sein, d. h. das Ergebnis wäre wieder dasselbe. Die Situation ist genauso wie zuvor für die Schriftgrößen beschrieben, wie ja Schriftgrößen und Linienbreiten (in diesem Falle von Zeichen, die Stärke der Buchstaben und sonstigen Schriftzeichen betreffend) allgemein in einem Zusammenhang stehen.

„Linien" kommen nicht nur in Zeichnungen (Diagrammen, allgemein: *Grafiken*) vor, sondern auch innerhalb von *Textstücken* aus der Textverarbeitung, beispielsweise für *Rahmen* und *Randlinien* oder in dem Fall, dass Sie einer Textpassage einmal eine Linie „unterziehen" oder sie quer durchstreichen wollen. Auch für solche Linien kann man Linienbreiten einstellen, und man kann sie sogar in verschiedenen *Linienfarben* darstellen. In „Textcharts" könnte man damit sicher Aufmerksamkeit auf die betreffenden Stelle lenken. Regeln dazu gibt es nicht außer der, es mit solchen „Stilelementen" nicht zu übertreiben; ansonsten ist hier Ihrer Intuition freier Raum gelassen.

Wie ersichtlich, sehen die Normen die Linienbreiten ebenso wie die Schriftgrößen ausdrücklich als *Gestaltungselemente* vor, um Wichtiges und weniger Wichtiges voneinander unterscheiden zu können.

● Nutzen Sie die vorgesehenen Gestaltungsmöglichkeiten bei der Anlage Ihrer Bilder, um ein schnelles Erfassen der Informationen zu erleichtern.

Beachten Sie, dass es Bereiche gibt, in denen der *Linienart* (Tab. 7-5) bestimmte Bedeutungen zukommt. Dazu gehören *Bauzeichnungen* (DIN 1356-1, 1995); auch im *Maschinenbau* (der „mechanischen Technik"; DIN ISO 128-24, 1999) gibt es viele Regeln, wo und wie bestimmte Linien verwendet werden.

Mit den Linienbreiten müssen die Abstände zwischen den Linien (s. Tab. 7-3) korrelieren.

● Der *Linienabstand* soll mindestens die doppelte Linienbreite der breiteren Linie betragen.

Tab. 7-5. Verschiedene Linienarten (nach DIN EN ISO 128-20, 2002).

Freihandlinie	～～～
Volllinie	———
Strichlinie	— — — —
Punktlinie	··············
Strich-Abstandslinie	— — —
Strich-Strichlinie	—— — ——
Strich-Punktlinie	—·—·—·—
Strich-Zweipunktlinie	—··—··—··—

Die Frage nach dem Abstand stellt sich beispielsweise dann, wenn sich eine Kurve asymptotisch einer Achse anschmiegt. Nun kann man sie nicht künstlich von der Achse auf Abstand halten, wenn sie mit ihr zusammenfließen will. Das Ineinander-Aufgehen von Linien, auch an Kreuzungspunkten, ist von der Abstandsregel nicht betroffen. Es kann aber sinnvoll sein, Kurven einfach „auszusetzen", um schwarze Verdichtungen oder – bei farbigen Linien – Farbmischungen zu vermeiden.

Mit dem Gegenstand verwandt ist die *Schraffur* (das *Schraffieren*) von Flächen, also die Methode der *Hervorhebung* von Flächen in grafischen Darstellungen durch *Linienmuster* (s. Abschn. 7.3.1).

7.3 Flächen

7.3.1 Schraffuren und Raster

Flächen müssen oft hervorgehoben und gegeneinander abgegrenzt werden. Das Umranden mit Linien genügt meist nicht, denn wenn sich zwei oder mehr Flächen überschneiden (überdecken), geht die Übersicht schnell verloren. *Schraffuren* und *Rasterunterlegungen* und natürlich auch unterschiedliche *Farbgebung* sind Mittel, um Flächen von ihrer Umgebung und von anderen Flächen abzusondern. Allgemein spricht man hier vom *Füllen* der Flächen. Bei manchen Bildarten wie *Kreis-* und *Balkendiagrammen* (s. Abschn. 8.1.2) können Sie damit die „Lesbarkeit" und das rasche Aufnehmen der Information entscheidend verbessern.

Oft werden *Linien* verwendet, um Flächen durch *Schraffur* hervorzuheben oder voneinander abzugrenzen.

● Schraffuren sind *Muster* aus Linien zur Kennzeichnung von Flächen.

Für *Schraffurlinien* werden größere Abstände empfohlen als im letzten Merksatz des vorigen Abschnitts „sonst" für Linien angegeben, nämlich etwa das 8fache der Linienbreite (s. dazu Tab. 7-3). Die Linien selbst werden wie Netz- oder Hinweislinien mit der kleinsten zulässigen Linienbreite gezeichnet. Für die Zeichnung im A4-Format bedeutet dies einen Mindestabstand der Schraffurlinien von 2 mm, da diese selbst 0,25 mm (etwa 1/1000 der Bildbreite) stark sind.

Weder die Linienbreiten noch die Linienabstände eignen sich für die rasche visuelle Unterscheidung, wohl aber die *Winkel* der Schraffurlinien (DIN 6774-3, 1982). Die Schraffuren sollen möglichst nicht in der Waagerechten und Senkrechten verlaufen, sondern in 45°-Winkeln dazu.[1] Doch diesen Empfehlungen kommen nicht alle kommerziellen Programme entgegen. Mit dem Zeichnen-Werkzeug von WORD beispielsweise sollten Sie es nur mit einfachen Figuren wie Kreis oder Quadrat versuchen. Echte Grafikprogramme wie FREEHAND (von Macromedia) bieten für beliebige Umrandungslinien *angepasste Füllungen* verschiedener Art (s. Abb. 7-8), z. B. Schraffuren mit Strichen – deren Dicke, Abstand und Winkel frei wählbar sind – oder zahlreiche Muster. Mit solchen Programmen lassen sich Flächen in den Vorder- oder Hintergrund stellen oder „transparent" machen (dahinter liegende Bildelemente werden nicht zugedeckt).

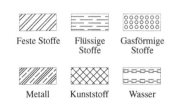

Abb. 7-8. Figuren mit verschiedenen z. T. transparenten Füllungen und mit Überlappungen.

Es gibt Bereiche, in denen die in Flächen eingetragenen Schraffurlinien und anderen *Muster* dazu dienen, bestimmte Stoffe zu kennzeichnen, so z. B. im Bauwesen zur Kennzeichnung von Baustoffen wie Beton oder Holz (DIN 1356-1, 1995) oder allgemein zur Kennzeichnung verschiedener Materialien (DIN ISO 128-50, 2002; einige Beispiele s. Abb. 7-9).

Raster sind auf der Fläche verteilte regelmäßige Anordnungen von Punkten *(Punktraster)* oder Strichen *(Strichraster)*. Sie dienen zur Darstellung von *Halbtonwerten* (Grauwerten, Grautönen). Tatsächlich besteht auch die

Abb. 7-9. Schraffuren und Muster für die Kennzeichnung einiger Stoffe (nach DIN ISO 128-50, 2002).

---

[1] Diesen Satz, schon in der 1. Auflage unseres Buches 1992 formuliert, haben die Leute von Microsoft Inc. offenbar nie gelesen – ebenso wenig wie die alteuropäische Norm selbst.

drucktechnische Wiedergabe von Halbtonabbildungen in einer Zerlegung des Bildes in Punkte unterschiedlicher Dicke mit Hilfe von „Rastern". (In der Drucktechnik versteht man hierunter Masken aus regelmäßig angeordneten Lichtfenstern, durch die eine Halbtonabbildung auf einen lichtempfindlichen Film belichtet wird, doch ist das hier nicht unser Anliegen.)

Meist werden Raster durch die Anzahl der Punkte pro Zentimeter gekennzeichnet. Die Dicke der Punkte wird variiert, um einen bestimmten Grauton zu erzeugen. Der *Grauwert* einer Fläche kann zwischen 0 % (weiß) und 100 % (schwarz) liegen. Mit Raster (sowie auch mit Farben verschiedener Intensität) kann man geschlossene Kurvenzüge füllen *(Füllfarbe)*, oder man kann sie als *Hintergrund* benutzen, um Grafiken „negativ" erscheinen zu lassen. Die größte Wirkung erzielt man zweifellos mit Farben.

● Raster auf Originalvorlagen sind nur mit Grauwerten zwischen 20 % und 70 % geeignet.

Die Auflösung von Trockenkopierern ist inzwischen so gut, dass solche Raster ohne Probleme direkt auf Folien übertragen werden; bei Dias gibt es wegen der höheren Auflösung des fotografischen Prozesses ohnehin keine Einschränkung. Raster mit Grauwerten über 70 % sind zu dunkel und wirken wie nahezu schwarze Flächen. Raster mit Grauwerten unter 20 % sind zur Unterscheidung von Flächen zu hell; benutzen Sie solche Raster höchstens dazu, um Textteile zur *Hervorhebung* (gegenüber einem „weißen" Hintergrund) zu unterlegen.

● Durch Raster und Schraffuren (oder durch Farbe) können Flächen optisch klar gegeneinander abgegrenzt, können wichtige Bereiche hervorgehoben werden.

Die Grauwerte nebeneinander liegender Flächen sollten sich mindestens um 20 % unterscheiden. Größere schwarze oder andere dunkle Flächen sind wegen der Schwierigkeiten bei der Reproduktion – die meisten Fotokopierer liefern Flächen nicht in einheitlicher Schwärze – zu vermeiden.

● Flächen werden besser erkannt, wenn sie von Linien begrenzt sind.

Fehlt die umgrenzende Linie, so wird die Fläche weniger gut erfassbar – besonders bei hellen Flächen. *Nur* mit Raster ist uns also auch nicht gedient. Ziehen Sie also beim Zeichnen von Originalvorlagen zunächst die begrenzenden Linien, und „füllen" Sie die Flächen dann erst mit Raster, Schraffuren oder Farbe.

7.3.2 Räumliche Wirkung, Farbe

Darüber hinaus kann man viele Figuren *perspektivisch* erscheinen lassen. In Zeichenprogrammen läuft diese Funktion unter „3D" o. ä., weil es ja darum geht, den Figuren *Dreidimensionalität*, d. h. Räumlichkeit, zu verleihen, wodurch beispielsweise aus einem Rechteck eine „Kiste" wird: Es ist, als habe man

zuerst frontal auf die Kiste geschaut und nur ihre Vorderfläche gesehen, sei jetzt
auf die Seite getreten und sehe die Kiste erstmals in ihrer Körperlichkeit. Beispiele dafür sind in Abb. 7-10 wiedergegeben.

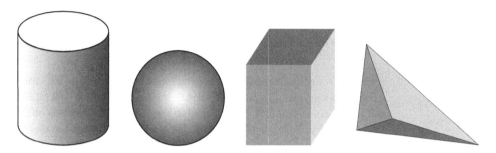

Abb. 7-10. Perspektivische Wiedergabe einiger einfacher Figuren.

Eine Funktion, die man manchmal unter Spezialeffekten wie „fließende Füll-
effekte" findet, ist die *Schattierung*. Durch kontinuierlich *verlaufende* Raster –
Lichtabstufung innerhalb der Objekte – lässt sich Rundungen, Krümmungen
oder auch Schatten kennzeichnen, lässt sich auch Perspektive erzeugen (zwei
Beispiele finden sich in Abb. 7-10).

Zeichnungen, Schriftzüge *(Logos)*, Photos oder Kombinationen daraus lassen sich als Bildhintergrund definieren, und damit erreichen wir eine weitere
Dimension der heute gegebenen Darstellungsmittel. Vielleicht wollen Sie tatsächlich bei Ihrer Präsentation ein helles, blasses Bild z. B. Ihres Instituts – wie
ein *Wasserzeichen* oder die Prägung eines feinen Geschäftsbriefes – mit einbringen, oder die Struktur des Festkörpers, über den Sie berichten wollen, durch
Ihre einzelnen Bildpräsentationen schimmern lassen.

Viele Grafik- und Layoutprogramme mit Grafikfunktionen sowie Tabellen-
kalkulationsprogramme sehen bei Balken- und Kreisdiagrammen auch die perspektivische Darstellung vor (s. Abschn. 8.1.2).

DIN 6774-5 (1985) empfiehlt zum Auflockern und zum „Hervorheben bestimmter Bereiche der Darstellung Raster oder *Schattenlinien* anzuwenden". DIN
6774-3 (1982) spricht in diesem Zusammenhang auch von *Lichtkanten*: Eine
perspektivische Ausgestaltung wird durch eine Umrandung in dunkleren Farb-
tönen erreicht (s. Abb. 7-11).

● Durch *Schatten* oder *Lichtkanten* unterstützte Darstellungen sind anschauli-
cher als rein plane technische Zeichnungen.

Das liegt wohl daran, dass die Flächen durch diese Stilmittel einen Eindruck
von „Tiefe" bekommen. Dieser Gegenstand ist in den bekannten Programmen

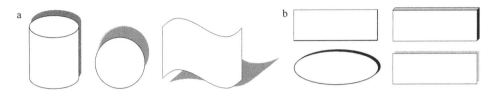

Abb. 7-11. Darstellung von Flächen mit **a** Schatten und **b** Lichtkanten.

für die Text- und Bildbearbeitung unter Stichwörtern wie *Schatten* ausgebaut worden. Da kann man „Schatten" – in Vorahnung eines *3D-Effekts* – nach Lust und Laune generieren: z. B. mit Lichteinfall von schräg links oder von oben. Bei einfachen geometrischen Gebilden, z. B. Rechtecken, können Sie diesen Effekt erreichen, indem Sie ein zweites Flächenstück verdeckt hinter das erste legen und es vielleicht – wie auch schon in vielen Layout- und Textverarbeitungsprogrammen möglich – rastern. Moderne Zeichenprogramme unterstützen das Hervorbringen von Schatten in vielfältiger Weise.

Grundsätzlich kann man (geschlossene) Flächen mit transparenten Farben „anmalen", d. h., sie mit Farbe füllen. Dafür stehen „Füllfarben" zur Verfügung, mit deren Hilfe man nicht nur Farben aus einer reichhaltigen Palette auswählen, sondern auch deren Helligkeit oder *Transparenz* vorgeben kann. Da man ähnlich wie mit den *Füllfarben* auch mit *Hintergrundfarben* umgehen und beliebige Helligkeiten da wie dort, im Zeichnungsobjekt oder im Hintergrund, einstellen kann, lassen sich auch Effekte des Positiv- oder Negativbilds am Bildschirm vorgeben. Auf ein „Negativ" aus einem Fotolabor muss man dazu nicht warten.

Was Sie tun können und gelegentlich erwägen sollten, ist dies: den Hintergrund eines Bildes mit Farbe füllen, auch mit dezenten Mustern. Die Betätigung einer Schaltfläche „Hintergrund" o. ä. genügt, um alle einzelnen Bildelemente vor dem gewählten Hintergrund erscheinen zu lassen. Das ist zweifellos eine wirksame Methode, das Auge des Betrachters zu erfreuen, vielleicht sogar, seine „grauen Zellen" anzuregen. Der Hintergrund kann helle wie dunkle Farben in allen Abstufungen der Transparenz haben. Ob Sie von dieser Möglichkeit Gebrauch machen wollen, ist Ihre Entscheidung.

Damit wenden wir uns den *freien Flächen* zu, also den Stellen auf Transparenten, Dias oder E-Bildern, auf denen nur Hintergrund zu sehen ist. Auch diese Freifläche bildet ein „Bildelement".

● Seien Sie großzügig mit freier unbenutzter Fläche.

Freiraum ist notwendig, um einzelne Bildelemente voneinander getrennt – „konkret", nämlich verdichtet, greifbar – darzustellen und damit Bilder zu strukturieren. Der mit Hintergrundfarbe „gefüllte" freie Platz hebt Text oder andere (grafische) Elemente auf Bildern hervor, macht sie besser erkennbar und verleiht ihnen mehr Bedeutung. Bilder mit Freiraum zwischen den Teilen sind im Allgemeinen angenehm zu betrachten, Farbe in der „Fläche" unterstützt die angenehme Wirkung. Aber: Hintergrund-*Muster* aus „Punkten", Linien usw. lenken eher ab. Lassen Sie nicht zu, dass das Betrachten der Bilder für Ihre Zuhörer zu einem stressigen Akt wird, weil Information und Dekor erst wieder entflochten werden müssen. Das Abheben der einzelnen Bildelemente und Flächen voneinander soll das rasche Erfassen *erleichtern*, nicht erschweren!

7.4 Bildzeichen

Es gibt *Bildelemente*, die im Besonderen diesen Namen verdienen, weil sie Bildchen in Bildern sind. Meist spricht man aber von *Bildzeichen*, der Computerfachmann liebt dafür den Ausdruck *Piktogramm*, und manchmal werden sie auch *grafische Symbole* genannt. Es sind dies schnell deutbare und eindeutig unterscheidbare Zeichen *(visuelle Kürzel)*, die stellvertretend für einen materiellen Gegenstand oder einen Sachverhalt stehen und der sprachunabhängigen Verständigung dienen. Sie werden in technischen Zeichnungen zur Erläuterung eines Ablaufs oder einer Anordnung verwendet. Auch Pfeile können als solche visuellen Kürzel verstanden werden, und selbst zu ihrer Anwendung und Form (s. Abb. 7-12) gibt es Normen, eine beispielsweise, um Bewegungen zu kennzeichnen (DIN EN 80 416-2, 2002).

Man kann ganze Zeichnungen (Abbildungen) aus solchen Symbolen im Baukastenverfahren zusammensetzen. Wie weit man freilich mit „Bildergeschichten" in einem wissenschaftlich-beruflichen Kontext umgehen soll, ist eine andere Frage. Auf einem Psychologiekongress einen depressiven Patienten durch ein Strich-Gesicht mit herabgezogenen Mundwinkeln und Träne im Auge darzustellen, wäre wahrscheinlich fehl am Platze. Mehr als irgendwo sonst kommt es darauf an, Mittel und Ziel in Einklang zu bringen. Suchen Sie selbst Ihren Weg, Ihren Stil.

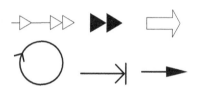

Abb. 7-12. Verschiedene Pfeilformen (nach DIN EN 80 416-2, 2002).

● Bildzeichen sollen sich dem kommunikativen Ziel unterordnen, nicht es dominieren.

Piktogramme – im Englischen wenig ehrerbietig als "icons" bezeichnet, *Ikonen*, also wiederkehrende Darstellungen ein und derselben Sache[1] – zieren beispiels-

---

[1] Wir kennen Ikonen als Kultbilder der orthodoxen Kirche mit der Darstellung heiliger Personen oder ihrer Geschichte; tatsächlich heißt *gr.* eikon nichts anderes als „Bild". Den Chemikern sind ihre Strukturformeln solche Kultbilder, sie verstehen ihre Bildersprache tatsächlich manchmal als *Ikonografie* (QUINKERT 1992, S. 62). Eine gewisse Vorstellung davon gibt DIN 32 641 (1999), ansonsten sei dazu auf die Fachliteratur und die großen Nachschlagewerke der Chemie sowie auf die Handbücher zur *chemischen Nomenklatur* verwiesen.

weise als Bleistifte, Radiergummis, Farbeimer und Papierkörbe die Menüleisten und Benutzeroberflächen von Computerprogrammen. Auch in Bahnhöfen, Flughäfen und an anderen öffentlichen Plätzen breiten sie sich immer mehr aus, was zu der Anmerkung Anlass gegeben hat, demnächst könne man auch als Analphabet um die Welt reisen. (SEIFERT 2003 zählt auch Zeichen wie $ oder ??? zu den standardisierten Symbolen; wir hätten statt der drei Fragezeichen da lieber noch die Zeichen € und @ genannt, die uns sozusagen über Nacht auf die Tastaturen unserer Bildschirmarbeitsplätze gesprungen sind.)

● Bildzeichen können komplexe Aussagen sinnfällig darstellen.

Ingenieure und Naturwissenschaftler haben sich mit standardisierten Zeichen für Kondensatoren, Benzolringe usw. schon lange ihre „Ikonen" geschaffen. In *chemischen Formeln* werden zahlreiche spezielle Symbole verwendet und von Chemikern weltweit verstanden, hier ist eine eigene „Bildersprache" entstanden (vgl. vorige Fußnote). Gerade das nie Gesehene, die unsichtbar kleinen molekularen Gebilde der Chemie scheinen in besonderem Maße nach einer Verständigung durch Symbole zu verlangen. Sonderlich sinnfällig mögen die für Laien nicht sein, aber der fachliche Diskurs ohne sie wäre nicht möglich. Drastischer ins Auge fallen da – und das sollen sie auch – z. B. die Gefahrensymbole in *Richtlinien* und *Merkblättern*, die man auch auf Flaschenetiketten oder an elektrischen Geräten und sonst wo antrifft. Es ist schwer vorstellbar, wie eine technische Welt ohne diese Zeichen am Laufen gehalten werden könnte.

Tatsächlich leben manche Drucksachen von solchen „Zeichen". Kein Ferienkatalog kommt ohne sie aus, auch keine Landkarte und keine Wetterkarte (die doch durchaus Produkte der wissenschaftlichen Kommunikation sind, hier der *Kartografie* bzw. der *Meteorologie*).

Verwiesen sei noch, um die enge Verbindung solcher Zeichen mit technischen Normen zu unterstreichen, auf die Symbole in Fließbildern der *Verfahrenstechnik* für Behälter, Filter, Rührer usw. (DIN EN ISO 10 628, 2001) und die Bildzeichen der *Vakuumtechnik* für verschiedene Arten von Pumpen, Absperrorganen, Leitungen usw. nach DIN 28 401 (1976). Doch das sind nicht mehr als markante Beispiele, wir hätten andere wählen können.

● Auch für *Computerprogramme* stehen Bildzeichen in breitem Angebot als Bilddateien für die unterschiedlichsten Anwendungen zur Verfügung.

Wir mögen dabei zuerst wieder an die Piktogramme denken, die sich in den Menüs und auf den Schaltflächen vieler Rechner befinden und dem „benutzerfreundlichen" Leiten der Anwender dienen. Es gibt darüber hinaus aber eine noch weit größere Zahl von Symbolen, die demjenigen, der gerade am Computer arbeitet, zur eigenen Verfügung stehen. Viele Programme bieten in besonderen „Galerien" unter Namen wie „Clipart" Bildhalbfabrikate an, „Kunst zum Anheften" gewissermaßen, in denen allerlei „Symbole" (von Pfeilen bis zu sti-

lisierten Gebäuden oder Maschinen (vgl. Abb. 7-13), Gesten, Situationen usw. in Schubladen (Kategorien) gesammelt sind, nicht immer nach unserem Geschmack. Zu solchen Sammlungen bekommen Sie auch Zugang, wenn Sie
in einer Internet-Suchmaschine wie GOOGLE „Clipart" oder
„Clip Art" eingeben. Manchmal findet man darin tatsächlich Bildzeichen, die ein Bild bereichern können.[1] Aber
hüten Sie sich vor rein dekorativen Bildelementen wie Gir-
landen u. ä. – sie sind in einem Fachvortrag fehl am Platz.
Bedenken Sie weiterhin die Möglichkeit, dass Ihr Zuhörer
die gleichen Clips kennen wie Sie.

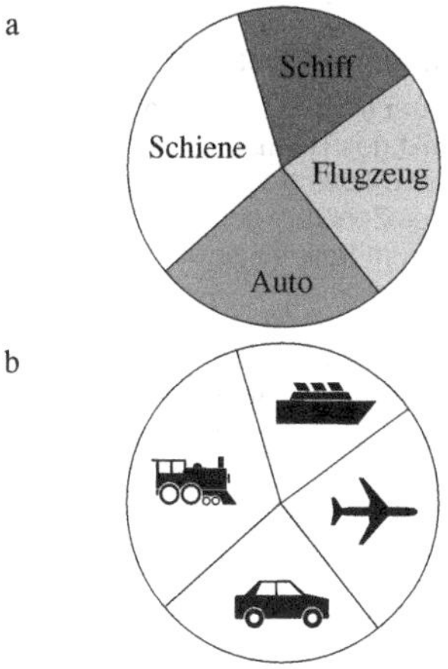

Abb. 7-13. Darstellung von Anteilen (hier:
am Verkehrsaufkommen) **a** mit Beschriftung und **b** mit grafischen Elementen.

Piktogramme sind kurz und einprägsam und haben schon
deshalb in der Mnemotechnik immer eine Rolle gespielt.
Doch manche sehen in dieser Entwicklung in Verbindung
mit der Manipulation von Bildern durch den Computer eine
Gefahr. Sie fragen irritiert, ob wir uns auf dem Weg zurück
zu den Bilderschriften und der Höhlenmalerei der frühen
Menschheit befinden. In der Tat ist ein Verlust an sprach-
logisch-analytischem Denkvermögen zugunsten einer „Verbildlichung" und
„Elementarisierung" des Denkens – wir sprechen ja hier von „Bildelementen"!
– im Ansatz überall in der Gesellschaft zu erkennen.

Gut oder nicht – wenigstens muss man sie, die Bilderschriften, verstehen
können!

● Erklären Sie Ihre „Ikonen", wenn sie nicht wirklich selbstredend sind.

Nochmals: Strichmännchen und Micky-Mäuse machen in Fachvorträgen wenig
Sinn. Aber es ist zuzugeben, dass man mehr Dinge visualisieren kann, als unsere
Schulweisheit sich träumen lässt. Die Gepflogenheiten sind von der Präsentation *(Business-Grafik)* her in Bewegung geraten (z. B. HIERHOLD 2002), und die
Entwicklung wird auch vor der strengen Wissenschaft nicht halt machen. Vielleicht werden wir uns in einer späteren Auflage dieses Buches daran machen,
mehr Aussagen zu „illustrieren" (und dafür den Text zu kürzen).[2]

7.5 Bildtitel

Ein Bildelement, das in keinem Bild für einen wissenschaftlichen Vortrag fehlen sollte, ist der *Bildtitel*. Er sagt kurz und prägnant, worum es in dem Bild

---

[1] Wir haben in diesem Buch ebenfalls kleine Bildsymbole verwendet, um die beiden Arten von
Textkästen („Zitat" oder „Hinweis") leichter erkennbar zu machen.
[2] Wir haben diesen Satz vor vielen Jahren geschrieben, sehen aber auch jetzt, anlässlich der
Neubearbeitung dieses Buches im Jahr 2004, keinen Anlass und keine Möglichkeit, unseren
Text – unsere „Botschaft" – heute ganz anders anzubieten als gewohnt.

Warum Bildtitel?

– Kann einen bestimmten Teilaspekt des Themas benennen.
– Kann kurzzeitig unaufmerksamen Zuhörern helfen, sich wieder im Vortrag zurecht zu finden.
– Gibt auch dem Vortragenden Orientierung.
– Zwingt den Vortragenden schon beim Entwurf des Bildes sich klarzumachen, was dessen Hauptzweck ist.

geht, und gehört zum projizierten Bild wie eine Abbildungslegende zum gedruckten Bild. Leider halten sich nicht alle Vortragende an diese Empfehlung, sie vergeben damit ein didaktisches Mittel.

● Der Bildtitel sollte auf der Projektionsvorlage stehen.

Bildtitel sind Marken und Wegzeichen im Ablauf des Vortrags, wichtige „Informationsbissen"; Stellen, an denen der Zuhörer den Standort (und sein Verständnis des Vortrags) überprüfen kann; Schlagzeilen auch, die er unter Umständen in Erinnerung behält. Es geht darum, dem Bild einen möglichst einprägsamen Namen zu geben. DIN 6774-3 (1982) sagt dazu schlicht:

● Bildtitel sollen kurz und prägnant sein.

Verzichten können Sie dabei auf selbstverständliche Zusätze wie:

> „Darstellung eines ..."
> „Bild von ..."
> „Wiedergabe des ..."

Zusätzliche Bilderläuterungen, wie sie in Druckwerken als Bildlegenden zu finden sind, rücken Sie in Projektionsbildern der rascheren Auffassung zuliebe an das jeweilige Bildelement, also nicht zum Bildtitel.

Bildtitel können in verschiedenen Weisen auf der Bildfläche angeordnet werden. Am besten (Abb. 7-14 a):

● Setzen Sie die Bildtitel wie eine Überschrift einheitlich oben auf das Bild.

Bilder werden von oben nach unten gelesen: Der Bildtitel wird also von Ihren Zuhörern zuerst – vor dem Rest des Bildes – gesehen.

Eine andere – von Ingenieuren manchmal bevorzugte – Möglichkeit besteht darin, den Bildtitel an den unteren Rand des Bildfeldes in die Mitte eines eigens dafür vorgesehenen Schriftfelds zu setzen (s. Abb. 7-14 b). Ein *Schriftfeld (Schriftleiste)* ist nach DIN 6774-3 eine Teilfläche der Projektionsvorlage, die dem Eintrag von Bildtitel, Namen, Firmenzeichen, Archivierungs-, Herkunfts- und Zeitangaben dient. Es soll unter der eigentlichen, die Information enthaltenden Bildfläche, dem *Darstellungsfeld*, zu stehen kommen. Für den Betrachter ist von den Informationen im Schriftfeld nur der Bildtitel von Bedeutung; alle anderen Angaben wie die Bildnummer dienen dem Bildeigentümer für Ordnungszwecke.

Wir raten davon ab, das Datum der Herstellung eines Bildes anzugeben. Ihre Zuhörer brauchen nicht zu merken, wenn Sie für Ihren „aktuellen Vortrag" ein mehrere Jahre altes Bild verwenden.

Manchmal wird für den Bildtitel auch der linke Bildrand vorgesehen (s. Abb. 7-14 c) – das ist eigentlich sinnvoller als die Bildleiste „unten": Bringt man die

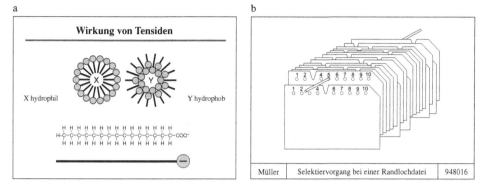

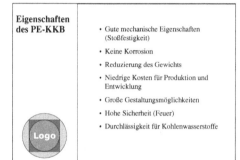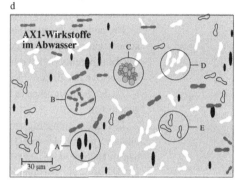

Abb. 7-14. Bildtitel und ihre Anordnung auf Bildern anhand von Beispielen. – **a** Bildtitel zentriert über dem Bild; **b** Bildtitel samt Urhebername und Registriernummer in besonderer Schriftleiste (nach DIN 6774-3, 1982); **c** Bildtitel in linker Randspalte; **d** Bildtitel im Darstellungsfeld.

Bildleiste seitlich an, so wird das verbleibende Darstellungsfeld eines im „Querformat" gezeigten Bildes auf eine eher quadratische Form zurückgeführt. Auf der linken Bildleiste steht dann oben der (kurze) Bildtitel, dem ggf. ein erläuternder Untertitel folgt. Links unten können eine *Wortmarke* und/oder *Bildmarke (Logo, Signet)* des Unternehmens stehen, gefolgt beispielsweise vom Namen des Ressorts, aus dem das Bild stammt. Corporate Identity und Corporate Design gebieten dann, dass sich alle Mitarbeiter des Unternehmens an denselben Entwurf halten.

Bei E-Bildern werden Sie die Schriftarten, -größen und -farben sowie Hintergrundgrafik (z. B. ein Logo, eine Hintergrundfarbe) auf einer „Masterpage" definieren oder sich einem bereits vorgegebenen Muster anschließen. Auf diesem „Folienmaster" können Sie *Ihre* Corporate-Identity-Merkmale festlegen.

So stellen Sie sicher, dass Sie neue E-Bilder stets auf der gleichen Gestaltungs-grundlage anfertigen.

● Sie können auf ein eigenes Schriftfeld für den Bildtitel zugunsten einer grö-ßeren Bilddarstellung verzichten.

Titel können *im* Darstellungsfeld auf einer anderweitig nicht belegten Fläche erscheinen, möglichst in allen Bildern eines Vortrags an der gleichen Stelle und in einheitlicher Form, z. B. im linken oberen Eck (s. Abb. 7-14 d). Wenn Titel keine eigene Schriftzeile beanspruchen, nehmen sie auch nicht viel Platz weg.

So oder so: Einheitlich angeordnete Bildtitel haben den Vorteil, dass der Zu-schauer sie während des Vortrags sofort findet. Durch geeignete grafische Sym-bole, z. B. Einrahmung oder Unterstreichung oder durch bestimmte Farben, kön-nen Sie den Blick Ihrer Zuhörer auf den Bildtitel lenken. Dann ist es auch nicht schlimm, wenn er aus Platzgründen einmal an einer anderen Stelle stehen muss.

Die anderen Informationen zur Archivierung wie Datum und Bildnummer können auf dem Rahmen des Diapositivs oder auf dem Rahmen der Maske ei-nes Transparents stehen oder in kleiner Schrift an einer Stelle der Projektions-vorlage, wo der Eintrag nicht stört.

Zu den Schriftgrößen in Bildtiteln haben wir schon in Abschn. 7.1.2 Stellung genommen.

In Präsentationsprogrammen wie POWERPOINT sind die Titel von „Folien-bildern", auch besondere Titelfolien, und anderes mehr programmiert und ste-hen als Halbfabrikate – mit dem „richtigen" Stand des Titels, vernünftiger Schrift-größe usw. – zur Verfügung: speziell für die Kreation von Projektionsvorlagen (Dias, „Folien"). Damit ist zweifellos eine erhebliche Arbeitsersparnis verbun-den, wie auch diese Programme eine Gewähr bieten, dass man – wenn man sich an diese „Vorgaben" hält – nichts falsch macht. „Falsch" geht kaum mehr! Hier wurde und wird in erheblichem Maß „normiert", an diesen Standards kommt man kaum mehr vorbei.

Hüten wir uns aber vor der damit verbundenen „Uniformierung"! Verwahren auch Sie sich gegen diese Art von Vereinnahmung, indem Sie Ihre Bilder auf „Leerfolien" („leer", „Leere Präsentation") aufbauen und selbst gestalten – norm-gerecht gleichermaßen, aber ansonsten nach eigenem Geschmack.

7.6 Farbe

Eine wichtige – vielleicht die bedeutendste – Gestaltungskomponente ist die *Farbe*. Mehrfarbige Darstellungen sind schneller zu erfassen und prägen sich leichter ein. Wir haben es erlebt, dass die Teilnehmer einer Klausurtagung tage-lang von der „roten" und „grünen" Unternehmensstruktur sprachen; das war nicht politisch gemeint, sondern bezog sich auf zwei Organigramme, die jemand auf ein Flipchart gemalt hatte. Man sollte also von der Möglichkeit Gebrauch machen, farbige Linien zu zeichnen oder Flächen einzufärben. Gerade moderne Grafikprogramme bieten hierzu hervorragende Unterstützung.

● Farben prägen sich stärker ein als Schraffuren oder Muster.

Farben sind nicht nur ein auflockerndes, belebendes optisches Element, sondern sie erhöhen die Aufmerksamkeit, betonen Wesentliches und zeigen Unterschiede. Überdies senden sie Botschaften an das Unterbewusstsein. Mindestens eine Zusatzfarbe auf Ihren Bildern, sinnvoll eingesetzt, tut dem Auge der Betrachter sicherlich gut.

Aber Sachlichkeit, Seriosität und Ernsthaftigkeit sind gefragt, keine Show-Effekte! Setzen Sie sich lieber nicht dem Verdacht aus, Sie wollten letztlich nur dokumentieren, wie gut Sie mit der Präsentationssoftware umgehen können. Was Sie wirklich wollen: Forschungsergebnisse und Messdaten verkaufen, nicht Ihre Software.

● Verwenden Sie Farbe dort, wo sich damit eine *Bedeutung* zum Ausdruck bringen lässt.

Thematisch Zusammengehörendes oder formal Gleichwertiges (z. B. alle Bildtitel) sollten Sie durchgängig mit einer Farbe versehen und dadurch einen „roten Faden" durch Ihren Vortrag legen. Das wirkt nicht nur gut überlegt, es fördert ungemein die rasche Wahrnehmung und das Verständnis.

● Gleiche Sachverhalte sollten während eines Vortrags mit den gleichen Farben gekennzeichnet werden.

Beachten Sie bitte, dass bestimmte Farben mit gewissen Vorbedeutungen verknüpft werden (z. B. Rot-Grün-Gelb als Ampelfarben) und dass Farben Assoziationen und Emotionen hervorrufen können (s. Kasten).

Die Farbenpsychologie sagt, dass Rot aufregt, Blau beruhigt und… Aber wir wollen weder GOETHES Farblehre wiederholen – der Olympier gilt manchen als bedeutendster Designer des 19. Jahrhunderts –, noch wollen wir in psychedelischen Effekten „machen", sondern nur kurz die ungeheure Bedeutung der Farbe in den Blick rücken. Eine Bedeutung, die sich womöglich noch gesteigert hat, seit niemand mehr fernsehen oder Filme erleben oder auch nur Urlaubsfotos betrachten möchte ohne Farbe; seit „Visualisierung" zu einem Grundmotiv einer allumfassenden Kraft geworden ist, der Informationstechnologie.

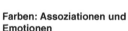

Farben: Assoziationen und Emotionen

– *Rot*
  signalisiert „Achtung!", „Vorsicht!", „Aufpassen!". Rot ist die Farbe der Feuerwehr, der Bilanzverluste, der negativen Zahlen und wird benutzt bei verbietenden Verkehrszeichen.

– *Gelb*
  steht für Gefahr (Schilder mit dem Hinweis auf Toxizität sind Gelb und Schwarz).

– *Grün*
  gilt als Farbe der Natur, des Lebens, als Farbe der Sympathie.

Immerhin, ein wenig sinnesphysiologische „Fachsimpelei" kann nicht schaden. Ihr Präsentationsprogramm gestattet Ihnen, für ihre Bildvorlagen beliebige

Farben als Hintergrund zu wählen. Als *Hintergrundfarben (Fondfarben)* für Ihre Bilder werden Sie in aller Regel helle Farben wählen, „keine Farbe" (weiß) eingeschlossen: Helle Hintergründe sind flexibel und vertragen auch andere Schriftfarben als Schwarz für die Aufnahme der Information; dunklere Schriften und dunkle Farben für andere grafische Elemente –erinnern Sie sich? Wir empfahlen *Positiv*bilder – kontrastieren gut. Schwarze Schrift auf weißem Hintergrund erfüllt den Zweck. Dunkle Hintergründe sind – besonders bei schwachem Licht – „Aufmerksamkeitskiller"; es strengt an, sich längere Zeit beispielsweise auf weiße Schrift auf schwarzem Hintergrund zu konzentrieren, wie schon bei früherer Gelegenheit erwähnt.

Vermeiden Sie Rot-Grün-Kombinationen, da einige Menschen wegen Farbenfehlsichtigkeit diese Farben nicht voneinander unterscheiden können, obwohl es sich um Komplementärfarben handelt (Rotgrünblindheit, Daltonismus). Auch die Farbkombination Rot-Blau ist problematisch: Blau ist eine typische Fernfarbe, Rot eine Nahfarbe – das Auge schaltet um auf Nahsicht. Nach längerer Betrachtung beginnen solche Farbkombinationen zu flimmern. Vermeiden Sie – das versteht sich – Farben, die sich zu ähnlich sind, z. B. Blau und Violett oder Rot und Rosa: Solche Farben kontrastieren nicht genug.

Die *Standardschriftfarbe* ist diejenige Farbe, die Sie normalerweise für Text auf Ihren Bildern verwenden. Wenn Sie als Hauptfarbe Schwarz wählen, machen Sie nichts verkehrt. Unter *Nutzfarben* wollen wir die Farben verstehen, mit denen Sie die sonstigen Bildteile Ihrer Grafiken gestalten. Versuchen Sie, die Kontraste dieser Farben auf die der anderen, die Sie ausgewählt haben, abzustimmen.

Manchmal sind *Kennfarben* die Farbe eines Unternehmens. „Die Post" war gelb, bis hin zu ihren Bussen (und ist es z. T. heute noch), eine Bankgesellschaft „ist" grün, bestimmte Kühe müssen lila sein, und wichtige Einrichtungen der öffentlichen Kommunikation erkennt man schon von Weitem an ihrem „Magenta". Bestimmte Farben wird man also dort gezielt einsetzen, wo es um unternehmenstypische Inhalte geht. Selbst einer Künstlergeneration haben sich „blaue Pferde" als Markenzeichen aufgedrückt, und in Picassos Lebenswerk spielt die „blaue Periode" eine herausragende Rolle.

Farben sollen Ihre Bilder beleben und Ihre Ausführungen unterstützen – Farbe nur der Farbe wegen ist Ballast, der das Verständnis womöglich erschwert. Ihr Bild darf nicht zu einem bunten „Kindergartenbildchen" entarten (dies gilt

Fernfarben – Nahfarben

Schwarze Schrift auf gelbem Grund hat die beste Fernwirkung (Briefkästen und Rettungswesten sind gelb). Weiße Schrift auf blauem oder rotem Hintergrund hat noch gute Fernwirkung.

Für Texte, die aus der Nähe gelesen werden, ist Schwarz auf Weiß am besten (beste Nahwirkung). „Bunte" Schriften auf buntem Hintergrund wie Violett auf Blau sind weniger geeignet.

Farbkategorien

– Hintergrundfarbe
– Standardschriftfarbe
– Nutzfarbe
– Kennfarbe

ebenso für Poster; s. Stichwort „Farbe" in Abschn. 8.3.2). Wir empfehlen, nicht mehr als drei Farben in einem Bild zu benutzen. (Dies gilt natürlich nicht für farbige Realbilder!)

● Gehen Sie sparsam mit Spezialeffekten um. Strukturieren Sie Ihre Vorlagen einheitlich.

Bleiben Sie bei *einer* Grund-Farbkombination und *einer*, maximal zwei Schriftarten. Vergessen Sie nicht, dass viele Zuhörer den Satz "If you don't have results, show colorful slides" kennen und, manchmal zu Recht, zu Umkehrschlüssen neigen.

● Machen Sie Probebelichtungen, stimmen Sie Monitor und Beamer aufeinander ab.

Farben sehen nicht auf jedem Ausgabemedium (Tageslichtprojektor, Beamer) gleich aus: Farben können stark verfälscht werden, sie können blasser erscheinen als auf dem Monitor[1] oder deutlich „knalliger" – manchmal werden besonders zarte Farben gar nicht übertragen, kräftige Farben wirken fast Schwarz und Linien werden gelegentlich mit Rändern umgeben. Probieren Sie aus, wie die Farbkombinationen, die Sie gewählt haben, auf dem geplanten Ausgabegerät wirken. Die Lichtstärke des Projektors, die Raumhelligkeit und die Beschaffenheit der Projektionsfläche spielen dabei eine wesentliche Rolle.

● Beschränken Sie sich beim Herstellen von Originalvorlagen möglichst auf die Farben Rot, Grün, Blau und Gelb.

Dunkles Blau und Purpur sind in der Projektion kaum als solche erkennbar.

● Wählen Sie die Farbdichte großer Flächen nicht zu hoch.

Da dunkle Farben Bildteile stärker betonen als helle, sollten sie für wichtige Informationen reserviert bleiben; hellere Farbtöne sind für weniger wichtige Bildteile da. Allerdings wird man in Kreis- und Balkendiagrammen die kleinsten Flächen am dunkelsten halten, damit sie noch auffallen (s. Abschn. 8.1.2).

Bei Verwendung von Farbe für die Beschriftung sollten Sie die Schriftgrößen und Linienbreiten in Originalen für die genannten Farben gegenüber Schwarz zur besseren Erkennbarkeit und Lesbarkeit vergrößern. DIN 19 045-3 empfiehlt zu den einzelnen Farben Faktoren, mit denen die Größen farbiger Bildelemente zu multiplizieren sind (s. Tab. 7-6).

---

[1] Farbbilder auf dem Bildschirm werden nach dem RGB-Farbmodell dargestellt, wobei Licht der drei Grundfarben *R*ot, *G*rün und *B*lau additiv gemischt wird; hingegen arbeiten Drucker nach dem CMYK-Farbmodell, bei dem die einzelnen Farbtöne aus den vier Grundfarben Türkis (*C*yan), Pink (*M*agenta) und Gelb (*Y*ellow) sowie Schwarz (Blac*k*) zusammengesetzt werden.

261

Tab. 7-6. Multiplikationsfaktoren (bezogen auf Schwarz als Schriftfarbe gleich 1) für farbige Bildelemente, Linienbreiten, Schriften und grafische Symbole (nach DIN 19 045-3, 1998).

Farbe	Multiplikationsfaktor	
	für Positiv-vorlagen	für Negativ-vorlagen
Grün	1	1,4
Rot	1,4	2
Blau	1,4	2
Gelb	2	2,8

7.7 Testen von Vorlagen und Bildern

Zunächst eine Vorbemerkung, die gleichermaßen für Transparente, Dias und E-Bilder gilt (DIN 19 045-3, 1998):

● Maße für Linienbreiten und kleinste Bildelemente sollen für alle Projektionsarten gelten.

Im Besonderen gelten also die Empfehlungen der Tabellen 7-1 (Abschn. 7.1.2), 7-2 (Abschn. 7.1.3) und 7-3 (Abschn. 7.2) sowie Tab. 7-6 nicht nur für Transparente und Dias, sondern auch für die Bilder bei E-Präsentationen (s. Abschn. 4.7.8).

Es gibt einfache Möglichkeiten zu testen, ob Einzelheiten auf Originalvorlagen in der Projektion erkennbar oder lesbar sind (s. auch Abschn. 7.1.1). Multiplizieren Sie die Länge der größten Seite des Darstellungsfeldes mit 8; das ergibt den *Prüfabstand* für gezeichnete und/oder gedruckte Originalvorlagen (DIN 19 045-3, 1998). Für eine Originalvorlage im Format A4 ergeben sich mit etwa 28 cm Feldbegrenzung dadurch 2,25 m, und aus dieser Entfernung sollten noch alle Bildelemente (Buchstaben usw.) deutlich zu erkennen sein. Prüfen Sie also anhand dieser Bedingung vor allem die *Erkennbarkeit* (Lesbarkeit) der kleinsten Schriftzeichen. Oder stellen Sie sich – wie ein kluger Doktorvater schon vor vielen Jahren empfahl – auf einen Stuhl und betrachten Sie Ihre auf dem Boden liegenden Bilder: Wenn *Sie* alles lesen können, können das auch Ihre Zuschauer. (Wir empfehlen die Aufnahme des Wortes „Stuhltest" in die Weltliteratur, wenngleich anderes damit in Verbindung gebracht werden könnte.)

Für den entsprechenden Test von grafischen und Textelementen auf dem Bildschirm Ihres Notebooks oder PCs multiplizieren Sie die Bildschirmbreite mit 8; also sollten Sie Bilder beispielsweise auf einem 15-Zoll-Bildschirm (Breite ca. 30 cm) aus 8 × 30 cm ≈ 2,5 m gut erkennen können.

Ähnliches gilt für ein Dia (Bildfeld 23 mm × 35 mm): Wenn Sie die kleinste Schrift aus einer Entfernung von 8 × 35 mm, also ca. 30 cm, mit bloßem Auge lesen können, gibt es zumindest gegen die Größe der Schriftzeichen (und auch der dargestellten Einzelheiten) nichts einzuwenden. (Die Testkriterien gelten für Normalsichtige; als Brillenträger dürfen Sie die gewohnte Lese- oder Fernbrille aufsetzen.)

Um die *Wahrnehmbarkeit* von Illustrationen und ihren Einzelheiten zu prüfen, können Sie wie folgt vorgehen: Lassen Sie Testpersonen eine Abbildung 3 bis 5 Sekunden betrachten, und zwar ohne vorangegangene Erläuterung. Fragen Sie dann, was auf dem Bild zu sehen war. Aus den Antworten erhalten Sie Hinweise auf Teile, Bildelemente usw., die besonders gut oder auch besonders schlecht „herauskommen". Verwenden Sie dazu (noch) unbeschriftete Vorlagen, da Beschriftungen von den eigentlichen Bildinhalten ablenken.

Wollen Sie auch die *Verständlichkeit* von Illustrationen prüfen, so müssen Sie das fertige Bild 20 bis 40 Sekunden zeigen oder vorführen.

Den *Gedächtniswert* eines Bildes können Sie schließlich nach ca. 1 Minute Betrachtungszeit klären.

Dazu sollten Sie ein paar Tage später versuchen herauszufinden, was der eine oder andere Betrachter dann noch von dem Bild in Erinnerung hat. Damit Sie zu einem halbwegs verlässlichen, unverfälschten Ergebnis kommen, sollten Sie die betreffenden Personen möglichst nicht merken lassen, dass Sie einen Test mit ihnen durchführen.

Wir können nur verstehen, was wir vorher wahrgenommen haben. (Nicht *alles*, was auf uns eindringt, können wir verstehen.) Ebenso gewiss ist, dass nichts in unserem Gedächtnis haften bleibt, was wir nicht vorher – durch Vergleich mit früheren Erfahrungen – verstanden haben (vgl. dazu unsere Diskussion in Abschn. 1.4.2 sowie FLEISCHER 1989, S. 161):

● Der Weg zum Gedächtnis führt über das Verständnis.

Um diesen Weg zurückzulegen und das Verstandene im Langzeitspeicher abzuprägen, braucht der Betrachter Zeit. Deshalb ist die längste Betrachtungszeit anzustreben, wenn es um den Gedächtniswert eines Bildes geht. So einleuchtend diese Zusammenhänge sind, so oft werden sie in Vorträgen missachtet. Erstaunlich!

8 Bildarten

8.1 Strichzeichnungen

8.1.1 Kurvendiagramme

Wir werden in diesem Kapitel die wichtigsten Arten von Abbildungen mit ihren jeweiligen Besonderheiten vorstellen und beginnen mit den Strichzeichnungen. Der folgende Abschnitt (Abschn. 8.2) wird den Realbildern gewidmet sein. Anmerkungen zu Postern (Abschn. 8.3) schließen das Kapitel ab.

Wie wir im vorigen Kapitel gesehen haben, dürfen – und sollen – die Striche (Linien) in Strichzeichnungen unterschiedlich dick sein, je nach Bedeutung und Zweck. Punkte, Muster und Flächen gesellen sich dazu. Auch Buchstaben und Ziffern sind kleine „Strichzeichnungen".

Da die Natur nicht aus Strichen und Punkten zusammengesetzt ist, haftet der Strichzeichnung immer etwas Künstliches an, der Begriff *synthetisches Bild* ist daher ein treffendes Synonym für *Strichzeichnung*. Immer handelt es sich um Abstraktionen, um die Sicht des Zeichners von einer Sache, und sei dieser Zeichner ein Computer, der Zahlenmaterial als Balkendiagramm darstellt. (Der „Künstler" einer solchen Zeichnung ist dann wohl der Programmierer des benutzten Computerprogramms.)

● Die *Zeichnung* ist eine Aussage.

Der Betrachter soll aus ihr herauslesen, was der Zeichner hineingelegt hat. Im Gegensatz dazu ist das Foto ein Abbild der Wirklichkeit und wird daher als *Realbild* bezeichnet: ein Dokument; es sagt oder zeigt die Wahrheit. (Wir sind uns im Hinblick auf die Fotografie als *Kunst* der Durchlässigkeit dieser Abgrenzung bewusst; tatsächlich sollten wir vorsichtshalber von der Wirklichkeit sprechen, die der „Lichtbildner" sah, als er den Finger am Auslöser hatte.)

Es sei an dieser Stelle auf die dokumentarische Bedeutung von Schadens- und Unfallfotos verwiesen: Wer in einen Verkehrsunfall verwickelt ist, wird nicht aufgrund einer Zeichnung des Unfallhergangs freigesprochen oder verurteilt werden, die dient der Wahrheitsfindung; vielleicht aber aufgrund eines Fotos vom Unfallort als Beweisstück.

● Diagramme bilden zusammen mit den Schemata die Klasse der *grafischen Darstellungen (Grafiken, Bildgrafiken)*.[1]

Ihnen kann man Zeichnungen im engeren Sinne, also gezeichnete Bilder eines Gegenstands, und schließlich die Realbilder gegenüberstellen. Diese Formen

---

[1] Unter eher didaktischen Gesichtspunkten kann man Diagramme, Schemata und andere „Veranschaulichungen des Unanschaulichen" als *logische Bilder* oder *analytische Bilder* den *Abbildungen* gegenüberstellen, die reale Gegenstände mit zeichnerischen, fotografischen oder anderen Mitteln mehr oder weniger wirklichkeitsgetreu wiedergeben.

bilden eine Reihe abnehmender *Abstraktion*. Ein Diagramm hat immer etwas mit Zahlen und Funktionen zu tun; wenn man will, kann man sogar Zahlenanordnungen in Tabellen hier anschließen.

Auch das *Schema* ist eine abstrakte Grafik, aber im Gegensatz zum *Diagramm* bedeutet die schematische Darstellung Ordnung, Gestalt oder Ablauf – Aussagen, die sich oft nicht zahlenmäßig erfassen lassen. Beispiele sind Schalt- und Fließbilder oder Organisationspläne. (Das Wort „Flussdiagramm" ist nach dieser Einteilung nicht richtig gebildet, man sollte „Fließschema" oder – wie DIN 66 001, 1983 – „Datenflussplan" oder „Programmablaufplan" benutzen; keine sprachliche Alternative gibt es zu *Organigramm*.)

● *Kurvendiagramme* sind Beschreibungen von quantifizierbaren Zusammenhängen in höchster Abstraktion.

Versuchen Sie, Ihre Bilder trotz der ihnen anhaftenden Ungegenständlichkeit möglichst einprägsam zu gestalten. Entwickeln Sie Ihren Stil durch immer gleichartiges Verwenden von Schriften, Einrahmungen, Hervorhebungen, Farben und ähnlichen Stilmitteln. Setzen Sie die im vorangegangenen Kapitel beschriebenen Bildelemente zielbewusst und einheitlich ein. Schreiben Sie Bildtitel nach Möglichkeit immer an dieselbe Stelle Ihrer Bilder – am besten darüber –, damit sie nicht lange gesucht werden müssen.

● Bringen Sie Struktur in Ihre Vorlagen.

Empfehlenswert ist das Diagramm in Abb. 8-1 a. Lassen Sie weg, was das Verständnis erschweren könnte! Vermeiden Sie beispielsweise Abkürzungen, die einer Erklärung bedürfen (z. B. die Buchstaben „A", „B" und „C" in Abb. 8-1 b oder die Größensymbole in Abb. 8-1 c und Abb. 8-1 d). Schreiben Sie die Bedeutungen aus, auch wenn es mehr Mühe macht, oder setzen Sie Erklärungen – die bei einem gedruckten Bild in der *Bildlegende* stehen würden – *in* das Bild (wie z. B. in Abb. 8-1 e). Seien Sie besonders vorsichtig mit Abkürzungen, die aus einer fremden Sprache abgeleitet sind. Im modernen Flugverkehr werden für Abflug- und Zielorte die absonderlichsten Kürzel verwendet, z. B. AGP für Malaga. Das ist für die Reisenden nicht gerade hilfreich – machen Sie es *Ihren* Passagieren leichter. Wenn Kürzel sein müssen, geben Sie von sich aus die erforderlichen Auskünfte, am besten wieder im jeweiligen Bild.

Hier ist eine Stelle, bei der sich die *Doppelleinwand-Technik* bewährt: Ein Bild würde während des ganzen Vortrags Erklärungen der verwendeten Symbole, Abkürzungen und Akronyme oder andere wichtige Informationen vermitteln, so dass sich der Zuhörer selbst jederzeit Hilfe holen kann. Leider steht eine zweite Projektionseinrichtung selten zur Verfügung. Ein Flipchart oder eine Wandtafel – neben der Projektionsfläche – tun es allerdings auch.

Fremdsprachige Beschriftungen sollten Sie vermeiden und Bilder jeweils in der *Vortragssprache* beschriften. Es genügt dazu, von den Originalvorlagen

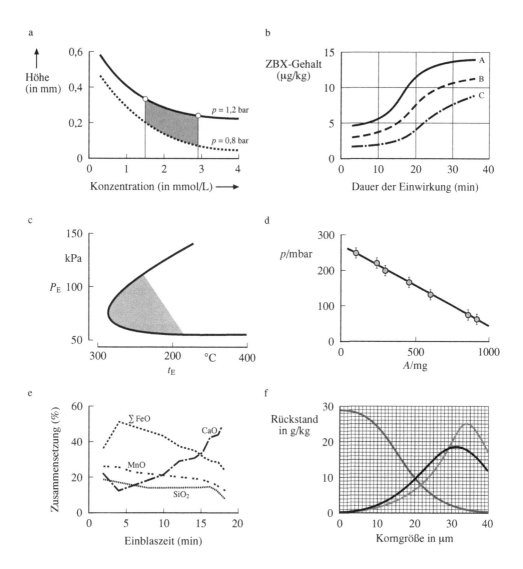

Abb. 8-1. Beschriftung von Diagrammen. – **a** bei Vorträgen empfehlenswert; **b** noch akzeptabel (besser: „A", „B" und „C" durch kurze ausgeschriebene Erklärung ersetzen); **c**, **d**, **e** und **f** zwar korrekt, aber wegen der Verwendung des Größensymbols (**c**, **d**), des wenig üblichen Eintrags der Einheiten (**c**) und wegen der um 90° gedrehten Schreibweise der Beschriftung (**e**) sowie des zu engen Koordinatennetzes (**f**) nicht zu empfehlen.

Kopien zu ziehen und die z. B. deutschen Beschriftungen mit englischen zu „tektieren" (d. h. zu überdecken, von *lat.* tectum, Dach), um daraus neue Projektionsvorlagen zu gewinnen [vgl. Methode (2) in Abschn. 6.2; aber das klingt schon ziemlich altertümlich], oder Sie greifen in Ihre *E-Bilder* ein und verändern die Beschriftungen am Bildschirm [z. B. Methode (5) in Abschn. 6.2]. Mit Grafikprogrammen oder Untermenüs für das Zeichnen zu mächtigen Programmen der Textverarbeitung ist das eine Affäre, die kaum der Rede wert ist. Sie können ihre Bilder auch in verschiedenen Sprachversionen speichern, vielleicht unter Archivtiteln wie „Abb.7-QUA fr."

Wir wollen hier nicht in allen Einzelheiten auf die Anlage von Kurvendiagrammen, ihre Skalierung usw. eingehen, das ist an anderer Stelle geschehen (EBEL und BLIEFERT 1998); wir wollen uns vielmehr auf ein paar Hinweise beschränken, wie Diagramme für Vorträge korrekt beschriftet werden können (Abb. 8-1). Einige „handwerkliche" Empfehlungen seien angemerkt, vor allem insoweit, als sie Unterschiede zwischen dem Zeichnen von Druck- und von Projektionsvorlagen betreffen.

● Beschriften Sie so knapp wie möglich und so ausführlich wie nötig, und schreiben Sie möglichst nur in der Horizontalen.

Bevorzugen Sie bei *Kurvendiagrammen* grob strukturierte Netze mit maximal je 6 Netzlinien in Ordinaten- und Abszissenrichtung (wie in Abb. 8-1 b). Feinmaschige Netze in Millimeter- oder logarithmischer Unterteilung stören nur die Übersicht (DIN 19 045-3, 1998; s. Abb. 8-1 f); das gleiche gilt für die zu Markierungsstrichen verkürzten Netzlinien.

Eine von unten nach oben an der Ordinatenachse laufende Beschriftung lässt sich beim projizierten Bild noch schlechter lesen als im gedruckten. (Zur Not kann man ein Buch um 90° drehen, aber nicht den Hörsaal.) Es wird daher empfohlen (DIN 6774-3, 1982), an der Ordinate, wenn schon in der Vertikalen, dann *gesperrt* zu schreiben. Aber das Bild wird dadurch nicht schöner, und auch gesperrt (d. h. mit vergrößertem Buchstabenzwischenraum) geschriebene Wörter lesen sich nicht gut. Verwenden Sie lieber ein Größensymbol oder eine Abkürzung – an dieser Stelle die weniger schlechte Lösung – in normaler Leserichtung, und erklären Sie *im* Bild, worum es sich handelt.

Bei Diagrammen für die Publikation dürfen Sie Einheiten in die Achsenskalierung hineinschreiben (vgl. Abb. 8-1 c; DIN 461, 1973, empfiehlt dies sogar). Für Projektionszwecke ist das weniger geeignet, weil man sie dort schlecht entdeckt; schreiben Sie lieber „Temperatur in K" unter oder neben die Achsen, damit der Betrachter auf einen Blick erkennt, was gemeint ist; oder noch ausführlicher z. B.

Flussdichte σ
in mL/L

(untereinander wie hier an der Ordinate, nebeneinander an der Abszisse). Aus demselben Grund raten wir für Ihre Vortragsbilder auch von der besonders von Physikern bevorzugten Schreibweise „Größensymbol/Einheitensymbol" (z. B. „p/mbar" in Abb. 8-1 d) ab.

● Lassen Sie Skalierungsstriche und Maßstäbe an den Achsen weg, wenn ein qualitativer Eindruck genügt.

Solche Darstellungen nennt man *qualitativ* (manchmal auch *halbquantitativ*). Es kommt dabei lediglich auf den Verlauf der voneinander abhängigen Größen an, deren Zusammenhang in Kurvenform dargestellt ist (DIN 461, 1973). Vergessen Sie bei solchen Darstellungen aber nicht die Pfeile an den Achsen (vgl. Abb. 4-1 in Abschn. 4.3) oder daneben bzw. darunter (Abb. 8-2). Das Koordinatensystem trägt zwar keine Teilung, aber markante Punkte können im Diagramm eingetragen werden.

Auch wenn Sie auf den quantitativen Zusammenhang nicht verzichten wollen, setzen Sie gut sichtbare Pfeile an die Achsenbeschriftungen (s. Abb. 8-1 a), selbst wenn sie zusätzlich zu den Zahlen nicht gebraucht werden: schnelles Erkennen ist hier das Kriterium.

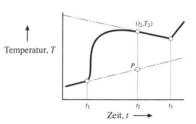

Abb. 8-2. Qualitative Darstellung eines funktionalen Zusammenhangs mit markanten Punkten.

● Beachten Sie auch bei der Beschriftung Ihrer Bilder die *Kursivschreibung* von Größen- und Variablensymbolen und allgemeinen Funktionszeichen, schreiben Sie ansonsten steil.

(Wir sind darauf ausführlich in Abschn. 7.1.4 eingegangen.) Und weiter mit Blick auf Abschn. 7.2: Wählen Sie für Kurven, Achsen und Netzlinien geeignete Linienbreiten. Kommen mehrere Kurven vor, so verwenden Sie verschiedene *Linienarten* (vgl. Tab. 7-5 in Abschn. 7.2) oder Symbole wie

●●●● ▲▲▲▲ ◆◆◆◆ ○○○○ △△△△ ◇◇◇◇

oder verschiedene Farben zur Unterscheidung; doch machen Sie bei Verwendung der Zeichen deutlich, ob sie nur als Linienmuster oder als Messpunkte verstanden werden sollen. Im letzten Fall geben Sie zweckmäßig zusätzlich noch die Messgenauigkeit an, z. B. durch

 oder

Neben den allgegenwärtigen Diagrammen mit kartesischen Koordinaten gibt es besondere Formen wie Dreieck- und Polardiagramme, Nomogramme und Wahrscheinlichkeitsnetze, auf die wir hier nicht näher eingehen können. Zeichnerisch stellen sie keine grundsätzlich anderen Anforderungen.

269

8.1.2 Balken- und Kreisdiagramme

Ohne Kurvendiagramme können *Naturwissenschaftler* nicht existieren, sie haben schon immer ihre Vorträge damit garniert. (Selbst in diesem Buch haben wir zur Erläuterung eines physiologischen Zusammenhangs auf ein solches Diagramm zurückgegriffen; vgl. Abb. 4-1 in Abschn. 4.3.) Mit *Balken-* und *Kreisdiagrammen* verhält es sich anders, die gehören nicht zu den originären Ausdrucksmitteln der Naturwissenschaften, sie kommen von den Schreibtischen der *Statistiker*. Insofern spielen sie in der Soziologie und der Wirtschaft eine große Rolle, z. B. zur Visualisierung von Umsatz und Gewinn, und es wundert nicht, dass Präsentatoren wie HIERHOLD (2002) sie ausführlich behandelt haben. Aber auch in der Medizin, z. B. bei epidemiologischen Untersuchungen oder zur Beurteilung von Befunden an einer größeren Probandengruppe, erweisen sie sich als nützlich – kurzum, wir sollten uns mit ihnen beschäftigen. Seit die Computerbenutzer ihre Liebe zu dieser Art von Bildgrafik entdeckt haben, begegnet man ihnen ohnehin überall.

Solche Darstellungen kann man im Wirtschaftsteil der Zeitungen sehen. Sie zeigen auch, was vermieden werden soll, wenn man rasch und einprägsam informieren will: Tabellen. Tabellen werden in diesem ganzen Buch nur an einer Stelle behandelt, nämlich hier und im Sinne einer Negation:

● Vermeiden Sie in Ihren Vorträgen Tabellen, bieten Sie stattdessen *Diagramme* an.

Tabellen sind langweilige, den Appetit nicht anregende Kost; sie lassen Tendenzen nur schwer erkennen. Sie haben ihren Wert zum Nachschlagen vor allem von Zahlen, und für diesen Zweck sind sie in gedruckten Werken unentbehrlich. Auch Zeitungen kommen ohne sie nicht aus, denken wir nur an die Aktienkurse oder an die Übersichten im Sportteil. Tabellen können systematisieren und Informationen gegenüber einer Darstellung als Fließtext verdichten, aber alles das brauchen Sie im Vortrag nicht. Meist enthalten Tabellen mehr Daten, als irgend jemand in dem Augenblick braucht oder aufnehmen kann. Auch haben fast alle Menschen ein schlechtes Zahlengedächtnis. Ob etwas 34,5 oder 63,6 betragen hat, wird man sich in der Regel nicht merken können, aber von Balken, die die betreffende Größe darstellten *(Balkendiagramm, Säulendiagramm)*, kann man in Erinnerung behalten, dass der eine Balken „fast doppelt so groß" war wie der andere. Unser Auge erfasst Strukturen wie überhaupt (Licht)Eindrücke aller Art außerordentlich schnell, kommt mit minimalen Belichtungszeiten aus, an die selbst moderne High-Tech-Geräte kaum heranreichen. „Es ist das beste Kommunikationswerkzeug der Welt" (KRÄMER 1992, S. 29) – wir sind „Augentiere".[1]

---

[1] Als KRÄMER in seinem trefflichen Buch *So lügt man mit Statistik* den Satz oben formulierte, dachte er an das rasche Erkennen von Strukturen etwa im Sinne dessen, was man in der →

Das Auge vermittelt zwar Sinneseindrücke, aber eine starke sinnliche Wirkung kann man Zahlzeichen nicht eben zubilligen. Wenn es denn einmal sein muss – werfen Sie keine „Börsenkurse" an die Wand! Sieben oder acht Zeilen einschließlich Tabellenüberschrift und -kopf und vier Spalten auf einem Tabellenbild sind reichlich genug. ALTENEDER (1992, S. 51) – als Siemens-Mitarbeiter zweifellos ein Mann der Praxis – möchte am liebsten nicht mehr als zwei Spalten und vier Zeilen gelten lassen: Dafür würde man in einem schriftlichen Dokument gar nicht erst mit einer Tabelle aufwarten.

Presseleute wissen gut, warum sie möglichst oft Bilder einsetzen. Beim Zeitungslesen geht es schnell zu, und wenn von nüchternen Dingen wie der Entwicklung der Baupreise oder des Weltgetreideanbaus etwas „hängen bleiben" soll, müssen die Informationen entsprechend aufbereitet sein. Ähnlich sollten Sie denken. Um bei den beiden Beispielen zu bleiben: Sie müssen nicht einen Baukran oder Mähdrescher dazuzeichnen, um das Vorstellungsvermögen Ihrer Zuhörer zu unterstützen; Ihr Publikum vermag zu abstrahieren und darf beansprucht werden. Sie brauchen auch nicht große oder kleine Häuser oder Getreidesäcke oder anderes optisches Spielzeug anzubieten, Balken (Säulen) zur *Visualisierung* von Größen*verhältnissen* – die sind es, die sich leicht aufnehmen und vielleicht sogar als „Strukturen" aufbewahren lassen – genügen.[1] Aber, so viel ist sicher, selbst die nüchternste Bildgrafik gibt Ihren Zuhörern mehr als eine Tabelle!

Von den beiden Achsen eines Balkendiagramms bedeutet eine oft eine Zeitachse mit von links nach rechts fortschreitender Zeit (vgl. Abb. 8-3 a). Auf ihr stehen die Balken senkrecht und signalisieren durch ihre Höhe den Zahlenwert einer messbaren Größe zum jeweiligen Zeitpunkt oder in einem durch die Abszissenbeschriftung bezeichneten Zeitintervall. Eine noch stärkere Abstraktion wäre die Aufzeichnung des Sachverhalts in einem *Kurvendiagramm*, in dem Sie z. B. den Preis pro Kubikmeter umbauten Raumes gegen eine Zeitachse antragen; Sie treffen die Entscheidung, welches „Stilmittel" Sie einsetzen wollen – denken Sie dabei an Ihre Zuhörerschaft. Vielleicht müssen Sie über denselben Gegenstand vor unterschiedlich zusammengesetzten Fachkreisen referieren, und

---

Informationstechnologie *Mustererkennung* (Zeichenerkennung, *Pattern Recognition*) nennt. Für den Statistiker sind Säulen, die für Zahlenwerte stehen, solche Muster. Sie werden also sehr schnell nicht nur gesehen, sondern fast ebenso schnell auch erfasst, gedeutet; näher etwa auf die *Sinnesphysiologie* des Auges einzugehen, ist an dieser Stelle weder möglich noch erforderlich.

[1] Sie werden sich für die verständliche Visualisierung Ihrer Sachverhalte kaum eines ausgebildeten Designers oder gar *Infografikers* (Informationsgrafikers) bedienen: So nennt man einen der neuen IT-Berufe. Infografiker stellen für die Print- und Online-Medien (z. B. Zeitungen, Zeitschriften, Fernsehen, Web-Seiten) Informationen möglichst klar, übersichtlich und optisch attraktiv in *Infografiken* dar. Sie benutzen als Werkzeuge dazu professionelle Software wie XPRESS, PAGEMAKER, FREEHAND, ILLUSTRATOR oder PHOTOSHOP.

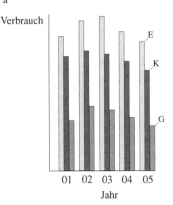

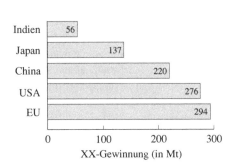

Abb. 8-3. Balkendiagramme.

einmal mag mehr die eine, das nächste Mal die andere Darstellung angemessen sein. Dies ist eine gute Gelegenheit, an das zentrale Anliegen zu erinnern:

● Setzen Sie die Ausdrucksmittel ein, die zu Ihren Zuhörern passen.

Balken- und *Kreisdiagramme* lassen sich auch dort verwenden, wo keine funktionalen Zusammenhänge existieren. Wenn die Getreideernte in verschiedenen Ländern interessiert, ist die Darstellung im Koordinatennetz am Ende, da sich zwar die Ernte quantifizieren lässt, nicht aber die Länder. So gesehen sind Balkendiagramme entartete Kurvendiagramme, in denen eine Achse keine numerische Bedeutung haben muss oder hat. Man ordnet die Balken dann gerne waagerecht an (vgl. Abb. 8-3 b), um sie von den zuvor beschriebenen Balkendiagrammen mit einer Zeitachse zu unterscheiden; die nichtnumerische Achse ist dann die vertikale.

Ähnlich ist es bei Kreisdiagrammen *(Sektorendiagrammen, Tortendiagrammen)*.

● Bei Kreisdiagrammen ist die eine verbliebene Achse zum Kreis aufgerollt, die Fläche eines jeden Kreissegments (Sektors) steht für eine darzustellende Größe.

Das Kreisdiagramm ist zu beschriften, oder die einzelnen Segmente sind durch Muster oder Farben von einander zu unterscheiden, das jeweils Spezifische ist an gut einsehbarer Stelle zu erläutern. Solche Diagramme (ein erstes Beispiel s. Abb. 7-13 in Abschn. 7.4) eignen sich besonders, um Gesamtheiten in ihre Anteile zu zerlegen, als ob man eine Torte in verschieden große Stücke schnitte. Wenn man den Umfang von 1 bis 100 skalierte – 1 % entspricht dann 3,6° –, könnte man direkt prozentuale Anteile, z. B. der einzelnen Länder an der Welt-

getreideproduktion, ablesen. Sollen mehr als sieben Größen dargestellt werden, versuchen Sie, die kleinsten Sekto-
ren zusammenzufassen und separat darzustellen (vgl. Abb.
8-4).

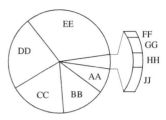

Mit *perspektivisch* „aufgerüsteten" Kreis- und Balkendiagrammen, wie Sie sie beispielsweise aus Ihren Tabellen-
kalkulationen kennen, wollen wir uns allerdings zurückhal-
ten und hier keine Beispiele anführen, ja eine Warnung damit verbinden. Zwar kommt die perspektivische Form der

Abb. 8-4. Kreisdiagramm.

Vorstellungskraft des Betrachters entgegen, trägt aber nicht unbedingt zur Ver-
sachlichung bei. Manchmal weiß man nicht, ob nur die Höhe oder auch die
Dicke der Balken gemeint ist, und da können Sinnestäuschungen falsche Eindrücke bewirken: Das schmale Tortenstück wirkt zufrieden stellender, wenn
wenigstens die Torte hoch ist, aber es ist immer noch ein schmales Stück. Um
noch einmal auf die Getreidesäcke zurückzukommen: Soll nun der doppelt so
hohe Sack eine doppelt so hohe Getreideernte bedeuten oder, in der dritten Dimension, vielleicht eine 8-mal so hohe ($2^3 = 8$)? Wenn das Sinnbild für die abge-
füllte Menge Getreidekörner auch *dicker* gezeichnet worden ist, vermutet man
eher das letzte. Hier gilt es aufzupassen, damit es nicht am Ende heißt: „Ein Bild
lügt mehr als tausend Worte."

Mit Hilfe von *Tabellenkalkulationsprogrammen* lassen sich Datensätze qua-
si „auf Knopfdruck" in Balken- oder Kreisdiagramme umwandeln. Von den zahlreichen Tabellenkalkulations- und anderen Rechenprogrammen ist Excel (im
Office-Paket von Microsoft) am weitesten verbreitet; andere Programme dieses
Typs sind Wingz (von Informix, Lenexa), StarCalc (enthalten im Office-Paket
StarOffice von Sun), Lotus 1-2-3 (aus dem Office-Paket von SmartSuite von
Lotus) sowie QuattroPro (von Corel). Aber auch einige einfachere Programme
wie Works (von Microsoft oder Claris) besitzen Tabellenkalkulationsfunktionen
und sind heutzutage in der Lage, in Tabellenform angeordnete Informationen
mit wenigen einfachen Befehlen in eine der geschilderten Darstellungsformen
zu bringen. Diese Diagramme lassen sich verhältnismäßig frei und variabel beschriften, und die einzelnen Flächensegmente können Sie mit den gewünschten
Rastern, Farben oder Schraffuren füllen. [Für anspruchsvolle Diagramme sollten Sie zu einem echten *Zeichenprogramm (Illustrationsprogramm, Vektorgrafikprogramm)* greifen, das auf die (wissenschaftlich korrekte) Präsentation
von Daten spezialisiert ist, z. B. CorelDraw (von Corel), Illustrator (von
Adobe), FreeHand (von Macromedia), Designer (von Micrografx) oder Origin
(von Microcal Software).]

Denken Sie bei der Auswahl von Rastern, Schraffuren oder Farben daran,
dass ein Flächenstück um so dunkler eingefärbt oder gerastert werden sollte, je

kleiner es ist. Bei nebeneinander liegenden gerasterten Flächen sollten sich zur besseren Unterscheidbarkeit die Grauwerte jeweils um 20 % unterscheiden.

8.1.3 Blockbilder

Kurven- und Balkendiagramme kann auch ein Computer zeichnen, wenn man ihn mit den erforderlichen Daten füttert. Das Entwerfen von *Schemata (Strukturbildern)* – dazu zählen wir *Blockbilder*[1] – hingegen erfordert Intuition; geht es doch darum,

> Ordnung, Gestalt oder Ablauf

mit ein paar Strichen als Bild verkürzt sinnfällig zu machen. Zur Verfügung stehen *Linien* und *Pfeile* sowie einige *geometrische Figuren,* dazu in beschränktem Umfang *Schriftzeichen* oder Schrift.

Ein einfaches Beispiel für ein Blockbild ist dieses:

Wie jede Verkürzung ist auch diese mit Wahrheitsverlust verbunden, mit Unschärfe und Vieldeutigkeit. Mit den beiden Bildchen wird ein Organisationsfachmann etwas anderes assoziieren als ein Eheberater. Und dann bleibt die spannende Frage: Wer oder was ist X, wer oder was Y? Und vielleicht auch: Warum ist eine Fläche, ein Rahmen oder eine Linie mit einem Raster oder einer bestimmten Farbe hervorgehoben? Gerade hierin kann der Reiz solcher Bilder liegen, wenn Sie sie richtig anlegen und einsetzen: Die Zuhörer sind gespannt und wollen Ihre Erklärung hören. Danach rastet das Bild bei jedermann ein, und Sie haben erreicht, was Sie sich als Vortragender nur wünschen können.

Im Allgemeinen geht man bei solchen Blockbildern davon aus, dass der *Ablauf* von links nach rechts oder von oben nach unten (Befehlslauf in einem Organigramm) erfolgt. Aus Platzgründen ist es jedoch manchmal erforderlich, durch Pfeile eine geänderte Richtung anzuzeigen.

● Besonders anschaulich lassen sich Herstellungsverfahren, Verfahrensabläufe, Untersuchungsverläufe u. ä. als *Fließbild (Fließschema)* darstellen.

---

[1] Wir wollen alle Arten von Bildern, die als *geometrische Figuren* Dreiecke, Rechtecke, Rauten, Kreise o. ä. enthalten, unter dem Oberbegriff „Blockbilder" zusammenfassen; dazu zählen wir Organigramme, Blockschaltbilder, die Fließbilder der Verfahrenstechnik und die Datenflusspläne der Informatik. – In der Kartografie versteht man unter einem Blockbild (Blockdiagramm) die schematische Darstellung beispielsweise des geologischen Aufbaus eines blockförmigen Ausschnitts der Erdoberfläche. Manchmal werden auch dreidimensionale Säulendiagramme als *Blockdiagramme* bezeichnet.

Darunter versteht man in der Verfahrenstechnik die „zeichnerische Darstellung des Ablaufs, Aufbaus und der Funktion einer verfahrenstechnischen Anlage oder eines Anlagenteils" mit Hilfe von grafischen Symbolen für Apparate und Maschinen sowie für Rohrleitungen und Armaturen (DIN EN ISO 10 628, 2001). Für Vorträge sind in der Regel *Grundfließbilder* (*engl.* block diagrams) zu bevorzugen: Sie haben den höchsten Grad der Abstraktion und sind mit einem Minimum an Einzelinformationen befrachtet. Beispielsweise stehen in Rechtecken, die mit Pfeilen für die Fließrichtung der Stoffe verbunden sind, nur Begriffe wie „Reaktion" oder „Rückgewinnung" (allgemein: Prozess; s. Abb. 8-5), ohne dass Einzelheiten der entsprechenden Anlagenteile angegeben sind. Falls „Verzweigungen" *(Entscheidungen)* in dem Ablauf-„Algorithmus" vorkommen, steht dafür eine Raute. Anfang und Ende eines Ablaufs werden oft in Rechtecken mit gerundeten Ecken dargestellt. Verfahrens- oder gar RI-Fließbilder (Rohrleitungs- und Instrumentenfließbilder) enthalten in der Regel zu viele Detailinformationen (wie Bezeichnung der Apparate und Maschinen mit Angabe der charakteristischen Betriebsbedingungen und der Durchflüsse bzw. Mengen von Energie oder der Ein- und Ausgangsstoffe).

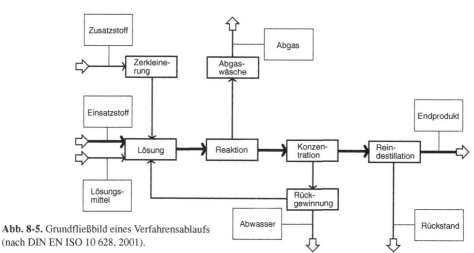

Abb. 8-5. Grundfließbild eines Verfahrensablaufs (nach DIN EN ISO 10 628, 2001).

8.1.4 Technische Zeichnungen

Vor allem im *Ingenieurwesen*, aber auch in Physik, Chemie und anderen Bereichen der Naturwissenschaften und speziellen Disziplinen der *Medizin* ist es häufig erforderlich, einen *Apparat* (oder eine *Anlage*) zu zeichnen, um einen Eindruck von seinem Aufbau und seiner Funktion zu vermitteln. In *Bedienungsanleitungen* werden zeichnerische Informationen an die Benutzer oder Betreiber weitergegeben.

Für manche Berufe wie Maschinenbauer, Bauingenieure und *Architekten* waren traditionell Zeichenbretter das wichtigste Handwerkszeug, in großen Konstruktionsbüros standen sie in Reih' und Glied an jedem Arbeitsplatz. Durch das Aufkommen des *Computer Aided Design* (CAD) hat sich hier vieles geändert; die Büros sehen anders aus, wie Computershops. Aber die Aufgabe ist dieselbe geblieben: Das Anfertigen technisch und wissenschaftlich einwandfreier, maßstabsgerechter Zeichnungen bleibt ein fester Bestandteil vieler Studiengänge.

● In der *technischen Zeichnung* soll mit möglichst einfacher Linienführung das Wesentliche eines technischen Gebildes aufgezeigt werden.

Wir können uns hier nicht vornehmen, in die Kunst der Anfertigung solcher Bilder – Technischer Zeichner ist ein eigener Beruf! – einzuführen, und verweisen lediglich auf DIN 6774-4 (1982).

Oft entsteht ein realitätsnaher Eindruck von einem Gegenstand erst, wenn durch Zeichnen in einem (scheinbar) dreidimensionalen Koordinatenkreuz dem Gegenstand nicht nur Fläche, sondern auch *Tiefe* gegeben wird. Durch Anfertigen verschiedener *Schnitte* (Längsschnitt, Querschnitt; Aufsicht, Draufsicht) kann zudem Einblick in das Innere von Apparaturen gewährt werden.

● Wenn Sie nur gelegentlich vor der Aufgabe stehen, einen Gegenstand perspektivisch zu zeichnen, so lassen Sie sich von einem Fachmann beraten.

Es gibt z. B. *Liniennetze*, auf denen auch der Laie recht gut *perspektivisch* nach Norm zeichnen kann. Auch stehen Lineale zur Verfügung mit Maßstäben in den Winkeln 7° und 41°, den Grundwinkeln des dimetrischen Koordinatensystems. Es handelt sich dabei um die Winkel, um die die y- und x-Achse in dieser Perspektive von der Horizontalen abweichen; die genauen Werte sind 7° 10' für die y-Achse und 41° 25' für die „nach vorne" weisende x-Achse (mehr dazu s. DIN ISO 5456-3, 1998).

● Für den Vortrag sollen technische Zeichnungen mit einem Minimum an Details auskommen.

Auf unwesentliche Einzelheiten wie Maßangaben sollten Sie verzichten oder nur wenige Hauptmaße angeben. Die Pläne aus der Ingenieurabteilung sind für den Vortrag ungeeignet, und umgekehrt. Es ist nun einmal ein Unterschied, ob man zur Konstruktion anleiten oder die Konstruktion „nur" verständlich machen will. Sie müssen das Gerät oder die Apparatur ggf. vereinfacht darstellen und die Konstruktionszeichnung entsprechend ändern.

Flächen werden im wissenschaftlich-technischen Vortrag durch Farben, Schraffuren oder Raster (s. Abschn. 7.3) nur unterschieden, wenn dadurch das Verständnis und die räumliche Anschauung verbessert werden können.

● Zeichnen Sie nur die wichtigsten Maß- und Netzlinien ein, halten Sie sich mit der Angabe von *Bemaßungen* zurück.

(Eindrucksvolle Beispiele für den dadurch erzielbaren Gewinn an Übersichtlichkeit enthält beispielsweise DIN 6774-3, 1982.) Vereinheitlichen Sie so weit wie möglich, z. B. durch einen allgemeinen Hinweis wie „alle Maße in cm". Maßstabsangaben wie

„1 : 500" oder „1000fache Vergrößerung"

sind bei projizierten Bildern nicht sinnvoll. Manchmal genügt es, eine Maßstrecke (ähnlich wie auf einer Landkarte) mit einzuzeichnen (s. auch Abschn. 8.2).

In *Bildfolgen* lassen sich mit Teilbildern zwei Zustände wie

Vorher/Nachher, Alt/Neu oder Falsch/Richtig

gegenüberstellen. Man kann auch kompliziertere Zusammenhänge und Abläufe andeuten – wir erinnern uns in diesem Zusammenhang an die Zeichnungen im Physikbuch zur Erklärung des Otto-Motors *(Phasenbilder)* – oder Einzelheiten stärker herausarbeiten, die in einem Übersichtsbild nicht alle Platz haben. Übersichtsdarstellung und Detail können auch in einem Bild vereinigt sein (s. Abb. 8-6). Für das Verständnis ist das die bessere Lösung, die also den Vorzug verdient, wenn der Platz auf dem Darstellungsfeld es gestattet. Durch Umrahmungen, Rasterunterlegungen, Farben oder Hinweislinien ist die Verbindung des Einzelnen mit dem Ganzen herzustellen. Die Vorgehensweise ist ähnlich wie bei Realbildern (s. Abschn. 8.2).

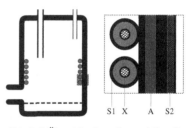

Abb. 8-6. Übersichtsdarstellung mit Detail.

Schließlich sei auf die Möglichkeit verwiesen, ein Gerät in Gedanken in seine Bestandteile zu zerlegen und diese einzeln zu zeichnen. Solche Darstellungen werden drastisch als *Explosionsbilder* bezeichnet (s. Abb. 8-7).

8.2 Halbton- und Farbabbildungen

Die Welt stellt sich auch für den Farbblinden nicht in Schwarz und Weiß dar, sondern in Grauabstufungen. Das *Realbild (Realaufnahme* nach DIN 19 045-3, 1998) ist in der Regel eine *Halbton-* oder *Farbabbildung* mit fließenden Übergängen zwischen Schwarz und Weiß oder beliebigen Farben und Farbabstufungen. Die Herstellung von Realbildern, also die Konservierung visueller Eindrücke der Wirklichkeit, ist erst durch die *Fotografie* (Schwarzweiß-Fotografie, Farbfotografie) möglich geworden. Die klassi-

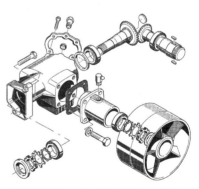

Abb. 8-7. Explosionsbild. (Mit freundlicher Genehmigung der ITEDO Software GmbH, Siegburg.)

277

sche fotografische Technik ist bis zu außerordentlichen Leistungen der Licht-empfindlichkeit, Auflösung und Farbechtheit entwickelt worden und wird auch neben anderen Bildtechniken Bestand haben; vor allem ihr Auflösungsvermögen ist unübertrefflich. [Wir notieren das in einer Zeit, in der immer mehr Labors für das Entwickeln von (Farb)Filmen angesichts des Vormarschs der *Digitalkamera* wohl für immer ihre Pforten schließen müssen, mit wehmütigem Rückblick.]

● Setzen Sie Realbilder ein, wo Gegenstände der Natur oder Technik wirklich-keitsgetreu wiedergegeben werden müssen.

Geeignete Objekte für Forschung und Entwicklung gibt es häufig in der *Medizin* und den deskriptiven Naturwissenschaften (z. B. *Bio-* und *Geowissenschaften*) sowie in der Technik (z. B. Werkstofftechnik, *Apparatebau*). Für viele Wissen-schaftler ist daher die *Kamera* – heute in vielen Fällen eine *Digitalkamera* – ein unentbehrliches Werkzeug. Zur „normalen" Fotografie kommen Spezialanwen-dungen wie die *Mikrofotografie* oder die Fotografie mit Lichtwellen außerhalb des sichtbaren Bereichs (z. B. mit Röntgenlicht).

Die Fotografie ist darüber hinaus eine hervorragende Reproduktionstechnik (auf den Ersatz eines Scanners durch eine Digitalkamera haben wir schon in Abschn. 6.3 hingewiesen). Deswegen kann sie auch im Bereich des Sachbilds, also der Strichzeichnung, eingesetzt werden.

Realbilder in Schwarzweiß oder in Farbe sind aufwändiger zu bearbeiten als Strichzeichnungen. Schon deshalb:

● Prüfen Sie sorgfältig, ob Sie ein Realbild tatsächlich brauchen.

Es mag manchmal wünschenswert sein, ein neues Gerät im Bild zu sehen, um sich einen Gesamteindruck zu verschaffen. Für Wissenschaftler und Techniker ist es wichtiger zu wissen, wie das Gerät funktioniert. Das vermittelt am besten eine Schemazeichnung, zumal ein Foto oft nicht mehr als das Gehäuse zeigen kann. Der Zeichner dagegen kann in beliebigen Schnitten das Innenleben des Geräts bloßlegen – in Gedanken jedenfalls.

● Versuchen Sie, weniger wichtige Teile des Objekts im Bild zurücktreten zu lassen oder zum Verschwinden zu bringen.

Zeigen Sie die für die Vortragsunterstützung wichtigen Einzelheiten des behan-delten Gegenstandes. Durch geeignete Ausleuchtung des Objekts und Beschrän-kung der *Schärfentiefe* auf den gewünschten Apparateteil sowie durch Abde-cken oder Abblenden bei der Bildentwicklung können Sie das erreichen. Glanz-lichter und störende Schatten sollten Sie nach Möglichkeit entfernen. Digital-bilder können Sie in Bildbearbeitungsprogrammen wie PHOTOSHOP (von Adobe) bearbeiten. Aber selbst Papierbilder können Sie durch *Retuschieren* verändern. Das Realbild ist also doch mehr als die Wiedergabe der „Wirklichkeit": Bei der Aufnahme und bei der Entwicklung im Fotolabor oder am Computer zwingt der

Fotograf dem Bild seinen Willen auf, auch die Fotografie wird „künstlich" (synthetisch) – oder künstlerisch.

● Setzen Sie eine *Bildfolge* ein, wenn es darum geht, Einzelheiten gut sichtbar und gleichzeitig das Ganze erfassbar zu machen.

(Wir sprachen von Bildfolgen in anderem Zusammenhang schon am Ende des vorigen Abschnitts.) Gehen Sie ähnlich vor wie im Film:

Totale → Halbeinstellung → Nahaufnahme.

Arbeiten Sie mit verschiedenen Objektiven, Blenden usw.; zeigen Sie durch künstliche Konturlinien, welches Detail Sie weiter vergrößern. DIN 19 045-3 (1998) spricht dazu eine Empfehlung über die Größe aus, die ein Bildelement in einer Schwarzweißaufnahme mindestens haben soll, um in der Projektion gut erkennbar zu sein:

● Die Grenze der Erkennbarkeit kleiner Gegenstände in einer Fotografie für die Projektion liegt bei etwa 1/40 der Bildbreite.

Die Regel entspricht den Vorschriften über Schriftgrößen und Linienbreiten, nur dass hier an flächige Gegenstände gedacht ist. Die Angabe bezieht sich auf die Kantenlänge eines gedachten Quadrats, das der Gegenstand ausfüllt. (Bei einer A4-Zeichnung sind dies etwas mehr als 7 mm.)

Bei farbigen Realaufnahmen ist für die Größe des kleinsten noch erkennbaren Bildelements eine Korrektur durch Multiplikation mit einem Faktor – abhängig von der Farbe des Bildelements (s. dazu die Faktoren in Tab. 7-6 in Abschn. 7.6) – anzubringen.

Die Größe eines Bilddetails z. B. in der Mikro- oder Makrofotografie entzieht sich oft der unmittelbaren Vorstellung. In solchen Fällen ist ein *Streckensymbol* wie

in das Realbild zu zeichnen (s. auch Abb. 7-14 d), sofern Sie es nicht vorziehen, einen bekannten Gegenstand wie ein Streichholz dazu zu kopieren. Die Mikrowelt der Chemiker ebenso wie die Makrowelt der Astronomen und Astrophysiker ermangelt freilich solcher Anschauungsmittel.

8.3 Poster

8.3.1 Die Poster-Ausstellung

Wir schließen hier noch das *Poster* als besondere Bildart an (von *engl.* poster, Wandbild, Plakat).[1] Im Gegensatz zu allen bisher besprochenen Bildern und

---

[1] Auch die Tafeln, die man an den Wänden von Messeständen sehen kann, haben viel mit den im Folgenden geschilderten Vortragspostern gemein. Aber wir wollen hier nur von Postern spre-
→

Anwendungen handelt es sich nicht um projizierte Bilder und die Technik des „Bildwurfs", sondern um die Zusammenstellung von vorbereiteten Bildern und Bildelementen auf einer Tafel oder Wand (*Pinnwand*; aus *engl.* pin, Reißzwecke, Pinne)[1] im Sinne einer Collage, die man – wie ein Plakat – unmittelbar auch aus größerer Entfernung betrachten kann. Poster sind eine moderne Kommunikationsform auf Tagungen und Messen.

Als in Deutschland noch nicht so häufig Englisch gesprochen wurde wie heute, sagte man statt Pinnwand *Stecktafel*. So oder so, es handelt sich oft um Bretter mit weicher Auflage z. B. aus Kork („Korktafel"), auf die man Blätter, Karten, Symbole usw. aufstecken kann. Normale Stecknadeln sind dafür weniger geeignet; es gibt für diese Zwecke Nadeln mit dickem farbigem Kopf, die sich leichter anfassen, eindrücken und auch wieder herausziehen lassen. Auch Reißbrettstifte kommen in Frage. Die „Stecktafel" war bei Seminarleitern schon beliebt, bevor sie zur Pinnwand avancierte, da sie vielfältige Möglichkeiten der Improvisation zulässt, beispielsweise die Visualisierung der Ideen von Mitgliedern einer Arbeitsgruppe.

Bei manchen Tagungen werden Tafeln mit fester lackierter oder Kunststoff-Oberfläche bereitgestellt, auf denen die Poster dann mit transparenten Klebestreifen befestigt werden können. Auch Standtafeln aus Leichtmetall sind beliebt; stellt man sie senkrecht vor eine Wand, so entstehen kleine „Besprechungsboxen".

Die Poster der verschiedenen Autoren oder Autorengruppen werden während der ganzen Tagung oder eine bestimmte Zeit lang zur Schau gestellt, beispielsweise in geeigneten Wandelgängen oder Foyers. So lange können sie auch von jedermann inspiziert werden. Die Urheber der Poster brauchen nicht zugegen zu sein; in der Regel aber werden sie vom Veranstalter verpflichtet, zu einer bestimmten (in den Unterlagen bekannt gegebenen) Zeit für Gespräche zur Verfügung zu stehen. Dann bietet sich für die Tagungsteilnehmer die Gelegenheit zur Vertiefung und zur Diskussion. Manche Poster-Aussteller sehen an ihrer Pinn-Wand eine Stelle vor mit einem Vermerk „Für Visitenkarten, Mitteilungen usw." und erwarten von interessierten Besuchern, dass sie ihre Karte oder einen Zettel mit Anmerkungen, Fragen oder einer Bitte um Zusendung von Sonderdrucken mit bereit gelegten Reißbrettstiften am Brett festmachen oder in eine kleine vorbereitete Ablage legen.

Bei größeren Tagungen oder Symposien werden „Poster-Ausstellungen" (*engl.* poster sessions) parallel zu den Vortragsveranstaltungen organisiert, um die

---

chen, die im Rahmen wissenschaftlicher Tagungen ausgestellt werden. Auf Poster, wie Sie in Fluren von Instituten und Firmen oder in Laboratorien – mehr zu Werbe- und Informationszwecken – aufgehängt werden, wollen wir nicht eingehen.

[1] Eigenartigerweise nennt man diesen Gegenstand im Englischen und Amerikanischen anders, nämlich "bulletin board".

Möglichkeiten zum Informationsaustausch zu erhöhen, ohne die Anzahl der "Oral Presentations" vergrößern zu müssen. Es gibt sogar Tagungen, bei denen alle Beiträge – die auf Einladung gehaltenen Vorträge ("invited lectures") ausgenommen – in Form von Postern, d. h. als *Poster-Vorträge*, präsentiert werden.[1]) Besonders gut haben uns solche Tagungen gefallen, bei denen die Autoren jeweils in kurzen 2-minütigen Vorträgen die Aussagen der im Poster dargestellten Untersuchungen in Form von Thesen vortrugen. Nach zehn solcher Ultrakurzvorträge begann dann die eigentliche ca. $1^1/_2$ Stunden dauernde Poster-Besichtigung.

Durch Poster lassen sich wissenschaftliche Informationen rasch und gezielt austauschen. Poster-Ausstellungen lassen vergleichsweise mehr Zeit für die Diskussion als die üblichen Vortragsveranstaltungen, die Zeit wird konzentrierter genutzt. Auf diese Weise kann man in kürzerer Zeit mehr Vortragende „zu Wort" kommen lassen: Der Teilnehmer an einer Tagung kann sich mit mehr Themen beschäftigen, und er hat keinen Vortrag an einer anderen Stelle versäumt, wenn ihm der Titel eines Poster-Beitrags etwas Falsches versprochen hat. Auch kann er den Autor gezielt nach denjenigen Dingen befragen, die ihn an der dargestellten Arbeit besonders interessieren, er kann offene Fragen mit ihm oder ihr erörtern oder darum bitten, Sonderdrucke, Substanzproben, Spektren u. ä. zugesandt zu bekommen.

Manche Kongressgänger halten die Poster-Ausstellungen für den eigentlichen Umschlagplatz von „heißer Ware" auf einem Kongress. Sie sehen in den „Wandzeitungen" und „Graffiti" ihrer Kollegen das spontanere, aktuellere Medium im Vergleich zu den vom Podium aus zelebrierten Vorträgen. Tatsächlich findet sich bei den Postern gern der nach oben drängende akademische Nachwuchs ein, zumal manche Arbeitskreisleiter ihre jüngeren Mitarbeiter zunächst einmal mit einem Poster und später erst mit einem gesprochenen Vortrag ins Gefecht führen.

Poster überfüttern ihre Betrachter meistens nicht – im Gegensatz zu den meisten gesprochenen Vorträgen mit ihrer fast chronisch-manifesten "over-information". Schon aus diesem Grund halten wir viel von Poster-Veranstaltungen. Bei Postern kann sich der Betrachter seine „Nahrung" in Ruhe und nach Belieben auswählen!

---

[1] Kritische Geister wollen der Darbietung eines Posters das Merkmal „Vortrag" nicht zuerkennen, weil sie im Extremfall ganz ohne das gesprochene Wort auskommt. Da sich aber diese Darbietungsform als Bestandteil von Vortragsveranstaltungen bewährt hat, wollen wir den „Poster-Vortrag" gelten lassen. Manche Tagungsveranstalter halten es in ihren Ankündigungen lieber mit der *Poster-Demonstration (oder -Präsentation)*; andere loben für die besten Poster Preise aus und setzen für die Beurteilung eine eigene Jury ein oder lassen die Tagungsbesucher durch Abgabe von Stimmzetteln an dem „Wettkampf" teilnehmen.

8.3.2 Gestaltung von Postern

Eigene Normen für Poster, die man als Richtschnur nehmen könnte, gibt es unseres Wissens nicht. Auch sind allgemeine Gestaltungsregeln schwer zu formulieren, da beispielsweise bei einer allgemeinen Zuhörerschaft mehr auf Ergebnisse und deren Bedeutung eingegangen werden muss, während die Spezialisten des Fachs nicht nur etwas über die Ergebnisse wissen wollen, sondern auch, wie sie erhalten wurden. Meistens werden vor der Tagung spezielle Anleitungen herausgegeben, in denen der Veranstalter darlegt, wie er sich diesen Teil der Tagung vorstellt. Ins Einzelne gehende verbindliche Hinweise sucht man darin aber meist vergeblich. Am wichtigsten ist noch die Angabe der Fläche, die für jeden einzelnen Beitrag zur Verfügung steht, und ein Hinweis, ob die Plakate im Hoch- oder Querformat anzufertigen sind. Flächen wie das Format A0 (841 mm × 1189 mm) und größer (z. B. 150 cm × 100 cm) sind dabei üblich. Auf die zur Verfügung gestellten Wände soll nicht unmittelbar gezeichnet oder geschrieben werden.

● Poster müssen „für sich sprechen können".

Sie müssen die Aufmerksamkeit auch flüchtiger Betrachter einfangen. Sie müssen für Ihr Thema werben. Machen Sie die Betrachter Ihres Posters neugierig und provozieren Sie sie zum Gespräch, zur Diskussion. Sie können nur einen Bruchteil der Informationen, die Sie in einen Vortrag von ca. 15 Minuten packen würden, auf der Posterfläche unterbringen. Bedenken Sie bitte, dass die Betrachter der Poster nicht sitzen, sondern sich in den Hallen und Fluren bewegen und durch Geräusche und Bewegungen anderer abgelenkt werden. Beobachten Sie einmal selbst das Verhalten des Fachpublikums! Auch der mild Interessierte wendet, so werden Sie feststellen, einem Poster im Schnitt nur kurze Zeit zu: Er kommt, sieht, versteht oder fühlt sich angesprochen (oder auch nicht) – und verschwindet. Und das alles in 90 Sekunden oder weniger. Ihre Poster müssen also die Betrachter ansprechen!

● Die Attraktivität eines Posters beginnt beim *Titel*.

Er sollte so viel Interesse an dem wissenschaftlichen Gegenstand erwecken, dass viele Tagungsteilnehmer schon aufgrund der Ankündigung in den Tagungsunterlagen *Ihr* Poster sehen wollen. Titel wissenschaftlicher Arbeiten sind meist Wortfolgen ohne Verb; sie nennen Methoden oder den Gegenstand einer Untersuchung, selten das Ergebnis oder die Schlussfolgerung. Warum stellen Sie nicht einmal die Dinge auf den Kopf?

„Propanol auch bei portaler hypertensiver Gastropathie wirksam"

weckt eher die Aufmerksamkeit des Fachmanns als

„Zur Prophylaxe der Varizenblutungen:
Eine Untersuchung an 54 Zirrhosepatienten".

Manchmal muss man einfach kürzen, z. B.

> "Endotracheal Flowmeter for Measuring Tidal Volume, Airway Pressure, and End-Tidal Gas in Newborns"

zu

> "Endotracheal Flowmeter for Newborns".

Daneben soll die *Gestaltung* den „Vorbeigehenden" ansprechen.

● Ein Poster soll handwerklich einwandfrei sein.

Denken Sie daran: als Autor eines Posters stehen Sie in direkter Konkurrenz zu anderen. Es lohnt sich also, hier Zeit zu investieren. Zunächst:

● Einzelheiten müssen so groß sein, dass sie noch aus etwa 3 m Entfernung erkannt werden können.

Dazu ist erforderlich, dass Sie Bilder, die beispielsweise aus einer Publikation stammen, vergrößern. Mit Schreibmaschinen- oder 12-Punkt-Computerschrift beschriftete Seiten können nicht verwendet werden. Und ein Sonderdruck der Publikation in einer Fachzeitschrift, Blatt für Blatt auf die Wand gespießt, erfüllt den Zweck auch nicht. Wer will schon einen ganzen Zeitschriftenartikel lesen, wenn er mit der Erwartung kommt, schnell informiert zu werden! Wenn Sie wirklich auf etwaige Publikationen hinweisen wollen, reichen kleinere Anmerkungen auf der Posterfläche wie

> „Mehr dazu: *Z. Naturforsch.* **58b**, 1234-1238 (2003)"

oder ein kleiner Abschnitt „Literatur" mit wenigen (höchstens drei) Zitaten.

Selbst die als Originalvorlagen für die Arbeitsprojektion dienenden A4-Bilder (d. h. Kopien davon) sind meistens zu klein, da man Einzelheiten aus größerer Entfernung nicht mehr erkennen kann. Auch Papierausdrucke der E-Bilder Ihrer letzten Präsentation sind in der Regel nicht geeignet, zusammengesetzt als Poster zu überzeugen.

Der Titel Ihres Beitrags soll mit besonders großen Buchstaben geschrieben sein. Für einen Betrachtungsabstand von 3 m errechnet sich unter der Annahme „relativer Betrachtungsabstand $\leq 8\ b$" (vgl. Abschn. 7.1.1) eine Bildbreite von 3/8 m = 375 mm, dies entspricht ungefähr der Breite des Formats A3; es reicht somit für Überschriften schon eine Schriftgröße von ca. 10 mm aus (in Tab. 7-1, Abschn. 7.1.2), um gut erkennbar zu sein. Tatsächlich aber empfehlen wir im Hinblick auf die ästhetische Wirkung und die deutlich größere zu betrachtende Fläche:

● Wählen Sie für die *Posterüberschrift* mindestens 30 mm große Buchstaben.

Dann springt der Titel auch aus größerer Entfernung noch in die Augen. Und verwenden Sie dafür eine fette Schrift.[1]

---

[1] Bei Postern sind serifenlose Schriften wie Arial oder Helvetica (man zählt sie auch zu den
→

Etwa 30 % kleiner als die Überschrift (also mit einer 20-mm-Schrift) sollten die Namen der Autoren gesetzt sein. Auf postalisch vollständige Dienstanschriften können Sie auf Postern verzichten, da sie in der Regel in den Tagungsunterlagen stehen; aber der Name der Institution, in der die beschriebenen Arbeiten ausgeführt worden sind, sollte angegeben sein. Manchmal stellen die Veranstalter aus Gründen der Einheitlichkeit vorbereitete Teile mit den Titeln der Beiträge samt Autorennamen und der jeweiligen Nummer, die der Beitrag in den Tagungsunterlagen trägt, zu Beginn der Poster-Ausstellung zur Verfügung. Meistens beschränkt sich der Veranstalter darauf, Nummernschilder bereitzustellen, damit die Zugehörigkeit des Posters zu den einzelnen Sektionen der Tagung und die genaue Identität des Beitrags im Programm angezeigt werden können.

Textstücke, Beschriftungen von Diagrammen u. ä. führen Sie in kleinerer Schrift als die Posterüberschrift aus. Entsprechend den Überlegungen oben für Überschriften empfehlen wir als Hauptschrift für Text und die Beschriftung von Diagrammen usw. 10 mm große Schriftzeichen, für Nebenteile reichen 7 mm aus. Für Zwischenüberschriften (z. B. „Schlussfolgerungen" oder „Literatur") können Sie daneben beispielsweise noch 20 mm als Schriftgröße vorsehen.

In einem Poster können – und dürfen! – nicht so viele Informationen untergebracht werden wie in einem Zeitschriftenartikel. Diesen Zwang müssen Sie akzeptieren, wenn Sie ein Poster entwerfen. Wenn Sie zu viele Informationen auf der zur Verfügung stehenden Fläche unterbringen, wird Ihr Poster die Zuschauer überwältigen, ja erschlagen – für viele ein Grund, an Ihrem „Stand" vorbeizugehen und sich dem nächsten zuzuwenden. Deshalb Ihre erste Arbeit:

● Wählen Sie Daten und Informationen aus und stellen Sie bereit, was Sie zeigen wollen und müssen, um Vorbeigehende „anzuziehen", zum (Weiter)Lesen einzuladen und zum Gespräch zu verführen.

Überlegen Sie sich, wie Sie Ihr Poster so gestalten können, dass – auch optisch – die Reihenfolge klar ist, in der Ihre Botschaft gelesen werden soll. Die Hauptarbeit beim Herstellen von Postern ist tatsächlich die grafische Umsetzung des Inhalts der vorzustellenden Ergebnisse. In jedem Fall müssen die dargestellten Informationen strukturiert und die Teile mit Text und Grafik sinnvoll angeordnet sein oder eine logische Abfolge erkennen lassen. Um dies zu erreichen, können Sie Linien oder Pfeile verwenden oder durch Überschriften und ausreichend Freiraum zwischen den Spalten für eine klare Führung der Blicke „Ihrer Betrachter" sorgen. In Abb. 8-8 ist je ein Layout für ein 3- und für ein 4-spaltiges Poster im Querformat wiedergeben. Die einzelnen Diagramme, Spektren, Fotos

---

„Plakatschriften", *engl.* poster type, poster lettering) für Überschriften und auch für den eigentlichen Text eher zu akzeptieren als bei Bildvorlagen (vgl. unsere entsprechenden Anmerkungen in Abschn. 7.1.4), da hier mathematische oder physikalische Ausdrücke und Formeln – und damit Verwechslungen – seltener vorkommen. Wenn Sie andere – kostenlos erhältliche – Schriften suchen, versuchen Sie es unter www.fontfreak.com.

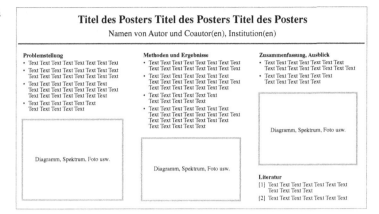

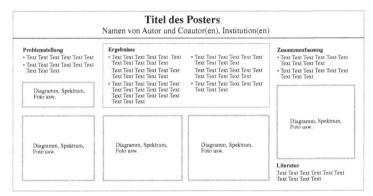

Abb. 8-8. Layout eines **a** 3-spaltigen und **b** 4-spaltigen Posters im Querformat.

usw. lassen sich mit den entsprechenden Textteilen beispielsweise durch Hinweislinien (auf die wir in unserer Abbildung verzichtet haben) verknüpfen.

Eine solche optische Führung entspricht dem *logischen* Ablauf im Sinne einer „grafischen Argumentationskette". Dazu müssen die Teile geeignet platziert und entsprechend – mit Pfeilen, Linien, Klammern u. ä. – verknüpft oder durch Spalten deutlich voneinander getrennt werden. Zusammengehörende Teilstücke lassen sich mit Rahmen, auch farbigen, optisch zusammenfassen. Überhaupt ist *Farbe* ein gutes Hilfsmittel, die Blicke des Lesers zu führen. Dass Farbe die Aufmerksamkeit der Betrachter anzieht und den Erinnerungswert vergrößert, wissen die Werbefachleute schon seit langem (denken Sie an die „lila Kuh" in der Werbung eines Schokoladenherstellers) – machen auch Sie sich diese Wirkung zunutze! Setzen Sie gezielt (wenige) Farben ein und beachten Sie unsere weiteren Hinweise dazu in Abschn. 7.6.

Und denken Sie auch daran: Ein Poster mit großzügigem *Freiraum* oder mit größeren freien Hintergrundflächen (unbedruckten Stellen) lädt mehr zum Lesen ein als ein mit Text und Bildern voll gepacktes Plakat.

● Auf ein Poster gehört eine *Kurzfassung* der vorgestellten Arbeit.

Stellen Sie sich vor, Sie hätten den Gegenstand Ihrer Poster-Vorführung als gesprochenen Diskussionsbeitrag ausgearbeitet und müssten diesen – was tatsächlich oft der Fall ist – für den „Abstracts"-Band der Tagung zusammenfassen. Eine solche Kurzfassung wäre für ein Poster noch zu stark ausformuliert, sie muss weiter verkürzt werden. Aus den Sätzen müssen die Kernaussagen in Form von Schlagworten herausgezogen werden, also nicht „In der vorliegenden Arbeit wurde erstmals X mit Hilfe der Y-Methode hergestellt", sondern beispielsweise

➤ X mit Hilfe der Y-Methode herstellbar.

Einer so gestalteten Kurzfassung kann auch der eilige Betrachter entnehmen, ob es für ihn lohnt, sich in Ihr Plakat zu vertiefen oder mit Ihnen das Gespräch zu suchen.

Neben Titel, Autorennamen und Zusammenfassung sind die übrigen Informationen, die auf der Posterfläche zu verteilen sind, im Prinzip die gleichen, die auch in einen Kurzvortrag (s. Abschn. 2.6) gehören. Aber seien Sie mit Texteinträgen auf Ihrem Poster zurückhaltend. Zu bevorzugen für knappe Textstücke sind leicht verständliche und großformatige Textbilder als „Blickfänger", möglicherweise verbunden und einander zugeordnet durch Wortleisten wie „Ziel", „Methoden", „Ergebnisse". Präsentieren Sie Textstücke nicht in Form von (größeren) Abschnitten; stellen Sie Sachverhalte – wenn möglich – lieber als Fließschema dar; die grafische Darstellung verlangt zwar mehr Zeit für ihre Herstellung, aber sie bringt Information besser „rüber" als reine – für den Betrachter ermüdende – Textpassagen. Wenn Sie schon Textstücke auf Ihrem Poster unterbringen wollen, bevorzugen Sie Auflistungen (maximal vier Einträge nach einer Überschrift) mit einleitenden Führungspunkten wie „•".

8.3.3 Herstellen von Postern

Poster können aus einem einzigen großen Blatt oder auch aus mehreren Einzelblättern bestehen.

● Technisch am einfachsten zu realisieren ist das aus mehreren Einzelblättern mosaikartig zusammengesetzte Poster.

Besonders bei Tagungen, die man mit dem Flugzeug erreichen will, wird man auf „Puzzle-Poster", aus einzelnen Blätter bestehend, zurückgreifen, da die sich einfacher transportieren lassen als eine starre Hülle mit einem aufgerollten großformatigen Plakat oder Foto.[1] Anders als oben werden die Teilflächen erst „vor Ort" zusammengefügt.

Dazu werden die einzelnen Blätter, so wie zu Hause geplant, auf der Posterwand zusammengesetzt. Mit Klebstoff darf man dabei nicht arbeiten, da sich die Blätter wieder abnehmen lassen müssen, ohne Beschädigungen oder andere Spuren auf der Wand zu hinterlassen. Den Zweck erfüllen *Klebstreifen*. Schöner als *über* Bilder und Wand laufende Bänder sind Doppelklebstreifen, die zwischen Pinnwand und Bildern liegen und so unsichtbar bleiben. Ist die Wand nicht glatt, wie bei der alten Stecktafel, wird man mit Pinn-Nadeln arbeiten müssen.

Ein-Blatt-Poster

● *Vorteile*
– Professionelles Aussehen
– Können schnell aufgehängt werden

● *Nachteile*
– Ziemlich hohe Herstellungskosten
– Bei Verbesserungen kostspieliger Neuausdruck
– Transport in unhandlichem Schutzrohr

Größere Flächen, ggf. auch die Überschriften, müssen so zusammengefügt und auf der Postertafel befestigt werden können, dass man aus wenigen Metern Entfernung nicht erkennen kann, ob sie aus einem oder aus mehreren Teilen bestehen.

● Für die Bestandteile eines Puzzle-Posters empfiehlt sich das Format A3.

Daneben können Sie auch kleinere oder größere Teile einsetzen, beispielsweise ein langes schmales Rechteck für den Poster-Titel. Um die Anordnung der einzelnen Teile auf der Posterwand richtig planen zu können, sollten Sie wissen, ob deren Bemaßung „quer" oder „hoch" gemeint ist.

Abbildungen aus Publikationen oder anderen Drucksachen können nach angemessener Vergrößerung, wie schon angemerkt, integriert werden. Ähnliches gilt auch für Textstücke, die mit einem leistungsfähigen Drucker ausgegeben werden. Wenn Sie für die Vergrößerungen eine Reprostelle (z. B. die Ihrer Hochschule) bemühen können, werden Sie auf fotografischem Weg sicherlich die beste Qualität erhalten.

Wenn Sie die Teile Ihres Posters von Vorlagen durch Fotokopieren selbst herstellen wollen, sollten Sie beachten, dass beim *mehrfachen Hochkopieren* Qualität verloren geht – u. a. sind Linien und Buchstaben dann nicht mehr randscharf. Deshalb raten wir dazu, Vorlagen für Poster-Teilblätter flächenfüllend auf A4-Papier anzufertigen, damit Sie nur *einmal* um den Faktor 1,41 hochkopieren müssen, um zu gut lesbaren A3-Vorlagen zu gelangen. Für die Schriftgrößen auf A4-Blättern beachten Sie dabei mit Blick auf die oben angegebenen Endgrößen als untere Bemaßung: Überschriften mindestens 10 mm (für den Poster-Titel mindestens 20 mm, eher 30 mm), Hauptschrift 7 mm, Nebenteile 5 mm.

---

[1] Uns wurde glaubhaft versichert, dass man mit Postern „aus einem Stück" auch in Flugzeugen gut zurecht komme, und dass man dazu nicht Jumbo fliegen müsse: Papp- oder Kunststoffrohre mit dem aufgerollten Poster lassen sich in den üblichen durchgängigen Ablageflächen gut unterbringen.

Laserdrucker-Ausdrucke kann man, was die Qualität betrifft, recht gut verwenden; aber die meisten Tischgeräte liefern nur Ausdrucke auf A4-Papier, so dass auch hier eine Vergrößerung erforderlich ist.

Will man alle Informationen auf *einem* Blatt unterbringen, so bieten sich dafür zwei Möglichkeiten an.

● Auf die Plakatfläche kann man von Hand zeichnen und schreiben.

Die Freihand-Beschriftung wird zwar von einigen Autoren nach dem Motto „Wichtig ist nur, dass die wissenschaftliche Information herüberkommt, ihre Form ist nicht maßgebend" propagiert (z. B. FEUERBACHER 1990; SCHNELLE-CÖLLN 1993); sie entspricht aber nach unserer Meinung nur selten dem Anlass und wirbt nicht unbedingt für den Autor.

Früher hat man mit Schablonen beschriftet oder Abreibbuchstaben verwendet. Heute wird man – die zweite Möglichkeit – Text und Bilder als Foto oder als Plot herstellen. Dazu fertigen Sie einen Entwurf (beispielsweise in einem Programm wie QUARKXPRESS oder CORELDRAW) an, wandeln diesen in eine POSTSCRIPT- oder andere vom Drucker/Plotter verstandene Datei (z. B. Format PDF) um und lassen diese entweder auf Rollen-Fotopapier vergrößert belichten oder geben das Großbild über einen Plotter oder einen Großformatdrucker auf Papier aus. (Vielleicht kann Ihr Institut oder die Datenverarbeitungszentale Ihrer Hochschule aus Ihrem E-Bild dies leisten; sonst versuchen Sie es in einem Copyshop.)

Ein bisschen dürfen Sie sich bei Ihrem Poster-Vortrag wie der Bänkelsänger früherer Zeiten vorkommen. Machen Sie sich mit uns den Spaß und ersetzen Sie das Wort Poster durch *Moritat*. Dazu bietet *Duden Deutsches Universalwörterbuch* folgende Erklärung an:

> „Von einem Bänkelsänger mit Drehorgelbegleitung vorgetragenes Lied mit meist eintöniger Melodie, das eine schauerliche oder rührselige, auf einer Tafel in Bildern dargestellte Geschichte zum Inhalt hat und mit einer belehrenden Moral endet."

Mit diesem Hinweis wollen wir den technischen Teil unseres Buches beschließen, ohne Sie zur Anschaffung einer Drehorgel anzuhalten. Auch unsere Altvordern verstanden schon etwas von Multimedia-Schau. Führen wir also fort, was sie begonnen haben – auf unsere Weise!

Seit langem hängt an unseren Pinnwänden eine alte Weisheit. Dürfen wir uns mit ihr von Ihnen verabschieden?

❝❞ Es gibt drei Wege zum klugen Handeln:

Durch Nachdenken – der edelste, durch Nachahmen – der leichteste, durch Erfahrung – der bitterste.

KONFUZIUS

„Kategorische Imperative"

Nr.	Text	Hinweis auf S.
1	Zügeln Sie Ihren Mitteilungsdrang!	31, 83, 153
2	Stellen Sie sich auf Ihre Zuhörer ein!	61, 95
3	Suchen Sie während des Vortrags Kontakt mit Ihren Hörern!	38, 87
4	Sprechen Sie nicht nur mit der Zunge!	140
5	Passen Sie den sprachlichen Ausdruck der Redesituation an!	145
6	Wählen Sie Ihren Vortragsstil und stimmen Sie Ihre Vorbereitungen darauf ab!	146
7	Unterstützen Sie Ihren Vortrag mit Bildern – aber richtig!	150

Literatur

In diesem Literaturverzeichnis sind alle Normen mit dem Vorsatz „Norm" versehen worden und entsprechend in die alphabetische Auflistung eingestellt. Innerhalb dieses Blocks wurden jedoch die Normenummern als Sortierelement benutzt.

ALLEY M. 2003. *The craft of scientific presentations: Critical steps to succeed and critical errors to avoid.* New York: Springer. 241 S.

ALTENEDER A. 1992. *Fachvorträge vorbereiten und durchführen.* 8te Aufl. Berlin: Siemens. 107 S.

AMMELBURG G. 1988. *Die Rednerschule: Reden, verhandeln, überzeugen.* 2te Aufl. München: Orbis. 192 S.

AMMELBURG G. 1991. *Konferenztechnik: Gruppengespräche – Teamarbeit – Workshops – Kreativsitzungen* (Schriftenreihe *Erfolg in Beruf und Alltag*). 3te Aufl. Düsseldorf: VDI. 178 S.

ARISTOTELES: *Rhetorik* (SIEVECKE G, Übers. Uni-Taschenbücher 159). 1993. 4te Aufl. München: Fink. 354 S.

BÄR S. 1996. *Forschen auf Deutsch: Der Machiavelli für Forscher – und solche die es noch werden wollen.* Frankfurt: Harri Deutsch. 160 S.

BAUSCH KH, SCHEWE WHU, SPIEGEL HR. 1976. *Fachsprachen: Terminologie, Struktur, Normung* (DIN Deutsches Institut für Normung, Hrsg). Berlin: Beuth. 168 S.

BIEHLE H. 1970. *Stimmkunde für Redner, Schauspieler Sänger und Stimmkranke* (Sammlung Göschen Bd 60/60a). 2te Aufl. Berlin: de Gruyter. 201 S.

BIEHLE H. 1974. *Redetechnik: Einführung in die Rhetorik* (Sammlung Göschen Bd 6061). 4te Aufl. Berlin: de Gruyter. 188 S.

BIRKENBIHL VF. 2001. *Stroh im Kopf? Oder: Gebrauchsanleitung fürs Gehirn.* 39te Aufl. Speyer: Gabal. 320 S.

BLIEFERT C, VILLAIN C. 1989. *Text und Grafik: Ein Leitfaden für die elektronische Gestaltung von Druckvorlagen in den Naturwissenschaften* (BLIEFERT C, KWIATKOWSKI J, Hrsg. *Datenverarbeitung in den Naturwissenschaften*). Weinheim: VCH. 316 S.

BREDEMEIER K, SCHLEGEL H. 1991. *Die Kunst der Visualisierung: Erfolg durch zeitgemäße Präsentation.* Zürich: Orell Füssli. 188 S.

DAUM U. 1998. *Fingerzeige für die Gesetzes- und Amtssprache* (Gesellschaft für deutsche Sprache, Hrsg). 11te Aufl. Wiesbaden: Quelle & Meyer. 185 S.

Duden: Grammatik der deutschen Gegenwartssprache. 1984. 4te Aufl. Mannheim: Bibliographisches Institut. 804 S.

Literatur

EBEL HF, BLIEFERT C. 1998. *Schreiben und Publizieren in den Naturwissenschaften.* 4te Aufl. Weinheim: Wiley-VCH. 552 S.

EBEL HF, BLIEFERT C. 2003. *Diplom- und Doktorarbeit: Anleitungen für den naturwissenschaftlich-technischen Nachwuchs.* 3te Aufl. Weinheim: Wiley-VCH. 192 S.

EBEL HF, BLIEFERT C, KELLERSOHN A. 2000. *Erfolgreich kommunizieren – Ein Leitfaden für Ingenieure.* Weinheim: Wiley-VCH. 348 S.

EBEL HF, BLIEFERT C, RUSSEY WE. 2004. *The art of scientific writing: From student reports to professional publications in chemistry and related fields.* 2te Aufl. Weinheim: VCH. 596 S.

FARADAY: *Naturgeschichte einer Kerze* (BUCK P, Hrsg. reprinta historica didactica; Bd 3). 1980. 2te Aufl. Bad Salzdetfurth: Franzbecker. 196 S.

FEUERBACHER B. 1990. *Fachwissen prägnant vortragen: Moderne Vortragstechnik für Wissenschaftler und Ingenieure.* 2te Aufl. Heidelberg: Sauer. 134 S.

FISCHER EP, Hrsg. 1991. *Auf der Suche nach der verlorenen Sicherheit.* München: Piper. 158 S.

FLEISCHER G. 1989. *Dia-Vorträge: Planung, Gestaltung, Durchführung.* 2te Aufl. Stuttgart: Thieme. 202 S.

FLUME P. 2003. *PowerStories: Informieren, mitreißen und überzeugen mit PowerPoint-Präsentationen.* Erlangen: Publics Corporate Publishing. 145 S.

GRAU W, HEINE H. 1980. *Technik der Projektion: Betrachtungs-, Sicht- und Projektionsbedingungen; Projektionseinrichtungen; Vorführräume; Projektionsvorlagen* (Deutsches Institut für Normung, Hrsg. DIN Normenheft 23). 2te Aufl. Berlin: Beuth. 496 S.

GRAU W, HEINE H. 1982. *Projizierte Bilder in Vorträgen: Eine kommentierte Check-Liste für Vortragende* (Deutsches Institut für Normung, Hrsg). Berlin: Beuth. 26 S.

HARLEM OK. 1977. *Communication in medicine: A challenge to the profession.* Basel: Karger. 106 S.

HARTIG W. 1993. *Moderne Rhetorik und Dialogik.* 12te Aufl. Heidelberg: Sauer. 254 S.

HAUSEN J. 1966. *Was nicht in den Annalen steht.* 5te Aufl. Weinheim: Verlag Chemie. 110 S.

HEISENBERG W. 1990. *Physik und Philosophie.* 5te Aufl. Stuttgart: Hirzel. 201 S.

HEISENBERG W. 1996. *Der Teil und das Ganze: Gespräche im Umkreis der Atomphysik.* München: Piper. 288 S.

HIERHOLD E. 2002. *Sicher präsentieren: wirksamer vortragen.* 6te Aufl. Wien: Ueberreuter. 460 S.

HOFMEISTER R. 1990, 1993. *Handbuch der Rhetorik* (2 Bde). Salzburg: Andreas & Andreas (Sonderausgabe bei Weltbild-Verlag, Augsburg). Bd 1, S 1-298; Bd 2, S 301-598.

HOLZHEU H. 1991. *Natürliche Rhetorik.* 2te Aufl. Düsseldorf: Econ. 207 S.

HOLZHEU H. 2002 (überarbeitet Neuauflage). *Natürliche Rhetorik.* München: Econ Ullstein List. 175 S.

JUNG H. 1994. *Handbuch der kommunalen Redepraxis.* 8te Aufl. Köln: Deutscher Gemeindeverlag. 316 S.

KELLNER H. 1998. *Reden, zeigen, überzeugen: Von der Kunst der gelungenen Präsentation.* München: Hanser. 244 S.

KRÄMER W. 1992. *So lügt man mit Statistik* (Reihe Campus Bd 1036). 4te Aufl. Frankfurt/Main: Campus. 142 S.

KRÄTZ OP, PRIESNER C (Hrsg). 1983. *Liebigs Exerimentalvorlesung: Vorlesungsbuch und Kekulés Mitschrift.* Weinheim: Verlag Chemie. 498 S.

KRECH EM, RICHTER G, STOCK E, SUTTNER J. 1991. *Sprechwirkung: Grundfragen, Methoden und Ergebnisse ihrer Erforschung.* Berlin: Akademie-Verlag. 302 S.

LANGER I, SCHULZ VON THUN F, TAUSCH R. 1990. *Sich verständlich ausdrücken.* 4te Aufl. München: Reinhardt. 167 S.

LEMMERMANN H. 1992. *Lehrbuch der Rhetorik: Redetraining mit Übungen.* 4te Aufl. München: Moderne Verlagsgesellschaft. 240 S.

LEMMERMANN H. 2000. *Praxisbuch Rhetorik: Redetraining mit Übungen.* 8te Aufl. München: Moderne Verlagsgesellschaft. 240 S.

LICHTENBERG: *Aphorismen, Essays,* Briefe (BLATT K, Hrsg). 1992. Leipzig: Dieterich. 692 S.

LÜBBE H. 1991. Die schwarze Wand der Zukunft (FISCHER EP, Hrsg. *Auf der Suche nach der verlorenen Sicherheit,* Mannheimer Gespräche). München: Piper. S 17-44.

LÜSCHER M. 1988. *Die Harmonie im Team: Kommunikation durch Umkehr-Denken.* Düsseldorf: ECON. 128 S.

MACKENSEN L. 1991. *Zitate, Redensarten, Sprichwörter.* 5te Aufl. Hanau: Dausien. 887 S.

MACKENSEN L. 1993 (Sonderausgabe). *Gutes Deutsch in Schrift und Rede.* München: Mosaik. 416 S.

MAECK H. 1990. *Das zielbezogene Gespräch* (Schriftenreihe *Erfolg in Beruf und Alltag*). 2te Aufl. Düsseldorf: VDI. 195 S.

MARKS HE. 1988. *Vom Lichtbildervortrag zur Multivision.* Essen: Vulkan-Verlag. 168 S.

MILLER GA. 1993. *Wörter: Streifzüge durch die Psycholinguistik* (GRABOWSKI J, FELLBAUM C, Übers. *The Science of words*). Heidelberg: Spektrum Akademischer Verlag. 315 S.

MOHLER A. 1982. *Cicero für Manager: Wege zur vollendeten Redekunst.* 2te Aufl. München: Langen-Müller. 120 S.

293

MOHLER A. 2002. *Die 100 Gesetze überzeugender Rhetorik.* München: Langen-Müller. 304 S.

MÜLLER-FREIENFELS R. 1972. *Gedächtnis- und Geistesschulung.* Bad Homburg: Siemens. 175 S.

NAGEL K. 1990. *Erfolg: durch effizientes Arbeiten, Entscheiden, Vermitteln und Lernen.* 4te Aufl. München: Oldenbourg. 163 S.

NEUHOFF V. 1992. *An den Ufern des Vergessens.* Marklohe: Andrea-Weinobst-Verlag. 72 S.

NEUHOFF V. 1995. *Der Kongreß: Vorbereitung und Durchführung wissenschaftlicher Tagungen.* Weinheim: VCH. 248 S.

NEWBLE D, CANNON R. 2001. *Lehren und Vortragen in der Medizin.* Bern: Huber. 160 S.

NÖLLKE M. 2002. *Schlagfertigkeit.* Freiburg: Haufe. 127 S.

Norm ANSI IT7.215-1992. *American National Standard for Audiovisual Systems – Data Projection Equipment and Large Screen Data Displays – Test Methods and Performance Characteristics.*

Norm DIN 108-1. 1988. *Diaprojektoren und Diapositive – Dias für allgemeine Zwecke und zur Verwendung in Filmtheatern – Nenngrößen, Bildbegrenzungen, Bildlage, Kennzeichnung.*

Norm DIN 108-7. 1988. *Diaprojektoren und Diapositive – Arbeitsprojektoren – Nutzfläche, Haltestifte, Projektionsfläche, Bewertung.*

Norm DIN 108-8. 1991. *Diaprojektoren und Diapositive – Geradmagazine 5 × 5-36 und 5 × 5-50 – Maße.*

Norm DIN 108-17. 1988. *Diaprojektoren und Diapositive – Arbeitsprojektoren – Folien, Transparente, Vorführhilfen.*

Norm DIN EN ISO 128-20. 2002. *Technische Zeichnungen – Allgemeine Grundlagen der Darstellung – Teil 20: Linien, Grundregeln.*

Norm DIN ISO 128-24. 1997. *Technische Zeichnungen – Allgemeine Grundlagen der Darstellung – Teil 24: Linien in Zeichnungen der mechanischen Technik.*

Norm DIN ISO 128-50. 2002. *Technische Zeichnungen – Allgemeine Grundlagen der Darstellung – Teil 50: Grundregeln für Flächen in Schnitten und Schnittansichten.*

Norm DIN EN ISO 216. 2002. *Schreibpapier und bestimmte Gruppen von Drucksachen – Endformate – A- und B-Reihen.*

Norm DIN 461. 1973. *Graphische Darstellung in Koordinatensystemen.*

Norm DIN 1301-1. 2002. *Einheiten – Teil 1: Einheitennamen, Einheitenzeichen.*

Norm DIN 1302. 1999. *Allgemeine mathematische Zeichen und Begriffe.*

Norm DIN 1304-1. 1994. *Formelzeichen – Allgemeine Formelzeichen.*

Norm DIN 1313. 1998. *Größen*

Norm DIN 1338. 1996. *Formelschreibweise und Formelsatz.*

Norm DIN 1356-1. 1995. *Bauzeichnungen – Teil 1: Arten, Inhalte und Grund-*
regeln der Darstellung.
Norm DIN 1451-3. 1987. *Schriften – Serifenlose Linear-Antiqua – Druckschriften für Beschriftungen.*
Norm DIN 2107. 1986. *Büro- und Datentechnik – Schriftfamilien für Maschinen der Textverarbeitung.*
Norm DIN ISO 5456-3. 1998. *Technische Zeichnungen – Projektionsmethoden – Teil 3: Axonometrische Darstellungen.*
Norm DIN 6774-3. 1982. *Technische Zeichnungen – Ausführungsregeln – Gezeichnete Vorlagen für Dias.*
Norm DIN 6774-4. 1982. *Technische Zeichnungen – Ausführungsregeln – Gezeichnete Vorlagen für Druckzwecke.*
Norm DIN 6774-5. 1985. *Technische Zeichnungen – Ausführungsregeln – Arbeitstransparente und Vorlagen für Arbeitstransparente.*
Norm ISO 7943-2. 1987. *Photography – Overhead projectors – Part 2: Transparencies and transparency frames – Dimensions.*
Norm DIN EN ISO 10 628. 2001. *Fließschemata für verfahrenstechnische Anlagen – Allgemeine Regeln.*
Norm DIN 16 507-1. 1998. *Drucktechnik – Schriftgrößen, Maße und Begriffe – Teil 1: Bleisatz und verwandte Techniken.*
Norm DIN 16 507-2. 1999. *Drucktechnik – Schriftgrößen – Teil 2: Digitaler Satz und verwandte Techniken.*
Norm DIN 16 521. 1999. *Drucktechnik – Linien in der Satzherstellung – Maße.*
Norm DIN 19 045-1. 1997. *Projektion von Steh- und Laufbild – Teil 1: Projektions- und Betrachtungsbedingungen für alle Projektionsarten.*
Norm DIN 19 045-2. 1998. *Projektion von Steh- und Laufbild – Teil 2: Konfektionierte Bildwände.*
Norm DIN 19 045-3. 1998. *Projektion von Steh- und Laufbild – Teil 3: Mindestmaße für kleinste Bildelemente, Linienbreiten, Schrift- und Bildzeichengrößen in Originalvorlagen für die Projektion.*
Norm DIN 19 045-8. 1993. *Projektion von Steh- und Laufbild – Lichtmessungen bei der Bildprojektion mit Projektor und getrennter Bildwand.*
Norm DIN 28 401. 1976. *Vakuumtechnik – Bildzeichen – Übersicht.*
Norm DIN 32 641. 1999. *Chemische Formeln.*
Norm DIN 66 001. 1983. *Informationsverarbeitung – Sinnbilder und ihre Anwendung.*
Norm DIN EN 80 416-2. 2002. *Allgemeine Grundlagen für graphische Symbole auf Einrichtungen – Teil 2: Form und Anwendung von Pfeilen.*
O'Connor M. 1991. *Writing successfully in science.* London: Harper Collins. 229 S.

PELTZER K, VON NORMANN R. 1991. *Das treffende Zitat: Gedankengut aus drei Jahrtausenden und fünf Kontinenten.* 10te Aufl. Thun (Schweiz): Ott. 740 S.

QUADBECK-SEEGER HJ. 1988. *Zwischen den Zeichen: Aphorismen über und aus Natur und Wissenschaft.* Weinheim: VCH. 200 S.

QUINKERT G. 1992. *Spuren der Chemie im Weltbild unserer Zeit* (MITTELSTRASS J, STOCK G, Hrsg. *Chemie und Geisteswissenschaften: Versuch einer Annäherung*). Berlin: Akademie Verlag. 340 S.

REBEL G. 1993. *Was wir ohne Worte sagen: Die natürliche Körpersprache.* Landsberg/Lech: mvg. 151 S.

ROESKY HW, MOECKEL K. 1994/1996. *Chemische Kabinettstücke: Spektakuläre Experimente und geistreiche Zitate.* Weinheim: VCH. 314 S.

ROGERS N. 1992. *Frei reden ohne Angst und Lampenfieber.* 2te Aufl. München: mvg. 281 S.

RONNER MM. 1990. *Der treffende Geistesblitz: 10 000 Aphorismen, Pointen und Bonmots des 20. Jahrhunderts.* Thun (Schweiz): Ott. 359 S.

RUHLEDER RH. 2001, 2004. *Rhetorik und Dialektik.* 6te Aufl. Bad Harzburg: Verlag für die deutsche Wirtschaft. 304 S.

RUSSEY WE, BLIEFERT C, VILLAIN C. 1995. *Text and graphics in the electronic age: Desktop publishing for scientists.* Weinheim: VCH. 359 S.

SCHMIDT L. 1999. *Zitatenschatz für Führungskräfte.* Wien: Ueberreuter. 408 S.

SCHMITT W, Hrsg. 1990. *Aphorismen, Sentenzen und anderes – nicht nur für Mediziner.* 6te Aufl. Leipzig: Barth. 146 S.

SCHNEIDER W. 1989. *Deutsch für Kenner: Die neue Stilkunde.* 4te Aufl. Hamburg: Gruner + Jahr. 400 S.

SCHNELLE-CÖLLN T. 1993. *Optische Rhetorik für Vortrag und Präsentation.* 2te Aufl. Quickborn: Metaplan. 43 S.

SCHOENFELD R. 1989. *The chemist's English.* 3te Aufl. Weinheim: VCH. 195 S.

SCHULZ VON THUN F. 1981. *Miteinander reden 1: Störungen und Klärungen, Allgemeine Psychologie der Kommunikation.* Reinbek: Rowohlt. 269 S.

SCHULZ VON THUN F. 1989. *Miteinander reden 2: Stile, Werte und Persönlichkeitsentwicklung, Differentielle Psychologie der Kommunikation.* Reinbek: Rowohlt. 252 S.

SEIFERT JW. 2003. *Visualisieren – Präsentieren – Moderieren.* 20te Aufl. Offenbach: Gabal. 172 S.

SPRINGER SP, DEUTSCH G. 1993. *Linkes–Rechtes Gehirn: Funktionelle Asymmetrien.* 2te Aufl. Heidelberg: Spektrum Akademischer Verlag. 285 S.

STEIGER R. 2000. *Lehrbuch der Diskussionstechnik.* 7te Aufl. Stuttgart: Huber. 241 S.

STEINBUCH U. 1998. *Raus mit der Sprache: Ohne Redeangst durchs Studium* (Campus concret Band 33). Frankfurt: Campus. 128 S.

TAYLOR C. 1988. *The art and Science of lecture demonstration.* Bristol/Philadelphia: Adam Hilge.

THIELE A. 1988. *Die Kunst zu überzeugen: Faire und unfaire Dialektik* (Schriftenreihe *Erfolg in Beruf und Alltag*). 2te Aufl. Düsseldorf: VDI. 177 S.

THIELE A. 2000. *Überzeugend präsentieren.* 2te Aufl. Berlin: Springer. 172 S.

THOMPSON RF. 1992. *Das Gehirn.* Heidelberg: Spektrum Akademischer Verlag. 357 S.

TUCHOLSKY: *Sprache ist eine Waffe* (HERING W, Hrsg). 1989. Reinbek: Rowohlt. 184 S.

TUFTE ER. 1983. *The visual display of quantitative information.* Cheshire, Connecticut (USA): Graphics Press. 197 S.

UHLENBRUCK G. 1984. *Mensch, ärgere mich nicht: Wieder Sprüche und Widersprüche.* Köln: Deutscher Ärzte-Verlag. 55 S.

UHLENBRUCK G. 1986. *Den Nagel auf den Daumen getroffen: Aphorismen.* 2te Aufl. Köln: Deutscher Ärzte-Verlag. 55 S.

UHLENBRUCK G. 1990. *Darum geht's nicht...? Aphorismen: Aus einem reichen Wortschatz ein knapper Wortsatz.* Hilden: edition ahland. 116 S.

VESTER F. 1998. *Denken, Lernen, Vergessen: Was geht in unserem Kopf vor, wie lernt das Gehirn, und wann läßt es uns im Stich?.* 20te Aufl. München: dtv. 190 S.

VISCHER D. 1989. *Plane Deinen Ruhm: Nicht ganz ernst gemeinte Ratschläge an einen jungen Forscher.* Stuttgart: Poeschel. 59 S.

WALLASCHEK R. 1913. *Psychologie und Technik der Rede.* Leipzig: Barth. 55 S.

WATZLAWIACK P, BEAVIN JH, JACKSON DD. 1990. *Menschliche Kommunikation: Formen, Störungen, Paradoxien.* 8te Aufl. Bern: Huber. 271 S.

WEIDENMANN B. 1991. *Lernen mit Bildmedien: Psychologische und didaktische Grundlagen.* Weinheim: Beltz. 112 S.

WELLER M. 1939. *Die freie Rede.* 2te Aufl. Berlin: Verlag der Deutschen Arbeitsfront. 209 S.

WIEKE T. 2002. *DuMonts Handbuch Rhetorik: mit Musterreden für jeden Anlass.* Köln: DuMont. 253 S.

WILL H. 2002. *Mini-Handbuch Vortrag und Präsentation* (Beltz Taschenbuch 609). 2te Aufl. Weinheim: Beltz. 94 S.

WOHLLEBEN HD. 1988. *Techniken der Präsentation* (Schriftenreihe *Der Organisator*, Bd 6). 4te Aufl. Gießen: Schmidt. 154 S.

YATES FA. 1990. *Gedächtnis und Erinnern: Mnemotechnik von Aristoteles bis Shakespeare.* Weinheim: VCH/Acta humaniora. 379 S.

Register

Dieses Register enthält Einträge auf zwei Ebenen: Begriffe und Unterbegriffe. Auf eine weitere hierarchische Untergliederung wurde verzichtet. Um den Leser möglichst schnell an den Zielort seiner an das Register gestellten Frage zu führen, haben wir die Begriffspaare häufig invertiert, z. B.

> Auflösung
>> Beamer

und

> Beamer
>> Auflösung

Es rentiert, das Register unter mehreren Suchbegriffen zu konsultieren!

Gelegentlich sind „siehe"- und „siehe auch"-Hinweise angebracht worden, z. B.:

> Random Access Memory *s.* RAM
> Hörer *s. auch* Auditorium

Mit „f" und „ff" wird betont, dass man über den gefragten Begriff auf der folgenden Seite bzw. den folgenden Seiten mehr erfahren kann.

3D 250
3D-Audio-Technologie 55
3D-Effekt 226, 233, 252
3D-Projektion 143

A
A-Format 198
A0 198
A4 198, 288
Abbildung
  s. Bild
Abblenden 145, 278
Abblendvorrichtung 158
Abdecken 278
Abendvortrag 172
Abkürzung 266, 268
Ablauf 133, 253, 266, 274 ff
Ablehnung 38, 136
Ablesen 38, 100
Abneigung 139
Abreibbuchstaben 288
Abschlussbericht 76
Abschlusskontrolle 98
Abschnittsnummer 112

Abschweifung 182
Abstand, Formelsatz 244
Abstandslinie 248
Abstandsregel 248
Abstandszeichen 244
abstract 93
Abstraktion 68, 265, 275
Abstraktionsgrad 59
Abszisse 268, 271
Abwehrtechnik 177
Achse 269
Achsenbeschriftung 238, 269
Achsenkreuz 68
Achsenskalierung 268
Acrobat 166 f, 199
Acrobat Reader 170
Aggression 132
AIDA-Formel 84
Akklamation 181
Akkord 27
Aktienkurs 270
Aktion 85
Aktionsradius 140

Akustik 55
akustischer Effekt 89
Akzent 47
Akzentuieren 48, 50
Akzeptanz 7
Albers 243
Algorithmus 275
Aliasing 222
Alleinvortragende(r) 126
Alley 12, 16, 35, 57
Allgemeinsprache 68
Alteneder 271
American Chemical Society 85
American Physical Society 85
Ammelburg 139, 144, 183
Ampelfarbe 259
Ampere 244
Amtsdeutsch 21
Analogie 63
Analphabet 254
Anekdote 33, 127, 141
Anekdoten-Technik 148

Anekdotensammlung 32
Anfangsstress 25
Angina rhetorica 128
Angst 130, 133, 139
Animation 168, 227
  E-Projektion 211
  Multimedia-Schau 15
  Projizierbarkeit 123
Ankündigung 27, 142
Anlage 67, 107
Anmeldung 93 f
Anordnung 253
Anregung 179
Anschaulichkeit 33
Anschauung 26, 127, 276
Anschrieb 150
ANSI-Lumen 214
Anspannung 69, 122, 129
Anspielung 27
Ansprache 14, 74
Anspruchsniveau 61, 95
Anteil 272
Anti-Newton-Glas 208
Anti-Stress-Programm 131
Antike 35, 63
Antipathie 136
Antisympathicus 131
Antithese 77
Antrittsvorlesung 10, 122
Aphorismus 32, 127
Aphoristiker 20, 32
Apparat 67, 107, 275 f
Apparatebau 154, 278
Appell 34, 37, 55
Apperzeption 60
Applaus 173
Arbeitsfläche 152, 161, 199,
  204
Arbeitsgruppe 280
Arbeitskreis 14, 115, 173
Arbeitskreisleiter 281
Arbeitsprojektion 151, 157,
  161, 283
Arbeitsprojektor 124, 201,
  206
Arbeitstitel 94
Arbeitstransparent 151 f,
  161 ff, 229
  Begriffsbestimmung 202
  Einsatz 194
  Gestaltung 201 f
Architekt 221, 276
Archivierung 210, 256
  Bildvorlagen 203

Dias 209 f, 258
  Transparente 207
Archivierungsnummer 209
Argument 77, 176
Argumentationskette 78
Argumentationstechnik 177
Arial 242, 283
Aristoteles 6, 25, 35, 100
Armatur 275
Armbanduhr 187
Arme 55 f
Artikulation 137
Artikulationsschärfe 48
Arzt 12
Asklepiades 12
Assoziation 61
Ästhetiker 18
ästhetisches Passepartout 36
AstroBeam 214
Astrofotografie 230
Astronom 279
Astrophysiker 279
at-Zeichen 254
Atemgeräusch 123
Atemgymnastik 44
Atemholen 47
Atemkraft 45
Atempause 46
Atemtechnik 40, 44, 47
Atmen 40, 44
Atomphysiker 13
Atomtheorie 31
Audiodatei 226
audiovisuell 14 f
Auditorium 28, 87, 142, 160
  fachfremdes 31
  Kontakt 54
  Missvergnügen 36
  Wechselwirkung 37 ff
  Wohlwollen 180
  s. auch Hörer, Zuhörer,
  Zuhörerschaft
Auditorium Maximum 151
Aufbau
  modularer 197
  Referat 111
Aufbautransparent 163, 205
Aufblick-Phase 145
Aufdecktechnik 163, 204
Aufhänger 84
Auflichtbild 194
Auflichtprojektion 171, 194
Auflösung 219
  Beamer 214, 221

Bild 221
Dia 201
Diabelichter 230
Diascanner 231
klassische Fotografie 278
niedrige 222
Scanner 220, 223
Auflösungsvermögen 155,
  222, 235, 278
Aufmerksamkeit 28, 48 f
  Dunkelraum 194
  Vortragsschluss 172
  Zuhörerinteresse 84
Aufmerksamkeitskiller 260
Aufnahmefähigkeit 154
aufrecht 243
Aufregung 70, 130
Aufsicht 276
Auftritt 125, 130
Aufzählung 242
Aufzählungszeichen 242
Auge 155, 235, 262, 270 f
Augenbrauen 36, 139
Augenkontakt 38, 145
  s. auch Blickkontakt
Augenpulver 241
Augentier 270
Aula 73
Ausbildung 61
Ausbildungsstand 92
Ausblendung 35
Ausblick 84
Ausdruck 167, 288
Ausdrucksfeld 52
Ausdrucksmittel 19, 52, 272
Ausfransen 222
Ausgabegerät 222
Ausgabemedium 261
Ausklingzeit 64
Ausleuchtung 214, 278
Ausruf 27
Aussagesatz 43
Ausschusssitzung 76
Aussprache 40, 119, 137,
  184
Aussprachefehler 44
Ausstrahlung 69
Auswendiglernen 100, 140,
  145 f
Auswertungsphase 97
Autapotheose 180
Authentizität 57
Autor 5, 143
Autorenname 284

AVI 226
Avogadro-Konstante 244

B
Babysprache 41
Balkendiagramm 265, 270 ff
  Abstraktion 68
  Flächen 248
  kleinste Fläche 261
Bammel 129
Bänkelsänger 288
Banner 233
Bar 244
Batterie 187
Bauch 44
Bauchdeckenatmung 44
Bauhaus 221
Bauingenieur 276
Baustoff 249
Bauwesen 249
Bauzeichnung 248
Beamer 14 f, 89, 165, 212 ff
  Auflösung 214, 221
  Ausfall 186
  E-Bilder 153
  Farbwiedergabe 261
  Kenngrößen 214
  Konferenzsaal 213
  Preise 215
  Vortragsraum 123, 212 f
Beanspruchung 130
Bebel 147
Becquerel 31
Bedienungsanleitung 194, 275
Bedingungssatz 20
Beethoven 73
Befehlslauf 274
Befund 13
  Reichweite 13
Begebenheit 127
Begleitmaterial 108
  schriftliches 167
Begreifen 21
Begriff 127
Begrüßung 125 ff, 172
Begrüßungsrede 14
Begrüßungsworte 126
Beifall 37, 173
Beispiel 27, 63
Beitrag 175, 284
Beklemmung 7
Belastung 130
Belebungstechnik 164

Beleuchtung 105
Beleuchtungseinrichtung 229 f
Beleuchtungstechnik 152
Belichtungszeit 270
Bemaßung 228, 277
Berechnung 211
Beredsamkeit 75, 97
Bericht, Aufbauprinzip 79
Berichterstattung 101
Berufungskommission 10
Beruhigungsmittel 121
Beschallung 55
Beschlusslage 76
Beschränkung 33
Beschriften 154, 238
Beschriftung 234, 263
  Bild 219
  Diagramm 255, 267
  E-Bild 268
  englische 227, 268
  fremdsprachige 266
  Größe 237
  Poster 284
  Schriftgröße 238
  schwarze 204
  serifenlose 242
  ungeeignete 224
  Zeichnung 227
Beschriftungsfeld 239
Beschwerde 132
Besprechung 76
Besprechungsleiter 121
Besprechungstechnik 76
Besprechungszimmer 194
Besserwisserei 177
Bestandsaufnahme 83
Bestreiten 177
Bestuhlung 123
Beteiligung 135
Beton 249
Betonen 47
Betonung 48, 51
Betrachter 154, 197, 273
  Poster 282
Betrachtungsabstand 155, 194, 197
  akzeptabler 236
  optimaler 236
  Poster 283
  relativer 235 f, 283
Betrachtungsdauer 157
Betrachtungsentfernung 235
Betrachtungszeit 263

Betriebssystem 170, 211
Betriebsversammlung 92
Beurteilung 76
Bewegungsablauf 211
Bewegungsdrang 113
Beweisführung 77
Beweisgrund 77
Beweiskette 78
Beweismittel 77, 103
Bewertung 60, 72
Bewertungsbogen 72
Bewertungskriterien 61
Bewertungsschema 72
Beziehungsaspekt 36
Beziehungsbotschaft 36
Bibel 196
Biehle 11, 18, 41, 135
Bild 14, 27, 58
  als Stützpunkt 142
  als Symbolsystem 58
  analytisches 265
  Anforderungen 153 ff
  Ankündigung 142, 156
  Anordnung in der Fläche 154
  Auflösung 221
  Aufmerksamkeit 159
  aussagekräftiges 154
  Befrachtung 241
  Beschriften 154
  beschriftetes 227
  Beschriftung 219, 238
  Betrachten 193
  Betrachtungsabstand 155
  Betrachtungsdauer 157
  bewegtes 15
  Dateigröße 221
  Dehnen 225
  detailreiches 107, 157
  Drehen 225
  Effekte 168
  Einblenden in den Vortrag 155 ff
  einfaches 153
  Einscannen 198
  elektronisches *s.* E-Bild
  Erinnerung 263
  Erkennbarkeit 59, 116
  Erläuterung 142
  Farbe 155
  Farbgebung 116
  farbiges 195
  Farbkontraste 215
  Format 235

fotografisches 195
Ganzheitlichkeit 59
Gedächtniswert 263
gescanntes 221
Gestaltung 116, 168
Gliederung 110
Importieren 220
Informationsdichte 116,
153, 155
Informationsinhalt 201
Integration 116
Kippen 225
kleinste Struktur 59
komprimiertes 228
kontrastreiches 221
logisches 265
Maße 155
Negativcharakter 195,
240
nicht-selbsterklärendes
153
Orientierungshilfe 153
plakatives 108
Positivcharakter 195
Präsentationsqualität 226
projiziertes 155, 158, 235
Qualitätskriterium 224
Quelle 224
Rolle im Vortrag 150
Scannen 220
Schärfefilter 226
schwarzweißes 195
selbsterklärendes 118,
157, 159, 241
Standzeit 116, 156 f
„Stuhltest" 262
Symbolsystem 234
synthetisches 231, 265
Testen 262 f
transparentes 194, 220
überfrachtetes 156
überladenes 108, 153
übersichtliches 153
unbewegtes 15
und Wort 5
Verankern 220
Vergrößern 225
Verkleinern 225
Vorführen 154
Vorführung 150
vorgefertigtes 150
Zusatzfarbe 259
Bildarchiv 154, 197, 228
Bildart 197, 265 ff

Bildaufbau 164, 167
Bildauflegen 156, 162
Bildbearbeitung 219, 222,
225 f, 251 ff
Bildbearbeitungsprogramm
167, 198, 225
Bildbegrenzung 200, 206
Bildbeschneidung 166
Bildbetrachtung 193 f
Bildbreite 249
Bildcharakter 240
Bilddatei 107, 165, 212
Archivierung 228
Bildzeichen 254
E-Bild 153
Größe 222
Kennzeichnen 167
Schützen 167
Bilddetail
Erkennbarkeit 116, 155
Erläuterung 237
Größe 279
Vergrößern 167
Zeigen 151, 161 f
Bilddiagonale 214
Bildeigentümer 256
Bildelement 193, 217, 233 ff
Entfernen 225
Erkennbarkeit 197
Farbe 279
farbiges 262
Größe 237, 279
kleinstes 262
Bildentwicklung 278
Bilderfassung 223
Bilderläuterung 104, 118,
256
Bilderschrift 234
Bildersprache 19, 253, 254
Bilderzeigen 156
Bilderzeugung 217
Bildfeld 199 f, 262
Bildfenster 206
Bildfläche 154, 198 f, 256
Nutzung 237
Querformat 200
sichtbare 200
Bildfolge 277, 279
animierte 164
E-Projektion 211
Standzeit 157
Bildform 107
Bildgestaltung 59, 153
Bildgrafik 265, 270 f

Bildgröße 226, 237
Bildhalbfabrikat 254
Bildhelligkeit 226
Bildherstellung 107, 193
Bildhintergrund 169, 251
Bildimport 166
Bildinformation 142, 153
Erfassbarkeit 60
ganzheitliche 234
Speicherung 211
Bildinhalt 163, 167, 194,
263
Bildinschrift, Messinstrument
234
Bildkonstruktion 225
Bildkontrast 215
Bildlegende 256, 266
Bildmarke 257
Bildmaterial 89, 106 ff, 151
Bildmotiv 200
Bildnummer 103, 256, 258
Bildpräsentation 156
Bildprojektion 152, 235
Bildpunkt 213, 222, 231
Bildqualität 223
Bildrand 256
Bildregie 143
Bildschirm 107
15-Zoll 262
Auflösung 219
Bildkonstruktion 225
Diagonale 212
Farbkontraste 215
Bildschirmabzug 167
Bildschirmausschnitt 167
Bildschirmgröße 223
Bildschirminhalt 211
Bildseitenverhältnis 199
Bildsequenz 157
Bildspeicherung 217
Bildstil 197
Bildsystem 106
Bildtafel 151
Bildtechnik 64, 106, 217 ff
Normung 237
Randbedingungen 156
Bildteil, Farbe 260
Bildtext 154
Bildtiefe 222
Bildtitel 238 f, 255 ff, 266
Bildträger 217
Bildübergang 168
Bildüberschrift 228
Bildübertragung 68, 152,

Bildunterstützung 14, 66, 88, 150 ff
s. auch Vortrag, Bild-unterstützter
Bildverarbeitung 66
Bildvergrößerung 166, 193
Bildverkleinerung 166
Bildvorführer 168
Bildvorführung 59 f, 154, 193
Sprechpause 142
Bildvorlage 152, 193, 197, 219 ff
Archivierung 203, 228
Digitalisieren 224
eingescannte 228
Scannen 224 f
Scannereinstellung 223
Speicherung 228
Vereinheitlichung 200
Bildvortrag 106, 158
Bildwand 152, 161, 194, 235
Bildwechsel 169
Bildwerfer 152
Bildwiederholfrequenz 214
Bildwurf 152, 237, 280
Bildzeichen 242, 253 ff
Bindebogen 41
Biochemiker 130
Biowissenschaften 278
Bismarck 69 f
Bitmapgrafik 224
Bitmapgrafikprogramm 225
Blackout 132, 135, 147 ff
Blamieren 3
Blattfolie 202, 205
Blau 213, 260 ff
Blaudia 231
Bleiarm 56
Bleistift 162
Blick 53, 138, 144
Blickfang 286
Blickführen 160
Blickführung 159
Sprechpause 162
Blickkontakt 116, 137 f
Dämmerlicht 152
Drei-T-Technik 161
fehlender 117
während der Bildvor-führung 38, 158
s. auch Augenkontakt

Blickwinkel 35
Blockbild 274 f
Blockdiagramm 274
Blockpfeil 233
Blockschaltbild 274
Bohr 13, 19
Bonmot 32 f, 127
Born 28
Börsenkurs 271
Botschaft 23, 33 ff, 58
Beziehungsaspekt 36
Empfang 60
Empfänger 5, 9, 17
gesprochene 23 ff
Medium 5
Sender 5, 17
Überbringer 74
verbale 53
Verständlichkeit 61
s. auch Nachricht
Botschafter 23
Brainstorming 110
Brandt 19
Breitschrift 245
Breitwandkino 200
Brille 56
Brillenträger 262
Browser 167, 170
Bruchstelle 148
Brustatmung 44 f
Brustkorb 44
Buchdruck 222, 243
Buchstabe 224, 245
Abstraktion 68
Auflösung 235
Bildelement 217
gekippter 245
griechischer 243
großgeschriebener 243
Lesbarkeit 242
mit „Füßchen" 243
schräger 245
Stärke 247
Strichzeichnung 265
Buchstabenzwischenraum 268
Bühne 53, 55
Bühnenscheinwerfer 70
Buhruf 37
Bulletchart 242
bunt 221
BUS-Konzept 80
Busch 71
Business-Grafik 226, 255

C
CAD 225, 276
Cafeteria 122
call for papers 91
Candela 244
Canon 214
Canvas 225
captatio benevolentiae 87, 127
Cartoon 32
Cato 44
CD 14, 187, 212
Cézanne 221
Chairlady 82, 124
Chairman 82, 85, 124, 181
Chairperson 82, 174
Chamberlain 20
Champollion 69
ChemDraw 227
Chemie 254
Apparat 275
Ausbildung 30
Formeln 68
Lehre 30
Nobelpreis 93
Satzlehre 68
Unterricht 30
Chemiedozententagung 10 f
Chemielehrer 30
Chemieunterricht 30
Chemiker 28, 253
als Vortragender 68
Industrie 30
Mikrowelt 279
Molekülstruktur 227
öffentlicher Dienst 30
Strukturformel 227
Chemintosh 227
chemische Formel
s. Formel (chemische)
Chiasmus 26 f
Chinesisch 49
Churchill 70
Cicero 63 f, 66, 96, 101, 238
Clipart 254 f
CMYK-Farbmodell 261
Codec 187, 226
Columbia 170
Computer
Betriebssystem 211
Bildschirminhalt 212
Funkfernbedienung 216
Malen 225 ff
Videoausgang 165

Register

Zeichnen 225 ff
Computer Aided Design
  s. CAD
Computerbild 228
Computerbildschirm 199,
  212, 222 f
Computermaus 153
Computerpräsentation 215
Computersimulation 67, 233
Computerunterstützung 14
Conference Proceedings 184
Contra 77
Copyshop 288
CorelDraw 225, 273, 288
Corporate Design 8, 257 ·
Corporate Identity 8, 115,
  257
Cosinus 244
CRT-Belichter 231
Cursor 216
Cyan 261

D
Daltonismus 260
Damenprogramm 8
Dämmerlicht 152, 158, 194
Dänisch 50
Danksagung 173
Darbietungsdauer 157
Darstellung
  bildliche 59
  grafische 265
  halbquantitative 269
  in Koordinaten 154
  mehrfarbige 258
  perspektivische 251
  qualitative 269
  synthetische 233
  Übersichtlichkeit 11
  visuelle 153
Darstellungsfeld 256 f, 262,
  277
data-ink ratio 153
Datei 226
Dateiformat 224
Dateiverwaltungsprogramm
  210
Datenflussplan 266, 274
Datenmaterial 180
Datenprojektor 153, 165,
  212 ff
Datenträger 211
Datentransport 212
Datum 258

Daumenecke 209
Daumenmarke 209
Davy 16
Debattant 82
Debatte 74, 82
Debattier-Klub 7
Definition 26
Dehnung 48
Deklamation 100, 146
Deklamieren 38, 144
Dekor 253
Dell 214
demonstration lecture 16
Demonstrations-Set 171
Demonstrationsmaterial
  106 ff, 171
Demonstrationsobjekt 14, 59
Demosthenes 44, 70
Denkbild 63
Denken 136
  flaches 170
  folgerichtiges 77
  in Bildern 19
  lautes 113
  sachbezogenes 77
Denkmuster 61
Denkpause 46
Denkprozess 83
Denksprechen 18, 98, 136,
  144
Denkverweigerung 135
Descartes 36
Designer 271, 273
Desinteresse 33
Desktop Presentation 211
Detailinformation 275
Detailtreue 201
Deutsch 137, 185
Deutsches Institut für Nor-
  mung 237
Deviation 180
Dezimalkomma 227
Dezimalpunkt 227
Dia 14, 151 f
  Archivierung 209 f
  Aufbewahrung 210
  Auflösung 201
  Aufwölben 208
  Beschriftung 209
  Bildfeld 262
  Bildfläche 198
  Bildtechnik 106
  gerahmtes 208
  laufende Nummer 210

Nummer 103
Nutzfläche 198 f
Originalvorlage 195
Rahmung 208
Reihenfolge 210
Schrift 262
Stichwortzettel 120
überladenes 29
unleserliches 29
  s. auch Diapositiv
Dia-Archiv 107
Dia-Nenngröße 209
Dia-Schau 68
Diabelichter 230, 231
Diabologie 178
Diafilm 230
Diagramm 212, 231
  Beschriftung 266 f
  Details in 228
  Einrahmung 266
  Importieren 166
  Schrift 266
  Stilmittel 266
  und Tabelle 154
Dialekt 36, 137
Dialektfärbung 41
Dialektik 74, 77 ff, 88
dialektischer Dreischritt 78
Dialektmelodie 137
Dialog 40, 77
  durch Blickkontakt 138
  im Vortrag 138
  Zuhörerschaft 141
Dialogie 178
Dialogik 3, 77
Dialogmittel 32
Diamaske 209
Dianegativ 229
Diapositiv 229 f
  Archivierung 258
  Bildnummer 258
  Datum 258
  Kleinbild 229
  Realbild 229
  s. auch Dia
Diaprojektion 151, 194,
  200 f
  Doppelleinwand-Technik
  107
  Raumbeleuchtung 158
Diaprojektor 152, 195
Diarähmchen 208
Diarahmen 199, 208 f
Diascanner 231

Diashow, elektronische 169
Diaskop 152, 194 ff
Diavortrag 14, 152
Dichter 3
Dichterlesung 143
Dichtung 31
Didaktik 24, 30
Didot-Punkt 238, 246
Didot-System 238
Dienstanschrift 284
Dienstleistung 88
Digital Light Processing
   s. DLP
Digital Mirror Device
   s. DMD
Digitale Bibliothek 107
digitales Wasserzeichen 167
Digitalisieren 221, 223 f
Digitalkamera 220 f, 230
   Bildbearbeitung 225
   Bilderfassung 223
   Realbild 278
DIN 237
Dinner Speaker 77
Diphthong 50
direkte Anrede 39
Diskrepanz 84
Diskussion 40, 71 f, 173 ff
   Begriffsbestimmung 74
   Kurzvortrag 82
   Poster 282
   Spielregeln 183
   Strategie 178
   Vortrag 10, 12
   Wechselgespräch 13
   Zeitdauer 176
Diskussionsanmerkung 12,
   175
   mehrere Fragen 180
   Stegreifrede 72, 79
Diskussionsbeitrag 13 f, 82,
   91
   Diskussionsbeitrag 79
   sachlicher 71
   wissenschaftlicher 76
Diskussionsdauer 76
Diskussionsergebnis 151
Diskussionsfrage 174
Diskussionsleiter 72, 176,
   181 f
   Aufgaben 182
   Ende des Vortrags 172 f
   Kurzvortrag 82
Diskussionsleitung 4, 174 ff

Diskussions-„Rede" 71
Diskussionsredner 71, 182
Diskussionsrunde 79
Diskussionsstrategie 178 ff
Diskussionstechnik 72
Diskussionsteilnehmer 80,
   175
Diskussionszeit 71, 176
Diskutant 79, 174 ff
   Selbstdarstellung 180
dispositio 110
Disposition 96, 110
Dissonanz 27
DLP 213
DLP-Projektor 213
DMD 213
Dokument 265
Dokumentenhülle 207
Dokumentieren mit Kamera
   151
Dominanzverhalten 178
Doppelklebstreifen 287
Doppelkonsonant 51
Doppellaut 50
Doppeleinwand-Technik
   112, 143, 197, 266
Doppelnummer 103
Doppelpunkt 47
Doppelpunkt-Sprechen 43,
   47, 105, 106
Doppelvokal 50
dots per inch
   s. dpi
Dozieren 11
dpi 219 ff
Draufsicht 276
Draw 225
Dreamweaver 171
Drehbuch 102, 120
Drei-T-Technik 161
Dreidimensionalität 250
Dreieck 274
Dritter Kategorischer Impera-
   tiv 38, 87
Drucker 202, 219
Druckertreiber 166
Druckformat 166
Druckraster 222
Druckschrift 150
Drucktaste 160
Drucktechnik, Raster 250
DTP-Programm 220
dumme Frage 179
Dunkel 158

Dunkelheit 196 f
Dunkelkammer 230
Dunkelraum 195
Dunkelraumprojektion 152,
   194, 240, 247
Durchlichtbild 194
Durchlichtprojektion 152
Durchschuss 238, 240
DVD 14

E
e, dumpfes 51
E-Bild 14, 151 ff, 220 f,
   225 ff
   als Projektionsvorlage
   194
   Änderungen 228
   Bearbeitung 220
   Beschriftung 268
   Bildregie 143
   Bildtechnik 106
   Farbdia 230
   Großformat 288
   Kompression 228
   Kopieren 167
   Korrektur 228
   Nachbearbeiten 225
   Projektion 124
   Schriftgröße 240
   Urheberrecht 167
   Verkleinerung 228
E-Folien-Technik 143
E-Learning 170
E-Präsentation 169, 216,
   221, 240
E-Präsentieren 170
E-Projektion 151, 195, 200,
   211 ff
E-Vorlesungsskript 107
Echtfarbendarstellung 223
EEG 42
Effekthascherei 168
Ehrung 74
Ein-Blatt-Poster 287
Einblendung 168
Einbrennen 202
Eindringlichkeit 39
Eindruck 65
eineinhalbzeilig 241
Einfachheit 62
Einfühlungsvermögen 19
Einführung 84, 172
Einführungsworte 109, 126
Eingebung 148

Register

Einheit 243 f, 267
Einladung 86
Einladungsunterlagen 106
Einleitung 25
Einleitungszeichen 242
Einpräge-Phase 145
Einprägen 65
Einrahmen 241
Einrahmung 266
Einschnitt 147
Einschub 27, 148
Einstein 86
Einstimmen 121 ff
Einwand 27
Einwand-vorweg-Behandlung 40
Einwandtechnik 177
Einwandvorwegnahme 35
Einwurf 138
Einzeltransparent 205
Einzelvortrag 15
Elektroenzephalographie 42
elektronische Bildserie 211
elektronische Projektion
  s. E-Projektion
elektronische Tafel 151
elektronisches Bild
  s. E-Bild
Element, bildhaftes 154
Ellipse 233
elocutio 110
Emotion 35
Emotionalisierung 177
Empfang 58
Empfänger 17, 58
Empfangsstörung 135
Endkonsonant 137
Endsilbe 137
Engagement 54, 135
England 184
Englisch 29, 50, 118, 183 f
Engschrift 245
Enthüllungstechnik 163
Entscheidung 76, 85, 275
Entscheidungsprozess 7
Entschuldigung 53, 128, 147
Epiprojektion 171
Epiprojektor 194, 201
Episkop 171
Episode 141
EPS-Datei 220
Epson 214
Erfahrung 288
Erfassen 59, 236 f, 253

Erfindungsgabe 11
Ergänzungsfolie 163
Ergebnisse 83
Erinnern 63 ff
Erinnerung 63, 263
Erinnerungshilfe 67
Erinnerungswert 66
Erkennbarkeit 155, 235
  Bild 59, 116
  Bildelement 197
  in Fotografie 279
  nach DIN 261
  Schrift 59
  Schriftzeichen 262
  Test 262
Erkennen 59 f, 235 ff, 269
Erkenntnis 35
Eröffnungsansprache 73
Eröffnungsvortrag 14
Erörterung 175
Erregung 131
Erregungsniveau 131 ff
Ersatzbatterie 187
Ersatzbirne 123, 186
Ersatzbrille 187
Ersatzfolie 187
Erscheinungsbild 52, 54, 134
Erstaunen 139
Erste Person 39
Erster Kategorischer Imperativ 31, 83, 153
Erstreckung 246
Erwachsenenbildung 18
Erzählung 27, 33
Erziehung, rhetorische 70
Evaluation 13, 17, 38
Examensarbeit, Aufbauprinzip 79
Excel 165, 198, 273
Exegese 110
Experimentalvorlesung 16, 58, 107
Experte 76
Expertenrunde 92
Expertenwissen 94, 136
Explosionsbild 277
Exponent 239
Extemporieren 102, 118

F
Fachausdruck 104
Fachbegriff 116
Fachbereich 86

Fachdidaktik 30
Fachjournalist 101
Fachkompetenz 177
Fachleute 28
Fachliteratur 10
Fachmesse 16
Fachorgan 14
Fachreferat 74 ff
Fachschaft 14
Fachsitzung 182
Fachtagung 13, 28
  naturwissenschaftlich-technisch-medizinische 151
  Pressearbeit 101
  s. auch Tagung
Fachvortrag
  Aufbau 83
  Begriffsbestimmung 74
  Bildunterstützung 66
  Dia-Schau 204
  Diskussion 174
  E-Projektion 204
  Glaubwürdigkeit 53
  Hauptteil 83
  Improvisation 204
  Karrierefunktionen 8
  naturwissenschaftlich-technisch-medizinischer 59, 174
  Öffentlichkeitsarbeit 8
  persönliche Note 22
  Rahmen 73
  Vorwissen 30, 95
  wissenschaftlicher 204
  s. auch Vortrag
Fachwelt 101
Fachwendung 104
Faden
  gerissener 136, 146 f
  roter s. roter Faden
  verlorener 147, 149
Fahrigkeit 57
Falstaff 31
Fangfrage 177
Faraday 16, 39
Farb-Tintenstrahldrucker 203
Farbabbildung 277 f
  s. auch Farbbild
Farbabstufung 277
Farbband 203
Farbbild 195, 221 f, 224 f
  s. auch Farbabbildung

306

Farbdia 230
Farbdichte 261
Farbe 221, 258
  als grafisches Element
    169
  Assoziationen 259
  Bildteil 260
  Fehlen von 196
  Fläche 242, 276
  Kontrast 260
  Multiplikationsfaktor 262
  Poster 285
  pulverförmige 202
  Stilmittel 266
  transparente 252
  wasserfeste 218
  wischfeste 164
Farbechtheit 278
Farbenfehlsichtigkeit 260
Farbenpsychologie 259
Farbfolie 204, 231
Farbfotografie 229, 277
Farbfotokopierer 220
Farbgebung 116, 248
Farbgrafik 220
Farbkategorie 260
Farbkombination 260 f
Farbkontrast 215
Farbkopierer 203
Farblaserdrucker 203
Farblehre 259
Farbmischung 248
Farbmodus 222
Farbreduktion 223
Farbsättigung 215
Farbtiefe 223, 231
Farbton 213
Farbvorlage 222
Farbwert 195
Farbwertabstufung 195, 230
Farbwertunterschied 196
Farbwiedergabe 261
Faserschreiber 202
Faust 56, 148
Feedback 38
Fenster 194
Fernbedienung 56, 123, 165,
  169
Fernfarbe 260
Fernsehen 5, 82, 185
Fernseher 200
Fernsehgesellschaft 200
Fernsehpublikum 54
Fernsehtechnik 68

Fernwirkung 260
Festhalten 56
Festklammern 56
Festplatte 186
Festrede 5, 8, 74
Festredner 69
Festsitzung 73
Feststellung 85
Festvortrag 54, 73
fett 244 f
Feuerwehrrot 259
Feynman 17, 57
Feynman Lectures 17
Figur 251, 274
Film 14, 198, 227, 230
Filmdatei 226
Filmmaterial 229
Filmscanner 231
Filmsequenz 123
Filzschreiber 123, 150
Finger 57, 139
  Zittern 162
Fingerspitze 57
Finte 177
Firma, Logo 257
Firmenzeichen 256
Fishing for Compliments 34
Fixogum 219
Flachatmigkeit 44
Flachbettscanner 221
Fläche 248 ff
  dunkle 197
  Farbe 242, 248, 276
  freie 252
  geschlossene 252
  helle 196, 250
  Hervorhebung 226, 248
  Lichtkante 252
  Muster 259
  Rasterung 226, 242, 248
  Schatten 252
  Schraffur 226
  Strichzeichnung 265
  unbenutzte 252
  Unterlegung 242
Flächenmuster 242
Flächensegment 273
Fliegen 287
Fließbild 254, 266, 274
Fließschema 68, 266
  Aufbau des Vortrags/Refe-
    rats 28, 78
  Blockbild 274
  Poster 286

Fließtext 270
Flipchart 14, 187, 259
  als Hilfsmittel 216
  Doppelleinwand-Technik
    266
  Marker 150
Flipframe 207
Floskel 34
Flugzeug 286
Fluoreszenzmarker 104
Flussdiagramm 266
Flüssigkristall 213
Flüssigkristallbildschirm
  212
Flüssigkristallzelle 213
Flüstern 51
Fokussierung 18
Folgetransparent 163, 205
Folie
  Aufbewahrung 207
  Bildtechnik 106
  Farbe 202
  geklonte 169
  Oberfläche 203
  Spezialbeschichtung 203
  Spezialeffekte 204
  Stärke 202
  teilfertige 164
  Thermotransfer 203
  unbeschriebene 164
  s. auch Transparent
Folien-Stil 169
Folien-Technik 143, 201
Folienalbum 107, 207
Folienmaster 228, 257
Folienqualität 202
Folienschlacht 167
Folienschreiber 186 f, 218
Folienstapel 205
Folienstift, Strichstärke 164
Folientechnik 164
Folienzeiger 161 f, 187, 206
Format 198 f, 235
Formel 11, 68, 244
Formel (chemische) 166, 220,
  253 f
Formel (mathematische) 243
Formel-Editor 243 f
Formelsatz 243 f
Formelsprache 68
Formelzeichen 155, 243
Formulierkunst 113
Formulierung 19, 32, 104,
  108

Forschung 29
Fortbildungsveranstaltung 65
Forum 79, 174
Forumsgespräch 74
Foto 166, 201
Fotografie 222, 265, 277
    Erkennbarkeit 279
    wissenschaftliche 230
Fotografieren 229
Fotokopieren 229
Fotokopierer 198, 202 f
Fotokopierverfahren 202
Fotolabor 278
Fotopapier 288
Frage 21, 71, 179
Fragebogen 116
Fragesatz 43
Fragesteller 36, 176
Fragestellung 85
Fragezeichen 254
FrameMaker 166
FreeHand 225, 249
Freehand, 271, 273
Freelance Graphics 165
Freewheeling 110
freie Rede 47, 98 ff, 139, 141
freier Vortrag 98
freies Formulieren 104
freies Vortragen 102, 136 ff
Freifläche 252
Freihand-Zeichnen 217 ff
Freihandlinie 248
Freiraum 244, 286
Fremdlicht 214
Fremdsprache 41, 119, 183
Fremdsprachführer 50
Freud 130
Frieddialektik 177
Friederici 41
Frisur 52, 122
Fröhlichkeit 131
FrontPage 171
Fruchtsaft 122
Führungspunkt 286
Führungsstil 7
Fülleffekt 251
Füllfarbe 233, 250, 252
Füllwort 52
Fünf-S-Formel 72
Fünf-Schritt-Technik 144
Fünfter Kategorischer Imperativ 145

Funkfernbedienung 169, 187, 216
Funkmikrofon 124
Funktion 244, 269
Furcht 130
Fürwort 22
Fußnoten-Zeichen 239

G
Gänsehaut 129
Gaskonstante 244
Gastgeber 126
GDCh 11, 30, 73
Gebärde 55, 57
Gebärdesprache 52
gebundene Rede 99, 143
Gedächtnis 63, 67
    auswendig vortragen 146
    Beredsamkeit 97
    fotografisches 64
    gutes 144
    ikonisches 64
    konstruktives 140
    lebendiges 140
    Memorieren 113
    variables 140
    Verständnis 263
Gedächtnisfetzen 140
Gedächtniskunst 63 f
Gedächtnisleistung 139
Gedächtnisschulung 100
Gedächtnisschwund 132
Gedächtnisstütze 103, 139
Gedächtniswert 263
Gedankenaustausch 74, 175
Gedankenexperiment 63
Gedankenfolge 46
Gedankenrülpser 52
Gedankenschnelle 42
Gedankenstrich-Sprechen 43
Gedankenstütze 111
Gefahrensymbol 254, 259
Gefecht 134
Geflügeltes Wort 32
Gefühlsäußerung 178
Gegenargument 81, 176
Gegenfrage 178
Gegenrede 40, 177
Gegensatz 27
Gegenstand 276, 278
Gegenständlichkeit 63
Gegenstandsgröße 235
Gegenstandspunkt 235
Gegenwartsfenster 64

Gehirn
    Asymmetrie 66
    Kurzzeitspeicher 241
    Langzeitspeicher 63
    linke, rechte Hälfte 41, 66
    Speicherstellen 101
    Sprachdomäne 41
    Ultrakurzzeitspeicher 64
Gehör 48, 64
Geistesgegenwart 81
Geisteswissenschaftler 87
Gelb 196, 259, 261 f
Gelehrter 87
Gelingen 133
Gemeinsprache 104, 119
Gemurmel 146
Generalprobe 115
Genius Loci 87
Geowissenschaften 278
Geplapper 48
Gerät 16, 88, 278
Geräusch 48
Gerlach 235
Germanistik 52
Geruchssinn 58
Geschäftsbesprechung 6 f, 39, 74
Geschäftssitzung 75
Geschäftsvorlage 75 f, 85, 121
Gesellschaft Deutscher Chemiker
    s. GDCh
Gesellschaft für Deutsche Sprache 21
Gesichtsmuskel 53
Gesichtssinn 64
Gespräch 4, 141
    Begriffsbestimmung 74
    gerissener Faden 147
    Poster 282
Gesprächsführung 14, 52, 77, 88
Gesprächskreis 56
Gesprächspunkt 37
Gesprächsstrategie 52
Gesprächstechnik 3
gesprochenes Wort 3 ff, 9
Gestalt 266
Gestaltungselement 248
Gestaltungskomponente 258
Geste 56 f
gesteuerte freie Rede 100
Gestik 37, 52 f, 57, 116

Gestikforschung 52
Gestikulieren 56
Getränk 122
Gewichtung 97
GIF 167, 226
Giga 244
Gimp 225
Gladstone 20
Glas Wasser 123 f, 147
Glasfassung 208
Glasplatte 208
Glättungseffekt 222
Glaubwürdigkeit 75
Gleichheitszeichen 244
Gleichnis 63
Gleichung 155
Gliederung 110 ff
Gliederungsansicht 110
Gliederungselement 242
Gliederungspunkt 111
Gliederungsschema 28
Glossar 26
Goethe 18, 70, 148, 259
GoLive 171
Google 227, 255
Gorgias 6
Grafik 265
    animierte 171
    Bitmap 224
    Gestaltungselemente 248
    Integrieren in Text 167
    naturwissenschaftlich-
        technische 166
    Nutzfarben 260
    Originalvorlage 197
Grafikformat 224
Grafikprogramm 220 f,
    224 f, 246, 259
Grafikverarbeitung 233
grafische Argumentations-
    kette 285
grafisches Element 255
Grammatik 41, 43, 47
Grammatikmaschine 42
Grammatiknetzwerk 42
grammatisch falsch 42
Graphics Interchange Format
    s. GIF
Grau 196
Grauabstufung 277
Graustufe 221 f
Grauton 195, 221, 250
Grautonbild 225
Grauwert 221, 249, 250, 274

Grauwert-Bild 221
Grenzabstand 235
Grenzwinkel 235
griechisches Alphabet 243
Gropius 221
Großbild 288
Großbildmonitor 212
Großbildschirm 166
Großbuchstabe 238, 243
Größe 244, 269, 272
Größensymbol 243 f, 267 f
Größenverhältnisse, Visuali-
    sierung 271
Großformatdrucker 288
Grün 213, 231, 259, 261 f
Grundfarbe 213, 231, 261
Grundfließbild 275
Grundlinie 238, 240
Grundstimmung 131
Grundton 48
Grundtransparent 164, 205
Grundwinkel 276
Gruppe 129
Gruppentherapie 130
Grußwort 74
GSView 166
Gutachter 12

H
Haarlinie 246
Habituation 133, 135
Haftmagnet 150
Halbdunkel 158
Halbeinstellung 279
halbfett 245
halbfreie Rede 99
halbquantitativ 269
Halbsatz 145
Halbtonabbildung 195, 250,
    277 f
Halbtonbild 221, 224
Halbtonvorlage 222
Halbtonwert 249
halftone 195
Halogen-Lampe 214
Haltung 54
Hand 55 f, 161,
    stilisierte 242
Handbeschriftung 202
Handbewegung 53, 56, 126,
    181
Händezittern 132, 162
Handhaltung 56
Handlampe 159

Handmikrofon 124
Handout 108, 167
Handskizze 216
Handzeichen 122
Handzettel 47, 140 ff
Harlem 107
Hartig 144
Harvard Graphics 165
Hauchen 44
Hauptfarbe 260
Hauptmaß 276
Hauptsatz 20
Hauptschrift 238
Hauptstichwort 103
Hauptteil 25, 247
    Fachvortrag 83
Haupttext, Schriftgröße 240
Hauptvortrag 69, 86 f
    Dauer 117
    Einladung 86
    Länge 15, 117
    Sprechdauer 86
    Zeiteinteilung 117
Hauptvortragende(r) 126
Hausen 31
Havelock 59
Haydn 73
Heisenberg 19, 29
Heiterkeit 37
Hektar 244
hell 196
Helligkeit 196, 213, 252
Helligkeitswert 195
Hellraum 236
Hellraumprojektion 152,
    194 f
    Beamer 214
    E-Präsentation 240
    Linienbreiten- und
        abstände 247
    Schriftgrößen 239
Helvetica 242, 283
Hemmung 70
Herausstöhnen 52
Herden-Modell 129
hermeneutische Spirale 24
Herstellungsverfahren 274
Herumtigern 54
Herunterleiern 100
Hervorheben 48
Hervorhebung 240, 266
    fett 245
    Fläche 248
    Kapitälchen 245

kursiv 245
Pausen 47
Schrift 245
Textteile 250
Versalschrift 245
Zeichenprogramme 226
Herzklopfen 132
Heuss 45
Hewlett Packard 214
Hierhold 54, 88, 138, 184,
  241, 255, 270
Highlighter 164
Hildebrandt 80
Hilfsmittel, audiovisuelles
  14
Hinterbänkler 71
Hintergrund 83, 250, 260
  als grafisches Element
  169
  Muster 252
Hintergrundbild 220
Hintergrundfarbe 252, 257,
  260
Hinweis 179
Hinweislinie 249, 285
Hirnhemisphäre 42
Historie 127
Hochformat 200, 235, 282
Hochkant-Bild 200
Hochkopieren 287
Hochlautung 137
Hochschule 75
Hochschullehrer 30, 61, 143
Hochschulrahmengesetz 38
Höheres Lehramt 30
Holz 249
Holzheu 6, 57, 69, 132
HomePage 171
Homer 5
Hören 58, 66, 113
Hörer
  Anzahl 49
  Aufmerksamkeit 39
  Ausbildungsstand 92
  Bemühen um 39
  Bewußtsein 31
  Blickkontakt 38
  Einbeziehen 21
  Emotion 35
  Interesse 31
  Kontakt 87
  Neugier 142
  Prädisposition 61, 91
  Spannung 39

Stimmung 39
  s. auch Auditorium, Zuhö-
  rer, Zuhörerschaft
Hörererwartung 95
Hörerkontakt 87
Hörertypus 63
Hörfunk 41
Horizontale 276
Horizonterweiterung 95, 174
Hörsaal 14, 22, 107, 122
  Akustik 49
  Betrachtungsbedingungen
  241
  Fenster 194
  großer 194, 236
  Helligkeit 196
  kleiner 194
  Lautstärke 124
  letzte Reihe 241
  Mittelachse 55
  mittelgroßer 236
  Qualität 59
  Standardausrüstung 150
  technische Einrichtungen
  92
  Verdunkelung 194
  Verlassen des 37
Hörsaalwand 152
Hörspiel 41
Horton 156
Hosentasche 56
HoTMetaL 171
HTML 170
HTML-Datei 167
HTML-Editor 171
Hüllenmaterial 207
Humanmedizin 68
Humor 31 ff, 119, 127
Hüsteln 53
Hypertext 171
Hypertext Markup Language
  s. HTML
Hypothesenbildung 78

I
ich 39
Ikone 253
Ikonografie 253
Illustration 262 f
Illustrationsprogramm 273
Illustrator 225, 271, 273
Immunbiologe 20
Importieren von Bildern 166
Improvisation 280

Improvisieren 102, 118
Inder 138
Index, Schriftgröße 239
Industriedesigner 221
Infografik 271
Informatik 274
Information
  auffallende 19
  bedeutungshaltige 60
  Empfänger 58
  Farbwertunterschied 196
  gehirngerecht verpackte
  61
  gesehene 11
  gesprochene 11
  Sender 58
  Trivialisierung 170
  versandfertige 58
  zeichnerische 275
Informationsangebot 95
Informationsaustausch 6
Informationsbissen 46, 66,
  154
Informationsdichte 116, 155
Informationsfolie 170
Informationsgespräch 74
Informationsinhalt
  Bild 201
Informationskanal 58
Informationsmenge 83
Informationsnetz 97
Informationspsychologie 83
Informationstechnologie 259
Informationsübermittlung
  58 f, 60, 66, 88
Informationsweitergabe 170
Ingenieur 9 ff, 67, 150, 254
Ingenieurwesen 275
Ingenieurwissenschaften 13
Inhaltsverzeichnis 112
Ink-Jet-Folie 203
Inspiration 31
Institut 14
Instrumentenfließbild 275
Integralzeichen 244
Interaktion 37, 142 f
Interaktionsstrategie 177
Interesse
  Aufmerksamkeit 49, 84
  Hörer 28, 31, 95
Internet
  Browser 170
  PDF-Datei 166
  Suchmaschine 27, 227

Tagung 212
Urheberrecht 167
Internet Explorer 170
Internetseite 171
Interpretation 60
Intervallsprechen 185
Interview 74
Intonation 43, 119
Intonationskurve 43
inventio 110
Invited Lecture 91
Inwendiglernen 101
Ironie 33, 119
IsisDraw 227
Ist-Zustand 80

J
Jahreshauptversammlung 85
Jahrestagung 73
Japaner 138
Jaspers 26
Journalist 18, 84
JPEG 223
JPG 167, 223
Jubiläum 74, 92
Jung 3, 44 ff, 57, 70 ff, 81, 98
Jungfernrede 135
Jurist 11

K
Kaffee 122
Kaffeepause 13, 85
Kalauer 33
Kamera 89, 224
Kampfdialektik 177
Kanal 58 f
Kantenlänge 279
Kantenverschärfung 226
Kanzel 83, 110
Kanzleideutsch 21
Kapitälchen 245
Karriere 3, 6, 8
Kärtchentechnik 99
Karte 150
Karteikarte 96
Kartenhand 56
Kartografie 254, 274
Kästner 177
Katastrophenplan 147
Kategorische Imperative 31, 289
Kathodenstrahlröhre 231
Kehlkopf 44

Kellner 52, 80
Kennedy 19
Kennfarbe 260
Kenntnisstand 84
Kernaussage 44
Kernspintomographie 42
Kernwort 44
Kette 27
Keynote 165
Killerfrage 178
Killerphrase 178
Kilo 244
Kilogramm 244
Kinderstimme 41
Kinesik 52, 161
Kippspiegel 213
KISS 86
Klammer 244
Klammer-Sprechen 43
Klang 40, 122, 123
Klangfarbe 5, 48
Klangfülle 51
Klangkörper 43
Klappstreifen 207
Klarheit 33
Klarsichtfolie 218
Klatschen 173
Klebstreifen 287
Kleidung 52 f, 122, 134
Kleinbild-Dia 199, 208 f
Kleinbild-Film 209
Kleinbildformat 229
Kleinbildkamera 229
Kleinbuchstabe 238
Kleingruppenunterricht 17
Kleinvortrag 151
Kognition 133, 135
Kognitionswissenschaft 42
Kolloquium 14, 86
Kolloquiumsvortrag 71, 86
Kommaintonation 43
Kommentar 71, 79, 175
Kommilitone 70
Kommunalpolitiker 40, 73
Kommunikation
  echte 6
  erfolgreiche 19
  geschriebene 5
  menschliche 33
  Modell 33
  mündliche 4
  nonverbale 4, 52
  schreibsprachliche 18
  sprechsprachliche 18

  unter Wissenschaftlern 3 ff
  verbale 4 f
  Verständigung 6
  visuelle 5
  wissenschaftliche 4, 16
Kommunikationsangst 128
Kommunikationsbesorgnis 128
Kommunikationsfähigkeit 7
Kommunikationsprodukt 8
Kommunikationsstil 21
Kommunikationswerkzeug 270
Kommunikationswissenschaft 23, 58
Kompliment 127
Kompression 226
Kompromiss 77
Konferenzbedarf 215
Konferenzraum, Standardausrüstung 150
Konferenzsprache 29
Konferenztechnik 76
Konformationsanalyse 31
Konfuzius 133, 288
Kongress 13, 71, 94
  internationaler 184
  Pressearbeit 101
  wissenschaftlicher 72
Kongressband 74, 102
Kongressgänger 281
Kongressreferent 12
Konkretisierung 63
Konsonant 50
Konsonanz 27
Konstruktionszeichnung 228, 276
konstruktives Gedächtnis 140
Konstruktivismus 243
Kontakt 144
Kontrast 196, 226
Kontrastverhältnis 214
Kontur 222
Konturlinie 279
konvergente Verknüpfung 78
Konzentration 54, 113
Konzentrationsschwäche 132
Koordinaten, kartesische 269
Koordinatennetz 267, 272

Koordinatensystem 269, 276
Kopfdrehen 161
Kopfnicken 176
Kopfschütteln 36, 40, 138 f
Kopfweh 132
Kopierer, Papiervorlage 202
Kopierschutz 167
Korktafel 280
Korngröße 201
Körperdrehung 161
Körpergebaren 55
Körperhaltung 52 f, 126
Körpersignal 53, 58, 138 f
Körpersprache 52 ff, 58,
116, 140
Lichtzeiger 160
Körpervokabel 52
Korreferat 71
Krämer 270
Kreidezeit 211
Kreis 233, 249, 274
Kreisdiagramm 248, 261,
270, 272 f
Kreissegment 272
Kreuzstellung 26
Kreuzungspunkt 248
Krisenbewältigung 149
Kristallgitter 17, 171
Kristallographie 17
Kritik 70
Kritiker 178
Krümmung 251
Kultbild 253
Kunde 88
Kundenberatung 16
Kundengespräch 88
Kunst 265
Kunstbuchstabe 233
Kunstpause 147
Kunststoffrohr 287
Kurs 75
kursiv 243 f
Kursivsatz 47, 244
Kursivschreibung 269
Kursivschrift 243
Kursplanung 17
Kurve 233, 248, 269
Kurvendiagramm 270 ff,
274
Abstraktion 68
hervorzuhebende Teile
246
Strichzeichnung 265 ff
Kurvenlineal 198

Kurvenschablone 219
Kurvenzug 250
Kürze 62
Kurzfassung 93, 286
Kürzung 116
Kurzvortrag 82 ff
Einführung 117
Einleitung 25
Hauptteil 25, 117
Länge 14
Schluss 25
Sprechzeit 14
Stichwörter 104
Verkäuflichkeit 85
Zeitmaß 117 f
Zeitrahmen 117
Zuhörerschaft 82
Zusammenfassung 117
Kurzzeitgedächtnis 60, 64 f,
83, 144
Kurzzeitspeicher 64, 241

L
Lachen 32
Lachsalve 37
Laienpublikum 177
Lampenfieber 54, 69, 128 ff,
135
Landessprache 184
Landkarte 254
Landung 102
Langsam-Sprechen 46
Längsschnitt 276
Langzeitgedächtnis 60, 63,
144
Prägung 65
Speicherkapazität 65
Langzeitspeicher 63, 83, 263
Laptop 166, 187
Laserbelichter 221
Laserdrucker 166, 202 f,
219, 288
Laserpointer 159, 187
LaTeX 243
Laudatio 69, 74
Laufweite 245
Laut 50 f
Laut-Zeichen 119
lautes Denken 113
Lautsprache 52
Lautsprecher 45, 55, 59
Lautsprecheranlage 123
Lautstärke 11, 47 f, 116,
123 f

Lautzeichen 50
Layoutprogramm 166, 220,
225
LC-Display 165
LCD 212 f
LCD-Panel 212
LCD-Projektor 213
lecture 54
Leer-Bild 157
Leerfolie 258
Leerzeichen 119, 244
Legato 41
Lehr 21
Lehrbuch 17
Lehre 11, 17, 30
Lehrer 45
Lehrer-Schüler-Beziehung
36
Lehrinhalt 30
Lehrplan 61
Lehrveranstaltung 38
Lehrvortrag 75
Leinwand 14, 123, 143, 195
Leinwandabstand 237
Leistungsmaximum 131
Leistungsniveau 131 f
Leistungsträger 129
Leitfigur 129
Leittier 129
Lemmermann 21, 26, 33,
41, 47, 172
Lernen 30, 60
Lernmethode 98
Lernpädagogik 58, 98
Lernprozess 24
Lernpsychologie 67
lernpsychologisches Parado-
xon 30
Lernumgebung 170
Lesbarkeit 242, 243, 261 f
Lesebrille 149
Lesegeschwächte(r) 41
Leseleitzeichen 242
Lesen
lautes 143
mit schweifendem Blick
105, 138, 141, 144
Leser 143
Leserichtung 268
Lesezeit 236
Lessprechen 143 ff
Leuchtschrank 210
Leuchtstift 164
Licht 194

Lichtabstufung 251
Lichtbild 14
Lichtbildner 265
Lichtbildvortrag 16, 106
Lichtempfindlichkeit 278
Lichtenberg 32
Lichtkante 251 f
Lichtleistung 214
Lichtmarke 159
Lichtmessung 214
Lichtpfeil 158, 160
Lichtquelle 209
Lichtstärke 151, 214 f
Lichtstrom 214
Lichtzeiger 60, 123, 158 ff, 216
Liebig 16
lindgrün 196
line art 195, 221
linearer Fünfsatz 79
linearer Mehrschritt 78
Linguistik 42
Linie 68, 195, 246 ff
  ausfransende 222
  Bildelement 233
  Blockbild 274
  Poster 285
Linienabstand 247 f
Linienart 248
Linienbreite 246 f, 262, 269
  Hellraumprojektion 240
  kleinste zulässige 249
  Maßlinie 247
  nach DIN 247, 261
  Poster 279
Linienfarbe 233, 242, 248
Linienführung 276
Linienmuster 242, 249, 259, 269
Liniennetz 276
Linienstärke 224, 242
  Hellraumprojektion 195
Linienunterbrechung 218
Link 171
Lippen 44, 50
Liquid Crystal Display
  s. LCD
Lispeln 45
Liste 111, 242
  der Symbole 26
Literaturquelle 97
Literaturverwaltungs-
  programm 210
Lloyd George 135

logarithmisch 268
Logarithmus 244
Logik 35, 77
Logistik 133
Logo 228, 251, 257
Logopäde 44
Lotus 1-2-3 273
Lübbe 25
Lumen 214
Lüscher 6, 48
Luther 83, 196
Lyriker 18

M

Mackensen 32, 50, 99, 136
Magazin 124, 209
Magenta 260, 261
mager 245
Magnettafel 150
Mailbox 97
Makrofotografie 279
Malen 198, 233
Management-Präsentation 109
Managementaufgabe 9
Managementlehre 98
Manager 45
Manöverkritik 134
Manuskript
  Ablesen 38
  ausgearbeitetes 99
  Auswendiglernen 145
  Deklamieren 38
  markiertes 101
  Seitenanzahl 119
  Vorlesen 144
  s. auch Vortragsmanuskript
Manuskriptblatt 104
Manuskriptseite 118 f, 145
Marathon 23
Marineblau 196
Marker 104, 150, 218
Markierungsmethode 145
Markierungsstrich 268
Maschine 67, 275
Maschinenbau 154, 248
Maschinenbauer 276
Maskenausschnitt 205, 206
Maßangabe 154, 276
Masse 243
Massenbeeinflussung 135
Maßlinie 277
Maßstab 269
Maßstabsangabe 277

Masterpage 257
Materialkennzeichnung 249
Materialsammlung 96
Mathematiker 155, 246
mathematische Formel
  s. Formel (mathematische)
Matrixmethode 97
Maus 216
McLuhan 59
Medien, moderne 215 f
Medientechnik 215
Medienwechsel 15
Meditation 110, 113, 146
Meditieren 113
Medium 5, 15
Medizin 4, 130
  Apparat 275
  Diagramme 270
  Lehre 17
  Methoden der Bildübertra-
    gung 68
  Nobelpreis 66
  Realbild 278
  Vorlesung 107
Mediziner
  als Vortragende(r) 150
  Informationsbedarf 10
  Vortragskultur 27
Medizinpublizist 101
Mega 244
Mehrsatz 78
Mehrschritt 78
Meinung 74
Meinungsaustausch 74
Meinungsbildung 72, 76
Meinungsbildungsprozess 74
Meinungsrede 9, 74
Melodie 50
Melodik 43
Melos 49
memoria 110
Memorieren 113, 146
Memorystick 165, 212
Menschenführung 7
mentales Training 114
Messgenauigkeit 269
Messgerät 89, 198
Messgröße 97
Messpunkt 269
Metainformation 18
metakommunikatives Axiom 37
Metalldampf-Lampe 214

Metapher 19
Metaphysik 35
Meteorologie 254
Meter 243 f
Methodik 83
Microsoft Office 165, 171
Mienenspiel 140
Mikro 244
Mikrochip 213
Mikrofon
    Diskussionsbeitrag 183
    Kabel 124
    Raumgröße 45
    Redner 49
    Redetechnik 124
    Standpunkt 55
    stationäres 124
    tragbares 124
Mikrofotografie 123, 230,
    278 f
Militärsprache 134
Milli 244
Millimeter-Unterteilung 268
Mimik 37, 52 f, 116
Mindestschriftgröße 238
Mindestzeilenabstand 241
Mindmapping 110
Minirock-Technik 142
Minute, Zahl gesprochener
    Wörter 104
Minutenangabe 141
Mischtechnik 145
Missfallensbekundung 37
Missklang 27
Missverständnis 179
Mitarbeiter 115, 173, 281
Mitarbeiterschulung 16
Mitdenken 21 f
Mitlaut 50
Mitschreibstress 108
Mitteilungsdrang 31
Mittelschrift 245
Mitverstehen 27
Mitwisser 22
Mnemotechnik 63, 255
Modell 14, 16 f, 58
Modellvorstellung 83
Moderator 173
Modulation 41, 44
Modulationsfähigkeit 11
Mohler 28
Moirémuster 222
Molekülmodell 171
Molekülstruktur 227

Mönch 113
Monitor 222
Monolog 37
Montagekleber 219, 227
Montagetechnik 219
Morbus Uhlenbruck 128
Morgenstern 98
Mörike 18
Moritat 288
Motorik 37, 54, 113
Mozilla 170
MPEG 226
Multimedia-Datei 226
Multimedia-Schau 15
Multivision 15
Mund 44, 50
Mundhöhle 122
mündliche Prüfung 8
Mundraum 50
Mundwinkel 139
Murphy 210
Musik 40 f, 102
Musiker 100
Musikhören 42
Musiknote 40
Muster 252, 259, 265
Mustererkennung 271
Musterrede 27
Muttersprache 41, 183
Muttersprachler 119, 184

N
Nach-e 51
Nachahmen 288
Nachdenken 288
Nachdruck 26, 137
Nachgespräch 10
Nachpause 47
Nachricht 33 ff, 36
    versandfertige 58
    s. auch Botschaft
Nachrichtensprecher 105
Nachsilbe 51
Nachsprechen 50, 113
Nachtrag 148
Nachwirkungspause 46
Nahaufnahme 279
Nahfarbe 260
Nahwirkung 260
Namen-Datum-Zitierung
    224
Nano 244
Nanometer 244
Nanotechnologie 17

Nasallaut 50
Nase 44, 50
Naturkonstante 244
Natürlichkeit 57
Naturphilosoph 35
Naturwissenschaft
    Apparat 275
    deskriptive 278
    Fachdidaktik 30
    Kommunikation 4
    Ur-Humanum 31
    Verifizierbarkeit 13
    Verständlichkeit 29
Naturwissenschaftler 11
    als Vortragende(r) 150
    Bildlichkeit 270
    Denken in Bildern 19
    Denkweise 29, 78
    Informationsbedarf 10
    Managementaufgabe 9
    Zeichensprache 254
Nebensatz 20, 105
Nebenstichwort 103
Nebenteil 247
Negativ 252
Negativaufnahme 230
Negativbild 196 f, 252
Negativcharakter 195, 240
Negativdarstellung 196, 236
Negativfilm 231
Negativprojektion 195 f
Negativtext 197
Negativvorlage 262
Nenngröße 199, 209
Nervenkrise 147
Nervosität 54
Netscape 170
Netz 268
Netzhaut 235
Netzlinie 228, 268 f, 277
Netzwerkkommunikation
    151
Neubeschriften 227
Neugier 142
Neugierde 26
Neuhoff 3, 32, 87, 94, 174
Neurobiologie 64, 83
Neurokognition 42
Neurophysiologie 66
Neuropsychologie 42
Neurowissenschaft 42
Newtonsche Farbringe 208
Nichtsprechen 46
Nietzsche 41

Nobel-Vortrag 74
Nomen 42
Nomenklatur, chemische
    253
normal 244
Normbetrachter 235
Notebook 123, 165, 169,
    212
Notfallsituation 33
Nuscheln 36, 43
Nutzfarbe 260
Nutzfläche 198 f, 206

O
Oberlänge 238
Objektfeld 152
O'Connor 156
Öffentlichkeit 101, 183
    Sprechen in der 7, 71, 73
Öffentlichkeitsarbeit 8, 92
OHP-Faserschreiber 164
OHP-Marker 164, 218
OpenOffice 165
Opera 170
Operation 68
Operator 244
Ophtalmologie 243
Ophthalmologie 235, 243
Optik 196
Optoma 214
Ordinate 268
Ordinatenachse 268
Ordnung 62, 266
Organigramm 112, 266, 274
Organisation 134, 135
Organisationsplan 266
Organisieren 133
Origin 198, 225, 273
Originalpublikation 79
Originalvorlage 152, 195,
    197 ff, 219 ff
    Anfertigen 198
    Diapositiv 229
    Digitalisierung 223
    Erkennbarkeit 262
    Format 199, 239
    Format A4 262
    Füllen 250
    Grundfarben 261
    Kamera 229
    Negativdarstellung 230
    Schriftgrößen 239
    Zeilenabstand 241
Orthografie 137

Ortsgruppe 86
Ortsveränderung 54
Ostwald 11
Outline 111
Outline-Programm 110
Overhead-Folie 187
Overhead-Projektion 151 f
Overhead-Projektor 123,
    206
    Doppelleinwand-Technik
    143
    LC-Display 165
    Leinwandabstand 237
Overlay 163

P
Pädagoge 18
PageMaker 166, 271
Paint Shop Pro 225
Paintbrush 225
PaintShop Pro 167
Palette 252
Panik 129, 187
Panne 186
Pannenbewältigung 186
Pannensituation 187
Pannenvorsorge 186 f
Papier als Medium 143
Papierformat 197 ff, 240
Papiervorlage 198, 202
Papprähmchen 209
Papprohr 287
paralleler Zweischritt 78
Parallelsitzung 87
Parenthese 44
Parole 77, 127
Partnerbeziehung 22
Pascal 244
Pathos 178
Patient 17, 253
Pattern Recognition 271
Pause 38, 116
Pausenlehre 46
Pausentee 92
Pausenzeichen 40, 47, 105
PDF 288
PDF-Datei 166, 170
Pergamentpapier 198
permanent 218
Persönlichkeit 53, 69
Persönlichkeitsbildung 100
Perspektive 251
perspektivisch 273, 276
Perzeption 60

Pfarrer 45
Pfeil
    Bildelement 233
    Blockbild 274
    Einleitungszeichen 242
    Formen 253
    Poster 285
Phasenbild 277
Philosoph 18, 35
Philosophie 63
Phobie 129
Phobos 129
Phonzahl 49
PhotoPaint 167, 225
Photoshop 167, 225 f, 271,
    278
Physik 17, 29, 235, 275
Physiker 17, 28, 234
physiologische Gewöhnung
    133
Pica-Point 238, 246
Pica-System 238
Picasso 260
PictureMarc 167
piepsige 44
Piktogramm 233, 253, 255
Pink 261
Pinn-Nadel 287
Pinnwand 14, 150, 280, 287
Pixel 222, 213
Plakat 150, 279, 286
plakativ 108
Plakatschrift 284
Planfilm 229
Plastikrähmchen 209
Plenarsaal 49, 55
Plenarvortrag 13 f, 74, 87,
    104
Plenarvortragende(r) 217
Plenum 74, 87
Plotter 195, 202 f, 288
PocketDisk 165
Podium 53, 83
Podiumsdiskussion 74, 174
Podiumsgespräch 174, 183
Point 238, 246
Pointe 32
Pointer 158
POL 17
Polarisation 213
Polarisationsfilter 213
Politiker 11, 48, 73
    Debatte 82
    Redenschreiber 100

Sprechberuf 45
Textbausteine 99
Positivbild 196 f, 252, 260
Positivcharakter 195
Positivdarstellung 236
Positivfilm 230
Positivprojektion 195 f
Positivtext 197
Positivvorlage 262
Poster 279 ff
  Anmeldung 93
  Beschriftung 283 ff
  Betrachter 282
  Betrachtungsabstand 283
  Diagramm 284
  Farbe 285
  Format 282, 285
  Gestaltung 282 ff
  Herstellung 284 ff
  im Vortrag 150
  Kurzfassung 286
  Layout 285
  Titel 282, 287
  Überschrift 283 f
Poster-Ausstellung 279 ff,
  284
Poster-Demonstration 281
Poster-Präsentation 281
Poster-Vortrag 151, 281
Posterfläche 282
Postertafel 287
Posterwand 287
postkommunikative Phase
  60
PostScript 166, 220
PostScript-Datei 166, 288
PowerPoint 164, 199
  Animationen 226
  Schriftgröße 240
  Standard 258
  Übergangseffekt 168
  Überschriften 240
  Voreinstellungen 240
Powerpointilismus 170
Prädisposition 61, 91
Präfix 185, 244
Prägnanz 62
Prägung 251
Prahlsucht 177
Präposition 42
Präsentation 4, 10, 14 f,
  87 ff
  Begriffsbestimmung 74
  Computer-gestützte

165 ff
Fachmesse 16
  in Naturwissenschaft,
  Technik und Medizin
  211
Stress 215
Zeitbedarf 115
Präsentationsartikel 164
Präsentationshülle 207
Präsentationsprogramm
  164 f, 259
  Bildübersicht 143
  Bildvorlage 220 f
  Handbuch 226
  s. auch Präsentations-
  software
Präsentationsqualität 226
Präsentationssoftware 89,
  216
  Kompatibilität 124
  Organigramm 112
  Vorteile 166
  s. auch Präsentations-
  programm
Präsentationsteam 89
Präsentationstechnik 12, 74,
  215
Präsentator 89
Präsentieren, weltweites 170
Prediger 83, 110
Predigt 11
Predigtlehre 110
Preisträger 73
Preisverleihung 74
Presse 101
Pressearbeit 101
Pressekonferenz 74
Pressestenograf 100
prestissimo 45
PrimeFilm 231
Priorität 97
Pro 77
Probe-Zuhörer 116
Probebelichtung 261
Probevorlesung 10
Probevortrag 8, 113 ff, 120
problemorientiertes Lernen
  17
Produkt 88
Produktpräsentation 74
Produktvorstellung 96
Produktzeichen 244
Professor 143
Programmablaufplan 266

Programmheft 121
Projektbesprechung 88
Projektion 106, 152
  Dia 15
  diaskopische 194
  E-Bild 15
  elektronische s. E-Projekti-
  on
  episkopische 194
  Lichtzeiger 158
  Originalvorlage 219 ff
  Transparent 15
Projektionsart 262
Projektionsbild 197, 204,
  256
Projektionseinrichtung 164,
  235, 266
Projektionsfläche 152, 160 f
  Doppelleinwand-Technik
  266
  Größe 236
  Hell-/Dunkelraum-
  projektion 194, 196
  Overhead-Projektor 123
  Platz des Vortragenden 55
  Zeigestock 158
Projektionsgerät 142, 213
Projektionslampe 196
Projektionslicht 196
Projektionsmannschaft 122
Projektionspause 158
Projektionssystem 123
Projektionstechnik 68,
  193 ff, 235
  Ausfall 186
  Normung 237
Projektionsvorlage 152,
  221 ff, 229
  Abdecktechnik 163
  Bildfeld 199
  Druck 242
  E-Bild 194
  Herstellen 198, 225
  Herstellung 239
  Präsentationssoftware
  166
  Schriftleiste 256
  transparente 194
Projektionswand 205, 214
Projektionszeit 157
Projektor 54, 59, 143
  Abblendvorrichtung 158
  Abschalten 163
  Arbeitsfläche 161, 199,

204 f
Bildfläche 199
Kabel 123
Lichtstärke 215
Lüfter 123
Nutzfläche 204
Optik 213
Vorschubmechanik 208
Projektpräsentation 74
Projektstudie 76
Promotionsvortrag 176
Pronomen 22, 42
pronuntiatio 110
Prosodie 42 f
Prospekthülle 207
Proszenium 183
Protagoras 177
Protokoll 37
Provokation 27, 85, 127
Prüfabstand 262
Psychologe 6, 99, 130
Psychologie 17, 88
metakommunikatives
Axiom 37
Kommunikationsmodell
33
Psychotherapeut 130
Publikation 3, 5, 79, 102
Publikum 115, 144
Aufmerksamkeit 25
Bemühen um 37
Chemiedozententagung
11
Desinteresse 33
Diskussion 13
festlich gestimmtes 69
Kontakt 169
Reaktion 10
sachkundiges 71
studentisches 17
Unruhe 33
Zwischenrufe 33
Pufferaussage 117
Pult 54, 56, 125
Beleuchtung 105
Pultbeleuchtung 123
Punkt 246
dicker 242
Strichzeichnung 265
Punktlinie 248
Punktraster 249
Puzzle-Poster 286 f

Q
Quadbeck-Seeger 31
Quadflieg 148
Quadrat 249
qualitativ 269
Qualitätseinbuße 228
Qualitätsmerkmal 62
Qualitätssicherung 38
Quantenelektrodynamik 17
quantitativ 269
QuarkXPress 288
QuattroPro 273
Quelle 97, 224
Quellenangabe 224, 245
Querformat 200, 235, 282
Querschnitt 276
Quinkert 253
Quintilian 97

R
Rachen 44
Radio 47
Radiomitschnitt 100
Radiosprecher 43
Raffung 27
Rähmchen 209
Rahmen 204, 228, 247
Muster 242
Rahmendicke 209
Rahmenformat 209
Rahmenprogramm 8
Rahmung 208
RAM 83
Rampenlicht 132
Ramsauer 29
Randbedingung 179
Randlinie 247
Random Access Memory
s. RAM
Randstreifen 230
Rang, Gliederungspunkt 111
Rangfolge 97
Raster 249 ff
Rasterung 226
Raum
abgedunkelter 60, 158,
197
Dunkelheit 197
Größe 45
halbdunkler 195
heller 195
Sprechlautstärke 49
Raumakustik 49
Raumaufteilung 217

Raumbeleuchtung 123, 152
Raumbelüftung 123
Raumbeschaffenheit 92
räumliche Wirkung 250
Räumlichkeit 250
Raumlicht 194
Rauschen 123
Räuspern 122
Raute 274, 275
Reaktionsschema 68
Realaufnahme 157, 195, 233
Negativ 230
s. auch Realbild
Realbild 233 f, 265, 277ff
Diapositiv 229
farbiges 261
s. auch Realaufnahme
Rebel 52, 54
Rechenschaftsbericht 28
Rechteck 233, 250, 252, 274
Rede
als Dialog 21 ff
Anfang 172
Aufbau 25
Aufhänger 32
Auszug 145
Begriffsbestimmung 74
Bewertung 72
Ende 172
erfolgreiche 115
Eröffnung 127
freie 98 ff, 141
gebundene 99
geschwollene 128
gute 33
Gütemerkmale 79
halbfreie 99
Haltepunkte 25
Kunst der 3
lange 172
Lehrbarkeit 3
mit Stichwortzetteln 98 ff
mitreißende 37
monotone 48
nach Manuskript 98 ff
niederschlagende 177
öffentliche 40
politische 74
Qualitätsmerkmale 33
Redundanz 24
Schluss 102
Sprache 72
Sprechstil 72
Substanz 72

technische Hilfsmittel 15
Typen der 74
und Vortrag 9
vorfabrizierte 100
Wechselspiel 115
wirkungsvolle 4
Zuhörer-orientierte 38
Zusammenfassung 102
Redeangst 69, 128 ff, 139
Redebeitrag 178
Redeeffekt 46
Redeerziehung 71 ff
Redefigur 19, 25 f, 33, 35
Überraschung 85
s. auch Sprachmittel
Redefluss 24, 46
Unterbrechung 162
Redeform 98 ff
Redegewandtheit 3, 19
Redekunst
Altertum 5, 25
anspruchsvolle 73
der Griechen 5
kommunale 73
Lehrbarkeit 3
Novize 20
Pflege 8
Üben 69
Redemanuskript 99
Reden
Anlässe 73 ff
in der Öffentlichkeit 69, 72
nach Manuskript 99
Voraussetzungen 8
Wirkungen 8
Ziele 8
Redenschreiber 100
Redepause 46
Redepraxis, kommunale 3
Rederecht 179
Redeschlacht 73, 82, 134, 177
Redesituation 74, 134, 145
Redestil 7
Redetechnik 3, 5, 11, 124
Redetheorie 6
Redetraining 71
Redeübung 7
Redezeit 28
Diskussion 176
Einleitung 117
Ende 172
Überschreiten 119

Stichwortzettel 104
überzogene 117
Redner 3, 5, 64
achtloser 135
Anwesenheit 125
Bewegungsfreiheit 124
Engagement 135
erfahrener 141
erfolgreicher 135
glänzender 99
guter 20, 31, 54, 86
herausragende 100
Hingabe 135
Persönliches 87
politischer 46
rhetorisches Talent 102
schlechter 37, 54, 105
sicherer 53
souveräner 45
Subjektivsein 35
unsicherer 53
Zuneigung 135
Zuwendung 135
s. auch Vortragende(r)
Redner-Hörer-Beziehung 87
Redner-Zuhörer-Kraftfeld 45
Rednerliste 183
Rednerpult 23, 54, 123, 126, 130, 173
Rednerschule 42, 100, 113, 115
Rednerstudium 72
Redundanz 24
Referat 9, 70, 74 ff
Aufbau 111
Referent 75
Reflektionspause 46
Reflexion 207
Regieanweisung 141
Regierungserklärung 99
Registriernummer 257
Reiseplan 121
Reißbrettstift 280
Reizfaktor 128
Rekapitulieren 147
Rekorder 89
relativer Betrachtungsabstand 235 f
Repetition 180
Reproduktion 223
Reproduktionstechnik 278
Reproeinrichtung 224
Reprofilm 223

Reprokamera 229
Reprostelle 287
Reprotisch 230
Reservefolie 216
Rettungsanker 101
Retuschieren 278
Rezeption 47
Rezipient 9, 17, 59
Rezitator 148
Rezitieren 144
RGB-Farbmodell 261
Rhetor 12
Rhetorik 88
allgemeine 77
Aristoteles 25
Berufsgruppen 11
Cicero 63
hellenische 6
Herden-Modell 129
hohe Schule 38
Kurse 3
Lehre 42
Lehrschrift 6
natürliche 6, 69, 132
überzeugende 7
und Visualisierung 5
Rhetorik-Bücher 27
Rhetorikkurs 115
Rhetorikschule, antike 101
rhetorische Figur 26
rhetorische Frage 21, 26, 127
rhetorische Gelehrsamkeit 26
rhetorische Wiederholung 24
rhetorisches Äh 52
rhetorisches Mittel 26
Rhythmik 43
Rhythmus 47
RI-Fließbild 275
Richtlinie, Manuskript 106
Riesenhuber 73
Rogers 113, 118
Rohrleitung 275
Rohrleitungsfließbild 275
Rollen-Fotopapier 288
Rollenfolie 164, 202, 205
Rollenverständnis 34
Röntgenfotografie 278
Rosa 260
Rot 213, 259 ff
roter Faden 116, 259
Rotgrünblindheit 260

Routenplaner 121
Rowland 93
Rückblick 28
Rückfalltechnik 145
Rückfragetechnik 180
Rückgriff 148
Rückkopplungseffekt 123
Rückmeldung 38, 140
Rücksprung 167
Rufzeichen 122
Rundfunk 185
Rundfunksprecher 144
Rundfunkvortrag 14, 75
Rundgespräch 175
Rundumblick 138
Rundung 251

S
Saalbeleuchtung 157
Saallicht 120, 124
Saaluhr 123
Saalverdunkelung 124
Sachbild 233, 278
Sachinformation 34
Sachinhalt 34
Sachkompetenz 75
Sachlichkeit 33
Sachrede 75
Sachverhalt 76, 107
Sachverständige(r) 76
Sänger 43
Satellitenaufnahme 233
Satz 20, 42
Satzbau 20, 119
Satzgeflecht 18
Satzlänge 20
Satzmelodie 48
Satzsinn 185
Satzteil 47
Säule 271
Säulendiagramm 270, 274
Scannen 221 f, 224
Scanner 198, 220 f
   Auflösung 220, 222 f
   Bildbearbeitung 225
Schablone 198
Schallkegel 55
Schaltbild 266
Schaltplan 246
Schärfefilter 226
Scharfeinstellung 215
Schärfentiefe 278
Schatten 233, 251 f
Schatteneffekt 226

Schattenlinie 251
Schattierung 251
Schauspieler
   auswendig vortragen 100
   Bühne 53, 55
   Drehbuch 102
   Lampenfieber 69
   Souffleur 146
Schauspielern 69
Schauspielersprache 132
Schautafel 160
Scheibenwischerblick 138
Scheinangriff 179
Scheinfrage 21, 27
Scheinwiderspruch 27
Schema 266, 274
Schiedsrichter 183
Schiller 8
Schlafstörung 132
Schlafzentrum 194
Schlagfertigkeit 72, 79, 176
Schlagzeile 127, 256
Schluss 25
Schlüsselwort 167
Schlussfolgerung 83, 175
Schlussteil 172
Schlussworte 173
Schmitt 32
Schnell-Lesen 144
Schnell-Sprechen 45
Schnelle-Cölln 30, 66
Schnitt 276
Schoenfeld 184
Schopenhauer 20
Schraffur 226, 248, 250
Schraffurlinie 247, 249
schräg 243
Schrei 50
Schreibe 19
Schreiben 8
Schreibkunst 61
Schreibprojektor 152, 206
Schreibschrift 150
Schreibsprache 50
Schreibweise, normgerechte
   243
Schreibzeichen 234
Schrift
   aufrechte 243
   Bildelement 233 ff
   Breite 245
   dunkle 260
   Erkennbarkeit 59
   fette 283

gesperrte 268
handgeschriebene 238
kursive 243, 245
Laufweite 245
normale 245
schräge 243
schwarze 260
Sendekanal 58
senkrechte 243
serifenlose 242 f, 283
steile 243
Symbolsystem 234
Schriftart 228, 242 ff
Schriftbild 234
Schriftelement 219
Schriftfamilie 245
Schriftfarbe 260
Schriftfeld 256
Schriftgröße 237 ff
   Bildtitel 238
   Hauptschrift 238
   Hauptteile 238
   Hellraumprojektion 195
   Manuskript 105
   nach DIN 261
   Nebenteile 238
   Poster 279, 283 f, 287
   PowerPoint 240
   Vielfalt 228
Schrifthöhe 238
Schriftleiste 256, 257
schriftliche Unterlagen
   108 ff
Schriftschnitt 238, 244 f
Schriftsprache 47, 58
Schriftsteller 18, 20, 64, 137
Schriftzeichen
   Blockbild 274
   Erkennbarkeit 262
   Größe 262
   Hellraumprojektion 239
   Lesbarkeit 262
   Mindestmaße 239
   Poster 284
   Stärke 247
Schulterzucken 56
Schulung 3, 88
Schulz von Thun 33, 35, 61
Schwarz 196, 203, 260 f,
   277
Schwarz auf Weiß 197
Schwärze 250
Schwarzes Loch 135
Schwarzweiß 278

Schwarzweiß-Bild 195, 222
Schwarzweiß-Fotografie 277
Schwarzweiß-Positiv 197
Schwingkörper 43
Scientific Community 10
screen dump 167
Sechster Kategorischer Imperativ 146
Segment 272
Sehen 58, 66
Sehschärfe 235
Sehschwäche 105
Sehwinkel 155, 235
Sehzelle 235
Seite, Aufrufen 167
Seitenbeschreibungssprache 220
Seitenmaßstab 198
Sektor 272 f
Sektorendiagramm 272
Sekunde 244
Selbstbefragung 113
Selbstbestätigung 129
Selbstbewusstsein 54
Selbstdarstellung 10, 13, 34, 178
Selbsteinschätzung 35
Selbstenthüllung 34
Selbsterhöhung 34
Selbsterniedrigung 34
Selbstgespräch 19
Selbsthilfegruppe 129
Selbstironie 33
Selbstkritik 70
Selbstkundgabe 34
Selbstlaut 50
Selbstoffenbarung 35
Selbstsicherheitstraining 130
Selbstvertrauen 69 f
Selbstverwirklichung 57
Selye 130
Semantik 41, 43
Semantik-Alarm 42
Seminar 38, 70, 75, 109
Seminarbericht, E-Präsentation 216
Seminarleiter 75, 280
Seminarraum 49, 54, 194
  Standardausrüstung 150
Seminarteilnehmer 75
Seminarvortrag 14
Sender 17, 58
Sender-Empfänger-Bezie-

hung 34, 37
senkrecht 243
Serife 242
Serifenschrift 242 f
Shakespeare 57
Sicherheit 133
Sichtbedingung 194
Sie 39
Siebener-Regel 239, 241
Siebter Kategorischer Imperativ 150
Signal 36, 52, 58
Signaleinrichtung 122
Signalverbindung 122
Signet 257
Silbe 42, 50, 137
Silbenschlucken 137
Simplifizieren 177
Simultanübersetzer 185
Simultanübersetzung 184
Sinnblock 163
Sinndichte 33
Sinnesdaten 60
Sinneseindruck 60, 271
Sinnesorgan 58
Sinnesphysiologie 196, 271
Sinneswahrnehmung 58
Sinus 244
Situationsbezug 127
Sitzreihe, hintere 49
Sitzung 82, 92
Sitzungsdauer 85
Sitzungsleiter 82, 181
Sitzungsleitung 4
Sitzungsreihe 87
Skalierung 268
Skalierungsstrich 269
Skeptizismus 179
Skript 144
Slide-Show 165
SmartSuite 273
Sofort-Dia 230
Sollbruchstelle 118
Sonderdruck 280
Sony 214
Souffleur 146
Sound 168
Soundcheck 123
Souveränität 126
Sozialpsychologie 131
Soziologie 270
Soziophobie 129
Spannung 26, 54
Sparta 172

Spatium 244
Speicherbedarf 223
Speicherstab 165, 187, 212
Speicherung 151
Spektrum 198
Spezialist 28
Spickzettel 140
Spiegel 115, 163
Spiegelstrich 242
Spiegelübung 115
Spieker 33
Spiralmodell 24
Spontaneität 100
Spontanmedium 151
Spontanrede 80
Spontanvortrag 175
Sprachbeherrschung 140
Sprachdomäne 41
Sprache
  als Symbolsystem 58
  angemessene 116
  Bilder 31
  bilderreiche 67
  bildhafte 19
  fremde 184
  gesprochene 19, 27
  Intonation 43
  Kommunikationsmittel 17
  Leidenschaft 41
  Melodik 43
  Modulation 41
  Neurokognition 42
  Rezeption 47
  Rhythmik 43
  Rhythmus 47
  Stärke 41
  Tempo 41
  Ton 41
  Wunder 136
Spracherwerbsprozess 24
Spracherzeuger 43
Spracherzeugung 42
Spracherziehung 24
Sprachleistung 136
Sprachmelodie 41 ff
Sprachmittel 22, 26
  s. auch Redefigur
Sprachnot 11
Sprachraum 184
Sprachstärke 27
Sprachverarbeitung 41 f
Sprechberuf 45
Sprechdauer 86

Sprechdenken 13, 114, 163
Sprechdisziplin 184
Sprechen 49, 136
  abgehacktes 48
  deutliches 137
  eingängiges 19
  Geschwindigkeit 43
  in der Öffentlichkeit 7, 51
  in kurzen Wortblöcken 185
  Klangfarbe 5
  lautes 137, 183
  mit Nachdruck 48
  plakatives 19
  unmissverständliches 19
  vernehmliches 50
  vor anderen 129
Sprecher 41, 144
Sprecherzieher 6, 137
Sprecherziehung 38, 50, 137
Sprechfluss 43, 47, 48
Sprechflüstern 51
Sprechgebaren 52
Sprechgeschwindigkeit 29, 45, 104, 118
Sprechpause 46
  Bildauflegen 162
  Bildvorführung 118, 142
  Blickführung 162
  Informationsbissen 163
  Intervallsprechen 185
  Länge 162
Sprechpensum 184
Sprechprobe 123 f
Sprechrhythmus 47
Sprechsprache 58
  besondere Merkmale 27
  laute 50
  Tempo 47
  und Körpersprache 55
Sprechstil 72
Sprechstrom 50
Sprechtechnik 41, 47, 137
Sprechtempo 45, 47, 116
Sprechton 48, 50
Sprechunart 52
Sprechweise 45
Sprechwirkungsforschung 9, 60
Sprechzeit 14, 118, 184
Sprichwort 127
SQRRR-Methode 98
Standardbildgröße 237
Standardschriftfarbe 260

Standardtext 228
Standing Ovations 37
Standpunktformel 80
Standtafel 280
Standzeit 157, 237
StarCalc 273
Start 102
Statement 81 f
Statistik 270
Stecktafel 280, 287
Stegreifrede 79 ff
  Begriffsbestimmung 75
  Diskussionsanmerkung 12, 72, 175
Stegreifvortrag 79
Steigerung 27, 33
steil 243
Steilschrift 243
Steinbuch 128
Stereoanlage 55
Stern 233, 242
Stichbildkarte 103
Stichsatzkarte 103
Stichwort 99, 103
  Rang 111
Stichwortanteil 104
stichwortartig 154
Stichwortkarte 99, 140 ff
  Beispiele 103
  Festhalten 56
  Minutenangabe 141
  s. auch Stichwortzettel
Stichwortzettel 32, 140 ff
  A6 102
  Drehbuch 120
  Format 102
  halbfreie Rede 98 f
  Memorieren 113
  Redezeit 104
  Zeitmarke 116
  s. auch Stichwortkarte
Stilbruch 218
Stilelement 248
Stilfigur 19
Stilmittel 24, 251, 266
Stimmband 41, 51, 121 f
Stimmbildung 7, 41, 137
  Kurse 3
  Dozent 18
Stimme
  als Instrument 40 ff
  als Medium 15
  Ausbildung 40
  feste 53

Gemütsverfassung 44
Klang 122, 123
Modulation 44
  modulationsfähige 44
  nervöse 126
  piepsige 44
  Schulung 3
  schwache 53
  schwunglose 12
  tragende 44
  unangenehme 137
  volle 44
Stimmführung 116
Stimmlage 43, 126
Stimmlehrer 44
Stimmmelodie 42
Stimmstärke 114
Stimmung 44
Stimulanz 62
Stirnrunzeln 139
stm 4
stm-Fachleute 72
Stoffabgrenzung 96
Stoffauswahl 96 f
Stoffgliederung
  s. Gliederung
Stoffsammlung 96 f, 110
Stöhnsilbe 52, 117
Streckensymbol 279
Streitgespräch 177
Stress 121, 130
Stressbewältigung 130, 133
Stressfaktor 131
Stressor 131
Stressquelle 131
Stresssyndrom 130 f
Strich 217, 233
Strichabbildung 195, 224
Strichdicke 151
Strichführung 217
Strichlinie 248
Strichraster 249
Strichstärke 164, 218
Strichzeichnung 265 ff
  Auflösung 221
  Aufnahme 230
  Fotografie 278
  Herstellung 198, 219
Striptease-Technik 163
Struktur, Erkennen 270
Strukturbaum 111
Strukturbild 274
Strukturformel 68, 159, 227
Strukturieren 110

stummes Sprechen 114
Subjektivsein 35
Suffix 185
Summenzeichen 244
Super-Slide 209
Superredner 135
Symbol 68, 243, 253
Symbolsystem 58, 234
Sympathicus 131
Sympathie 72, 136
Sympathiefeld 38, 136
Sympathieförderer 137
Sympathieträger 138
Symposium 79, 94
Symptom 131
Syntax 41
Synthese 77
Synthesemethode 97
Système International 31

T
Tabelle 154, 270
Tabellenbild 271
Tabellenkalkulation 211, 273
Tabellenkalkulations-programm 273
Tabellenüberschrift 271
Tafel 14, 123, 150
Tagesbezug 127
Tageslicht 194
Tageslichtprojektion 194
Tageslichtprojektor 186, 206, 261
Tagesordnung 76
Tagung
    Abstracts 286
    Beitrag 284
    Hauptvortrag 15, 86
    Internet 212
    Plenum 74, 87
    Poster-Ausstellung 280
    Programmheft 121
    Sektion 284
    Veranstalter 15, 284
    wissenschaftliche 6, 13, 29, 82, 280
    Zeitkorsett 85
    s. auch Fachtagung
Tagungsbesucher 281
Tagungskalender 14
Tagungskarussel 12 ff
Tagungsleiter 61
Tagungsleitung 181

Tagungsort 121
Tagungsprogramm 121
Tagungsredner 93 f
Tagungsteilnehmer 95, 280, 282
Tagungsunterlagen 91, 284
Tagungsveranstalter 91, 93, 281
talk 54
Talkmaster 54
Tangens 244
Taschentuch 187
Tätigkeitsbericht 83
Taylor 107
Technik 4
Techniker 11, 16, 48
Technikpanne 186
Technische Akustik 55
technische Zeichnung
    s. Zeichnung, technische
Technischer Zeichner 276
Tee 122
Teilbild 231
Teilfertig-Folie 164, 201, 204, 218
Teilnehmer 22
    Feedback 38
    Rückmeldung 38
    Vortrag 23
Teilnehmerliste 61
Teilnehmerunterlagen 108
Teilnehmerzahl 94
Tektieren 268
Telegrammstil 111, 241
Teleskop-Zeigestock 151
Tempo 41, 48
Term 155
Terminkalender 93
Testen 262 f
Testperson 262
TeX 243
Text 154
Text-Modus 227
Textbild 234,
    Aufdecken 163
    Erzeugen 219
    Poster 286
    Schriftgröße 240
    Telegrammstil 241
    überladenes 108, 239
Textchart 248
Textfeld 227
Textgrafik 59, 154, 234
Textinformation 154

Textkonserve 99
Textstruktur 112
Textstück 247, 287
Textverarbeitung 111, 211, 219
Textverarbeitungsprogramm 243
Theater 55
Thema 75, 84, 98
Themenwechsel 141
Theologie 11, 33
Thermotransferdrucker 203
Thermotransferfolie 203
These 77, 178
Thiele 87, 177
Tiefe 276
Tiefschlag 177
Tiermedizin 68
TIFF-Datei 224
Times 242 f, 245
Timing 134
Tintenstrahldrucker 203, 219 f
Tischrede 75, 77
Tischvorlage 76, 109
Titel, Poster 282
Ton 41
Ton-Bild-Schau 160, 162
    Bild-Standzeit 157
    Industrie 16, 89
Tonaufnehmer 124
Tonaufzeichnung 168
Tonbandaufnahme 119
Tonbandkassette 41
Toner 202 f, 207, 218, 233
Tonhöhe 43, 49
Tonhöhenveränderung 50
Tonlänge 40
Tonsequenz 166
Tortendiagramm 169, 255, 272
Toshiba 214
Totale 279
Touch-Turn-Talk-Technik 161
Trägerbuchstabe 239
Trägermaterial 193, 202
Transparent 14, 143
    Archivierung 207
    Aufbewahrung 207
    Auflegen 163
    besondere Techniken 163
    Bildtechnik 106
    elektronisches 165

freihand angefertigtes 218
gefasstes 205
Halterung 206
Justierleiste 206
Nummer 103
Nutzfläche 199
Originalvorlage 195
Projektionsvorlage 152
Rahmen 204 ff
Spezialhülle 207
Stichwortzettel 120
Trägermaterial 193
ungefasstes 205
von Hand 217
Wechsel 162 f
zugeschnittenes 202
s. auch Folie
Transparenz 27, 252
Trickbild 233
Trockenkopierer 229, 250
Trockenkopierverfahren 202
True Color 223
Tucholsky 19, 20, 31, 34, 37, 50, 54, 86, 105, 171, 177
Tufte 153, 170, 234, 243
Tuftesche Postulat 153
Türkis 261
Tuschefeder 219
Typografie 242, 245
typografische Einheit 238

U
Üben, Redekunst 69
Überanstrengung 130
Überblendung 168
Überblick 95, 98
Überbrückungshilfe 33
Überempfindlichkeitsreaktion 130
Übergang 168
Übergangseffekt 168
Überlage 163
Überlagerungstechnik 164
Überlappung 249
Überleger 163
Überlegtechnik 204 f
Überleitung 18
Überraschung 27, 33, 85, 119
Überredungskunst 3
Überrumpelungstechnik 177
Überschrift 112, 239

Übersetzerkabine 185
Übersichtlichkeit 277
Übersichtsbild 277
Übersichtsdarstellung 277
Überspringen 148
Übertragungszeit 223
Übertreibung 27, 177
Überwältigungsrhetorik 74
Überzeugung 44, 74, 77
Überzeugungsenergie 54
Überzeugungskraft 44
Überzeugungskunst 77
Überzeugungsrede 9, 22, 74, 75
Übung 136
Uhlenbruck 32, 128
Ultrakurzzeitgedächtnis 64
Umblättern 104
Umgangssprache 137
Umgebungslicht 152
Umkehraufnahme 230
Umkehrfilm 229
Umlaut 50
Umrandung 251
Umrandungslinie 249
Umschreibung 27
Umstrukturierung 133
Understatement 35
Unfairness 178
Unfallfoto 265
Ungeduld 139
Ungezwungenheit 57
Universitätsklinik 14
Unmut 139
Unruhe, Publikum 33
Unsachlichkeit 182
Unschärfe 204
Unterbrechung 114
Unterhaltung 21, 32
Unterhaltungselektronik 215
Unterlagen 102 ff
halbfertige 110
Rückgriff 149
schriftliche 109
s. auch Vortragsunterlagen
Unterlegtechnik 164
Unternehmen 257
Unterricht 30, 61
Unterrichtsmaterial 17
Unterstreichen 241
unverständlich 28
Unwohlsein 134
Urangst 129
Urhebername 257

Urheberrecht 167
USA 184
USB-Schnittstelle 165, 212
USB-Speicherstab 187

V
Vakuumtechnik 254
Vampir-Effekt 216
Variable 243 f, 269
variables Gedächtnis 140
VDI 243
Vektorgrafik 226
Vektorgrafikprogramm 225, 273
Verabschiedung 74
Verallgemeinerung 177
Veranschaulichung 86
Veranstalter 61
Veranstaltungsort 121
Veranstaltungsprogramm 15
Verb, zusammengesetztes 185
Verbildlichung 255
Verbindungskabel 187
Verbindungsleitung 246
Verbindungslinie 246
Verdeutlichung 27
Verdi 84
Verdunkelung 123, 194
Verein Deutscher Ingenieure 243
Verfahrensablauf 274 f
Verfahrenstechnik 254, 274
Verfasser 5
Vergleich 27
Vergnügen 32
Vergrößern 166
Vergrößerung 277, 287 f
Verhaltensbeobachtung 52
Verhaltensmuster 52, 129
Verhandlung 74
Verhandlungsgespräch 74
Verkauf 88
Verkettung 78
Verkleinern 166
Verknüpfungszeichen 244
Verkrampfung 129
Verlagshersteller 243
Verlängerungskabel 187
Verlegenheitspause 46, 148
Vermittlungskunst 30
Versagen, Technik 186
Versagensangst 129
Versalbuchstabe 238

Versalie 238
Versalschrift 245
Versammlung 39, 71
Versammlungsleitung 4
Versammlungsteilnehmer 71
Verschnaufpause 46
Verslehre 42
Verständigung 6, 253
verständlich 28
Verständlichkeit 29, 61, 263
Verständlichmacher 62
Verständnis 29, 31
    Gedächtnis 263
    Informationsübermittlung
      60
    räumliche Anschauung
      276
Verständnishilfe 27 ff, 31,
    67
Verständniskontrolle 180
Verstärkeranlage 183
Verstehen 29, 60 ff, 237
Verweil-Phase 145
Verzweigung 275
Vester 30, 64
VHS-Kassette 228
Videoaufzeichnung 14
Videoausgang 165
Videoclip 15
Videodatei 226
Videokamera 115, 117
Videoprojektor 165, 212 ff
Videosequenz 166, 171
Videotechnologie 215
Vielfrager 181
Vielredner 102
Vier-A-Technik 156
Vier-Schritt-Technik 156
Vierfachlochung 207
Viertelnote 40
Vierter Kategorischer Impera-
    tiv 140
Violett 260
Vischer 18
Visitenkarte 280
Visualisierung 63, 153 ff
    Größenverhältnisse 271
    Informationstechnologie
      259
    Naturwissenschaftler 270
    naturwissenschaftlicher
      Vortrag 15
    Pinnwand 280
    und Rhetorik 5

Wirtschaft 270
Vokal 50
Vokalinstrumentalist 43
Vokaltrakt 44
Vollbild-Darstellung 166
Volllinie 248
Volltext 145
Volltextmanuskript 101, 145
Vorabsignal 156
Vorbereitung 75, 96 ff, 136
Vorbereitungszeit 91, 142
Vorblick 28
Vorführbedingungen 194 ff
Vorführen 154
Vorführer 122, 124
Vorführtechnik 68, 151
Vorführung 4, 150, 216
Vorgriff 27, 35, 40
Vorhalt 27
Vorlage 229, 261 ff
Vorlesen 143
Vorlesung 99, 143 f, 165
    Arbeitsmittel 166
    ausdrucken 167
    Begleitmaterial 109
    Begriffsbestimmung 75
    Bewertung 38
    Browser 170
    Evaluation 38
    geschichtliche Wurzel
      144
    ins Netz stellen 167
    Kristallographie 17
    medizinische 12
    Qualitätssicherung 38
    virtuelle 107
    Vorbereitungszeit 91
    wirkungsvolle 61
Vorlesungsassistent 16, 107
Vorlesungsaufzeichnung 100
Vorlesungsskript 143 f
Vorlesungsstunde 91, 109
Vorlesungstechnik 17
Vorpause 47
Vorredner 125, 127
Vorsitzende(r) 125
Vorstandsbericht 121
Vorstandspräsentation 88
Vorstellungsgespräch 8
Vortrag 121 ff
    akademischer 5
    Aktion 142
    als Dialog 37, 138, 141
    Anfang 102

Anhören 42
Ankündigung 92
Anmeldung 93 f
Arbeitstitel 94
Arten des 69 ff
Aufbau 25, 28, 111 f,
    116; s. auch Vortrags-
    aufbau
Aufmerksamkeit 172,
    204
„aus der Steckdose" 160
ausdrucken 167
auswendig gelernter
    143 ff
Beginn 128 f; s. auch
    Vortragsbeginn
Begriffsbestimmung 75
Begrüßung 172
berufliches Fortkommen
    3
Bild-unterstützter 59,
    106 ff, 158, 196; s. auch
    Bildunterstützung
Bildmaterial 106
Bildstil 197
Bildtechnik 106
Countdown 121
Demonstration 15
demonstrativer 16
didaktisches Mittel 25
Diskussion 10, 12
Disposition 96
Einführung 118, 172
Einladung 14, 91 f
Einstimmen 121 ff
Ende 102
Erfolg 126
erfolgreicher 69
Erinnern 67
Eröffnung 127
erste Sätze 126
Experiment 15
fader 119
Fortgang 126
fremdsprachiger 119,
    183 ff
gesprochener 281
Gliederung 110 ff
Gliederungsschema 28
Haltepunkte 25
Hilfsmittel 148
Hörererwartung 95
hörerfreundlicher 95
in Englisch 227

ins Netz stellen 167
Interaktion 142
Kernaussagen 108
Leistungsmerkmale 67
Medien 15
Merkmale 14 ff
mit Bildern 150
Muster 25
Notfallsituation 33
Ort 92, 121, 186
persönliche Ziel 96
persönlicher 22
Publikation 102
Rahmenprogramm 8
Schluss 118, 172
Schlussteil 172
schriftliche Unterlagen
  108 ff
schwungvoller 119
Sollbruchstellen 118
Teilnehmer 23, 54, 61
Thema 24, 84, 94, 116
Transparenz 27
Überbrückungshilfe 33
Übersicht 24
Verarbeiten 43
Verspätung 118
verständlicher 28
Verstehen 66
Visualisierung 5
Voraussetzungen 84
Vorbereitung 91 ff, 96 ff,
  114, 146; s. auch Vor-
  tragsvorbereitung
Warmlaufen 121 ff
Wiederholung 25
wissenschaftlich-techni-
  scher 276
wissenschaftlicher 9
Zeitnot 118
Zeitpunkt 92
Zeitüberschreitung 172
Ziel 95 f
Zielgebundenheit 96
Zielgruppe 96
Zielsetzung 94
zusammenfassender 28
Zusammenfassung 94
s. auch Fachvortrag
Vortrag-Phase 145
Vortragen 22
  erfolgreiches 136
  freies 136 ff
  Geschwindigkeit 45

in einer Fremdsprache
  183 ff
Inspiration 31
mit Manuskript 101,
  143 ff
mit Stichwörtern 99
Vortragende(r) 5, 13, 43
  als Bote 23
  als Botschafter 23
  Anschrift 108
  Begrüßung 125 ff
  Bewegungen 55
  Beziehung zum Raum 55
  Blickkontakt 158
  Corporate Identity 8
  Einladung 15
  erfolgreiche(r) 146
  Name 108
  Nebenrolle 215
  Novize 20
  Öffentlichkeitsarbeit 8
  Selbstdarstellung 10
  Standort 161
  s. auch Redner
Vortragsanmeldung 93
Vortragsart 14
Vortragsaufbau 84
  s. auch Vortrag, Aufbau
Vortragsbeginn 24, 121
  s. auch Vortrag, Beginn
Vortragsbild 269
Vortragsdauer 107, 114
Vortragserfahrung 70
Vortragskonzept 111
Vortragskultur 27
Vortragskunst 11, 30, 42, 64,
  107
Vortragsmanuskript 21, 47,
  92
  englisches 118
  für Journalisten 101
  Hervorhebung 104
  Länge 104
  Zeilenabstand 119
Vortragspause 86
Vortragsposter 279
Vortragsprogramm 93
Vortragsraum 82, 123, 186
  technische Einrichtungen
  122
Vortragsreihe 82
Vortragssituation 115, 131
Vortragssprache 51
Vortragsstil 19, 75, 115, 146

Vortragstechnik 19, 98 ff,
  102
  Bilder 235
  Kernaussage 58
  moderne 77
  vollendete 145
Vortragsunterlagen 98, 104,
  123, 126
  s. auch Unterlagen
Vortragsunterstützung 278
Vortragsveranstaltung 9,
  280 f
Vortragsvorbereitung 95,
  186
  s. auch Vortrag, Vorberei-
  tung
Vortragsweise 19
Vortragswesen 8, 16
Vortragszyklus 86
Vorurteil 127
Vorwegnahme 27
Vorwissen 30, 61, 95

W
Wahrheitsfindung 265
Wahrnehmbarkeit 29, 262
Wahrnehmen 58 ff, 237
Wahrnehmung 59 f, 64, 154,
  263
Wallaschek 4
Wallmodell 135
Wandbild 279
Wandkarte 14
Wandtafel 111, 160, 266
Wandzeitung 281
Warmlaufen 121 ff
wasserfest 218
Wasserzeichen 251
Watt 244
Watzlawick 37
Web-Autorensystem 171
Wechselrahmen 205 f
Wechselwirkung 37 ff
Weglassen 86
Weichmacher 207
Weidemann 60
Weiß 196, 260, 277
Weißblau-Negativ 197
Weiterbildung 30
Weiterbildungsveranstaltung
  92
Weitersprechen 149
Weller 6, 11, 39, 51
Werdegang 126

Werkstofftechnik 278
Wertepaar 198
Wetterkarte 254
Whiteboard 151
Widerspruch 35, 40, 139
Wiedergabesoftware 226
Wiederholung
    Definitionen 26
    Metainformation 18
    Redundanz 24
    Sprachmittel 27
    Stilmittel 24, 33
    Verständnishilfe 67
Wieke 36, 74
Wieser 221
Will 169
Willstätter 18
WIN-Konzept 80
WinDig 198
Wingz 273
Winkel 276
Winkelminute 235
wir 39
Wirkungsakzent 26
Wissenschaftler 12, 35, 73
wissenschaftliche Gesell-
        schaft 73, 86
wissenschaftliche Kommuni-
    kation
    s. Kommunikation
wissenschaftlicher Vortrag 8
    s. auch Fachvortrag,
        Vortrag
Wissenslücke 84, 180
Wissensstand 30
Wissensstruktur 60
Wissensvermittlung 65
Witz 33
Wohlwollen 87
Word 111, 165, 227
    Formel-Editor 243 f
    Zeichnen 233
    Zeichnen-Werkzeug 249
Works 273
Workshop 79, 94, 174
Wort
    als Aushilfe 11
    geschriebenes 4 f, 18
    gesprochenes 7, 18, 21,
        168; s. auch gesproche-
        nes Wort
    Nachwirkung 18
    sinnloses 42
    Wirkung 18

Wortbedeutung 41
Wortbild 63
Wortblock 47, 144 f
Wortentzug 183
Worterteilen 181
Worterteilung 79
Wörterverwaltung 42
Wortfindung 99
Wortfolge 40, 101
Wortlänge 104, 118
Wortlaut 99
Wortleiste 286
Wortmarke 257
Wortmeldung 181, 182
Wortschatz 41
Wortschwall 45
Wortspiel 27, 32
Wortvortrag 66, 89
Wortwahl 119
Würdigung 74

X
x-Achse 276
XGA 214
XPress 271

Y
y-Achse 276
Yates 101, 146
Yellow 261

Z
Zahl 58, 68, 244
Zahlengedächtnis 270
Zahlenmaterial 265
Zahlenwert 244, 271
Zahlzeichen 233 f, 271
Zäsur 47, 147
Zehn Gebote 18
Zeichen 50, 118
Zeichenbedarfshandel 202
Zeichenbrett 107, 195, 198,
        276
Zeichenerkennung 271
Zeichenpapier 198
Zeichenprogramm 198,
        225 ff, 273
Zeichensetzung 47
Zeichensprache 234, 254
Zeichenvorlage 220
Zeichnen 68, 198, 225, 233
Zeichner 265
Zeichnung 11, 265
    A4 279

Anfertigung 276
Beschriftung 227
Maßangabe 276
Standard 246
technische 251, 253,
        275 f
Zeichnungsträger 202 f, 219,
        239
Zeigefinger 57
Zeigegerät 187
Zeigepin 206
Zeiger, elektronischer 216
Zeigestock 60, 122 f, 187,
        216
    Bilddetail 151
    Spielerei mit 53, 56
    und Lichtzeiger 158
Zeilenabstand 238, 240 f
Zeitachse 271
Zeitangabe 256
Zeitaufwand 91
Zeitdruck 96
Zeitintervall 271
Zeitmarke 116 f, 141
Zeitmaß 117 f
Zeitnot 118
Zeitplan 181
Zeitrahmen 117
Zeitreserve 121
Zeitschriftendruck 222
Zeitüberschreitung 172
Zeitungsbild 222
Zeitungslesen 271
Zeitverzug 154
Zeitvorgabe 103, 172
Zettelnummer 103
Zettelwirtschaft 142
Zielgebundenheit 96
Zielgröße 97
Zielgruppe 96
Zielstrebigkeit 33
Ziffer 233, 238, 243
    Strichzeichnung 265
Zitat 27, 32, 127
    wörtliches 44, 101
Zitatenschatz 32
Zittern 162
Zivilcourage 69
Zoll 246
Zoologe 169
Zuhören, aktives 176
Zuhörer
    Ablehnung 136
    Ablenkung 108

akademischer 63
Anonymität 79
Appell 34
Aufmerksamkeit 28, 48,
  55, 84
Aufnahmefähigkeit 45
Ausdrucksmittel 272
Bemühen um 37, 53
Bildtitel 258
Denkmuster 61
Disponiertheit 61
Distanz 55
Eindruck auf 54
Einfangen 120
Erinnerung 67
Heiterkeit 37
Interaktion 143
Interesse 28, 84, 95
Kenntnisstand 84
Körpersignale 58, 139
Leistung 43
Mitwirkung 37

Prädisposition 61
unaufmerksamer 256
Vorwissen 30
Wechselwirkung 37
Wissensstruktur 61
s. auch Auditorium, Hörer,
  Zuhörerschaft
Zuhörer-orientiert 38
Zuhörerkreis, Größe 150
Zuhörerschaft
  Auskunft über 107
  Beziehung zur 87
  Dialog 141
  Größe 45
  Körpersignale 138
  Kurzvortrag 82
  Lachen 33
  Vorstellen vor 126
  Wechselspiel 115
  s. auch Auditorium, Hörer,
    Zuhörer
Zunge 140

Zurückblättern 20
Zusammenfassen 148
Zusammenfassung 83, 94,
  102
Zusammenhang 30
Zusatzfarbe 259
Zuschauer 59
Zustimmung 178
Zuversicht 131, 133
Zuwendung 135, 144
Zweipunktlinie 248
Zweischritt 78
Zweiter Kategorischer Impe-
  rativ 61, 95
Zwerchfell 44
Zwerchfellatmung 44
Zwischenbericht 76, 97
Zwischenbilanz 28
Zwischenfarbe 196
Zwischenraum 247
Zwischenruf 33, 37, 138
Zwischenüberschrift 284

Über die Autoren

Hans F. Ebel promovierte 1960 an der Universität Heidelberg, wo er sich auch später für das Fach Organische Chemie habilitierte. Zuvor war er ein Jahr Postdoctoral Fellow an der University of California in Los Angeles gewesen. Nach seiner akademischen Zeit war er 25 Jahre lang Cheflektor des Verlags Chemie (später VCH, heute Wiley-VCH), zuletzt als Mitglied des Direktoriums. Er ist Autor oder Koautor zahlreicher Originalmitteilungen, Übersichtsartikel und Bücher in der Chemie (*Die Acidität der CH-Säuren*; Carbanionen, Metallorganische Chemie), später auf dem Gebiet der Kommunikation in Technik und Naturwissenschaften (*Das naturwissenschaftliche Manuskript, Schreiben und Publizieren in den Naturwissenschaften, Diplom- und Doktorarbeit, Erfolgreich kommunizieren, The Art of Scientific Writing*, immer mit Claus Bliefert). Für ihn ist die Vortragskunst ein Teil dieses zweiten Interessensgebietes. Auch in Organisationen wie das Deutschen Institut für Normung (DIN) und die European Association of Science Editors (EASE) hat er seine Erfahrung eingebracht.

Claus Bliefert promovierte 1971 an der Universität des Saarlandes. 1973 wurde er als Hochschullehrer an den Fachbereich Chemieingenieurwesen der Fachhochschule Münster berufen, wo er seit 1994 das Fach *Umweltchemie* in Lehre und angewandter Forschung vertritt. Er ist Mitherausgeber zweier Buchreihen und Autor oder Koautor zahlreicher Bücher in der Chemie (u. a. *Umweltchemie* und die französische Adaptation *Chimie de l'Environnement*) und auf dem Gebiet der Kommunikation in Technik und Naturwissenschaften [außer *Text und Grafik* (englische Version *Text and Graphics*, französische *La PAO Scientifique*) alle mit H. F. Ebel]. Er bietet regelmäßig Vorlesungen und Seminare an zu den Themen „Bewerbungstraining", „Schreiben in Technik und Naturwissenschaften" und „Technische Präsentation".

Anmerkungen zur Herstellung dieses Buches

Zum Erfassen und Bearbeiten des Textes setzten wir das Textverarbeitungsprogramm WORD von Microsoft auf verschiedenen Apple-Computern ein. Zum Umbruch benutzten wir das Layoutprogramm PAGEMAKER von Adobe. Die meisten Bilder wurden mit dem Grafikprogramm FREEHAND von Macromedia angefertigt und als EPS-Dateien in das Layoutprogramm importiert. Laserdrucker-Ausdrucke dienten uns als Papiermanuskript.

Alle Seiten wurden als POSTSCRIPT-Dateien ausgegeben und mit dem Laserbelichter *Trendsetter* von HEIDELBERGER auf Druckplatte belichtet (2540 dpi).